新工科建设·电子信息类系列教材

MATLAB 应用与实验教程

——系统建模与仿真

（第5版）

贺超英　编著

王少喻　唐　杰　沈细群　刘　亮　参编

電子工業出版社
Publishing House of Electronics Industry
北京·BEIJING

内 容 简 介

本书以 MATLAB R2023b 版为蓝本，重点讲述了 MATLAB 的功能及其在电气与电子信息类相关专业领域中的应用。全书共分 9 章，主要内容包括：MATLAB 系统环境，MATLAB 应用基础，MATLAB 绘图，MATLAB 数值计算与符号计算，Simulink 仿真工具箱，控制系统工具箱，信号处理工具箱，通信工具箱，以及 SimPowerSystems 工具箱。每章后面都配有实验指导，紧扣教学内容，使读者能够通过上机操作及时有效地掌握该章的主要内容。本书配有电子教案、例题源程序等丰富的教学资源，以帮助读者快速掌握并应用 MATLAB。

本书可作为普通高等院校理工科专业本科生“MATLAB 应用”课程的教材，也可供广大科技工作者阅读使用。

图书在版编目（CIP）数据

MATLAB 应用与实验教程 ： 系统建模与仿真 / 贺超英编著. -- 5 版. -- 北京 ： 电子工业出版社， 2025. 8.

ISBN 978-7-121-50839-4

Ⅰ. TP317

中国国家版本馆 CIP 数据核字第 2025YN5550 号

责任编辑：赵玉山
印　　刷：三河市龙林印务有限公司
装　　订：三河市龙林印务有限公司
出版发行：电子工业出版社
　　　　　北京市海淀区万寿路 173 信箱　　邮编：100036
开　　本：787×1092　1/16　　印张：21　　字数：578 千字
版　　次：2010 年 1 月第 1 版
　　　　　2025 年 8 月第 5 版
印　　次：2025 年 8 月第 1 次印刷
定　　价：66.00 元

凡所购买电子工业出版社图书有缺损问题，请向购买书店调换。若书店售缺，请与本社发行部联系，联系及邮购电话：(010)88254888，88258888。

质量投诉请发邮件至 zlts@phei.com.cn，盗版侵权举报请发邮件至 dbqq@phei.com.cn。

本书咨询联系方式：zhaoys@phei.com.cn。

前　言

MATLAB 是 MathWorks 公司推出的一款高性能的数值计算、系统仿真和可视化软件，其强大的计算、仿真和图形功能使其在科学计算和工程领域赢得了众多的用户。经过许多专家、工程师在自己相关领域的扩充，MATLAB 成为一款多领域、多学科、多功能的优秀科技应用软件，从而被广泛地应用于各领域和学科的研究与仿真。MATLAB 具有几十个工具箱，涉及信号处理、自动控制、图像处理、最优化方法、小波分析等许多学科，国内外许多大专院校的理工科专业都开设了“MATLAB 应用”课程。该课程是电子信息类、机械类本科专业的专业基础课，它的任务主要是使学生掌握并利用 MATLAB 这一先进工具进行系统的设计、分析、仿真和计算，从而解决工程、科学计算和自动化、数字信号处理、通信、数学等学科中的许多问题。

全书共 9 章，第 1 章介绍 MATLAB 的系统环境和软件的使用，使读者对 MATLAB 有一个感性认识；第 2 章介绍 MATLAB 数据的表示和基本运算，以及 M 函数的编写和程序控制流，使读者能够迅速地入门并能进行基本的编程运算；第 3 章介绍 MATLAB 的绘图功能；第 4 章介绍 MATLAB 强大的数值计算功能和符号计算功能，这是 MATLAB 重要的科学计算功能；第 5 章介绍 Simulink 仿真工具箱，使读者对 MATLAB 强大的仿真功能有一个基本了解，并能进行基本系统的仿真；第 6～9 章分别介绍控制系统工具箱、信号处理工具箱、通信工具箱和 SimPowerSystems 工具箱，将 MATLAB 和相关专业知识结合起来，使读者能够运用 MATLAB 进行系统的建模、分析、仿真、计算等。

软件的更新日新月异，本书第 1 版以 MATLAB 7.5 版为蓝本，第 2 版在第 1 版的基础上更新到 MATLAB 7.11 版，重点扩充了第 3 章和第 8 章的内容，增加了图形绘制和图形用户界面设计的内容，更新了通信工具箱和 Simulink 仿真工具箱链接的各模块库和模块子集。第 3 版在第 2 版的基础上更新到 MATLAB 8.5(R2015a)版，在第 1 章中增加了专门介绍 MATLAB 8.5(R2015a)版操作界面的一节，第 9 章中增加了三个关于异步电动机、直流电动机、变压器系统仿真的实验，并提供了参考仿真框图。第 4 版进一步完善了第 1、2、3、4、7、8 章的内容，修正了一些小的疏漏，第 6 章针对系统能控性、能观性、稳定性补充了现代控制理论相关的函数，第 9 章更新了原来的一些仿真模块和框图，补充了电机建模仿真的一些实验，并提供了参考程序，便于读者对异步电动机的转矩特性和机械特性有一个直观的了解，便于后续研究。本次修订更新到 MATLAB R2023b 版本，在第 2 章增加了数据的获取和实时脚本的内容，第 4 章更新了部分符号工具箱中的命令函数，第 5 章增加了状态机的内容，其余各章节都进行了更新，并在软件中对所有程序再次运行验证。

本次修订中每章内容都可以在 MATLAB 8.5(R2015a)版和 MATLAB R2023b 版本中运行。

本书每章后面都配有实验指导，紧扣教学内容，使读者能够及时有效地上机操作，掌握该章的主要内容。为了便于教师教学和读者自学，每章结尾还给出了相应的实验参考程序，这些程序都已经过上机仿真验证。

本书第 1 章、第 2 章、第 6 章、第 9 章由贺超英编写，第 3 章、第 8 章由王少喻编写，第 4 章由唐杰编写，第 5 章由沈细群编写，第 7 章由刘亮编写。全书由贺超英负责统稿，由贺超英、王少喻、唐杰、沈细群、刘亮统一修订。本书在编写及修订过程中，得到了唐勇奇教授和朱俊杰教授的大力支持和帮助，在此表示衷心的感谢。

日月忽其不淹兮，春与秋其代序。转眼之间，这本书出版已经 15 年了。15 年来，感恩所有用户的选择，感恩读者们一路的陪伴。此次修订时间虽是冬季，却是暖冬，每天晴空万里、风和日丽。窗外树木苍翠、红叶烂漫、色彩缤纷、生机勃勃、美好如春，一如我对广大读者的祝福，希望下一个 15 年，我们仍能一路同行。

为了方便教师教学，本书配有电子教学课件、例题源程序等丰富的教学资源，读者可以登录华信教育资源网注册下载。

由于作者水平有限，书中难免出现错误或不妥之处，欢迎广大读者批评指正。

作　者

目　　录

第 1 章　MATLAB 系统环境

1.1　什么是 MATLAB

MATLAB 这一名称由 matrix 和 laboratory 两词的前三个字母组合而成，意即矩阵实验室，是一门高级计算机编程语言，具有强大的数值计算功能和仿真功能。现在，在全球各高等院校，MATLAB 已经成为线性代数、自动控制理论、数字信号处理、时间序列分析、动态系统仿真、图像处理等许多课程的基本教学工具，成为大学生和研究生必须掌握的基本编程语言。图1.1 描述了 MATLAB 的主要结构和功能。

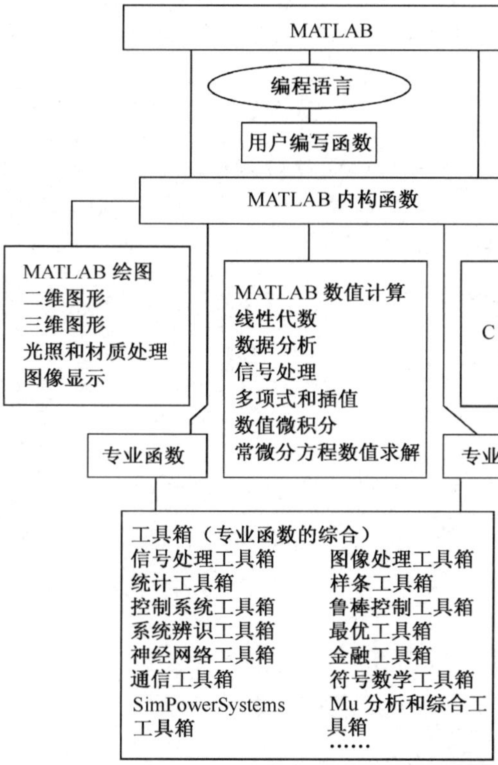

图 1.1　MATLAB 的主要结构和功能

MATLAB 的内构函数提供了丰富的数值（矩阵）运算处理功能和广泛的符号运算功能，是基于矩阵运算的处理工具。即使是一个常数，如 $Y = 5$，MATLAB 也将其视为一个 1×1 的矩阵。数值运算功能包括矩阵运算、多项式和有理分式运算、数据统计分析、数值积分、优化处理等。符号运算即用字符串进行数学分析，允许变量不赋值而参与运算，用于解代数方程、复合导数、积分、二重积分、有理函数、微分方程、泰勒级数展开、寻优等，可求得解析符号解。

例如，用一个简单命令求解如下线性系统：

```
3x1+x2 - x3=3.6
 x1+2x2+4x3=2.1
-x1+4x2+5x3=-1.4
```

在 MATLAB 命令行窗口输入

```
A=[3 1 -1;1 2 4;-1 4 5];b=[3.6;2.1;-1.4];
x=A\b
```

程序运行结果为

```
x=
      1.4818
     -0.4606
      0.3848
```

MATLAB 提供了两个层次的图形命令：一种是对图形句柄进行的低级图形命令，另一种是建立在低级图形命令之上的高级图形命令。利用 MATLAB 的高级图形命令可以轻而易举地绘制二维、三维乃至多维图形，并可进行图形和坐标的标识、视角和光照设计、色彩精细控制等。例如，用简短命令计算并绘制在 $0 \leqslant x \leqslant 6$ 范围内的 $\sin(2x)$, $\sin(x^2)$ 和 $(\sin(x))^2$。

在 MATLAB 命令行窗口输入

```
x=linspace(0,6)
y1=sin(2*x),y2=sin(x.^2),y3=(sin(x)).^2;
plot(x,y1,'--rs',x,y2,'-m*',x,y3,':ko')
```

运行命令语句得到的图形如图1.2 所示。

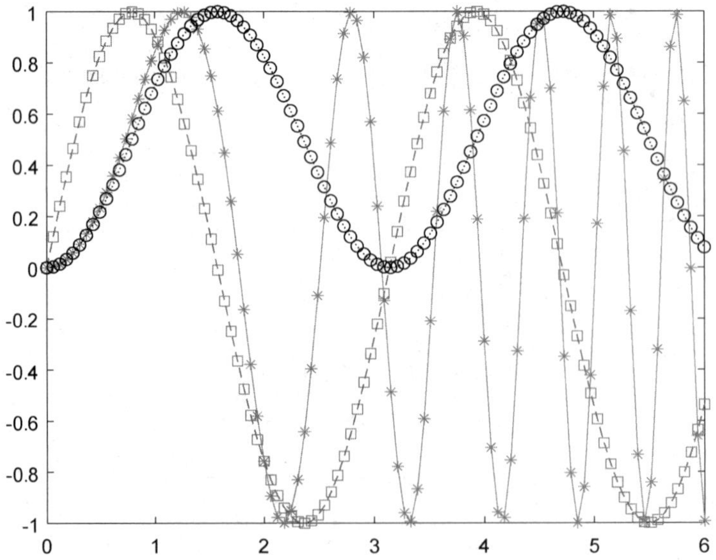

图 1.2　函数 $\sin(2x)$, $\sin(x^2)$ 和 $(\sin(x))^2$ 的图形

MATLAB 除了命令行的交互式操作以外，还能以程序方式工作。使用 MATLAB 可以很容易地实现 C 语言或 Fortran 语言的几乎全部功能，包括 Windows 图形用户界面设计。

此外，MATLAB 还有许多工具箱用以扩展其功能。工具箱分为两大类：基本工具箱和专业工具箱。基本工具箱主要用来扩充其符号计算功能、可视建模仿真功能及文字处理功能等。专业工具箱如控制系统工具箱、信号处理工具箱、神经网络工具箱、最优工具箱、金融工具箱等，主要用来进行相关专业领域的研究。

1.2　MATLAB 7.11 操作界面

用户在购买到正版 MATLAB 7.11 后，可以按照相关的说明进行安装。安装完成后，启动 MATLAB 7.11，进入 MATLAB 桌面集成环境，如图 1.3 所示。

MATLAB 7.11 桌面集成环境中包括菜单栏、工具栏和 4 个主要窗口。菜单栏中包含 File, Edit, Debug, Parallel，Desktop，Window 和 Help 共 7 个菜单项。工具栏共提供 12 个命令按钮和一个当前路径列表框。4 个主要窗口为：(1) 命令行窗口(Command Window)；(2) 工作区(Workspace)；(3) 命令历史记录(Command History)；(4) 当前文件夹(Current Folder)。

此外，还有编辑窗口、图形窗口和帮助窗口等其他种类的窗口，在 MATLAB 桌面集成环境左下角，还有一个“Start”按钮。

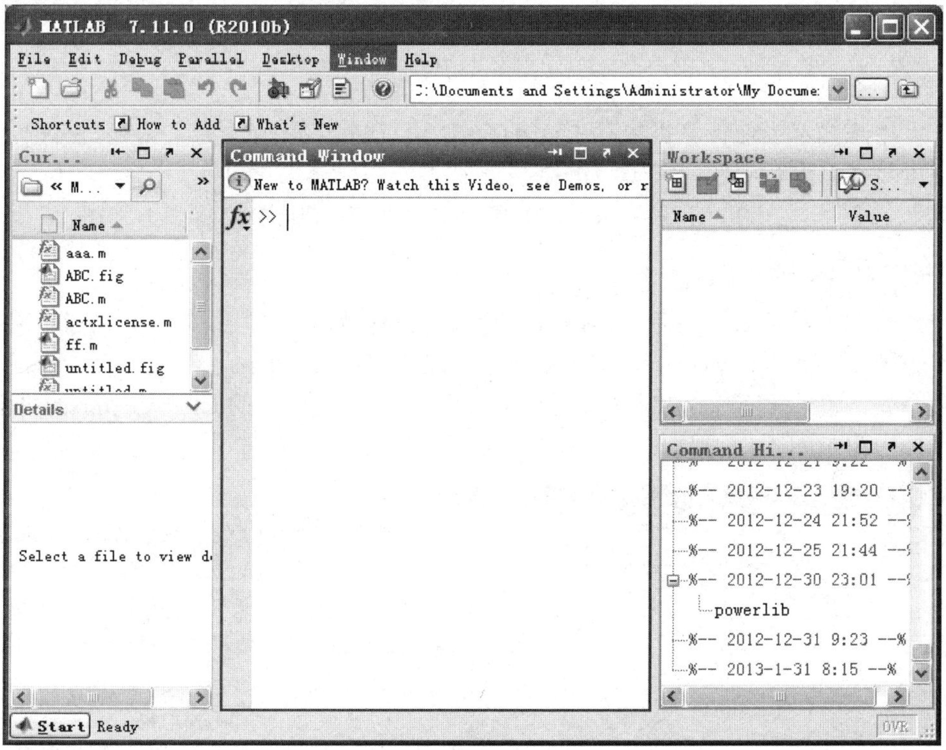

图 1.3　MATLAB 7.11 桌面集成环境

1. 命令行窗口

MATLAB 7.11 桌面的中间窗口为命令行窗口(简称命令窗口)。命令行窗口是 MATLAB 的主要交互窗口，用于输入命令并显示除图形以外的所有执行结果。在默认设置下，命令行窗口自动显示于 MATLAB 界面中，如果用户只想调出命令行窗口，也可以选择 Desktop→Desktop Layout→Command Window Only 命令，如图1.4 所示。MATLAB 命令行窗口中的“>>”为命令提示符，表示 MATLAB 正处于准备状态。在命令提示符后输入命令并按下回车键后，MATLAB 就会执行所输入的命令，并在命令后面给出计算结果。

一般来说，一个命令行输入一条命令，命令行以回车结束。但一个命令行也可以输入若干条命令，各命令之间以逗号分隔，若前一命令后带有分号，则逗号可以省略。如果一个命令行很长，一个物理行之内写不下，可以在第一个物理行之后加上 3 个小黑点并按下回车键，然后接着下一个物理行继续写命令的其他部分。3 个小黑点为续行符，即把下面的物理行看成该行的逻辑继续。

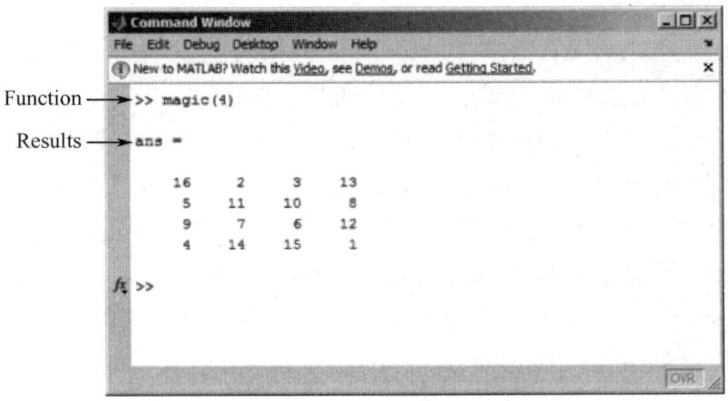

图 1.4 MATLAB 命令行窗口

2. 工作区

工作区用来显示当前计算机内存中 MATLAB 变量的名称、数学结构、该变量的字节数及其类型，可对变量进行观察、编辑、保存和删除。

在默认设置下，工作区自动显示于 MATLAB 界面中。工作区如图 1.5 所示。

3. 命令历史记录

命令历史记录显示用户在命令行窗口中所输入的每条命令的历史记录，并标明使用时间，这样可以方便用户查询。如果用户想再次执行某条已经执行过的命令，只需在命令历史记录中双击该命令。如果要清除这些历史记录，可以选择 Edit 菜单中的 Clear Command History 命令。命令历史记录如图1.6 所示。

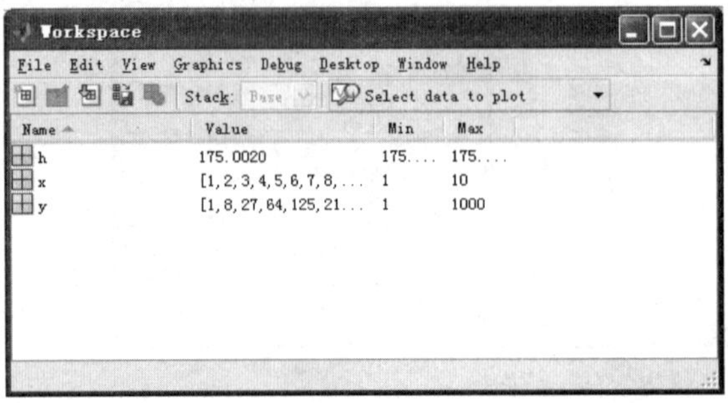

图 1.5 工作区

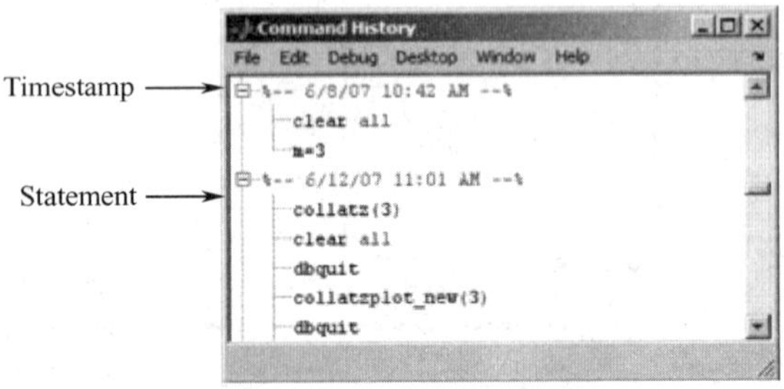

图 1.6 命令历史记录

4. 当前文件夹

在默认设置下，当前文件夹自动显示于 MATLAB 桌面中，用户也可以选择 Desktop→Current Folder 命令调出或隐藏该窗口。当前文件夹显示当前用户工作所在的路径。将用户目录设置成当前目录也可使用 cd 命令。例如，将用户目录 c:\mydir 设置为当前目录，可在命令行窗口输入命令 cd c:\mydir。当前文件夹如图1.7 所示。

5. Start 菜单

MATLAB 7.11 的桌面集成环境左下角有一个“Start”按钮，单击该按钮会弹出一个菜单，如图1.8 所示。选择其中的命令可以执行 MATLAB 产品的各种工具，并且可以查阅 MATLAB 包含的各种资源。

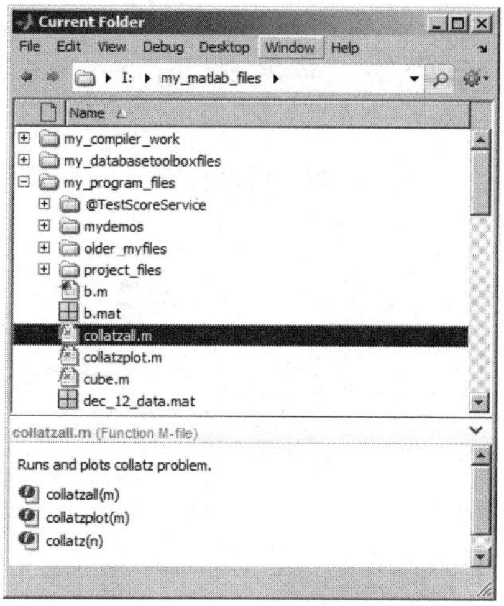
Current Folder
File Edit View Debug Desktop Window Help
I: my_matlab_files
Name
my_compiler_work
my_databasetoolboxfiles
my_program_files
@TestScoreService
mydemos
older_myfiles
project_files
b.m
b.mat
collatzall.m
collatzplot.m
cube.m
dec_12_data.mat
collatzall.m (Function M-file)
Runs and plots collatz problem.
collatzall(m)
collatzplot(m)
collatz(n)

图 1.7　当前文件夹

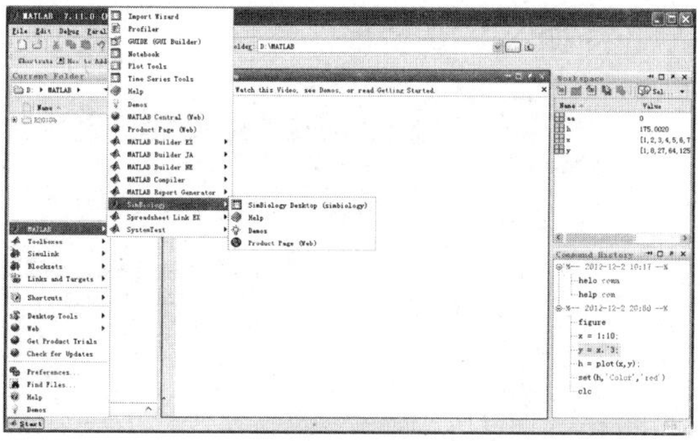

图 1.8　Start 菜单

6. 编辑窗口（MATLAB 编辑窗口）

编辑窗口为用户提供了一个图形界面进行 M 文件的编写和调试，如图1.9 所示。

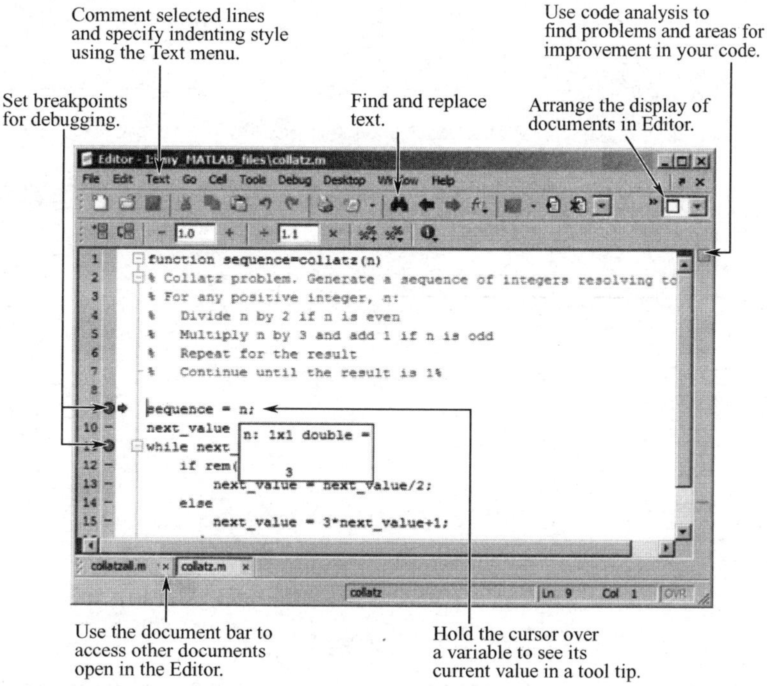
Comment selected lines and specify indenting style using the Text menu.
Use code analysis to find problems and areas for improvement in your code.
Set breakpoints for debugging.
Find and replace text.
Arrange the display of documents in Editor.
Use the document bar to access other documents open in the Editor.
Hold the cursor over a variable to see its current value in a tool tip.
Editor - I:\my_MATLAB_files\collatz.m
function sequence=collatz(n)
% Collatz problem. Generate a sequence of integers resolving to
% For any positive integer, n:
% Divide n by 2 if n is even
% Multiply n by 3 and add 1 if n is odd
% Repeat for the result
% Continue until the result is 1%
sequence = n;
next_value
while next_
if rem(
next_value = next_value/2;
else
next_value = 3*next_value+1;
n: 1x1 double =
3
collatzall.m
collatz.m

图 1.9　编辑窗口

为建立新的 M 文件，有以下 3 种方法启动 MATLAB 文本编辑器。

① 菜单操作。从 MATLAB 主窗口的 File 菜单中选择 New 菜单项，再选择 M-file 命令，屏幕上将出现 MATLAB 文本编辑器窗口。

② 命令操作。在 MATLAB 命令行窗口输入命令 edit，启动 MATLAB 文本编辑器后，输入 M 文件的内容并存盘。

③ 命令按钮操作。单击 MATLAB 主窗口工具栏上的“New M-File”按钮，启动 MATLAB 文本编辑器后，输入 M 文件的内容并存盘。

1.3　MATLAB R2015a 和 MATLAB R2023b 操作界面

MATLAB R2015a 桌面集成环境默认布局如图 1.10(a)所示，MATLAB R2023b 桌面集成环境默认布局如图 1.10(b)所示。

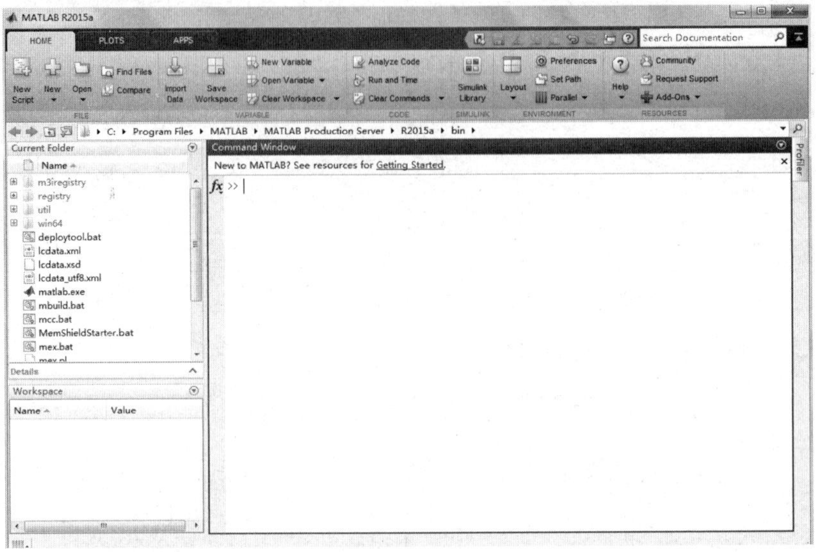

(a) MATLAB R2015a 桌面集成环境

(b) MATLAB R2023b 桌面集成环境

图 1.10　桌面集成环境

MATLAB R2015a 和 MATLAB R2023b 桌面集成环境包括如下三个面板(对应 MATLAB 7.11 桌面集成环境中的窗口)：

当前文件夹(Current Folder)：选择进入文件(Access your files)；

命令行窗口(Command Window)：在命令提示符(>>)后面输入命令(Enter commands at the command line, indicated by the prompt (>>))；

工作区(Workspace)：放置用户创建的或从文件中导入的数据(Explore data that you create or import from files)。

MATLAB R2015a 和 MATLAB R2023b 的界面更加人性化，将所有工具(包括菜单和命令)集成在三个工具条中：主页(HOME)、绘图(PLOTS)、应用程序(APPS)。

默认布局是主页(HOME)工具条，下面集成有文件(FILE)、变量(VARIABLE)、代码(CODE)、仿真(SIMULINK)、环境(ENVIRONMENT)、资源(RESOURCES)工具集。文件(FILE)工具集中包括新建脚本(New Script)、新建(New)、打开(Open)、查找文件(Find Files)、比较(Compare)等工具；变量(VARIABLE)工具集中包括输入数据(Import Data)、保存工作区(Save Workspace)、新建变量(New Variable)、打开变量(Open Variable)、清除工作区(Clear Workspace)等工具；代码(CODE)工具集中包括分析代码(Analyze Code)、运行和计时(Run and Time)、清除命令(Clear Commands)等工具；仿真(SIMULINK)工具集中包括仿真模块库(Simulink Library)工具；环境(ENVIRONMENT)工具集中包括布局(Layout)、预设项(Preferences)、设置路径(Set Path)、并行设置(Parallel)等工具；资源(RESOURCES)工具集中包括帮助(Help)、MATLAB 社区(Community)、需求支持(Request Support)、更多应用更新(Add-Ons)等工具。

绘图(PLOTS)工具条下集成了所有的绘图命令，在未选择变量时，绘图命令呈灰色，如图 1.11 所示，在命令行窗口里定义变量，比如 x,z,如图 1.12 所示：

```
>> x=0.1:0.01:2*pi;
>> z=sin(x).^2+cos(x).^3;
```

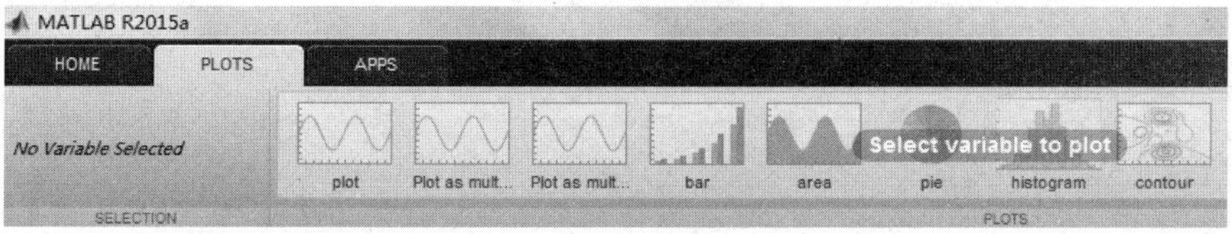

图 1.11　绘图工具条

在工作区里选择变量 x,z，则绘图命令突出显示，如图 1.13 所示，单击选中需要的绘图命令，比如 area 命令，则绘制对应图形，如图 1.14 所示。单击右边向下的小三角形，可以看到其他的绘图命令，如图 1.15 所示。再往下拖动滚动条，可以看到相关工具箱的绘图命令，如图 1.16 所示。

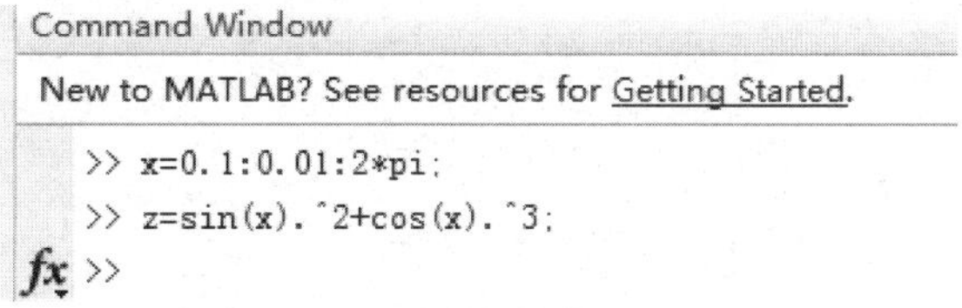

图 1.12　在命令行窗口里定义变量

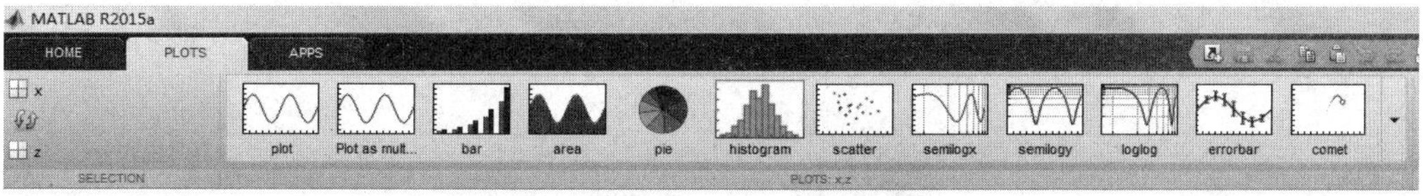

图 1.13　给定变量选择绘图命令

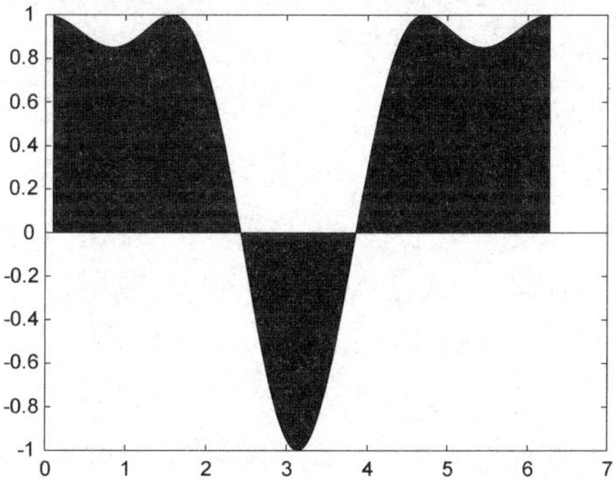

图 1.14　area 绘图命令绘制的图形

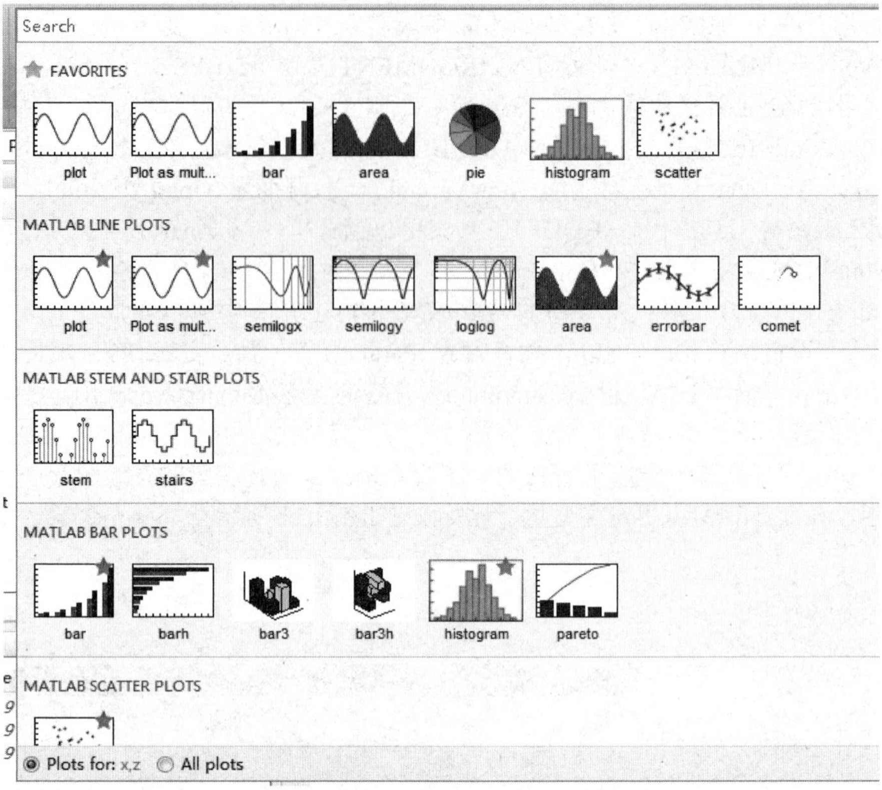

图 1.15　绘图工具集

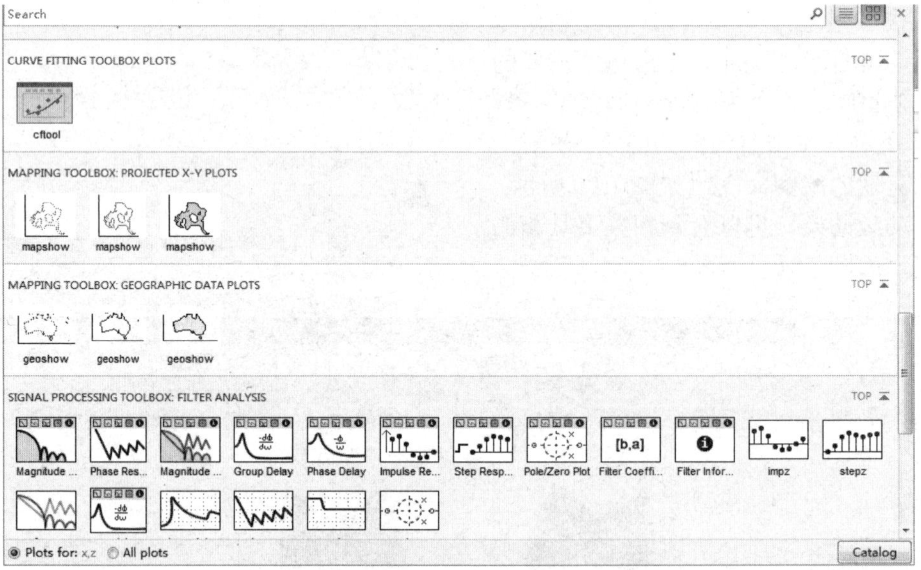

图 1.16　相关工具箱绘图命令

应用程序(APPS)工具条下面集成各专业工具箱，如图 1.17 所示。各专业工具箱对应不同的功能，比如 MATLAB 编码(MATLAB Coder)工具箱，可以依据 MATLAB 代码产生 C 代码或 MEX 函数(MATLAB Executable function，由 C 语言或 Fortran 语言编写的源代码，经 MATLAB 编译器处理而生成的二进制文件)。单击 MATLAB Coder，出现 MATLAB 编码界面，如图 1.18 所示，输入 M 函数名称，比如 M 函数 ch3.m，产生 C 代码工程文件 ch3，如图 1.19 所示。

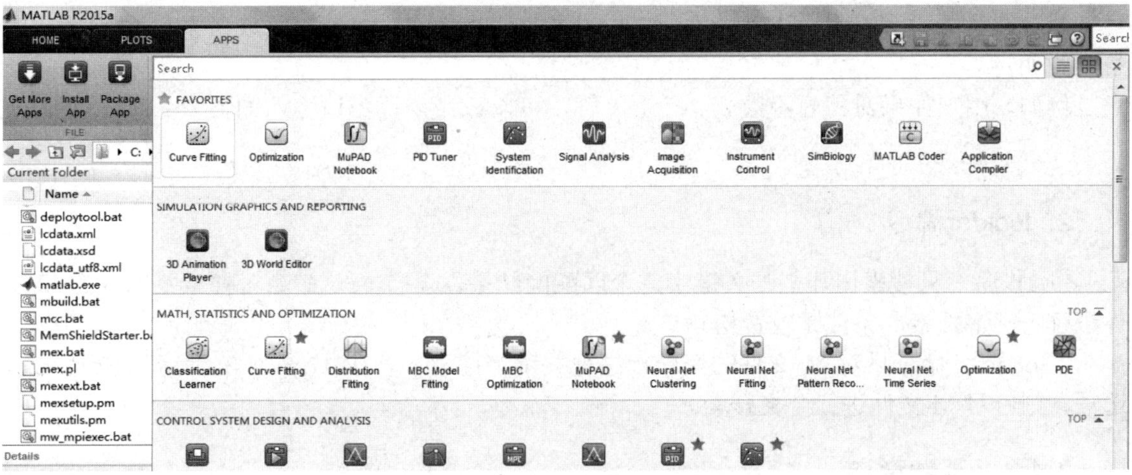

图 1.17　应用程序工具条

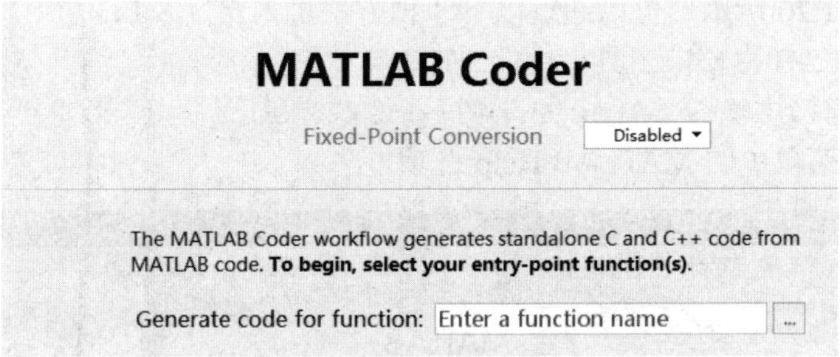

图 1.18　MATLAB 编码界面

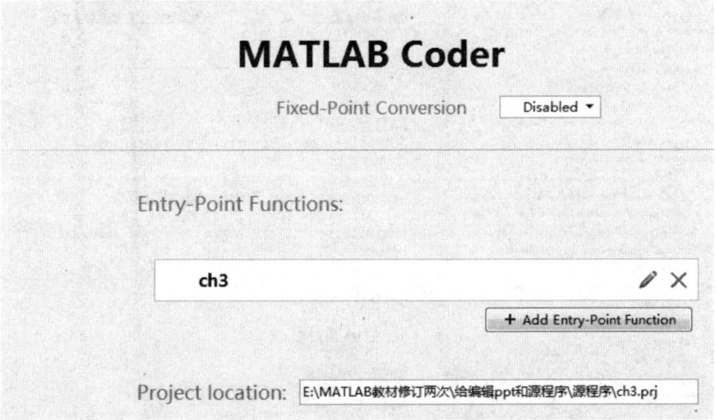

图 1.19　MATLAB 编码后产生 C 代码

1.4　MATLAB 帮助系统

1.4.1　MATLAB 的帮助命令

MATLAB 的帮助命令包括 help 命令和 lookfor 命令。下面分别进行介绍。

1．help 命令

在 MATLAB 命令行窗口中直接输入 help 命令将会显示当前帮助系统中所包含的所

有项目，即搜索路径中所有的目录名称。同样，可以通过 help 加函数名来显示该函数的帮助说明。

例如，用户如果对积分函数 quad 不了解，可以在命令行窗口输入如下命令：

```
help quad
```

2. lookfor 命令

help 命令只搜索出那些与关键字完全匹配的结果，lookfor 命令对搜索范围内的 M 文件进行关键字搜索，条件比较宽松。

lookfor 命令只对 M 文件的第一行进行关键字搜索。若在 lookfor 命令后加上-all 选项，则可对 M 文件进行全文搜索。

1.4.2 帮助窗口

帮助窗口如图1.20 所示，可以通过以下 3 种方法进入帮助窗口。

① 单击 MATLAB 主窗口工具栏中的“Help”按钮。

② 在命令行窗口中输入 helpwin, helpdesk 或 doc。

③ 选择 Help 菜单中的 MATLAB Help 选项。

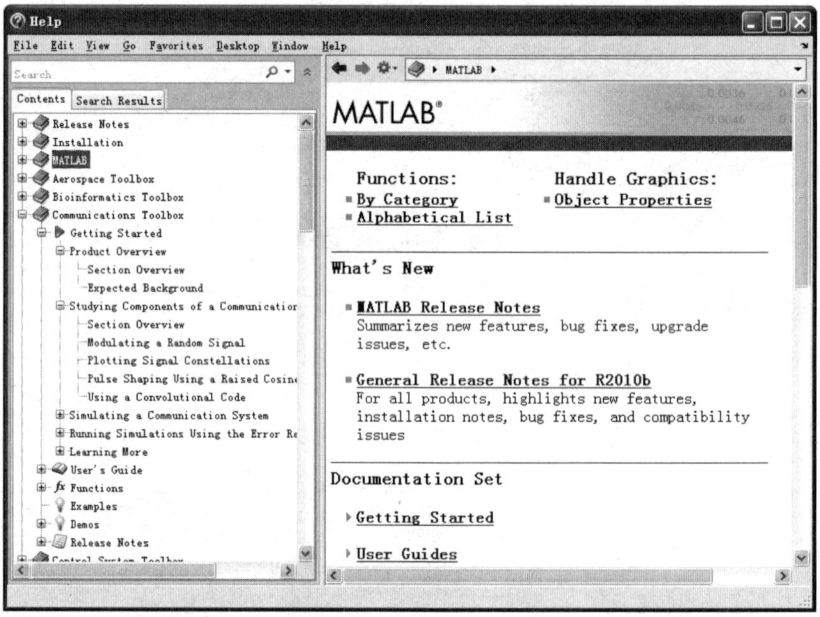

图 1.20 帮助窗口

进入帮助窗口后，用户可以查询 MATLAB 所有的产品帮助信息。例如，如果用户想了解通信工具箱，可以在帮助窗口的左边目录下单击 Communication Toolbox 前面的⊞，如图 1.21 所示，即可查询所有通信工具箱的内容。

在帮助窗口中选择演示系统(Demos)选项卡，然后在其中选择相应的演示模块，或者在命令行窗口输入 Demos，或者选择主窗口 Help 菜单中的 Demos 子菜单，可以打开演示系统。

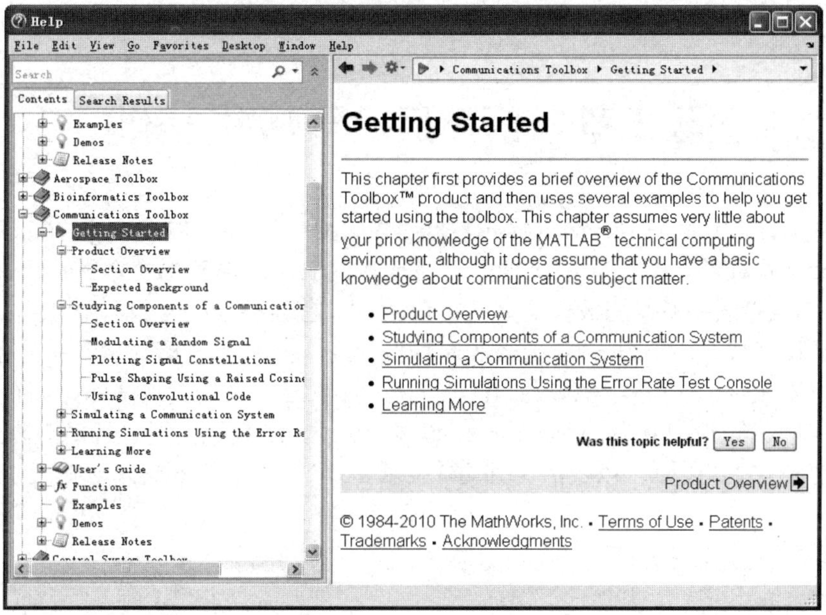

图 1.21　通信工具箱帮助文档

第2章　MATLAB应用基础

矩阵是 MATLAB 最基本、最重要的数据对象，MATLAB 的大部分运算或命令都是在矩阵运算的意义下执行的，而且这种运算定义在复数域上。向量和单个数据都可以作为矩阵的特例来处理。MATLAB 基本的数据类型是数值数据，它包括双精度数，用 `double` 函数实现转换；包括单精度数，用 `single` 函数实现转换；还包括有符号整数和无符号整数，其转换函数有 `int8`, `int16`, `int32`, `uint8`, `uint16`, `uint32`。除数值数据外，还有字符数据(用 `char` 函数实现转换)和结构体(Structure)，以及单元(Cell)数据类型、稀疏矩阵(Sparse)、逻辑型数据。在 MATLAB 中，以数值 1(非零)表示“真”，以数值 0 表示“假”。

2.1　变量及其操作

1. 变量命名

在 MATLAB 中，变量名是以字母开头，后接字母、数字或下画线的字符序列，最多 63 个字符。在 MATLAB 中，变量名区分字母的大小写。

2. 赋值语句

MATLAB 赋值语句有两种格式：

① 变量=表达式

② 表达式

表达式由变量、数值、操作符和函数所组成，结果是一个矩阵。在第一种语句形式下，MATLAB 将右边表达式的值赋给左边的变量，而在第二种语句形式下，将表达式的值赋给 MATLAB 的预定义变量 `ans`。如输入命令

```
rho=(1+sqrt(5))/2
```

显示结果为

```
rho=
    1.6180
```

3. 一些特殊变量和常量

MATLAB 中系统本身定义的特殊变量见表 2.1，这些特殊变量在启动 MATLAB 之后，自动赋值，用户要尽量避免定义相同名字的变量，否则将导致原始特殊取值丢失。

表 2.1　MATLAB 特殊变量表

ans	计算结果的默认赋值变量
i, j	虚数单位
pi	3.1415926535897
nargin	函数输入变量的个数
nargout	函数输出变量的个数
eps	机器零阈，eps = 2^(−52)

（续表）

ans	计算结果的默认赋值变量
inf	无穷大，如 1/0, 1.e1000, 2^1000, exp(1000)，而 log(0)为–inf
realmin	最小正实数，如 2^(–1022)或 2.2251e–308
realmax	最大正实数
nan	不定项，如 0.0/0.0, inf-inf
lasterr	存放最新的错误信息
lastwarn	存放最新的警告信息

4．字符串

在 MATLAB 中，字符串是用单撇号括起来的字符序列。MATLAB 将字符串当作一个行向量，每个元素对应一个字符，其标识方法和数值向量相同。也可以建立多行字符串矩阵。

字符串是以 ASCII 码形式存储的。abs 和 double 函数都可以用来获取字符串矩阵所对应的 ASCII 码数值矩阵。相反，char 函数可以把 ASCII 码矩阵转换为字符串矩阵。例如显示一个 3 行 32 列的 ASCII 字符变量串，输入命令

```
ascii=char(reshape(32:127,32,3)')
```

显示结果为

```
ascii=
 ! " # $ % & ' ( ) * + , - . / 0 1 2 3 4 5 6 7 8 9 : ; < = > ?
@ A B C D E F G H I J K L M N O P Q R S T U V W X Y Z [ \ ] ^ _
' a b c d e f g h i j k l m n o p q r s t u v w x y z { | } ~
```

与字符串有关的另一个重要函数是 eval，其调用格式为

```
eval(t)
```

其中 t 为字符串，它的作用是把字符串的内容作为对应的 MATLAB 语句来执行。

输入命令

```
a=eval('sqrt(3)')  %计算 3 的平方根，赋予 a
```

显示结果为

```
a=
   1.7321
```

若字符串中的字符含有单撇号，则该单撇号字符需用两个单撇号表示，对于较长的字符串可以用字符串向量表示，即用[]括起来。

例如输入命令

```
f=70;
c=(f-32)/1.8;
disp(['Room temperature is',num2str(c),'degree C.'])
```

显示结果为

```
Room temperature is 21.1111 degree C.
```

表 2.2 列出了几个常用的字符串处理函数及其含义。

表 2.2 常用的字符串处理函数及其含义

函数名	含义	函数名	含义
abs	字符串到 ASCII 码转换	lower	字符串变为小写
setstr	将 ASCII 码值转换成字符	str2num	将字符串转换成数值
mat2str	将矩阵转换成字符串	strcat	用于字符串的连接
num2str	将数值转换成字符串	strcmp	用于字符串的比较
int2str	将整数转换成字符串	upper	字符串转换成大写

5. 结构矩阵和单元矩阵

(1) 结构矩阵

结构矩阵的元素可以是不同的数据类型，它能将一组具有不同属性的数据纳入到一个统一的变量名下进行管理。建立一个结构矩阵可采用给结构成员赋值的办法。具体格式为

结构矩阵名.成员名=表达式

其中表达式应理解为矩阵表达式。此外可以使用创建或转换结构矩阵函数 struct，其语法格式为

s=struct('field1',{},'field2',{},…)，创建一个具有域 field1, field2, …的空结构体；

s=struct('field1',values1,'field2',values2,…)，创建一个具有特定域和值的结构矩阵。

例如命令语句 s=struct('type',{'big','little'},'color',{'red'},'x',{3 4}) 创建一个结构矩阵

```
s=
    1x2 struct array with fields:
    type
    color
    x
```

s 中的元素为

```
s(1)
ans=
       type: 'big'
      color: 'red'
          x: 3
s(2)
ans=
       type: 'little'
      color: 'red'
          x: 4
```

可以根据需要增加或删除结构的成员。例如要给结构矩阵 a 增加一个成员 x4，可给 a 中任意一个元素增加成员 x4:

```
a(1).x4='410075';
```

但其他成员均为空矩阵，可以使用赋值语句给它赋确定的值。

要删除结构的成员，则可以使用 rmfield 函数来完成。例如，删除成员 x4，输入

a=rmfield(a,'x4');即可。

(2) 单元矩阵

单元矩阵的建立方法和一般矩阵的建立方法相似，只是矩阵元素要用大括号括起来。创建单元矩阵的函数 cell 的格式如下：

c=cell(m,n)或 c=cell([m,n])，创建一个 m 行 n 列的空矩阵；

c=cell(size(A))，创建一个维数和矩阵 A 相同的空矩阵。

例如输入命令

```
A=ones(2,2),c=cell(size(A))
```

显示结果为

```
A=
     1     1
     1     1
c =

  2×2 cell 数组
    {0×0 double}    {0×0 double}
    {0×0 double}    {0×0 double}
```

可以用带有大括号下标的形式引用单元矩阵元素，例如 b{3,3}。单元矩阵的元素可以是结构或单元矩阵。可以使用 celldisp 函数来显示整个单元矩阵，如 celldisp(b)。还可以删除单元矩阵中的某个元素。表 2.3 列出了几个常用的结构及单元的函数。

表 2.3　几个常用的结构及单元的函数

函数名	含　义	函数名	含　义
struct	建立或转换结构矩阵	celldisp	显示单元矩阵内容
getfield	获取结构成员的内容	num2cell	把数值矩阵转换为单元矩阵
rmfield	删除结构成员	cell2struct	把单元矩阵转换为结构矩阵
isstruct	判断，是结构时值为真	iscell	判断，是单元矩阵时值为真
fieldnames	获取结构成员名	cellplot	显示单元矩阵的图形描述
setfield	设定结构成员的内容	deal	把输入分配给输出
isfield	成员在结构中时值为真	struct2cell	把结构矩阵转换为单元矩阵

6. 几个特殊的函数 who, whos, exist, all, any, find, format

(1) who 显示当前工作空间中所有变量的一个简单列表。

(2) whos 列出变量的大小、数据格式等详细信息。

(3) a=exist('item',…)，查询当前的工作空间内是否存在某一条款 item，返回的 a 值表示 item 的类型，见表 2.4。

表 2.4　函数 exist 返回标号值

返回标号值 a	item 的类型
0	不存在
1	为工作空间中存在的变量
2	为一 M 文件或未知类型的文件
3	为一 MEX 文件存在于 MATLAB 搜索路径上
4	为一 MDL 文件存在于 MATLAB 搜索路径上
5	为一 MATLAB 内构函数
6	为一 P 文件存在于 MATLAB 搜索路径上
7	为一目录
8	为一 Java 类

(4) `B=any(A)`，测试数组矩阵 A 是否有非零元素，如果有，则返回 1，否则返回 0。例如 `A=[0.53 0.67 0.01 0.38 0.07 0.42 0.69]`，`any(A)`产生 1。

(5) `B=all(A)`，测试数组矩阵 A 是否所有的元素非零，如果是，则返回 1，否则会返回 0。例如 `A=[0.53 0 0.01 0.38 0.07 0.42 0.69]`，`all(A)`产生 0。

(6) find 查找非零元素的索引和值。

k = find(X)返回一个包含数组 X 中每个非零元素的线性索引的向量。如果 X 为向量，则 find 返回 lengthes(元素个数)与 X 相同的向量，如果 X 为多维数组，则 find 返回由结果的线性索引组成的列向量。

k = find(X,n)返回与 X 中的非零元素对应的前 n 个索引。

k = find(X,n,direction)(其中 direction 为 'last')查找与 X 中的非零元素对应的最后 n 个索引。direction 的默认值为'first'，即查找与非零元素对应的前 n 个索引。

[row,col] = find(___)返回数组 X 中每个非零元素的行和列下标。

[row,col,v] = find(___)返回包含 X 的非零元素的向量 v。

例如：在 4×4 矩阵中查找前 3 个大于 0 且小于 10 的元素。指定两个输出以便将行和列下标返回到这些元素。

在 MATLAB 命令窗口输入：X = [18 3 1 11; 8 10 11 3; 9 14 6 1; 4 3 15 21]

显示结果为

```
X =
    18     3     1    11
     8    10    11     3
     9    14     6     1
     4     3    15    21
```

输入命令

```
[row,col] = find(X>0 & X<10,3)
row =
     2
     3
     4
col =
     1
     1
     1
```

第一个实例是 X(2,1)，即 8。

(7) `format`

`format('type')`，设置或改变数据输出格式，其中 `type` 决定数据的输出格式。控制数据输出格式的类型及其含义见表 2.5。

表 2.5 控制数据输出格式的类型及其含义

输出格式的类型	含 义	实 例
+,	+, –，空格	+
bank	银行格式，元，角，分	3.14
compact	输出变量之间紧凑，没有空行	theta = pi/2 theta= 1.5708

（续表）

输出格式的类型	含　义	实　例
hex	十六进制表示	400921fb54442d18
long	15 位有效数字形式输出	3.14159265358979
long e	15 位有效数字的科学计数形式输出	3.141592653589793e+00
loose	输出变量之间有空行	theta = pi/2 theta= 1.5708
rat	近似有理数表示	355/113
short	输出小数点后 4 位，最多不超过 7 位有效数字。 对于大于 1000 的实数，用 5 位有效数字的科学计数形式输出(默认的输出格式)	3.1416
short e	5 位有效数字的科学计数形式输出	3.1416e+00
short g	从 short 和 short e 中自动选择最佳输出方式	3.1416

2.2　MATLAB 数组与矩阵运算

2.2.1　冒号表达式

冒号用于表示向量、带有下标的数组，还可用来表示循环。

j:k，相当于向量[j,j+1,j+2,…,k]。

j:i:k，相当于向量[j,j+i,j+2*i,…,k]。

A(:,j)，矩阵 A 的第 j 列。

A(i,:)，矩阵 A 的第 i 行。

A(:,j:k)，表示 A(:,j)， A(:,j+1),…,A(:,k)。

A(:,:)，二维数组，相当于矩阵 A。

A(:)，将 A 看成一列向量，表示 A 的所有的元素。

这里 i， j， k 必须为标量。

在 MATLAB 中，还可以用 linspace 函数产生行向量。其调用格式为

```
linspace(a,b,n)
```

其中 a 和 b 是生成向量的第一个和最后一个元素，n 是元素总数。当 n 省略时，自动产生 100 个元素。显然，linspace(a,b,n)与 a:(b-a)/(n-1):b 等价。例如在 MATLAB 命令窗口输入

```
a=linspace(1,10,10)
```

显示结果为

```
a=
    1  2  3  4  5  6  7  8  9  10
```

在 MATLAB 命令窗口输入

```
a=[1:2:10]
```

显示结果为

```
a=
    1  3  5  7  9
```

此外可以在对数空间建立向量，采用函数 logspace，其调用格式为

```
a=logspace(n1,n2,n)
```

在对数空间上，行矢量的值从 10^{n1} 到 10^{n2}，数据个数为 n，默认 n 为 50。这个指令为建立对数频域轴坐标提供了方便。例如在 MATLAB 命令窗口输入

```
a=logspace(1,3,3)
```

显示结果为

```
a=
    10   100   1000
```

2.2.2 矩阵的建立

1. 直接输入法

最简单的建立矩阵的方法是直接输入矩阵的元素。具体方法如下：将矩阵的元素用方括号括起来，按矩阵行的顺序输入各元素，同一行的各元素之间用空格或逗号分隔，不同行的元素之间用分号分隔。例如在 MATLAB 命令窗口输入

```
a=1; b=2; c=3;
x=[5 b c; a*b a+c c/b]
```

显示结果为

```
x=
    5.000     2.000     3.000
    2.000     4.000     1.500
```

这样在 MATLAB 的工作空间中就建立了一个矩阵 x，以后可以调用 x。

2. 利用 M 文件建立矩阵

对于比较大且比较复杂的矩阵，可以为它专门建立一个 M 文件。

3. 建立大矩阵

大矩阵可由方括号中的小矩阵或向量建立起来。
例如在 MATLAB 命令窗口输入

```
A=[1 2 3;4 5 6;7 8 9];
C=[A,eye(size(A)); ones(size(A)),A]
```

显示结果为

```
C=
     1     2     3     1     0     0
     4     5     6     0     1     0
     7     8     9     0     0     1
     1     1     1     1     2     3
     1     1     1     4     5     6
     1     1     1     7     8     9
```

2.2.3 矩阵的拆分

1. 矩阵元素

通过下标引用矩阵的元素，例如

```
A(3,2)=200
```

采用矩阵元素的序号来引用矩阵元素。矩阵元素的序号就是相应元素在内存中的排列顺序。在 MATLAB 中，矩阵元素按列存储，先第一列，再第二列，依此类推。例如在 MATLAB 命令窗口输入

```
A=[1,2,3;4,5,6];
A(3)
```

显示结果为

```
ans=
     2
```

显然，序号(Index)与下标(Subscript)是一一对应的，以 m × n 矩阵 A 为例，矩阵元素 A(i,j)的序号为(j-1)*m+i。其相互转换关系也可利用 sub2ind 和 ind2sub 函数求得。

2. 矩阵拆分

(1) 利用冒号表达式获得子矩阵

① A(:,j)表示矩阵 A 第 j 列的全部元素;A(i,:)表示矩阵 A 第 i 行的全部元素;A(i,j)表示矩阵 A 第 i 行、第 j 列的元素。

② A(i:i+m,:)表示矩阵 A 第 i～i+m 行的全部元素；A(:,k:k+m)表示矩阵 A 第 k～k+m 列的全部元素，A(i:i+m,k:k+m)表示矩阵 A 中第 i～i+m 行内、第 k～k+m 列中的所有元素。

③ A(:)将矩阵 A 的每一列元素堆叠起来，成为一个列向量，这也是 MATLAB 变量的内部存储方式。

此外，还可利用一般向量和 end 运算符来表示矩阵下标，从而获得子矩阵。end 表示某一维的末尾元素下标。

例如，在 MATLAB 命令窗口输入矩阵

```
A=
    1     2     3     4     5
    6     7     8     9    10
   11    12    13    14    15
   16    17    18    19    20
   21    22    23    24    25
```

要将其右下角 3×2 子矩阵赋给 D，可在 MATLAB 命令窗口输入

```
A=[1 2 3 4 5;6 7 8 9 10;11 12 13 14 15;16 17 18 19 20;21 22 23 24 25];
D=A([(end-2):1:end],[end-1,end])
```

显示结果为

```
D=
   14    15
   19    20
   24    25
```

(2) 利用空矩阵删除矩阵的元素

在 MATLAB 中，定义[]为空矩阵。给变量 X 赋空矩阵的语句为 X=[]。注意，X=[]与 clear X 不同，clear 是将 X 从工作空间中删除，而[]则存在于工作空间中，只是维数为 0。

2.2.4 MATLAB 数据的运算

1. 基本算术运算

MATLAB 的运算是在矩阵意义下进行的，单个数据的算术运算只是一种特例。基本数学运算符见表 2.6。

表 2.6 基本数学运算符

基本数学运算符	含 义
+	加(Addition)
-	减(Subtraction)
*	乘(Multiplication)
/	右除(Division)
\	左除(Left division)
^	乘方(Power)
'	转置(Complex conjugate transpose)
( )	括号，高优先级别

(1) 矩阵加减运算

假定有两个矩阵 A 和 B，则可以由 A+B 和 A-B 实现矩阵的加减运算。运算规则是：若 A 和 B 矩阵的维数相同，则可以执行矩阵的加减运算，A 和 B 矩阵的相应元素相加减；如果 A 与 B 的维数不相同，则给出错误信息，提示用户两个矩阵的维数不匹配。

(2) 矩阵乘法

假定有两个矩阵 A 和 B，若 A 为 m×n 矩阵，B 为 n×p 矩阵，则 C=A*B 为 m×p 矩阵。

(3) 矩阵除法

在 MATLAB 中，有两种矩阵除法运算：\和/，分别表示左除和右除。如果 A 矩阵是非奇异方阵，则 A\B 和 B/A 运算可以实现。A\B 等效于 A 矩阵的逆左乘 B 矩阵，也就是 inv(A)*B，而 B/A 等效于 A 矩阵的逆右乘 B 矩阵，也就是 B*inv(A)。

对于含有标量的运算，两种除法运算的结果相同，如 3/4 和 4\3 有相同的值，都等于 0.75。又如，设 a=[10.5,25]，则 a/5=5\a=[2.1000 5.0000]。对于矩阵来说，左除和右除表示两种不同的除数矩阵和被除数矩阵的关系。对于矩阵运算，一般 A\B≠B/A。

(4) 矩阵的乘方

一个矩阵的乘方运算可以表示成 A^x，要求 A 为方阵，x 为标量。

2. 点运算

点运算也称为数组运算，其运算符是在有关算术运算符前面加点。点运算符有.*，./，.\ 和.^。两矩阵进行点运算是指它们的对应元素进行相关运算，要求两矩阵的维数相同。一些特殊的矩阵函数，如 sin 函数是由点运算的形式进行的。

例如在 MATLAB 命令窗口输入

```
a=[1 2;3 4];b=[ 3 5; 5 9];c=a+b,d=a-b,e=a*b,f=a/b,g=a\b,h=a^3,k=a.*b,l=a./b,…
m=a.\b,n=a.^3
```

显示结果为

```
c=
     4     7
     8    13
d=
    -2    -3
    -2    -5
e=
    13    23
    29    51
f=
   -0.5000    0.5000
    3.5000   -1.5000
g=
   -1.0000   -1.0000
    2.0000    3.0000
h=
    37    54
    81   118
k=
     3    10
    15    36
l=
    0.3333    0.4000
    0.6000    0.4444
m=
   3.0000    2.5000
   1.6667    2.2500
n=
     1     8
    27    64
```

3．关系运算和逻辑运算

MATLAB 提供了 6 种关系运算符：<(小于)、<=(小于或等于)、>(大于)、>=(大于或等于)、==(等于)、～=(不等于)。它们的含义不难理解，但要注意其书写方法与数学中的不等式符号不尽相同。

关系运算符的运算法则为：

① 当两个比较量是标量时，直接比较两数的大小。若关系成立，关系表达式结果为 1，否则为 0。

② 当参与比较的量是两个维数相同的矩阵时，比较是对两矩阵相同位置的元素按标量关系运算规则逐个进行的，并给出元素比较结果。最终的关系运算的结果是一个维数与原矩阵相同的矩阵，它的元素由 0 或 1 组成。

③ 当参与比较的一个是标量，而另一个是矩阵时，则把标量与矩阵的每一个元素按标量关系运算规则逐个比较，并给出元素比较结果。最终的关系运算的结果是一个维数与原矩阵相同的矩阵，它的元素由 0 或 1 组成。

例如建立 5 阶方阵 A，判断 A 的元素是否能被 3 整除。

在 MATLAB 命令窗口输入：

```
A=[24,35,13,22,63;23,39,47,80,80; …
90,41,80,29,10;45,57,85,62,21;37,19,31,88,76]
   P=rem(A,3)==0
```

显示结果为

```
A=
    24    35    13    22    63
    23    39    47    80    80
    90    41    80    29    10
    45    57    85    62    21
    37    19    31    88    76
P=
     1     0     0     0     1
     0     1     0     0     0
     1     0     0     0     0
     1     1     0     0     1
     0     0     0     0     0
```

其中，rem(A,3)是矩阵 A 的每个元素除以 3 的余数矩阵。此时，0 被扩展为与 A 同维数的零矩阵，P 是进行是否相等(==)比较的结果矩阵。

MATLAB 提供了 3 种逻辑运算符：&(与)、|(或)和~(非)。

逻辑运算的运算法则为：

① 在逻辑运算中，确认非零元素为真，用 1 表示，零元素为假，用 0 表示。

② 设参与逻辑运算的是两个标量 a 和 b，那么，

a&b 操作对应 a,b 全为非零时，运算结果为 1，否则为 0。

a|b 操作对应 a,b 中只要有一个非零，运算结果为 1。

~a 操作对应当 a 是零时，运算结果为 1；当 a 非零时，运算结果为 0。

③ 若参与逻辑运算的是两个同维矩阵，那么运算将对矩阵相同位置上的元素按标量规则逐个进行。最终运算结果是一个与原矩阵同维的矩阵，其元素由 1 或 0 组成。

④ 若参与逻辑运算的一个是标量，一个是矩阵，那么运算将在标量与矩阵中的每个元素之间按标量规则逐个进行。最终运算结果是一个与矩阵同维的矩阵，其元素由 1 或 0 组成。

⑤ 逻辑非是单目运算符，也服从矩阵运算规则。

⑥ 在算术、关系、逻辑运算中，算术运算优先级最高，逻辑运算优先级最低。

例如在 MATLAB 命令窗口输入

```
e=[1 0;8 3]; f=[2 0;5 7]; e&f,e|f
```

显示结果为

```
ans=
      1     0
      1     1
ans=
      1     0
      1     1
```

4. 矩阵的其他运算

sum：sum(X)表示向量 X 所有元素之和，sum(X,DIM)表示数组矩阵 X 的对应第 DIM 维元素之和。例如，如果 X=[0 1 2;3 4 5]，则 sum(X,1)是[3 5 7]，而 sum(X,2)

是[3,12]'。

inv：矩阵求逆。

det：求行列式的值。

eig：求矩阵的特征值和特征向量。E=eig(A)：求矩阵 A 的全部特征值，构成向量 E。[V,D]=eig(A)表示求矩阵 A 的全部特征值构成的对角阵 D，A 的特征向量分别为 V 的列向量。[V,D]=eig(A,'nobalance')与前一种格式类似，但前一种格式中先对 A 进行相似变换后求矩阵 A 的特征值和特征向量，而后一种直接求矩阵 A 的特征值和特征向量。

diag：求对角矩阵，设 A 为 m×n 矩阵，diag(A)函数用于提取矩阵 A 的主对角线元素，产生一个具有 min(m,n)个元素的列向量。diag(A)函数还有一种形式 diag(A,k)，其功能是提取第 k 条对角线的元素。设 V 为具有 m 个元素的向量，diag(V)将产生一个 m×m 对角矩阵，其主对角线元素即向量 V 的元素。diag(V)函数也有另一种形式 diag(V,k)，其功能是产生一个 n ×n(n = m +|k|)对角阵，其第 k 条对角线的元素即向量 V 的元素。

rank：求矩阵的秩。

trace：求矩阵的迹，其为矩阵的对角线元素之和，也等于矩阵的特征值之和。

例如在 MATLAB 命令窗口输入

```
Q=
     0.5517   -0.6321    0.5441
     0.5915   -0.1634   -0.7896
     0.5880    0.7574    0.2838
```

在 MATLAB 命令窗口输入

```
d=[1 0 1],
A=Q*diag(d)*Q',
B=eig(A),C=diag(A),D=rank(A),E=trace(A),F=inv(A),G=det(A),H=sum(A),
```

显示结果为

```
d=
      1     0     1
A=
     0.6004   -0.1033    0.4788
    -0.1033    0.9733    0.1238
     0.4788    0.1238    0.4263
B=
     0.0000
     1.0000
     1.0000
C=
     0.6004
     0.9733
     0.4263
D=
     2
E=
     2.0000
Warning: Matrix is close to singular or badly scaled.
         Results may be inaccurate. RCOND=3.101464e-017.
```

```
F=
    1.0e+016 *
    0.9125    0.2359   -1.0934
    0.2359    0.0610   -0.2826
   -1.0934   -0.2826    1.3101
G=
    4.3791e-017
H=
    0.9759    0.9938    1.0288
```

2.2.5 特殊矩阵

常用的生成通用特殊矩阵的函数如下。

zeros：生成全 0 矩阵(零矩阵)。

ones：生成全 1 矩阵(幺矩阵)。

eye：生成单位矩阵。

rand：生成 0～1 间均匀分布的随机矩阵。

randn：生成均值为 0、方差为 1 的标准正态分布随机矩阵。

magic(n)：生成一个 n 阶魔方阵。魔方阵的每行、每列及两条对角线上的元素和都相等。对于 n 阶魔方阵，其元素由 1, 2, 3, ⋯, n^2 共 n^2 个整数组成。

vander(V)：生成以指定向量 V 为基础向量的范得蒙矩阵。其最后一列全为 1，倒数第二列为一个指定的向量 V，其他各列是其后列与倒数第二列的点乘。

hilb(n)：生成希尔伯特矩阵，其每个元素为 $h_{ij}=\dfrac{1}{i+j-1}$。

invhilb(n)：求 n 阶希尔伯特矩阵的逆矩阵。

toeplitz(x,y)：生成一个以 x 为第一列，y 为第一行的托普利兹(Toeplitz)矩阵。这里 x,y 均为向量，两者不必等长。toeplitz(x)用向量 x 生成一个对称的托普利兹矩阵。托普利兹矩阵为除第一行第一列外，其他每个元素都与左上角的元素相同的矩阵。

compan(p)：生成多项式 p(x)的伴随矩阵，其中 p 是一个多项式的系数向量，高次幂系数排在前，低次幂系数排在后。

pascal(n)：生成一个 n 阶帕斯卡(Pascal)矩阵，二次项 $(x+y)^n$ 展开后的系数随 n 的增大组成一个三角形表，称为杨辉三角形表。由杨辉三角形表组成的矩阵称为帕斯卡矩阵。

2.3 数学函数

常用的基本数学函数见表 2.7。

表 2.7 常用的基本数学函数

函数名	含义	函数名	含义
sin	正弦函数	sqrt	平方根函数
cos	余弦函数	log	自然对数函数
tan	正切函数	log10	常用对数函数
asin	反正弦函数	log2	以 2 为底的对数函数
acos	反余弦函数	exp	自然指数函数

（续表）

函数名	含义	函数名	含义
atan	反正切函数	pow2	2 的幂
sinh	双曲正弦函数	abs	绝对值函数
cosh	双曲余弦函数	angle	复数的幅角
tanh	双曲正切函数	real	复数的实部
asinh	反双曲正弦函数	imag	复数的虚部
acosh	反双曲余弦函数	conj	复数共轭运算
atanh	反双曲正切函数	rem	求余数或模运算
mod	模运算	round	四舍五入到最邻近的整数
fix	向零方向取整	sign	符号函数
floor	不大于自变量的最大整数	gcd	最大公因子
ceil	不小于自变量的最小整数	lcm	最小公倍数

函数使用说明如下：

① 三角函数以弧度为单位计算。

② abs 函数可以求实数的绝对值、复数的模、字符串的 ASCII 码值。

③ 用于取整的函数有 fix, floor, ceil, round，要注意它们的区别。

④ rem(x,y)返回的结果与 x 具有相同的符号，而 mod(x,y)返回的结果与 y 具有相同的符号；如果 x 和 y 有相同的符号，则 rem(x,y)和 mod(x,y)有同样的结果。

2.4　数据的获取

2.4.1　readtable 基于文件创建表

T = readtable(filename)通过从文本文件、电子表格(包括 Microsoft Excel)文件、XML 文件、HTML 文件或 Microsoft Word 文档中读取列向数据来创建表。readtable 检测数据元素，如分隔符和数据类型，以确定如何导入数据。

例如读取当前文件夹中 myCsvTable.dat 或 myCsvTable.txt 文本文件，文本文件内容如下：

```
LastName,Gender,Age,Height,Weight,Smoker
Smith,M,38,71,176,1
Johnson,M,43,69,163,0
Williams,F,38,64,131,0
Jones,F,40,67,133,0
Brown,F,49,64,119,0
```

在 MATLAB 命令窗口输入：

```
T = readtable("myCsvTable.dat")或T = readtable("myCsvTable.txt")
```

返回：

```
T =  5×6 table
      LastName      Gender   Age   Height   Weight   Smoker
     {'Smith'   }   {'M'}    38     71       176       1
     {'Johnson' }   {'M'}    43     69       163       0
     {'Williams'}   {'F'}    38     64       131       0
     {'Jones'   }   {'F'}    40     67       133       0
     {'Brown'   }   {'F'}    49     64       119       0
```

创建的表中第一行为变量，变量名称为原文本文件中第一行的条目。

T = readtable(filename,opts) 使用 opts 指定的选项创建表并配置 readtable 解读文件的方式。

例如读取当前文件夹中电子表格 patients.xls 的 C2 和 E6 两个对角之间的 5×3 矩形区域内的数据创建表，同时不将该区域的第一行的条目用作变量名称，其中该区域内的数据如下：

38	County General Hospital	71
43	VA Hospital	69
38	St. Mary's Medical Center	64
40	VA Hospital	67
49	County General Hospital	64

在 MATLAB 命令窗口输入：

```
T = readtable("patients.xls",Range="C2:E6",ReadVariableNames=false)
```

返回如下，其中第一行为变量，变量名称为默认变量名称：Var1,Var2,Var3。

```
T =  5×3 table
    Var1              Var2                     Var3
     38     {'County General Hospital'  }          71
     43     {'VA Hospital'              }      69
     38     {'St. Mary's Medical Center'}          64
     40     {'VA Hospital'              }      67
     49     {'County General Hospital'  }          64
```

2.4.2　writetable 将表写入文件

writetable(T) 将表 T 写入逗号分隔的文本文件，文件名为表的工作区变量名称，附加扩展名 .txt。如果无法根据输入表名称构造文件名，则写入 table.txt 文件中。

对于文本文件和电子表格文件，T 中每个变量的每列都成为输出文件中的一列，T 的变量名称为文件第一行的列标题。

对于 XML 文件，T 中的每列都成为输出文件中的一个 XML 节点，T 的变量名称为输出 XML 文件中元素节点的名称。

writetable(T,filename) 写入具有 filename 指定的名称和扩展名的文件。

writetable 根据指定扩展名确定文件格式，扩展名必须是下列格式之一：

.txt、.dat 或 .csv(带分隔符的，本文件)；

.xls、.xlsm 或 .xlsx(适用于 Excel® 电子表格文件)；

.xlsb(适用于安装了 Windows® Excel 系统的 Excel 电子表格文件)；

.xml(可扩展标记语言(XML)文件)；

例如，创建一个表，在 MATLAB 命令窗口输入

```
T = table(['M';'F';'M'],[45 45;41 32;40 34],...
    {'NY';'CA';'MA'},[true;false;false])
```

返回

```
T=3×4 table
    Var1      Var2        Var3     Var4
     M       45    45    {'NY'}    true
     F       41    32    {'CA'}    false
     M       40    34    {'MA'}    false
```

将表写入逗号分隔的文本文件，并显示文件内容。

在 MATLAB 命令窗口输入

```
writetable(T)
```

writetable 输出名为 T.txt 的文本文件。

在 MATLAB 命令窗口输入

```
type 'T.txt'
```

返回

```
Var1,Var2_1,Var2_2,Var3,Var4
M,45,45,NY,1
F,41,32,CA,0
M,40,34,MA,0
```

writetable 给变量名称 Var2 附加一个唯一的后缀(位于两列相应数据的上方)。

如果将表写入空格分隔的名为 myData.txt 的文本文件并显示文件内容，则在 MATLAB 命令窗口输入

```
writetable(T,'myData.txt','Delimiter',' ')
type 'myData.txt'
```

返回

```
Var1 Var2_1 Var2_2 Var3 Var4
M 45 45 NY 1
F 41 32 CA 0
M 40 34 MA 0
```

同样 writetable 会给变量名称 Var2 附加一个唯一的后缀(位于两列相应数据的上方)。

如果将表写入名为 myData.xls 的电子表格中，将第一张电子表格中的数据包含在 5×5 的区域中，转角位于 B2 和 F6，则输入：

```
writetable(T,'myData.xls','Sheet',1,'Range','B2:F6')
```

2.4.3　imread 从图形文件读取图像

A = imread(filename)从 filename 指定的文件中读取图像，并从文件内容推断出其格式。如果 filename 为多图像文件，则 imread 读取该文件中的第一个图像。

A = imread(filename,fmt)另外还指定具有 fmt 指示的标准文件扩展名的文件的格式。如果 imread 找不到具有 filename 指定的名称的文件，则会查找名为 filename.fmt 的文件。

[A,map] = imread(___)将 filename 中的索引图像读入 A，并将其关联的颜色图读入 map。图像文件中的颜色图值会自动重新调整到范围[0,1]中。

[A,map,transparency] = imread(___)另外还返回图像透明度。此语法仅适用于 PNG、CUR 和 ICO 文件。对于 PNG 文件，如果存在 alpha 通道，transparency 会返回该 alpha 通道。对于 CUR 和 ICO 文件，它为 AND(不透明度)掩码。

例如在 MATLAB 命令窗口输入

```
A = imread('ngc6543a.jpg');
```

读取当前文件夹中示例图 ngc6543a.jpg。

imread 返回 650×600×3 数组 A。

输入 image(A)显示图像如图 2.1 所示。

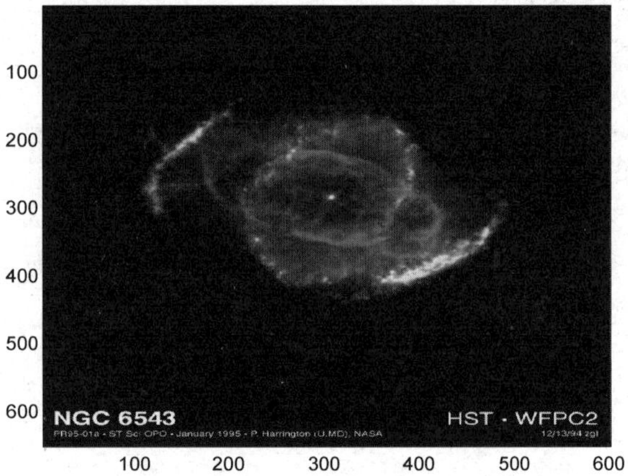

图 2.1　读取当前文件夹中示例图 ngc6543a.jpg

图 2.2　显示 corn.tif 中的第一幅图像

例如在 MATLAB 命令窗口输入

```
[X,cmap] = imread('corn.tif');
```

读取当前文件夹中索引图像示例文件 corn.tif 中的第一幅图像，索引图像 X 是 uint8 类型的 415×312 数组。颜色图 cmap 是 double 类型的 256×3 矩阵，因此索引图像中有 256 种颜色。

输入 imshow(X,cmap)显示图像如图 2.2 所示。

输入 RGB = ind2rgb(X,cmap);将索引图像转换为 RGB 图像，结果为一个 double 类型的 415×312×3 数组。

输入 disp(['Range of RGB image is [',num2str(min(RGB(:))),', ', num2str(max(RGB(:))),'].'])显示 Range of RGB image is [0.0078431, 0.97647]。

2.5　M 文件

用 MATLAB 语言编写的程序，称为 M 文件。M 文件可以根据调用方式的不同分为两类：脚本文件(Script File)和函数文件(Function File)。

2.5.1　脚本文件

脚本文件是一个文本文件，它可以用任何程序来建立和编辑，而一般常用且最为方便的是使用 MATLAB 提供的文本编辑器。

1．建立新的 M 文件

启动 MATLAB 文本编辑器，如第 1 章所述，即可编写。

2．打开已有的 M 文件

打开已有的 M 文件，有如下 3 种方法。

① 菜单操作。从 MATLAB 主窗口的 File 菜单中选择 Open 命令，则屏幕出现 Open 对话框，在 Open 对话框中选中所需打开的 M 文件。在文档窗口可以对打开的 M 文件进行编辑修改，编辑完成后，将 M 文件存盘。

② 命令操作。在 MATLAB 命令窗口输入命令：edit 文件名，则打开指定的 M 文件。

③ 命令按钮操作。单击 MATLAB 主窗口工具栏上的“Open File”命令按钮，再从弹出的对话框中选择所需打开的 M 文件。

例如编写 M 文件计算 theta 的几个三角函数的数组 theta，再创建一系列的极坐标图形。

打开 M 文件编辑器，输入命令语句：

```
% An M-file script to produce    % Comment lines
% "flower petal" plots
theta=-pi:0.01:pi;               % Computations,theta can be
rho(1,:)=2*sin(5*theta).^2;      % assigned outside the script file
rho(2,:)=cos(10*theta).^3;       %(in command window)
rho(3,:)=sin(theta).^2;
rho(4,:)=5*cos(3.5*theta).^3;
for k=1:4
 polar(theta,rho(k,:))           % Graphics output
 pause                   %Entering these commands in an M-file called petals.m.
end     %Typing petals at the MATLAB command line executes the statements
%After the script displays a plot, press Return to move to the next plot.
```

保存并运行后的结果如图 2.3 所示，单击任意键得图 2.4，然后再单击任意键得图 2.5，最后单击任意键得图 2.6，共计 4 个图形。

记住：命令文件的名称不能和变量名称相同，而且必须以字母开头，命令文件产生的变量都保存在工作空间中，命令文件可以调用工作空间中的任意变量。

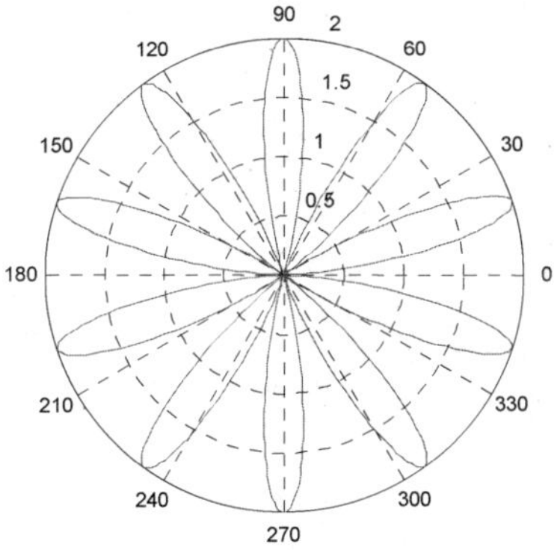

图 2.3　曲线 2*sin(5*theta).^2 的极坐标图形

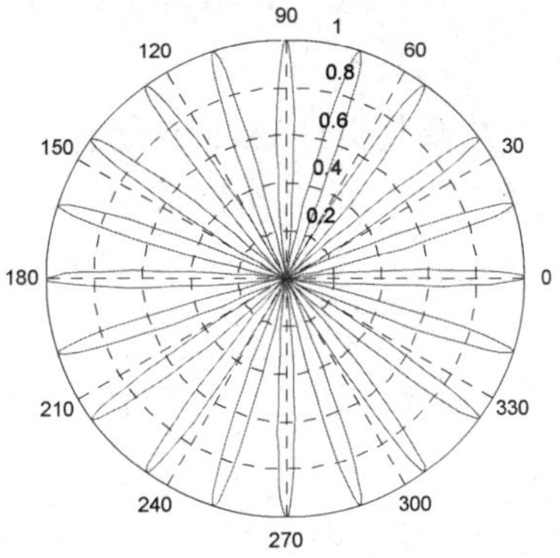

图 2.4　曲线 cos(10*theta).^3 的极坐标图形

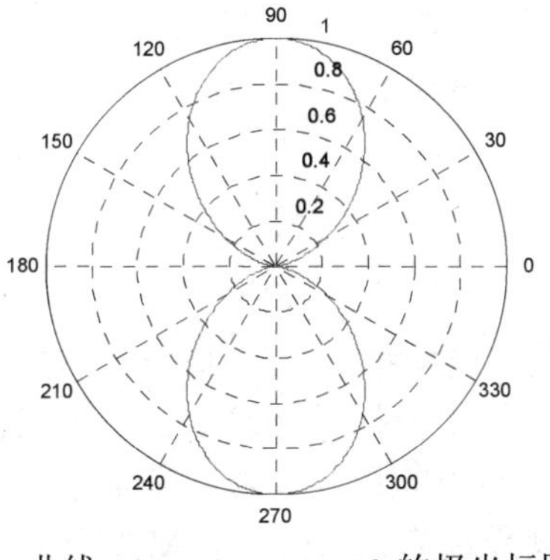

图 2.5　曲线 sin(theta).^2 的极坐标图形

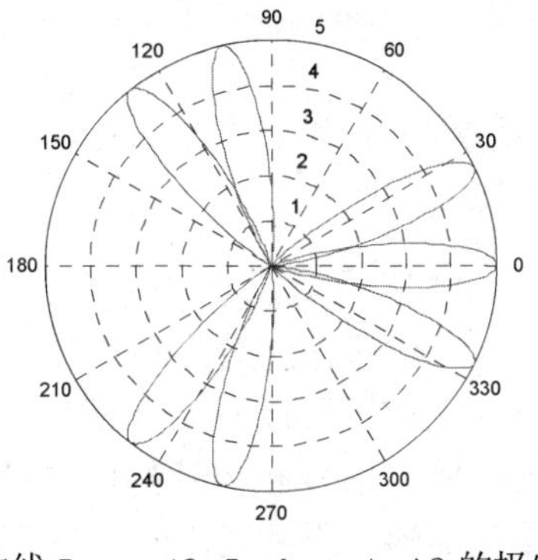

图 2.6　曲线 5*cos(3.5*theta).^3 的极坐标图形

2.5.2　函数文件

用户可以编写自己的函数,实现某种需要的功能,调用时如同调用 MATLAB 的内构函数。M 函数有自己的定义格式,下面先看一个例子。

例 2.1　建立一个命令文件将变量 *a*, *b* 的值互换,然后运行该命令文件。

程序 1:

首先建立命令文件并以文件名 exch.m 存盘,

```
clear;
a=1:10;
b=[11,12,13,14;15,16,17,18];
c=a;a=b;b=c;
a
b
```

然后在 MATLAB 的命令窗口输入 `exch`,将会执行该命令文件。

程序 2:

首先建立函数文件 fexch.m:

```
function [a,b]=fexch(a,b)
c=a;a=b;b=c;
```

然后在 MATLAB 的命令窗口调用该函数文件,输入命令语句:

```
clear;
x=1:10;
y=[11,12,13,14;15,16,17,18];
[x,y]=fexch(x,y)
```

运行结果与文件 exch.m 运行结果相同。

定义 M 函数的基本格式如下:

```
function[y1,y2,…]=ff(x1,x2,…)
```

`function` 表示定义函数;`ff` 表示函数名称;`xi`,`yi` 表示输入、输出变量,可以为标量、数组、矩阵或字符串,输出变量用方括号括起来,输入变量用圆括号括起来,中间用逗号隔开。

例 2.2　编写函数表示 $2\sqrt{x^2+10}-5$。

编写 M 函数如下:

```
function[p]=ff(x)          %函数命令行
n=length(x);               %函数体, x 可以是向量或标量
for i=1:n
pp(i)=sqrt(x(i)^2+10);
end
p=pp*2-5;
```

记住:函数保存的名称必须和函数定义的名称一致,这里都为 `ff`。如果只有一个输出变量,则在定义行里可以不加方括号,但多个输出变量必须用方括号括起来;也可以没有输出变量,这时候方括号和等号都可以省略,相当于有输入参数的命令文件。函数中的输入变量名称都是局部的,因此调用时可以调用其他名称的变量或数值。

例如,在命令窗口中输入 `x =[1,2,3]`,调用函数 `ff`,输入 `ff(x)`,显示结果为

```
ans=
      1.6332    2.4833    3.7178
```

本例中之所以采用循环，是为了让大家明白，输入变量 x 可以是向量，循环的次数即向量 x 中数的个数，如果输入变量 x 为单个数值，那么循环次数为 1。

其实，在 MATLAB 中，我们要以矩阵的观点对待每一个变量，当然很多运算是对矩阵中每一个数值做运算，而非线性代数中的矩阵运算，这时就要用到点运算了，也就是数组运算。在 MATLAB 中，很多的数学函数都是点运算，比如表 2.7 中的基本数学函数——正弦函数 sin，在 MATALB 命令窗口中对一个向量或矩阵求正弦，其实是对该向量或矩阵中的每一个数值求正弦。比如，在 MATLAB 命令窗口输入

```
sin([5:10])
```

则返回结果为 ans =

```
   -0.9589   -0.2794    0.6570    0.9894    0.4121   -0.5440
```

因而本例可以编写更简单的函数，因为求平方根函数 sqrt 本身也是一种点运算。

编写 M 函数如下：

```
function [p]=ff(x)
p=2*sqrt(x.^2+10)-5;
```

保存，文件函数名称和文件名称一致，为 ff，然后在 MATLAB 命令窗口中调用，输入变量分别为矩阵、向量和单个数值，结果如下：

```
ff([1 2 3;4 5 6])
ans =
    1.6332    2.4833    3.7178
    5.1980    6.8322    8.5647
ff([4 5 6])
ans =
    5.1980    6.8322    8.5647
ff(6)
ans =
    8.5647
```

例 2.3 编写函数表示 $x+y+z, x^2+y^2+z^2, x^3+y^3+z^3$。

编写 M 函数如下：

```
function [u,v,w]=aaa(x,y,z)
u=x+y+z
v=x.^2+y.^2+z.^2
w=x.^3+y.^3+z.^3
```

函数名称为 aaa，有 3 个输入变量，3 个输出变量。

可以采取以下几种形式的调用函数，输入如下语句：

```
[d e f]=aaa(1,2,3)     %直接输入变量值
```

或

```
aaa([1:10],[2:11],[3:12])
```

或

```
x=linspace(5,8,11)
y=sin(x);
```

```
z=cos(x);
[a b c]=aaa(x,y,z)    %先定义输入变量 x,y,z，再调用函数送给变量 a,b,c
```

也可以在变量前加 global 声明某些变量为全局变量，全局变量的声明必须在命令文件或命令窗口里和使用该变量的函数中同时声明。

例 2.4 建立函数文件将输入的参数加权相加。

编写 M 函数如下：

```
function f=wadd(x,y)
global ALPHA BETA     %ALPHA, BETA 在命令窗口和函数中都被声明为全局变量
f=ALPHA*x+BETA*y;
```

在 MATLAB 命令窗口中调用函数，输入如下语句：

```
global ALPHA BETA
ALPHA=1;
BETA=2;
s=wadd(5,6)
```

程序运行结果如下：

```
s=
    17
```

2.6 实时脚本

实时脚本在实时编辑器的交互式环境中编写，扩展名为.mlx，用户可以编写代码并查看生成的输出和图形以及相应的源代码，也可以添加格式化文本、图像、超链接和方程，以创建可与其他人共享的交互式记叙脚本。在主页选项卡单击新建实时脚本，或在命令窗口中使用 edit 函数，例如，键入 edit penny.mlx 即可打开或创建文件 penny.mlx。如果未指定扩展名，MATLAB 默认文件扩展名为.m，此类型的文件仅支持纯代码。

在实时编辑器中以实时脚本方式打开已有的脚本(.m)文件，MATLAB 会创建一个文件副本，保持原始文件不变并将原始脚本中的发布标记转换为新实时脚本中的格式化内容。

创建实时脚本后，开始添加并运行代码。例如，添加以下代码，以绘制随机数据向量图，并在图中的均值处绘制一条水平线。

```
n = 50;
r = rand(n,1);
plot(r)
m = mean(r);
hold on
plot([0,n],[m,m])
hold off
title('Mean of Random Uniform Data')
```

实时脚本不需要保存就可运行，单击代码左侧的斜纹竖条或者转到实时编辑器选项卡单击运行，系统在编辑器窗口左上方显示一个状态指示符，代码行左侧的灰色闪烁条指示 MATLAB 正在计算的行。

运行完毕，实时编辑器默认在代码右侧显示输出，每个输出都显示对应该输出的代码行，如图 2.7 所示。

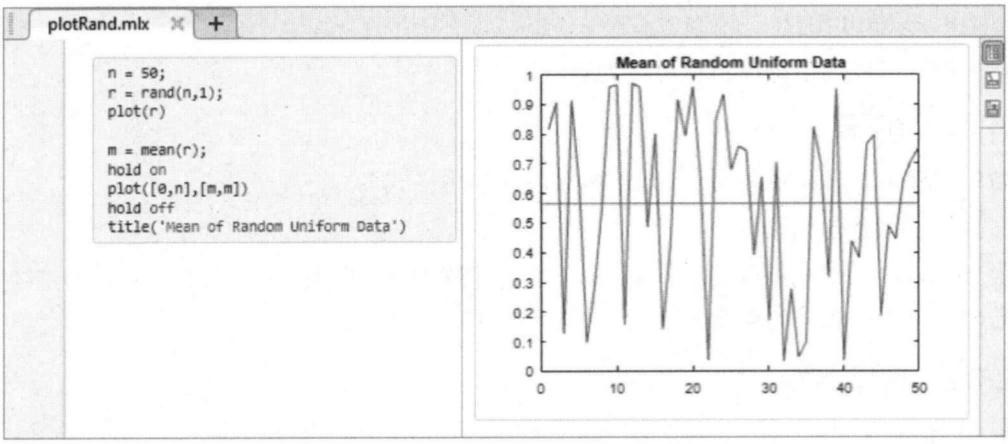

图 2.7　实时脚本文件及其输出

右击输出或对应输出的代码行，并选择清除输出即可清除全部输出，右击脚本中的任意位置，并选择清除全部输出即可清除全部输出。

输出有三种视图：“右侧输出”视图、“内嵌输出”视图和“隐藏代码”视图。

在“右侧输出”视图中，实时编辑器在代码右侧显示输出，每个输出都显示对应该输出的代码行，这种布局非常适合编写代码。

在“内嵌输出”视图中，实时编辑器使每个输出显示在对应该输出的代码行下方，这种布局非常适合共享。

在“隐藏代码”视图中，实时编辑器隐藏代码，只显示输出、带标签的控件、任务和格式化文本。

2.7　程序控制结构

2.7.1　顺序结构

1. 数据的输入

从键盘输入数据，可以使用 input 函数来进行，该函数的调用格式为

```
A=input(提示信息，选项);
```

其中提示信息为一个字符串，用于提示用户输入什么样的数据。

如果在 input 函数调用时采用's'选项，则允许用户输入一个字符串。例如，想输入一个人的姓名，可采用命令

```
xm=input('What''s your name?','s');
```

如果按回车键而未输入什么数据，则 input 返回一个空阵。

例 2.5　通过检测一个空矩阵返回一个默认值。

```
reply=input('Do you want more? Y/N [Y]: ','s');
  if  isempty(reply)
      reply='Y'
 end
```

2. 数据的输出

MATLAB 提供的命令窗口输出函数主要有 disp 函数，其调用格式为

```
disp(输出项)
```

其中输出项既可以为字符串，也可以为矩阵。

3. 程序的暂停

暂停程序的执行可以使用 pause 函数，其调用格式为

```
pause(延迟秒数)
```

如果省略延迟时间，直接使用 pause，则将暂停程序，直到用户按任意键后程序继续执行。若要强行中止程序的运行，可使用组合键 Ctrl+C。

2.7.2 选择结构

1. if 语句

(1) *单分支 if 语句*

格式如下：

```
if  条件
        语句组
    end
```

当条件成立时，执行语句组，执行完之后执行 if 语句的后续语句，若条件不成立，则直接执行 if 语句的后续语句。

(2) *多分支 if 语句*

格式如下：

```
if          条件表达式 1
              命令串 1
elseif      条件表达式 2
               命令串 2
else
              命令串 3
end
```

例2.6 输入一个字符，若为大写字母，则输出其对应的小写字母；若为小写字母，则输出其对应的大写字母；若为数字字符，则输出其对应的数值；若为其他字符，则原样输出。

MATLAB 程序如下：

```
c=input('请输入一个字符','s');
if c>='A' & c<='Z'
   disp(setstr(abs(c)+abs('a')-abs('A')));
elseif c>='a'& c<='z'
    disp(setstr(abs(c)- abs('a')+abs('A')));
elseif c>='0'& c<='9'
    disp(abs(c)-abs('0'));
else
    disp(c);
end
```

2. switch 语句

switch 语句根据表达式的取值不同，分别执行不同的语句，其语句格式为

```
switch  表达式
   case  表达式 1
      语句组 1
   case  表达式 2
      语句组 2
      ……
   case  表达式 m
      语句组 m
   otherwise
      语句组 n
end
```

例 2.7　确定字符串。

MATLAB 程序如下：

```
METHOD='Bilinear';
switch lower(METHOD)
  case {'linear','bilinear'}
    disp('Method is linear')
  case 'cubic'
    disp('Method is cubic')
  case 'nearest'
    disp('Method is nearest')
  otherwise
    disp('Unknown method.')
end
```

程序运行结果如下：

```
Method is linear
```

3. try 语句

语句格式为

```
try
   语句组 1
catch
   语句组 2
end
```

try 语句先试探性执行语句组 1，如果语句组 1 在执行过程中出现错误，则将错误信息赋给保留的 lasterr 变量，并转去执行语句组 2。

例2.8　矩阵乘法运算要求两矩阵的维数相容，否则会出错。先求两矩阵的乘积，若出错，则自动转去求两矩阵的点乘。

MATLAB 程序如下：

```
A=[1,2,3;4,5,6]; B=[7,8,9;10,11,12];
try
   C=A*B;
catch
```

```
    C=A.*B;
  lasterr    %显示出错原因
  end
```

2.7.3 循环结构

1. for 循环

for 循环按照给出的范围或固定的次数重复完成一种运算。
格式如下：

```
for 循环变量=表达式 1:表达式 2:表达式 3
    循环体语句
end
```

例如如下程序：

```
for n=1:5
    x(n)=n^2;
end
```

循环变量可以为数组，命令被执行的次数等于数组 a 的列数，格式如下：

```
for  循环变量=数组
      循环体语句
end
```

例如如下程序：

```
s=0;
    a=[12,13,14;15,16,17;18,19,20;21,22,23];
    for k=a     %命令被执行的次数等于数组 a 的列数
       s=s+k;
    end
disp(s');
```

程序运行结果如下：

```
39    48    57    66
```

for 语句可以嵌套，例如：

```
for i=1:3
   for j=5:-1:1
   a(i,j)=i^2+j^2;
   end
end
```

2. while 循环

while 循环以不定次数求一组命令的值，基本格式如下：

```
while    条件表达式
         命令串
end
```

当条件满足时，执行命令串，否则跳出循环。
例如如下程序：

```
s=0;n=1;
while n<=10
s=s+n;n=n+1;
end
s
```

程序运行结果如下：

```
s=
   55
```

3．break 语句和 continue 语句

与循环结构相关的语句还有 break 语句和 continue 语句，它们一般与 if 语句配合使用。

break 语句用于终止循环的执行。当在循环体内执行到该语句时，程序将跳出循环，执行循环语句的下一语句。

continue 语句控制跳过循环体中的某些语句。当在循环体内执行到该语句时，程序将跳过循环体中所有剩下的语句，继续下一次循环。

例 2.9　求[10, 200]之间第一个能被 7 整除的整数。

MATLAB 程序如下：

```
for n=10:200
if rem(n,7)~=0
      continue
end
break
end
n
```

程序运行结果如下：

```
n=
    14
```

2.8　实验一　MATLAB 运算基础

2.8.1　实验目的

1．熟悉启动和退出 MATLAB 的方法。
2．熟悉 MATLAB 命令窗口的组成。
3．掌握建立矩阵的方法。
4．掌握 MATLAB 各种表达式的书写规则以及常用函数的使用。

2.8.2　实验内容

1．用逻辑表达式求下列分段函数的值。

$$y=\begin{cases} t^2, & 0\leqslant t<1 \\ t^2-1, & 1\leqslant t<2 \\ t^2-2t+1, & 2\leqslant t<3 \end{cases}$$，其中 $t=0:0.5:2.5$。

2．求[100, 999]之间能被 21 整除的数的个数。

3．建立一个字符串向量，删除其中的大写字母。

4．输入矩阵 $\boldsymbol{A}=\begin{bmatrix}1 & 2 & 3\\4 & 5 & 6\\7 & 8 & 9\end{bmatrix}$，并找出 $\boldsymbol{A}$ 中大于或等于 5 的元素(用行列表示)。

5．求矩阵 $\boldsymbol{A}=\begin{bmatrix}a_{11} & a_{12}\\a_{21} & a_{22}\end{bmatrix}$ 的行列式值、逆和特征根。

6．不采用循环的形式求出和式 $S=\sum_{i=0}^{63}2^i$ 的数值解。

2.8.3　实验参考程序

1．
```
t=0:0.5:2.5
y=t.^2.*((t>=0)&(t<1))+(t.^2-1).*((t>=1)&(t<2))+(t.^2-2*t+1).*((t>=2)&(t<3))
```

程序运行结果如下：

```
t=
     0    0.5000    1.0000    1.5000    2.0000    2.5000
y=
     0    0.2500         0    1.2500    1.0000    2.2500
```

其实，对于任何一门编程语言，都可以采取不同的命令语句编写不同的程序来解决同样的问题，本题中还可以编写参考程序如下：

```
clc
clear
t=0:0.5:2.5
for n=1:length(t)
    if ((t(n)>=0)&(t(n)<1))
        y(n)=t(n)^2
    elseif ((t(n)>=1)&(t(n)<2))
           y(n)=t(n)^2-1
       else
           y(n)=t(n)^2-2*t(n)+1
       end
   end
```

运行可得同样的结果。

另外，循环变量的选取也可以有多种，本题中还可以编写参考程序如下：

```
clc
clear
i=1
for t=0:0.5:2.5
    if ((t>=0)&(t<1))
        m=t^2
    elseif ((t>=1)&(t<2))
           m=t^2-1
       else
           m=t^2-2*t+1
       end
```

```
        y(i)=m
        i=i+1
    end
```

运行可得相同的结果。

2．程序(1)：`p=rem([100:999],21)==0;`

```
sum(p)
```

程序运行结果如下：

```
ans=
      43
```

程序(2)：`p1=rem([100:999],21),A=find(p1==0),length(A)`

3．`ch='ABcdefGHd',k=find(ch>='A'&ch<='Z'),ch(k)=[]`

程序运行结果如下：

```
ch=
cdefd
```

4．

```
A=[1 2 3;4 5 6;7 8 9],[i,j]=find(A>=5),
for n=1:length(i)
m(n)=A(i(n),j(n))
end
m
```

程序运行结果如下：

```
m=
    7    5    8    6    9
```

5．

```
a11=input('a11='),a12=input('a12='),
a21=input('a21='),a22=input('a22='),
A=[a11,a12;a21,a22],
DA=det(A),IA=inv(A),EA=eig(A)
```

6．输入如下程序：

```
sum(2.^[0:63])
```

2.9　实验二　M 函数与 M 文件的编写与应用

2.9.1　实验目的

1．熟悉 MATLAB 环境与工作空间。
2．熟悉变量与矩阵的输入、矩阵的运算。
3．熟悉 M 文件与 M 函数的编写及应用。
4．熟悉 MATLAB 控制语句与逻辑运算。

2.9.2　实验内容

1．1 行 100 列的 Fibonacc 数组 a，$a(1)=a(2)=1$，$a(i)=a(i-1)+a(i-2)$，用 `for` 循环指令来寻求该数组中第一个大于 10 000 的元素，并指出其位置 i。

2．编写 M 脚本文件，定义下列分段函数，并分别求出当($x_1=1$，$x_2=0.5$)、($x_1=-1$，$x_2=0$)和($x_1=0$，$x_2=-0.5$)时的函数值。

$$p(x_1,x_2)=\begin{cases}0.5457e^{-0.75x_2^2-3.75x_1^2-1.5x_1}, & x_1+x_2>1\\ 0.7575e^{-x_2^2-6x_1^2}, & -1<x_1+x_2\leqslant 1\\ 0.5457e^{-0.75x_2^2-3.75x_1^2+1.5x_1}, & x_1+x_2\leqslant -1\end{cases}$$

3．编写 M 函数表示曲线 $y_2=e^{-t/3}\sin 3t$ 以及它的包络线 $y_1=e^{-t/3}$，并从命令窗口输入命令语句绘制曲线，t 的取值范围是[0, 4π]。

4．设 $f(x)=\dfrac{1}{(x-2)^2+0.1}+\dfrac{1}{(x-3)^4+0.01}$，编写一个 M 函数文件，使得调用 $f(x)$ 时，x 可用矩阵代入，得出的 $f(x)$ 为同阶矩阵。

2.9.3 实验参考程序

1．
```
n=100;a=ones(1,n);
for i=3:n
    a(i)=a(i-1)+a(i-2);
  if a(i)>10000
    a(i),
    break;  %跳出所在的一级循环
  end;
end,i
```
程序运行结果如下：
```
ans=
       10946
i=
       21
```
2．
```
function[p]=ff(x1,x2)
if x1+x2>1
   p=0.5457*exp(-0.75*x2^2-3.75*x1^2-1.5*x1);
elseif x1+x2<=-1
   p=0.5457*exp(-0.75*x2^2-3.75*x1^2+1.5*x1);
else p=0.7575*exp(-x2^2-6.*x1^2);
end
```
在 MATLAB 命令窗口输入
```
x1=0,x2=-0.5
ff(x1,x2)
```
程序运行结果如下：
```
ans=
       0.5899
```
在 MATLAB 命令窗口输入
```
x1=-1,x2=0
ff(x1,x2)
```
程序运行结果如下：

```
ans=
        0.0029
```

在 MATLAB 命令窗口输入

```
x1=1,x2=0.5
ff(x1,x2)
```

程序运行结果如下：

```
ans=
        0.0024
```

3．步骤如下：

(1) 单击 MATLAB 桌面上的 New 图标，弹出 M 文件编辑器，编写 M 函数如下：

```
function y=ff(t)
y1=exp(-t/3);
y2=exp(-t/3).*sin(3*t);
y=[y1; y2]
```

(2) 单击 M 文件编辑器的 Save 图标或选择 File→Save 下拉列表，便出现标准的文件保存对话框。

(3) 在文件保存对话框中，选定目录，填写文件名，单击“Save”按钮，把 ff.m 文件保存到指定的目录中。

(4) 在 MATLAB 命令窗口输入

```
t=0:pi/100:4*pi;
plot(t,ff(t))
```

4.
```
function f=fx(x)
f=1./((x-2).^2+0.1)+1./((x-3).^4+0.01)       %采用点运算，x 可为矩阵
```

2.10 实验三　选择与循环结构程序设计

2.10.1 实验目的

1．掌握 if 语句、switch 语句、try 语句的使用。
2．掌握利用 for 语句、while 语句实现循环结构的方法。

2.10.2 实验内容

1．根据 $y=1+\frac{1}{3}+\frac{1}{5}+\cdots+\frac{1}{2n-1}$，求

(1) $y<3$ 时的最大 n 值；

(2) 与(1)的 n 值对应的 y 值。

2．已知

$$\begin{cases} f_1=1, & n=1 \\ f_2=0, & n=2 \\ f_3=1, & n=3 \\ f_n=f_{n-1}-2f_{n-2}+f_{n-3}, & n>3 \end{cases}$$

求 $f_1 \sim f_{100}$ 中，最大值、最小值、各数之和，以及正数、零、负数的个数。

3．输入一个百分制成绩，要求输出成绩等级 A, B, C, D, E。其中，90～100 分为 A，80～89 分为 B，70～79 分为 C，60～69 分为 D，60 分以下为 E。

4．求分段函数的值。

$$y=\begin{cases} x^2+x-6, & x<0\text{且}x\neq -3 \\ x^2-5x+6, & 0\leqslant x<5\text{且}x\neq 2\text{及}x\neq 3 \\ x^2-x-1, & x\ \text{为其他值} \end{cases}$$

用 `if` 语句实现输出 $x=-5.0, -3.0, 1.0, 2.0, 2.5, 3.0, 5.0$ 时的 y 值。

2.10.3 实验参考程序

1．参考答案如下。

(1) 用 for 循环

建立脚本文件 ex3_1.m，代码如下：

```
for n=1:100                    %取足够大的 n 值，这里取 100
        f(n)=1./(2*n-1)
        y=sum(f)
        if y>=3
           my=y-f(n)           %y<3 时的最大 y 值
           mn=n-1              %y<3 时的最大 n 值
      break
      end
end
      my
      mn
```

运行程序 ex3_1，得到

```
my=
      2.9944
mn=
      56
```

(2) 用 while 循环

建立脚本文件 ex3_11.m，代码如下：

```
y=0
n=1
while y<3
    y=y+1/(2*n-1)
    n=n+1
    z(n)=y     %将每次计算的 y 作为向量 z 的一个元素
end
mn=n-2         %y<3 时的最大 n 值
my=z(n-1)      %y<3 时的最大 y 值
```

运行程序 ex3_11，结果如下：

```
my=
      2.9944
mn=
      56
```

2．编写脚本文件 ex3_2.m，代码如下：

```
f(1)=1,f(2)=0,f(3)=1
for n=4:100
       f(n)=f(n-1)-2*f(n-2)+f(n-3)
end
a=sum(f)                %各数之和
b=max(f)                %最大值
c=min(f)                %最小值
p=f==0,d=sum(p)         %零的个数
p1=f>0,e=sum(p1)        %正数的个数
p2=f<0,f=sum(p2)        %负数的个数
a,b,c,d,e,f
```

程序运行结果如下：

```
a=
    -7.4275e+011
b=
     4.3776e+011
c=
    -8.9941e+011
d=
     2
e=
     49
f=
     49
```

3．编写脚本文件 ex3_3.m，代码如下：

```
per=input('输入成绩：')
switch floor(per/10)          %将 grade 向负无穷方向取整，不能为 fix
    case 9
       grade='A'              %100>grade>=90
   case 8
       grade='B'
   case 7
       grade='C'
   case 6
       grade='D'
   case num2cell(0:5)         %数值向量必须转换为元胞数组才能作为判决条件
       grade='E'
   otherwise
       if per==100
          grade='A'           %grade=100
       else grade='error'     %grade<0 或 grade>100
       end
end
```

运行程序，在命令窗口输入成绩即可。

4．编写 M 函数 ex3_4.m 如下：

```
function y=ex3_4(x)
for i=1:length(x)
   if (x(i)<0)&(x(i)~=-3)      %如果 x 为一向量，x<0 只能是 x 的每个元素小于 0 才返回 1
         y(i)=x(i)^2+x(i)-6
elseif (x(i)>=0)&(x(i)<5)&(x(i)~=2)&(x(i)~=3)
         y(i)=x(i)^2-5*x(i)+6
else
         y(i)=x(i)^2-x(i)-1
end
end
y
```

在 MATLAB 命令窗口输入

```
x=[-5.0,-3.0,1.0,2.0,2.5,3.0,5.0],
y=ex3_4(x)
```

程序运行结果如下：

```
y=
    14.0000   11.0000    2.0000    1.0000   -0.2500    5.0000   19.0000
```

第 3 章　MATLAB 绘图

强大的绘图功能是 MATLAB 的特点之一。MATLAB 提供了许多图形函数，可以绘制二维、三维和一些专业的数据图形，这类函数称为高层绘图函数。此外，MATLAB 还可以直接对图形句柄进行低层绘图操作。这类操作中，系统为图形的每个图形对象(如坐标轴、曲线、曲面或文字等)分配一个句柄，通过该句柄对图形对象进行操作，而不影响图形的其他部分。

本章首先介绍高层绘图函数，然后简单介绍图形绘制和图形用户界面设计。

3.1　二维图形

二维图形是将平面坐标系上的数据点连接起来的平面图形，可以采用直角坐标系、对数坐标系、极坐标系，数据点可以用向量或矩阵形式给出，类型可以是实型或复型。

3.1.1　基本的绘图命令

在 MATLAB 中，最基本且应用最广泛的绘图函数为 `plot` 函数，其基本格式如下。

① `plot(Y)`，如果 `Y` 为实数数组，以 `Y` 的每列元素为纵坐标，`Y` 的指数为横坐标绘制图形，如果 `Y` 为复数数组，相当于 `plot(real(Y),imag(Y))`，`real(Y)` 为横坐标，`imag(Y)` 为纵坐标。

② `plot(X1,Y1,…)`，以 `Xn` 为横坐标对应 `Yn` 为纵坐标绘制多条曲线，如果 `Xn` 或 `Yn` 是矩阵，则对应其维数相匹配的行或列向量绘制图形。

③ `plot(X1,Y1,LineSpec,…)`，以对应的线型属性 `LineSpec` 绘制图形，其中包括线的类型(`line type`)、标记点符号(`marker symbol`)和图形线条的颜色(`color of the plotted lines`)等。

④ `plot(…,'PropertyName',PropertyValue,…)`，绘制图形的同时对所有线条图形对象的属性(`PropertyName`)设置其属性值(`PropertyValue`)。

其中 `LineSpec` 可以按表3.1中说明的形式给出，其中的线型属性可以进行组合。例如，若想绘制红色的点画线，且每个转折点上用六角星表示，则线型属性可以使用组合形式 `'r-.hexagram'`。

表 3.1　MATLAB 绘图命令的各种选项

曲线线型		曲线颜色				标记符号			
选项	意义	选项	意义	选项	意义	选项	意义	选项	意义
'-'	实线	'b'	蓝色	'c'	蓝绿色	'*'	星号	'pentagram'	五角星
'--'	虚线	'g'	绿色	'k'	黑色	'.'	点号	'o'	圆圈
':'	点线	'm'	红紫色	'r'	红色	'<'	左三角形	'square'	正方形
'-.'	点画线	'w'	白色	'y'	黄色	'v'	下三角形	'diamond'	菱形
'none'	无线					'^'	上三角形	'hexagram'	六角星
						'>'	右三角形	'x'	叉号

例 3.1　绘制出方程 $y=\tan(\sin x)-\sin(\tan x)$ 在 $x\in[-\pi,\pi]$ 区间内的曲线。

在命令窗口输入如下语句：

```
x=-pi:pi/10:pi;                  %以 pi/10 为步长
y=tan(sin(x))-sin(tan(x));       %求出各点上的函数值
```

```
plot(x,y,'--rs','LineWidth',2,…
         'MarkerEdgeColor','k',…
         'MarkerFaceColor','g',…
         'MarkerSize',10)
```

得到的图形如图 3.1 所示，并标上了线型属性。

由于 plot 函数只将给定点用直线连接起来，步长选得过大，曲线将看似一折线，因此将上述绘图语句步长改为 0.05，并在 $x \in (-1.8, -1.2)$ 及 $x \in (1.2, 1.8)$ 两个子区间内加密自变量选择点，即将上述语句修改为

```
x=[-pi:0.05:-1.8,-1.801:0.001:-1.2,-1.2:0.05:1.2,1.2:0.001:1.8,1.81:0.05:pi];
%以步长方式构造自变量
y=tan(sin(x))-sin(tan(x));
plot(x,y)
```

得到的曲线如图 3.2 所示。

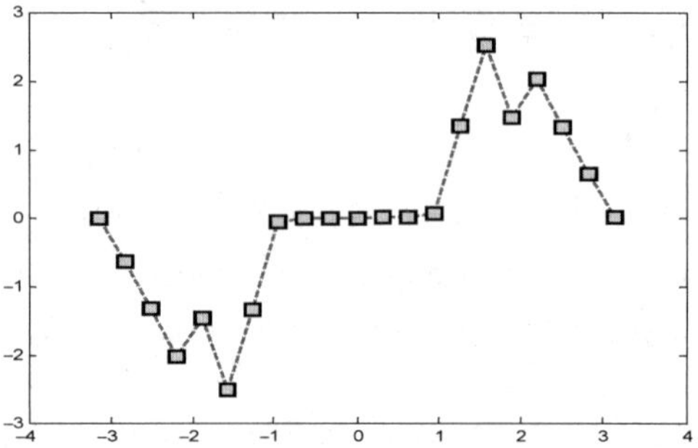

图 3.1 以 pi/10 为步长的曲线 tan(sin(x))-sin(tan(x))

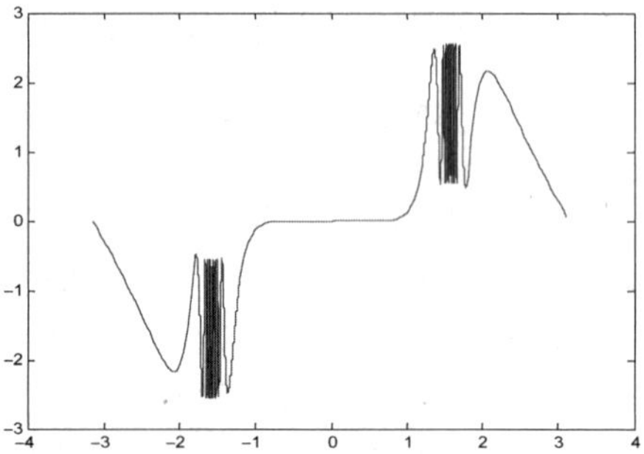

图 3.2 细化步长后的曲线 tan(sin(x))-sin(tan(x))

例 3.2 用不同的线型和颜色在同一坐标系内绘制曲线 $y = 2e^{-0.5x}\sin(2\pi x)$ 及其包络线。

MATLAB 程序如下：

```
x=[0:pi/100:2*pi];
y1=2*exp(-0.5*x);
y2=2*exp(-0.5*x).*sin(2*pi*x);
plot(x,y1,'k:',x,-y1,'k:',x,y2,'b--')     %y1 和-y1 为包络线
```

程序运行结果如图 3.3 所示，图中首先用黑色虚线('k:')绘制两根包络线，再用蓝色双画线('b--')绘制曲线 y。

3.1.2 轴的形式与刻度设置

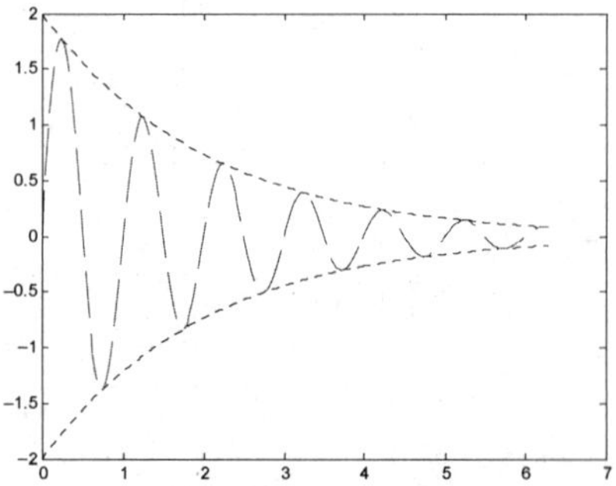

图 3.3 用不同线型和颜色绘制的曲线

在绘制图形时，用户可以使用函数 axis 和 set 对坐标轴的刻度范围进行重新设置，其调用格式如下。

(1) 函数 axis

axis([xmin xmax ymin ymax])，对当前二维图形对象的 x 轴和 y 轴进行设置。x 轴的刻度范围为 [xmin xmax]，y 轴的刻度范围为 [ymin ymax]。

axis([xmin xmax ymin ymax zmin zmax])，对当前三维图形对象的 x 轴、y 轴和 z 轴进行设置。

axis off(on)，使坐标轴、刻度、标注和说明变为不显示(显示)状态。

axis('manual')，冻结当前的坐标比例，在其后的绘图中保持坐标范围不变。输入 axis auto 命令恢复系统的自动定比例功能。

v=axis，返回当前图形边界的四元行向量，即 v=[xmin xmax ymin ymax]。如果当前图形是三维的，则返回值为三维坐标边界的六元行向量。

axis 的另外一个功能是控制图形的纵横比。命令 axis('square')或 axis('equal')使屏幕上 x 轴与 y 轴的比例尺相同。

例 3.3 绘制单位圆。

MATLAB 程序如下：

```
clear ;close all; clc
t=[0:0.01:2*pi];                 %定义时间范围
x=sin(t);
y=cos(t);
plot(x,y)
axis([-1.5 1.5 -1.5 1.5])        %限定 x 轴和 y 轴的显示范围
pause
grid on
axis('equal')
```

程序运行结果如图 3.4 所示。

(2) 函数 set

set(gca,'xtick',标示向量)，set(gca,'ytick',标示向量)，按照标示向量设置 x 轴、y 轴的刻度标示。

set(gca,'xticklabel',{'字符串','字符串'…})，set(gca,'yticklabel',{'字符串','字符串'…})，按照字符串设置 x 轴、y 轴的刻度标示。

例 3.4 给正弦曲线设置刻度标示。

MATLAB 程序如下：

```
t=0:0.05:7;
plot(t,sin(t))
set(gca,'xtick',[0 1.4 3.14 5 6.28])
set(gca,'xticklabel',{'0','1.4','half','5','one'})
```

程序运行结果如图 3.5 所示。

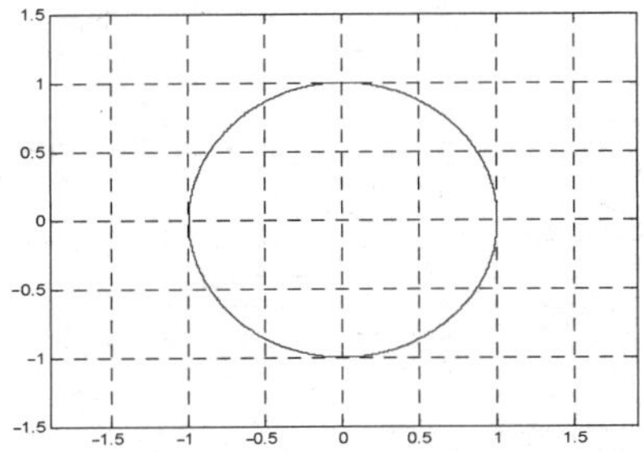

图 3.4 单位圆

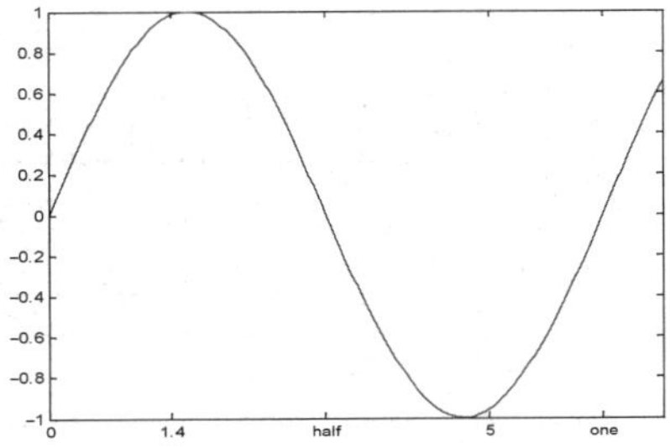

图 3.5 设置刻度标示的正弦曲线

3.1.3 图形的标注、网格及图例说明

绘制图形时，可以为图形加上一些说明，添加网格和图例等，基本函数及其调用格式如下。

（1） 添加图形标题命令 title

title('string')，在当前坐标系的顶部加一个文本串 string，作为图形的标题。

title('text','Property1',PropertyValue1,'Property2',PropertyValue2, …)，设置标题名属性。

（2） 添加坐标轴标志函数 xlabel, ylabel, zlabel

xlabel('string'),ylabel('string'),zlabel('string'),采用字符串'string'给当前 x 轴、y 轴或 z 轴标注。

xlabel('text','Property1',PropertyValue1,'Property2',PropertyValue2, …)

或 ylabel('text','Property1',PropertyValue1,'Property2',PropertyValue2, …)

或 zlabel('text','Property1',PropertyValue1,'Property2',PropertyValue2, …)

对 x 轴、y 轴、z 轴分别进行属性设置。

（3） 文本注释函数 text，gtext

text(x,y,'string')，在二维图形(x,y)位置处标注文本注释'string'。

text(x,y,z,'string')，在三维图形(x,y,z)位置处标注文本注释'string'。

gtext('string')，拖动鼠标，确定文字'string'的标注位置，再单击。

在输入特定的文字前加\，text 字符集见表 3.2。

表 3.2　text 字符集

字符串	符号	字符串	符号	字符串	符号
\alpha	α	\upsilon	υ	\sim	～
\beta	β	\phi	ϕ	\leq	≤
\gamma	γ	\chi	χ	\infty	∞
\delta	δ	\psi	ψ	\clubsuit	♣
\epsilon	ε	\omega	ω	\diamondsuit	♦
\zeta	ζ	\Gamma	Γ	\heartsuit	♥
\eta	η	\Delta	Δ	\spadesuit	♠
\theta	θ	\Theta	Θ	\leftrightarrow	↔
\vartheta	ϑ	\Lambda	Λ	\leftarrow	←
\iota	ι	\Xi	Ξ	\uparrow	↑
\kappa	κ	\Pi	Π	\rightarrow	→
\lambda	λ	\Sigma	Σ	\downarrow	↓
\mu	μ	\Upsilon	ϒ	\circ	°
\nu	ν	\Phi	Φ	\pm	±
\xi	ξ	\Psi	ψ	\geq	≥
\pi	π	\Omega	Ω	\propto	∝
\rho	ρ	\forall	∀	\partial	∂
\sigma	σ	\exists	∃	\bullet	∗
\varsigma	ς	\ni	∍	\div	÷

（续表）

字符串	符号	字符串	符号	字符串	符号
\tau	τ	\cong	≅	\neq	≠
\equiv	≡	\approx	≈	\aleph	ℵ
\Im	ℑ	\Re	ℜ	\wp	℘
\otimes	⊗	\oplus	⊕	\oslash	∅
\cap	∩	\cup	∪	\supseteq	⊇
\supset	⊃	\subseteq	⊆	\subset	⊂
\int	∫	\in	∈	\o	O
\rfloor	⌋	\lceil	⌈	\nabla	∇
\lfloor	⌊	\cdot	•	\ldots	…
\perp	⊥	\neg	–	\prime	·
\wedge	∧	\times	x	\0	∅
\rceil	⌉	\surd	√	\mid	∣
\vee	∨	\varpi	ϖ	\copyright	o
\langle	〈	\rangle	〉		

例 3.5　绘制分段函数曲线并添加图形标注。

$$f(x)=\begin{cases}\sqrt{x}, & 0\leqslant x<4\\ 2, & 4\leqslant x<6\\ 5-x/2, & 6\leqslant x<8\\ 1, & x\geqslant 8\end{cases}$$

MATLAB 程序如下：

```
clc
close all
clear
x=0:0.05:10;
y=zeros(1,length(x));
for n=1:length(x)
    if x(n)>=8
        y(n)=1;
    elseif x(n)>=6
        y(n)=5-x(n)/2
    elseif x(n)>=4
        y(n)=2
    else
        y(n)=sqrt(x(n))
    end
end
plot(x,y)
axis([0 10 0 2.5])
title('分段函数曲线');
xlabel('x')
ylabel('y')
text(2,1.3, 'y=x^{1/2}');
text(4.5,1.9, 'y=2');
```

```
text(7.3,1.5, 'y=5-x/2');
text(8.5,0.9, 'y=1');
```

程序运行结果如图 3.6 所示。

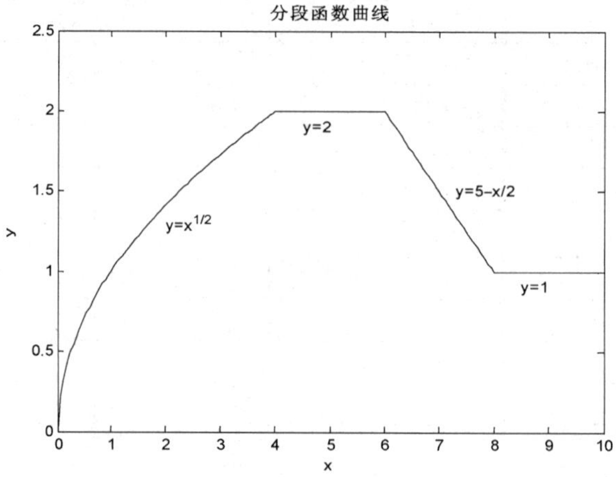

图 3.6　绘制分段函数曲线并添加图形标注

(4) 创建图形窗口命令 figure

figure，打开不同的图形窗口，以便绘制不同的图形。

figure('PropertyName',PropertyValue,…)，创建具有特定属性值的图形窗口。

figure(h)，创建或显示句柄 h 定义的图形窗口，如果 h 不是整数，则返回错误。

h=figure(…)

(5) 设置网格线命令 grid

grid on(off)，对当前坐标图添加栅格(去除栅格)。直接调用 grid 命令一次可添加栅格，再调用 grid 命令一次，可去除栅格。

(6) 保持图形窗口内容命令 hold

hold on(off)，保持当前图形窗口内容命令(解除保持)。直接调用 hold 命令，即可保持或解除保持当前图形窗口内容。

例 3.6　分别绘制正弦、余弦曲线并绘制标题，添加或去除栅格。

MATLAB 程序如下：

```
close all
clc
clear                           %定义时间范围
t=[0:pi/20:9*pi];
figure(1)                       %建立图形窗口 1
plot(t,sin(t),'r:*')
grid on                         %在所画出的图形坐标中添加栅格，注意用在 plot 之后
text(pi,0,' \leftarrow sin(\pi)','FontSize',18)
title('添加栅格的正弦曲线')
xlabel('x')
ylabel('sint')
figure(2)
plot(t,cos(t))
grid on
pause
```

```
grid off                    %删除栅格
text(pi,0,' \leftarrow cos(\pi)','FontSize',18)
title('去除栅格的余弦曲线')
xlabel('x')
ylabel('cost')
```

程序运行结果如图 3.7 和图 3.8 所示。

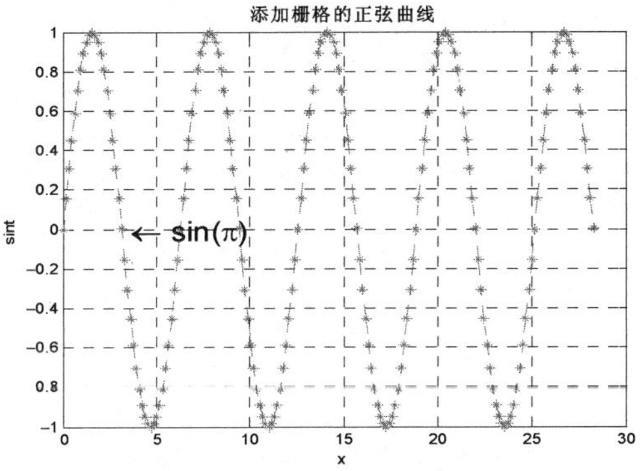

图 3.7 正弦曲线

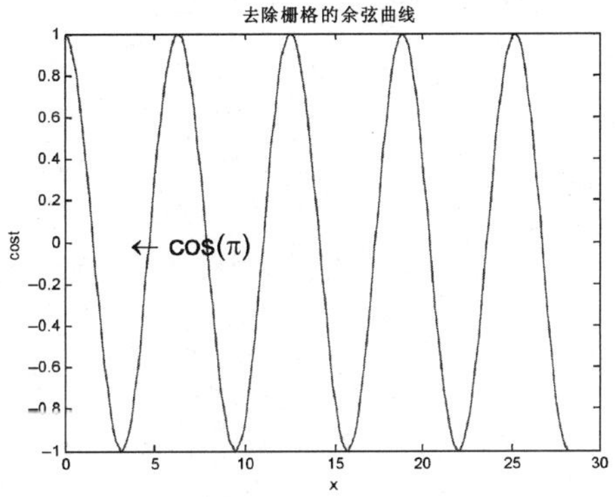

图 3.8 余弦曲线

(7) 图例标注函数 legend

legend('string1',...,'stringN')，在当前图形中添加图例。

legend('string1',...,'stringN','Location',’Value’)，在 Value 指定的位置(location)标注图例，Value 含义如下：

'north'表示坐标区中的顶部；

'south'表示坐标区中的底部；

'east'表示坐标区中的右侧区域；

'west'表示坐标区中的左侧区域；

'northeast'表示坐标区中的右上角(二维坐标区的默认值)；

'northwest'表示坐标区中的左上角；

'southeast'表示坐标区中的右下角；

'southwest'表示坐标区中的左下角；

'northoutside'表示坐标区的上方；

'southoutside'表示坐标区的下方；

'eastoutside'表示到坐标区的右侧；

'westoutside'表示到坐标区的左侧；

'northeastoutside'表示坐标区外的右上角(三维坐标区的默认值)；

'northwestoutside'表示坐标区外的左上角；

'southeastoutside'表示坐标区外的右下角；

'southwestoutside'表示坐标区外的左下角

'best'表示在与绘图中的数据发生最少冲突的坐标区内；

'bestoutside'表示坐标区的右上角之外(当图例为垂直方向时)或坐标区下方(当图例为水平方向时)。

例 3.7 给正弦、余弦曲线添加图例。

MATLAB 程序如下：

```
>> x=-pi:pi/20:pi;
>> plot(x,cos(x),'-ro',x,sin(x),'-.b')
>> h=legend('cos','sin','Location','NorthWest') ;
>> title(h,'My Legend Title')
```

程序运行结果如图 3.9 所示。

在 MATLAB 命令窗口输入 h，显示如下：

```
h =

  Legend (My Legend Title) - 属性:
         String: {'cos'  'sin'}
       Location: 'northwest'
    Orientation: 'vertical'
       FontSize: 9
       Position: [0.1488 0.7702 0.1774 0.1298]
          Units: 'normalized'
```

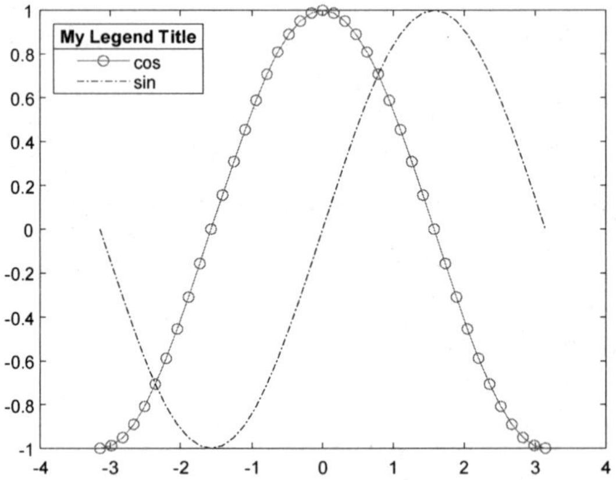

图 3.9　添加图例的正弦、余弦曲线

3.1.4　绘制二维图形的其他函数

1. 函数绘图命令 fplot 和分割图形显示窗口命令 subplot(m,n,k)

fplot(f)　绘制函数 y = f(x) 的曲线，x 的取值区间为 [-5 5]。

fplot(@(x) f(x),[xmin xmax])　绘制函数 y = f(x)的曲线，x 的取值区间为 [xmin xmax]。

fplot(funx,funy)　绘制由 x = funx(t) 和 y = funy(t)定义的函数的曲线，t 的取值区间为[-5 5]。

fplot(funx,funy, [tmin tmax])　绘制由 x = funx(t)和 y = funy(t)定义的函数的曲线，t 的取值区间为[tmin tmax]。

funx 为 x 坐标的参数化函数，funy 为 y 坐标的参数化函数。

fplot 不再支持用于指定误差容限或计算点数量的输入参数。

新的版本不再支持字符向量输入，而改用函数句柄。

例如 fplot(@(x)sin(x))表示在区间[-5, 5]内绘制 sin(x)函数曲线。

subplot(m,n,p)　将一个图形窗口分成 m×n 个子图窗口，从左至右从上往下按平铺位置建立子图坐标系。此子图分割窗口命令后面须有绘图命令，绘图命令将图形绘制在第 p 个子图窗口上。

例 3.8　将一个图形窗口分割成 4 个子图窗口，并且分别绘制不同的函数曲线。

MATLAB 程序如下：

```
figure
subplot(2,2,1),fplot(@humps,[0 1])
subplot(2,2,2)
fplot(@(x) sin(x))
subplot(2,2,3)
fplot(@(x) [tan(x),sin(x),cos(x)],2*pi*[-1 1])
subplot(2,2,4)
fplot(@(x) sin(1./x),[0.01 0.1])
```

程序运行结果如图 3.10 所示。

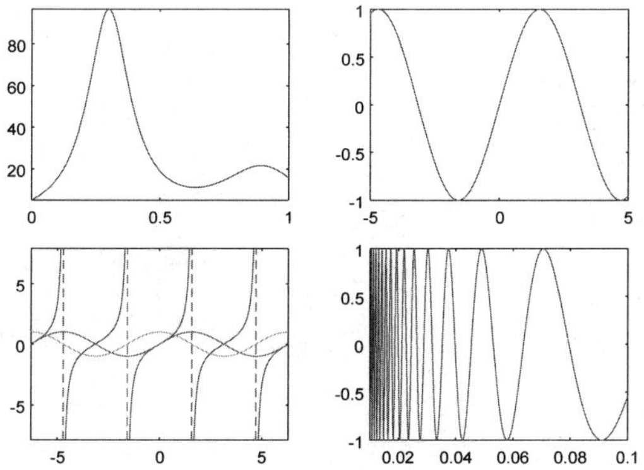

图 3.10　subplot 函数和 fplot 函数的运用

2. 双纵坐标绘图命令 plotyy

plotyy(x1,y1,x2,y2)，设有两个纵坐标 y1,y2，以便绘制两个纵坐标尺度不同的变量，但横坐标仍用同一个比例尺。

例 3.9　在同一图形窗口按不同纵坐标绘制 $200e^{-0.05x}\sin x$和$0.8e^{-0.5x}\sin(10x)$ 曲线。

MATLAB 程序如下：

```
x=0:0.01:20;
y1=200*exp(-0.05*x).*sin(x);
y2=0.8*exp(-0.5*x).*sin(10*x);
plotyy(x,y1,x,y2);
```

程序运行结果如图3.11 所示。从图中可以看出，左纵坐标的幅度范围为[−200, 200]，对应 y1，而右纵坐标的幅度范围为[− 0.8, 0.8]，对应 y2。

3. 其他形式的线性直角坐标图

在线性直角坐标系中，其他形式的图形有条形图、阶梯图、杆图和填充图等，所采用的函数分别是

```
bar(x,y,选项)
stairs(x,y,选项)
stem(x,y,选项)
fill(x1,y1,选项 1,x2,y2,选项 2,…)
```

前 3 个函数的用法与 plot 函数相似，只是没有多输入变量形式。fill 函数按向量元素下标渐增次序依次用直线段连接 x, y 对应元素定义的数据点。假如这样连接所得折线不封闭，那么 MATLAB 将自动把该折线的首尾连接起来，构成封闭多边形，然后在多边形内部填充指定的颜色。

例 3.10　分别以条形图、填充图、阶梯图和杆图形式绘制曲线 $y=2\mathrm{e}^{-0.5x}$。

MATLAB 程序如下：

```
x=0:0.35:7;
y=2*exp(-0.5*x);
subplot(2,2,1);bar(x,y,'g');
title('bar(x,y,''g'')');axis([0,7,0,2]);
subplot(2,2,2);fill(x,y,'r');
title('fill(x,y,''r'')');axis([0,7,0,2]);
subplot(2,2,3);stairs(x,y,'b');
title('stairs(x,y,''b'')');axis([0,7,0,2]);
subplot(2,2,4);stem(x,y,'k');
title('stem(x,y,''k'')');axis([0,7,0,2]);
```

程序运行结果如图 3.12 所示。

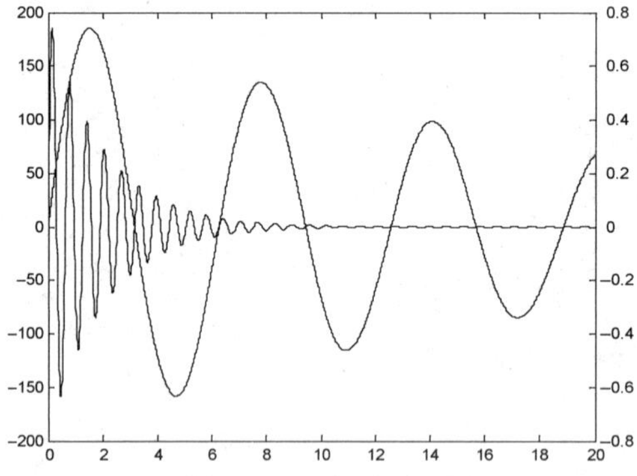

图 3.11　曲线 200*exp(-0.05*x).*sin(x) 和 0.8*exp(-0.5*x).*sin(10x)

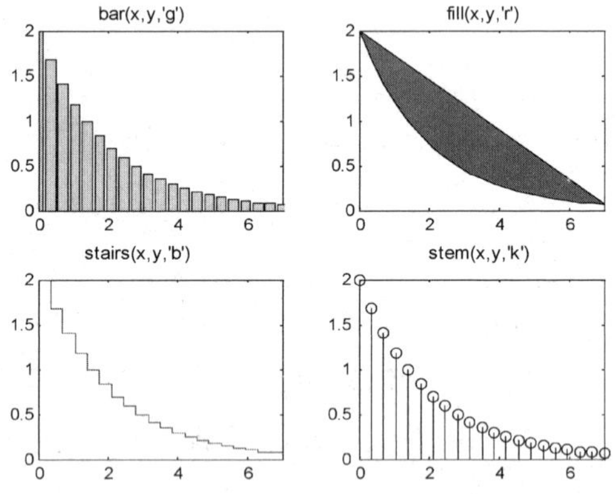

图 3.12　几种不同形式的二维图形

4．极坐标图

polar 函数用来绘制极坐标图，其调用格式为

```
polar(theta,rho,选项)
```

其中 theta 为极坐标极角，rho 为极坐标矢径，选项的内容与 plot 函数相似。

例 3.11　绘制 $\rho=\sin(2\theta)\cos(2\theta)$ 的极坐标图。

MATLAB 程序如下：

```
theta=0:0.01:2*pi;
rho=sin(2*theta).*cos(2*theta);
polar(theta,rho,'k');
```

程序运行结果如图 3.13 所示。

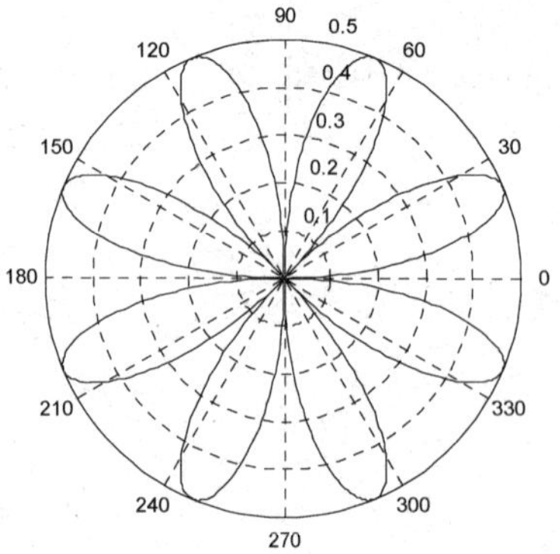

图 3.13　极坐标图

5．对数坐标图

MATLAB 提供了绘制对数和半对数坐标曲线的函数，调用格式为

```
semilogx(x1,y1,选项 1,x2,y2,选项 2,…)
semilogy(x1,y1,选项 1,x2,y2,选项 2,…)
loglog(x1,y1,选项 1,x2,y2,选项 2,…)
```

其中，选项的定义与 plot 函数完全一致，不同的是坐标轴的选取。semilogx 函数使用半对数坐标，x 轴为常用对数刻度，而 y 轴仍保持线性刻度。semilogy 函数也使用半对数坐标，y 轴为常用对数刻度，而 x 轴仍保持线性刻度。loglog 函数使用全对数坐标，x, y 均采用常用对数刻度。此外还有一个函数 logspace，可以按对数等间距分布来产生一个向量，其调用格式为

```
logspace(a,b,n)
```

其中，a 和 b 是生成向量的第一个和最后一个元素，n 是元素总数。当 n 省略时，自动产生 50 个元素。

例 3.12　绘制 $y=10x^2$ 的对数坐标图并与直角线性坐标图进行比较。

MATLAB 程序如下：

```
x=0:0.1:10;
y=10*x.*x;
subplot(2,2,1);plot(x,y);title('plot(x,y)');grid on;
subplot(2,2,2);semilogx(x,y);title('semilogx(x,y)');
grid on;
subplot(2,2,3);semilogy(x,y);title('semilogy(x,y)');
grid on;
subplot(2,2,4);loglog(x,y);title('loglog(x,y)');grid on;
```

程序运行结果如图 3.14 所示。

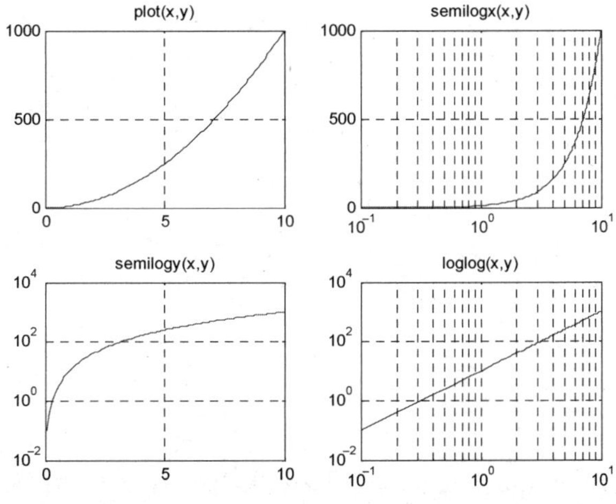

图 3.14　直角线性坐标图与对数坐标图

6. 其他形式的图形

MATLAB 提供的绘图函数还有很多，例如，用来表示各元素占总和的百分比的饼图、复数的相量图等。

例 3.13　绘制图形：

① 某次考试优秀、良好、中等、及格、不及格的人数分别为 7, 17, 23, 19, 5，试用饼图进行成绩统计分析。

② 绘制复数的相量图：$3+2i$, $4.5-i$ 和 $-1.5+5i$。

MATLAB 程序如下：

```
subplot(1,2,1);
pie([7,17,23,19,5]);
title('饼图');legend('优秀','良好','中等','及格','不及格');
subplot(1,2,2);
compass([3+2i,4.5-i,-1.5+5i]);title('相量图');
```

程序运行结果如图 3.15 所示。

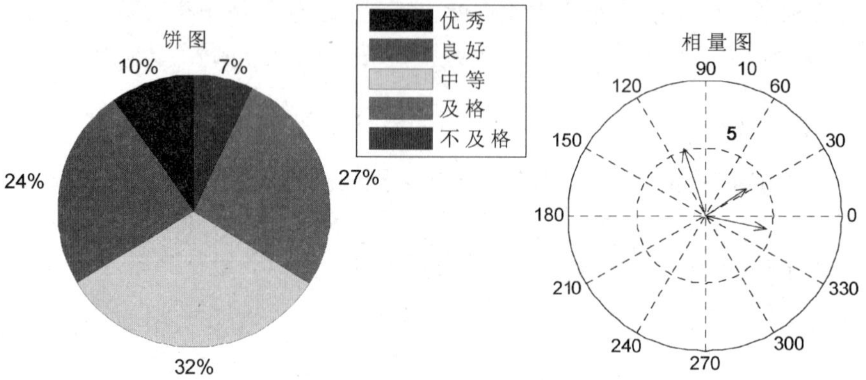

图 3.15 其他形式的二维图形

3.2 三维图形

3.2.1 绘制三维曲线的基本函数

最基本的三维图形函数为 plot3，可用来绘制三维曲线，其调用格式如下。

plot3(x,y,z)，其中 x, y, z 是长度相同的向量。

plot3(X,Y,Z)，其中 X, Y, Z 是维数相同的矩阵，以 X, Y, Z 对应列元素绘制三维曲线，曲线条数等于矩阵列数。

plot3(x1,y1,z1,'s1',x2,y2,z2,'s2',…)，选项的定义和 plot 函数相同。

例 3.14 绘制一条三维的螺旋线。

MATLAB 程序如下：

```
t=0:pi/50:10*pi;
plot3(sin(t),cos(t),t)
grid on
axis square
```

程序运行结果如图 3.16 所示。

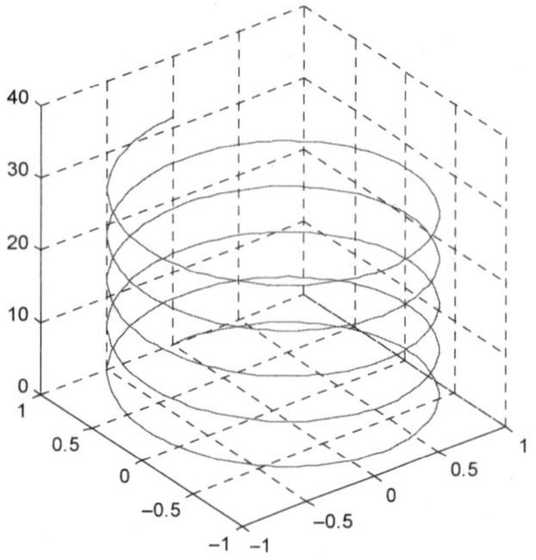

图 3.16 三维的螺旋线

3.2.2 三维曲面

1. 平面网格坐标矩阵的生成函数 meshgrid

绘制 $z=f(x,y)$所代表的三维曲面图，先要在 xy 平面上选定一矩形区域，假定矩形区域 $D=[a,b]*[c,d]$，然后将$[a,b]$在 x 方向分成 m 份，将$[c,d]$在 y 方向分成 n 份，由各划分点分别作平行于两坐标轴的直线，将区域 D 分成 $m\times n$ 个小矩形，生成代表每一个小矩形顶点坐标的平面网格坐标矩阵。生成网格坐标矩阵的函数为 meshgrid，其调用格式如下：

```
[X,Y]=meshgrid(x,y)
```

转换向量 x, y 为一个特定的矩阵 X, Y，矩阵 X 的每一行都是向量 x，行数等于向量 y 的

元素的个数；矩阵 Y 的每一列都是向量 y，列数等于向量 x 的元素的个数。因此

```
x=a:dx:b; y=c:dy:d; [X,Y]=meshgrid(x,y);
```

等同于

```
x=a:dx:b; y=(c:dy:d)'; X=ones(size(y))*x; Y=y*ones(size(x));
```

例 3.15　已知 $6<x<30$，$15<y<36$，求不定方程 $2x+5y=126$ 的整数解。

MATLAB 程序如下：

```
x=7:29; y=16:35;
[x,y]=meshgrid(x,y);        %在[7,29]×[16,35]区域生成网格坐标
z=2*x+5*y;
k=find(z==126);             %找出解的位置
x1=x(k),y1=y(k)             %输出对应位置的x,y，即方程的解
```

程序运行结果如下：

```
x1=
     8
    13
    18
    23
y1=
    22
    20
    18
    16
```

2. 绘制三维曲面图的函数——surf 函数和 mesh 函数

MATLAB 提供了 mesh 函数和 surf 函数来绘制三维曲面图。mesh 函数用于绘制三维网格图，surf 函数用于绘制三维曲面图，各线条之间的曲面用颜色填充，其调用格式如下。

mesh(X,Y,Z)，根据矩阵 X,Y,Z 绘制彩色的三维曲面图。X,Y,Z 中对应的元素为三维空间上的点，点与点之间用线连接。其中网格曲面的颜色随着格点高度的改变而改变。

在绘制二元函数 $z=f(x,y)$的三维曲面图时，首先应通过[X,Y]=meshgrid(x,y)语句，在 *XY* 平面上建立网格坐标，然后利用 X 和 Y 计算每一个网格点上的 Z 坐标的大小，该坐标就定义了曲面上的点。最后由 mesh(Z)命令完成三维曲面图的绘制。

mesh(x,y,Z)，根据 n 维向量 x，m 维向量 y 和 m × n 矩阵 Z 绘制三维曲面图。节点的坐标为(x(j), y(i),Z(i,j))，三维曲面的颜色随着格点高度的改变而改变。

mesh(Z)由数值对(i,j,Z(i,j))实现绘图。

meshc 和 meshz 函数除可绘制三维曲面图外，还能分别绘制三维曲面图的等高线图和它下面的幕帘线。其调用格式和 mesh 相同。

surf(X,Y,Z,C)，绘制由 4 个矩阵所指定的带颜色参数 C 的网状表面图。颜色范围由 C 指定。

surf(X,Y,Z),C=Z，颜色与网格的高度成正比。

例 3.16　绘制 MATLAB 自带的函数 peaks 的具有等高线的三维曲面图和网状表面图。

MATLAB 程序如下：

```
[X,Y]=meshgrid(-3:.125:3);
Z=peaks(X,Y);
meshc(X,Y,Z);
axis([-3 3 -3 3 -10 5])
```

```
figure
surfc(X,Y,Z);
```

程序运行结果如图 3.17 和图 3.18 所示。

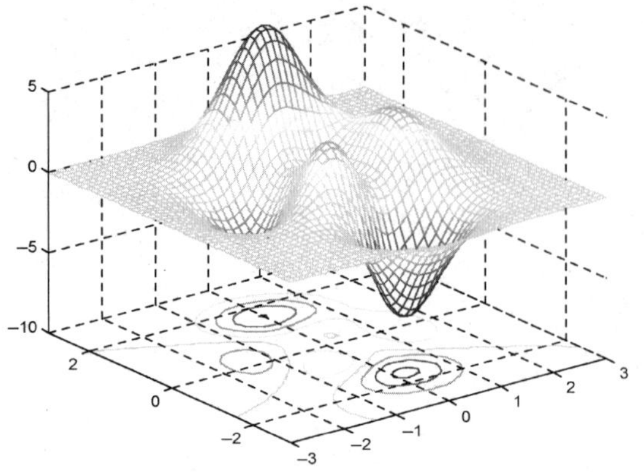

图 3.17 函数 peaks 的具有等高线的三维曲面图

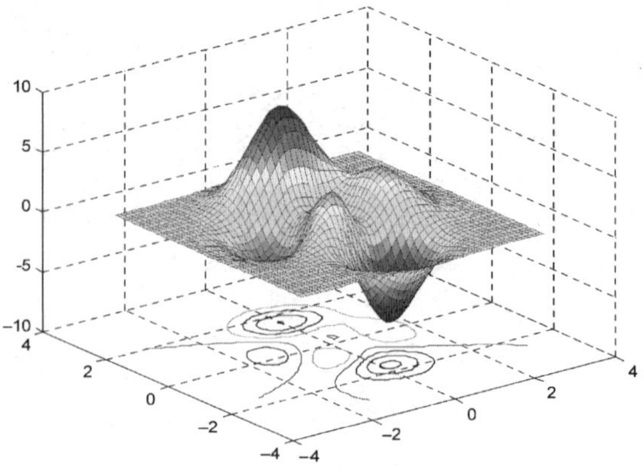

图 3.18 函数 peaks 的具有等高线的网状表面图

例 3.17 在 xy 平面内选择区域$[-8, 8] \times [-8, 8]$，绘制函数的 4 种三维曲面图。

MATLAB 程序如下：

```
[x,y]=meshgrid(-8:0.5:8);
z=sin(sqrt(x.^2+y.^2))./sqrt(x.^2+y.^2+eps);
subplot(2,2,1);
meshc(x,y,z);
title('meshc(x,y,z)')
subplot(2,2,2);
meshz(x,y,z);
title('meshz(x,y,z)')
subplot(2,2,3);
surfc(x,y,z)
title('surfc(x,y,z)')
subplot(2,2,4);
surfl(x,y,z)
title('surfl(x,y,z)')
```

程序运行结果如图 3.19 所示。

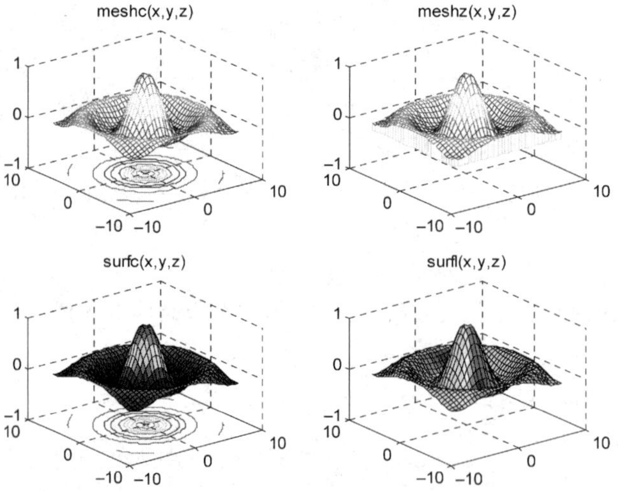

图 3.19 函数 sin(sqrt(x.^2+y.^2))./sqrt(x.^2+y.^2+eps)的 4 种三维曲面图

3.3　使用绘图工具绘制图形

使用绘图工具绘制图形，首先要产生绘图数据，然后再使用绘图工具绘制这些数据所对应的曲线。

假定绘制函数 $y = x^3$ 相对于自变量 x 的定义域为–1 至 1 的图形，首先在命令窗口输入如下语句产生绘图数据：

```
x = -1:.1:1; % Define the range of x
y = x.^3;    % Raise each element in x to the third power
```

然后在 MATLAB 命令窗口输入

```
plottools
```

打开附有绘图工具的图形窗口，如图 3.20 所示。

选择变量 x 和 y，然后右击，选择绘图命令，如图 3.21 所示，即可在绘图区域绘制所求曲线。

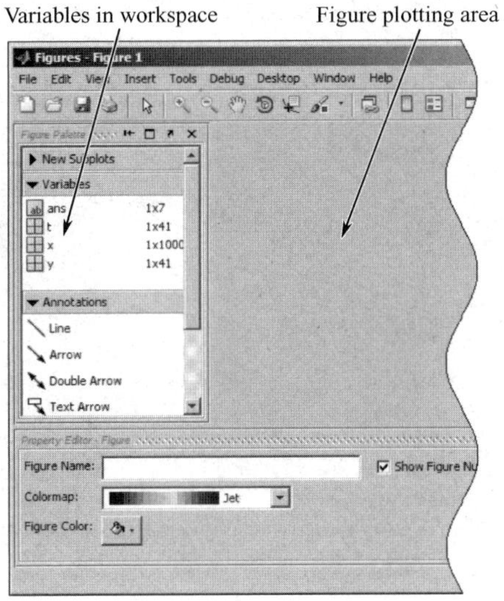

图 3.20　附有绘图工具的图形窗口

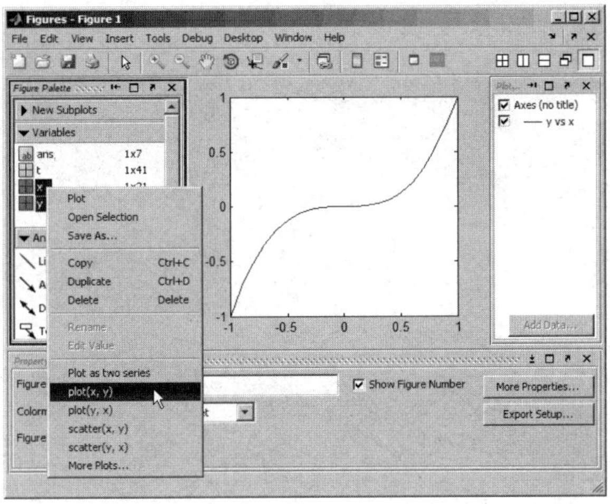

图 3.21　使用绘图工具绘制二维曲线

在该图形窗口，有各种绘图工具，可以设置该曲线的线型属性、设置轴的形式与刻度、添加图形标题、添加子图窗口、添加坐标轴标志、进行文本注释、添加图例，还可以选择绘图的类型，如条形图、阶梯图、杆图和填充图等，也可以选择二维绘图和三维绘图命令。

3.4　使用向导创建图形用户界面

本节以使用向导创建如图 3.22 所示图形的图形用户界面来介绍图形用户界面的建立。

该图形用户界面包括如下组件：

一个坐标系组件；

一个弹出式菜单，列出对应 MATLAB 函数 Peaks, Membrane 和 Sinc 的三种不同的数据；

三个按钮，分别对应 Surf, Mesh, Contour 三种绘图类型中的一种。

该图形用户界面的使用，在于首先从弹出式菜单中选择一种数据，然后选择绘图类型按钮，按下按钮则切换执行对应绘图类型的回调函数，并将选择好的数据绘制在坐标系对应的绘图区域。

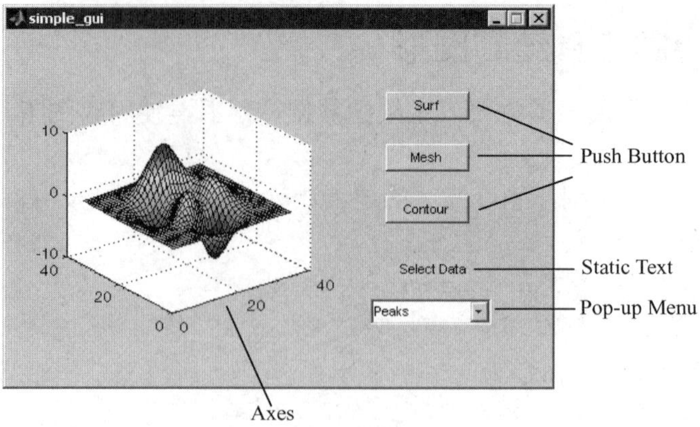

图 3.22　简单图形用户界面

采用向导创立该图形用户界面步骤如下：

(1) 在 MATLAB 命令窗口输入 guide，打开 GUIDE Quick Start 对话框，如图 3.23 所示。

(2) 选择 Blank GUI (Default)模板，在布局编辑器中显示空白图形用户界面，如图 3.24 所示。

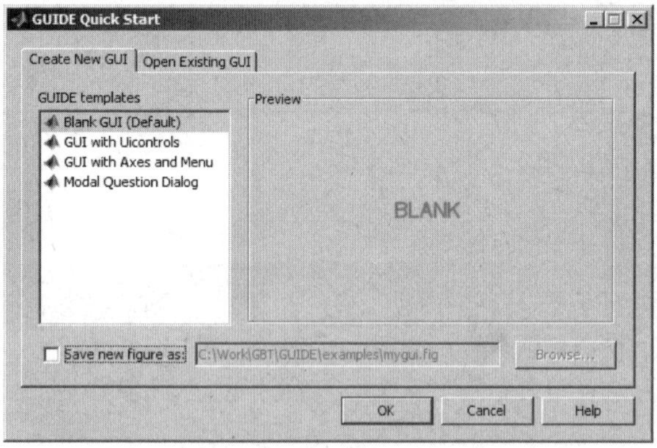

图 3.23　GUIDE Quick Start 对话框

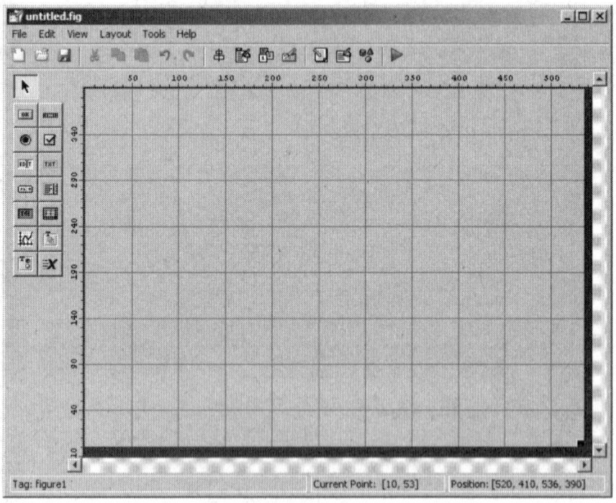

图 3.24　空白图形用户界面

在第一次打开布局编辑器(the Layout Editor)时，布局编辑器左边的组件面板只包含图标。在 MATLAB 的文件菜单中选择参数选择(Prefernces)项，勾选“Show names in component palette”复选框，再单击 OK，如图 3.25 所示。则组件面板中显示各组件(也可以叫控件)的名称，如图 3.26 所示。组件中包含 Push Button(按钮)、Slider(滑块)、Radio Button(单选按钮)、Check Box(复选框)、Edit Text(编辑文本)、Static Text(静态文本)、Pop-up Menu（弹出式菜单)、Listbox(列表框)、Toggle Button(开发按钮)、Table(表)、Axes(坐标系)、Panel(面板)、Button Group(按钮组)、ActiveX Control(控件)。

(3) 选择三个 Push Button，一个 Static Text，一个 Pop-up Menu，一个 Axes，将其拖入布局区域，放于适当的位置。然后选择三个 Push Button，在 Tools 菜单中选择“Align Objects”，设置 Push Button 之间的垂直距离为 20 pixels，水平向左靠齐，如图 3.27 所示，调整好位置后如图 3.28 所示。

(4) 给按钮标注文字。

从 View 菜单中选择 Property Inspector，然后选中第一个 Push Button，再在 Property Inspector 中选择字符 String 属性，再用文字 Surf 代替原来的文字，如图 3.29 所示。

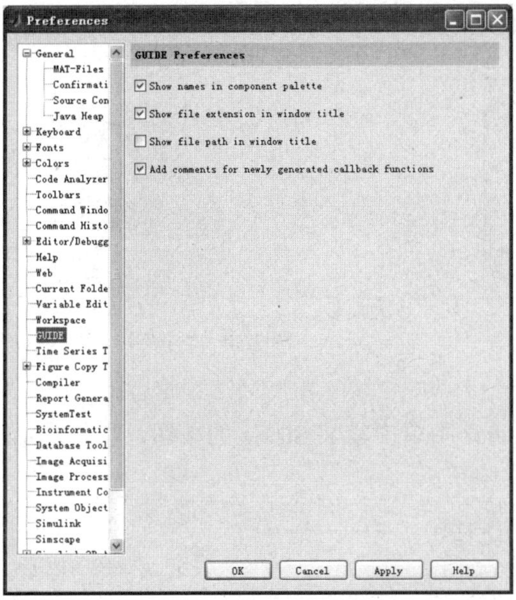

图 3.25　勾选“Show names in component palette”复选框

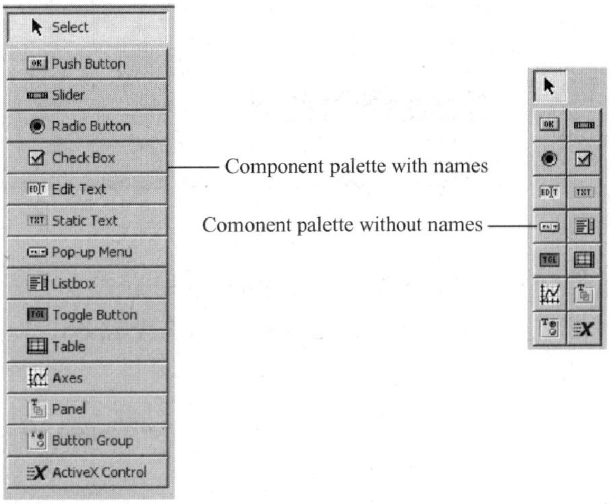

图 3.26　组件名称

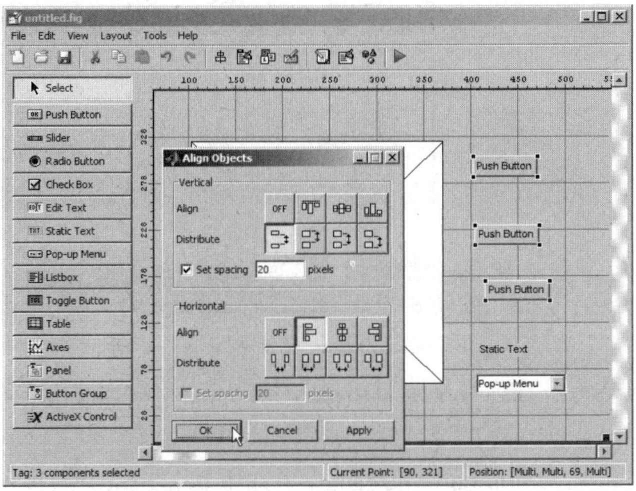

图 3.27　添加组件并调整位置

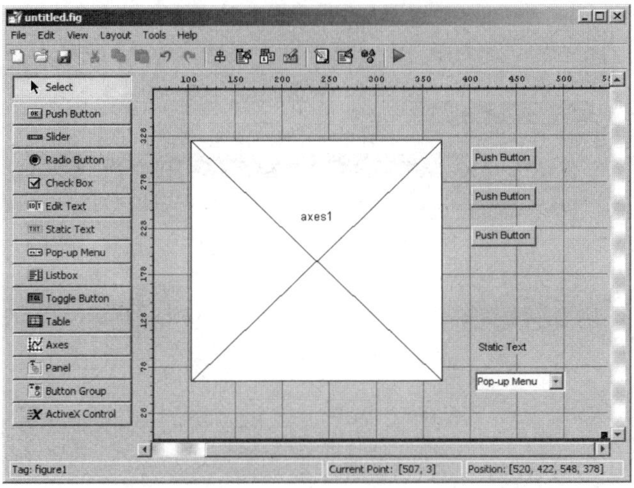

图 3.28　位置调整好后的按钮

继续选择其他的两个按钮，将其文字改为 Mesh 和 Contour，如图 3.30 所示。

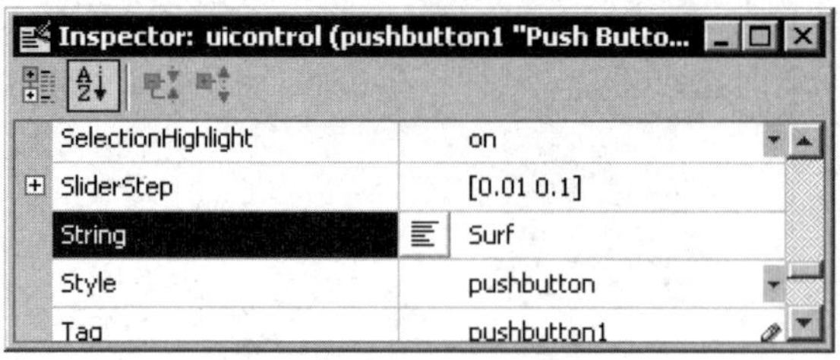

图 3.29 给按钮标注文字

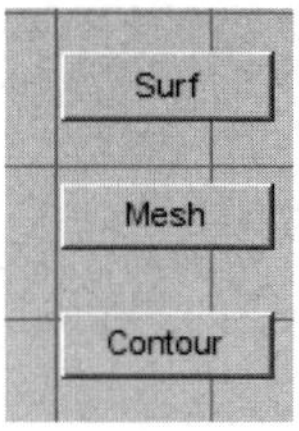

图 3.30 给按钮标注文字结果

(5) 设定弹出式菜单 Pop-up Menu。

选中 Pop-up Menu 组件，再在 Property Inspector 中单击紧邻 String 的按钮，字符对话框显示如图 3.31 所示。

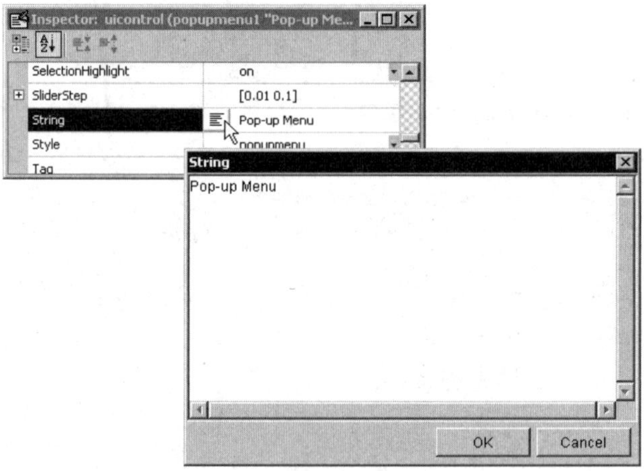

图 3.31 Pop-up Menu 属性编辑字符对话框

在字符对话框中输入三种数据类型对应的文字：Peaks, Membrane, Sinc。

(6) 修改静态文本。

选中 Static Text 组件，在 Property Inspector 中选中紧邻 String 的按钮，在字符对话框中输入 Select Data，如图 3.32 所示。

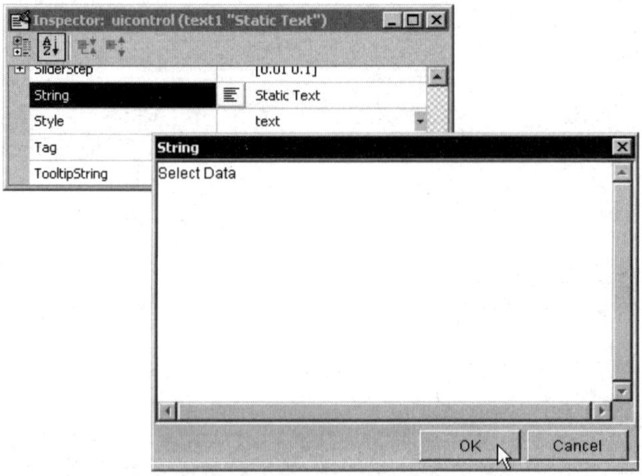

图 3.32 修改静态文本对话框

(7) 回调函数的编写。

设置好组件后，保存，文件名为 simplegui，MATLAB 返回两个文件：simplegui.fig 和 simplegui.m 文件，simplegui.fig 文件如图 3.33 所示。

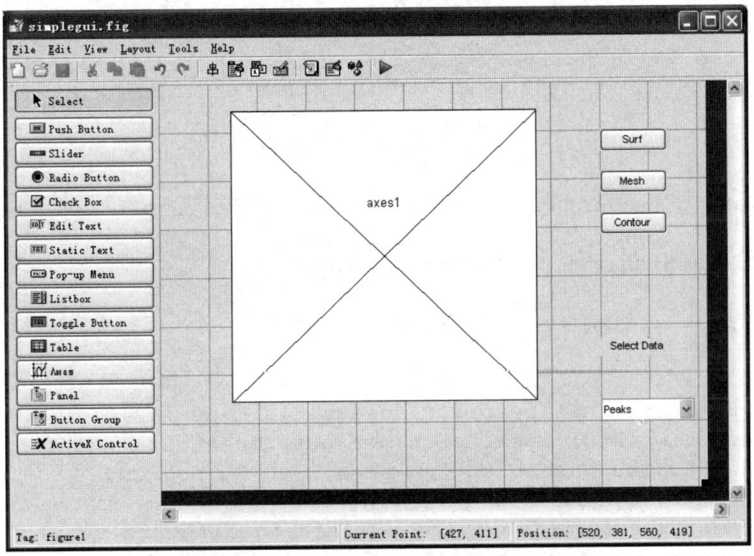

图 3.33 设置好组件后的图形用户界面

simplegui.m 文件包含了控制图形用户界面 simplegui.fig 执行的代码，包含对应每一个组件的回调函数，在用户编辑之前，simplegui.m 文件只是一个模板，如下：

```
function varargout = simplegui(varargin)
% SIMPLEGUI MATLAB code for simplegui.fig
%      SIMPLEGUI, by itself, creates a new SIMPLEGUI or raises the existing
%      singleton*.
%
%      H = SIMPLEGUI returns the handle to a new SIMPLEGUI or the handle to
%      the existing singleton*.
%
%      SIMPLEGUI('CALLBACK',hObject,eventData,handles,...) calls the local
%        function named CALLBACK in SIMPLEGUI.M with the given input
arguments.
%
%      SIMPLEGUI('Property','Value',...) creates a new SIMPLEGUI or raises the
%      existing singleton*.  Starting from the left, property value pairs are
%      applied to the GUI before simplegui_OpeningFcn gets called.  An
%        unrecognized property name or invalid value makes property
application
%      stop.  All inputs are passed to simplegui_OpeningFcn via varargin.
%
%      *See GUI Options on GUIDE's Tools menu.  Choose "GUI allows only one
%      instance to run (singleton)".
%
% See also: GUIDE, GUIDATA, GUIHANDLES

% Edit the above text to modify the response to help simplegui

% Last Modified by GUIDE v2.5 08-Dec-2012 21:38:14

% Begin initialization code - DO NOT EDIT
gui_Singleton = 1;
```

```
gui_State = struct('gui_Name',       mfilename, ...
                   'gui_Singleton',  gui_Singleton, ...
                   'gui_OpeningFcn', @simplegui_OpeningFcn, ...
                   'gui_OutputFcn',  @simplegui_OutputFcn, ...
                   'gui_LayoutFcn',  [] , ...
                   'gui_Callback',   []);
if nargin && ischar(varargin{1})
    gui_State.gui_Callback = str2func(varargin{1});
end

if nargout
    [varargout{1:nargout}] = gui_mainfcn(gui_State, varargin{:});
else
    gui_mainfcn(gui_State, varargin{:});
end
% End initialization code - DO NOT EDIT


% --- Executes just before simplegui is made visible.
function simplegui_OpeningFcn(hObject, eventdata, handles, varargin)
% This function has no output args, see OutputFcn.
% hObject    handle to figure
% eventdata  reserved - to be defined in a future version of MATLAB
% handles    structure with handles and user data (see GUIDATA)
% varargin   command line arguments to simplegui (see VARARGIN)

% Choose default command line output for simplegui
handles.output = hObject;

% Update handles structure
guidata(hObject, handles);

% UIWAIT makes simplegui wait for user response (see UIRESUME)
% uiwait(handles.figure1);


% --- Outputs from this function are returned to the command line.
function varargout = simplegui_OutputFcn(hObject, eventdata, handles)
% varargout  cell array for returning output args (see VARARGOUT);
% hObject    handle to figure
% eventdata  reserved - to be defined in a future version of MATLAB
% handles    structure with handles and user data (see GUIDATA)

% Get default command line output from handles structure
varargout{1} = handles.output;


% --- Executes on button press in pushbutton1.
function pushbutton1_Callback(hObject, eventdata, handles)
% hObject    handle to pushbutton1 (see GCBO)
% eventdata  reserved - to be defined in a future version of MATLAB
% handles    structure with handles and user data (see GUIDATA)


% --- Executes on button press in pushbutton2.
function pushbutton2_Callback(hObject, eventdata, handles)
% hObject    handle to pushbutton2 (see GCBO)
% eventdata  reserved - to be defined in a future version of MATLAB
```

```
% handles    structure with handles and user data (see GUIDATA)


% --- Executes on button press in pushbutton3.
function pushbutton3_Callback(hObject, eventdata, handles)
% hObject    handle to pushbutton3 (see GCBO)
% eventdata  reserved - to be defined in a future version of MATLAB
% handles    structure with handles and user data (see GUIDATA)


% --- Executes on selection change in popupmenu1.
function popupmenu1_Callback(hObject, eventdata, handles)
% hObject    handle to popupmenu1 (see GCBO)
% eventdata  reserved - to be defined in a future version of MATLAB
% handles    structure with handles and user data (see GUIDATA)

% Hints: contents = cellstr(get(hObject,'String')) returns popupmenu1
contents as cell array
% contents{get(hObject,'Value')} returns selected item from popupmenu1


% --- Executes during object creation, after setting all properties.
function popupmenu1_CreateFcn(hObject, eventdata, handles)
% hObject    handle to popupmenu1 (see GCBO)
% eventdata  reserved - to be defined in a future version of MATLAB
% handles    empty - handles not created until after all CreateFcns called

% Hint: popupmenu controls usually have a white background on Windows.
%       See ISPC and COMPUTER.
if ispc && isequal(get(hObject,'BackgroundColor'), get(0,'defaultUicontrol-
                  BackgroundColor'))
    set(hObject,'BackgroundColor','white');
end
```

用户必须编辑上述函数，对应图形用户界面的每一个组件，以便在图形用户界面中，选择某一个组件，可以调用上述函数中对应的函数，从而执行相应的命令。

在这个例子中，采用 MATLAB 函数 Peaks, Membrane 和 Sinc 添加三组数据到 opening function 中，在% varargin...之后，添加如下代码，为图形用户界面创建数据。

```
% Create the data to plot.
handles.peaks=peaks(35);
handles.membrane=membrane;
[x,y] = meshgrid(-8:.5:8);
r = sqrt(x.^2+y.^2) + eps;
sinc = sin(r)./r;
handles.sinc = sinc;
% Set the current data value.
handles.current_data = handles.peaks;
surf(handles.current_data)
```

现在运行图形用户界面，其初次显示如图 3.34 所示。

接着编写 popupmenu1_Callback 函数，在% handles...后添加如下代码：

```
% Determine the selected data set.
str = get(hObject, 'String');
val = get(hObject,'Value');
```

```
% Set current data to the selected data set.
switch str{val};
case 'Peaks' % User selects peaks.
  handles.current_data = handles.peaks;
case 'Membrane' % User selects membrane.
  handles.current_data = handles.membrane;
case 'Sinc' % User selects sinc.
  handles.current_data = handles.sinc;
end
% Save the handles structure.
guidata(hObject,handles)
```

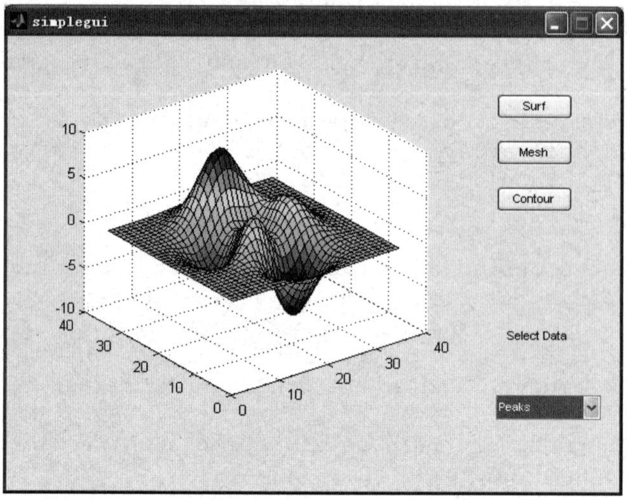

图 3.34 初次显示的图形用户界面

分别编写按钮的回调函数，程序如下：

```
% --- Executes on button press in pushbutton1.
function pushbutton1_Callback(hObject, eventdata, handles)
% hObject    handle to pushbutton1 (see GCBO)
% eventdata  reserved - to be defined in a future version of MATLAB
% handles    structure with handles and user data (see GUIDATA)
% Display surf plot of the currently selected data.
surf(handles.current_data);

% --- Executes on button press in pushbutton2.
function pushbutton2_Callback(hObject, eventdata, handles)
% hObject    handle to pushbutton2 (see GCBO)
% eventdata  reserved - to be defined in a future version of MATLAB
% handles    structure with handles and user data (see GUIDATA)
% Display mesh plot of the currently selected data.
 mesh(handles.current_data);

% --- Executes on button press in pushbutton3.
function pushbutton3_Callback(hObject, eventdata, handles)
% hObject    handle to pushbutton3 (see GCBO)
% eventdata  reserved - to be defined in a future version of MATLAB
% handles    structure with handles and user data (see GUIDATA)
% Display contour plot of the currently selected data.
 contour(handles.current_data);
```

保存。

现在运行该图形用户界面，单击运行，初次显示界面如图 3.34 所示，然后从 Pop-up Menu 中选择不同的数据，再选择不同的按钮，得出不同的图形，比如，选择 Sinc 函数创建的数据，选择绘图函数 Mesh，得到的图形如图 3.35 所示。

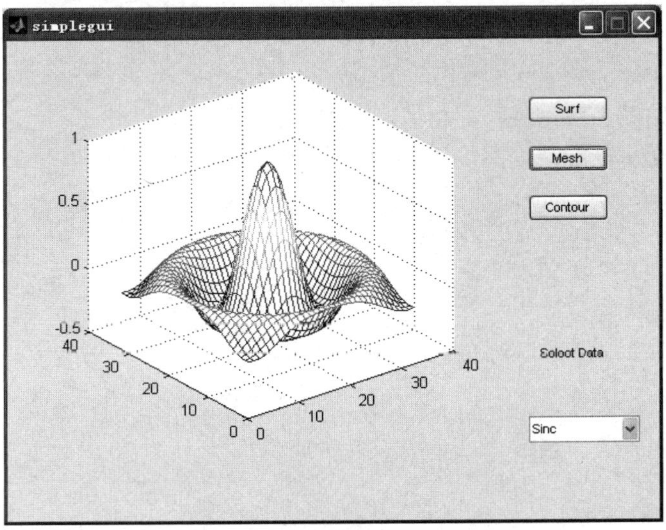

图 3.35 调用回调函数显示图形

关于图形用户的界面设计，也可以不用向导，直接编程实现，具体的编程函数，用户可以查询 MATLAB 的 Help 文档，里面有详细的介绍，本书就不另外讲述了。

3.5 实验四 绘图函数的应用

3.5.1 实验目的

1. 熟悉二维和三维绘图函数命令。
2. 熟悉图形修饰与控制方法。
3. 了解特殊坐标图形的绘制。

3.5.2 实验内容

1. 在同一图形窗口绘制 sin$x$,cos$x$ 曲线，要求用不同的颜色和线型、数据点标记字符，x 轴范围为[0, 2π]，y 轴范围为[−2, 2]，并加注解说明`'sinx'`，`'cosx'`以区分，图例注解放置在图形右下角。

2. 定义函数`myfun`：`y=[200×(sinx)/x,x^2]`，绘制该函数在`x=[-20,20]`区间内的图形。

3. 试将图形窗口分割成 3 个区域，分别绘制 $y=\lg x$ 在[0, 100]区间内的对数坐标、x 半对数坐标及 y 半对数坐标图，并加上标题，添加栅格。

4. `t=-3:0.125:3`，`x=sin2t`，`y=cos2t`，`z=x^2+2*y^2`，请绘制带有等高线的基于 x, y, z 的三维曲面图，并填充颜色。坐标轴范围为`[-1 1 -1 1 0 2]`。

5. 绘制出饱和非线性特性方程 $y=\begin{cases}1.1\mathrm{sign}(x), & |x|>1.1\\ x, & |x|\leqslant 1.1\end{cases}$ 的曲线。

3.5.3 实验参考程序

1．MATLAB 程序如下：

```
 t=0:0.05:2*pi;
plot(t,sin(t),'r-.o',t,cos(t),'m-s')
 legend('sinx','cosx','Location','southeast')
axis([0 2*pi -2 2])
```

程序运行结果如图 3.36 所示。

2．打开 M 函数编辑器，编写如下函数：

```
function Y=myfun(x)
Y(:,1)=200*sin(x(:))./x(:);
Y(:,2)=x(:).^2;
```

再在命令窗口输入

```
 fplot(@(x) myfun(x),[-20 20])
```

或

```
figure
x=-20:0.01:20;
plot(x,myfun(x))
```

程序运行结果如图 3.37 所示。

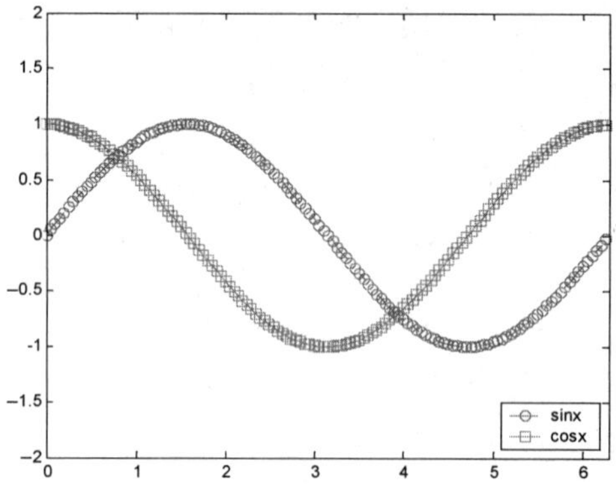

图 3.36　正弦和余弦曲线

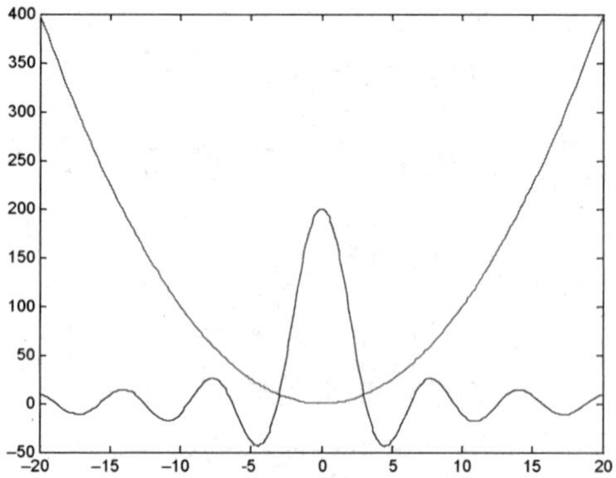

图 3.37　函数绘图命令绘制曲线

3．MATLAB 程序如下：

```
x=0:0.1:100;
y=log10(x);
subplot(311),loglog(x,y)
grid
title('loglog graph')
subplot(312),semilogx(x,y)
grid
title('semilogx graph')
subplot(313),semilogy(x,y)
grid
title('semilogy graph')
```

程序运行结果如图 3.38 所示。

4．MATLAB 程序如下：

```
t=-3:0.125:3;
x=sin(2.*t);y=cos(2.*t);[X,Y]=meshgrid(x,y);
Z=X.^2+2*Y.^2;
mesh(X,Y,Z)
axis([-1 1 -1 1 0 3])
pause
meshc(X,Y,Z)
pause
surf(X,Y,Z)
```

程序运行结果如图 3.39 所示。

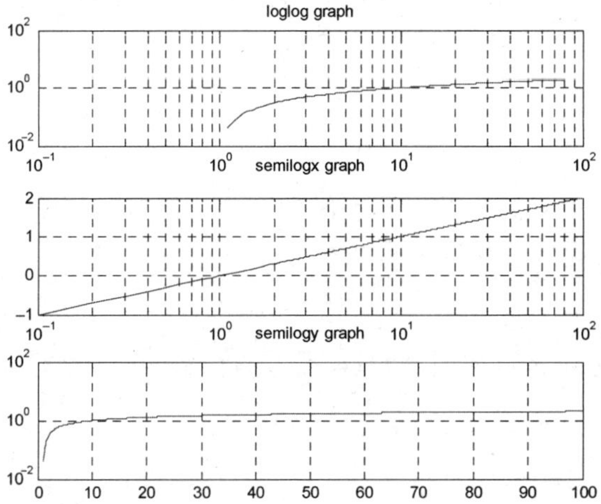

图 3.38　对数坐标、x 半对数坐标及 y 半对数坐标图

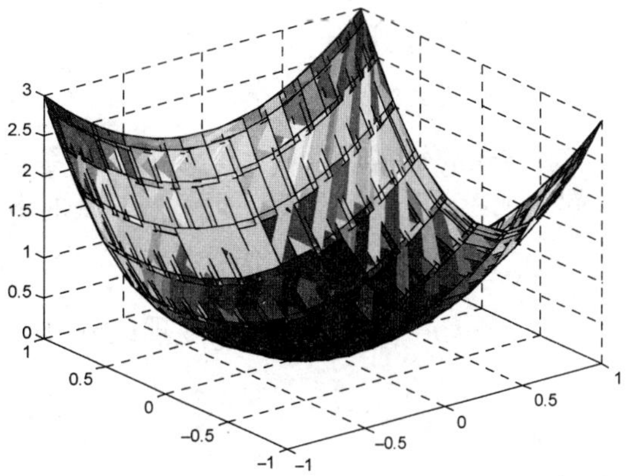

图 3.39　三维曲面图

5．MATLAB 程序如下：

```
x=[-2:0.02:2];
y=1.1*sign(x).*(abs(x)>1.1)+x.*(abs(x)<=1.1);
plot(x,y)
```

程序运行结果为分段线性的非线性曲线，如图3.40 所示。图中曲线可以由有限的几个转折点表示，利用命令语句 `plot([-2,-1.1,1.1,2],[-1.1,-1.1,1.1,1.1])`能得出同样的图形。

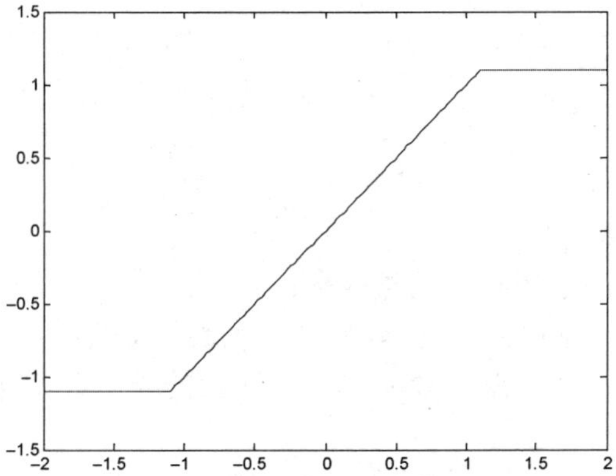

图 3.40　饱和非线性曲线

第 4 章　MATLAB 数值计算与符号计算

4.1　曲线拟合与插值运算

1．多项式的建立与表示方法

在 MATLAB 中，n 次多项式用一个长度为 $n+1$ 的行向量表示，其元素为多项式的系数，按降幂排列，缺少的幂次项系数为 0。

例如，多项式 $x^4-12x^3+0x^2+25x+116$ 在 MATLAB 中用向量 `p=[1 -12 0 25 116]` 表示。

2．多项式的运算

(1) 多项式的加减运算

多项式的加减运算就是其所对应的系数向量的加减运算。相加减的多项式必须表示成相同的次数，如果次数不同，应该把低次的多项式不足的高次项用 0 补足。

(2) 多项式的乘除运算

命令 w=conv(u,v) 表示多项式 u 和 v 相乘，例如在 MATLAB 命令窗口输入

```
u=[1   2   3   4], v=[10   20   30], c=conv(u, v)
```

返回

```
c=
    10     40     100     160     170     120
```

conv 指令可以嵌套使用，如 conv(conv(a,b),c)。

命令[q, r]=deconv(v, u)表示 u 整除 v。 向量 q 表示商，向量 r 表示余， 即有 v=conv(u,q)+r。

例如在 MATLAB 命令窗口输入

```
[q, r]=deconv(c, u)
```

返回

```
q=
    10    20    30
r=
    0     0     0     0     0     0
```

(3) 多项式的导函数

对多项式求导数的函数有

k=polyder(p)，返回多项式 p 的导函数；

k=polyder(a,b)，返回多项式 a 与 b 的乘积的导函数；

[q, d]=polyder(b,a)，返回多项式 a 整除 b 的导函数，其分子多项式返回给 q，分母多项式返回给 d。

例如求有理分式$(3x^2+6x+9)(x^2+2x)$的导数，在 MATLAB 命令窗口输入

```
a=[3 6 9];
```

```
b=[1 2 0];
k=polyder(a, b)
```

返回

```
k=
   12    36    42    18
```

即 $12x^3+36x^2+42x+18$。

求有理分式$(2x+3)/(3x^2+1)$的导数，在 MATLAB 命令窗口输入

```
b=[2 3];
a=[3 0 1];
[q,d]=polyder(b,a);
```

返回

```
q =
          -6   -18     2
d =
           9     0     6     0     1
```

(4) 多项式求值

MATLAB 中提供了两种求多项式值的函数。

y=polyval(p,x)，代数多项式函数求值，若 x 为一数值，则求多项式在该点的值；若 x 为向量或矩阵，则对向量或矩阵中的每个元素求其多项式的值。

y=polyvalm(p,x)，矩阵多项式求值，要求 x 为方阵。设 A 为方阵，p 代表多项式 x^3-5x^2+8，那么 polyvalm(p,A)的含义是

A*A*A−5*A*A+8*eye(size(A))

而 polyval(p,A)的含义是

A.*A.*A−5*A.*A+8*ones(size(A))

例 4.1　多项式 $P=x^4-29x^3+72x^2-29x+1$，以 4 阶 pascal 矩阵为自变量分别用 polyval 和 polyvalm 计算该多项式的值。

在 MATLAB 命令窗口输入

```
p= [1    -29    72    -29    1];
x=pascal(4);
A=polyval(p, x), B=polyvalm(p, x)
```

返回

```
A=
   16        16        16        16
   16        15      -140      -563
   16      -140     -2549    -12089
   16      -563    -12089    -43779
B=
    0         0         0         0
    0         0         0         0
    0         0         0         0
    0         0         0         0
```

(5) 多项式的根

使用函数 roots 可以求出多项式等于 0 的根，根用列向量表示，其调用格式为

```
r=roots(p)
```

若已知多项式等于 0 的根，函数 poly 可以求出相应的多项式，调用格式为

```
p=poly(r)
```

例 4.2 求多项式 $x^4 + 8x^3 - 10$ 的根。

在 MATLAB 命令窗口输入

```
A=[1, 8, 0, 0, -10];
x=roots(A)
```

返回

```
x=
   -8.0194
    1.0344
   -0.5075 + 0.9736i
   -0.5075 - 0.9736i
```

再在 MATLAB 命令窗口输入

```
p=poly(x)
```

返回

```
p=
   1.0000    8.0000   -0.0000   -0.0000  -10.0000
```

3. 曲线拟合

曲线拟合的目的是用一个较简单的函数去逼近一个复杂的或未知的函数，即从一系列已知离散点上的数据集$[(x_1, y_1), (x_2, y_2), \cdots, (x_n, y_n)]$上得到一个解析函数 $y=f(x)$，得到的解析函数 $f(x)$应当在原离散点 x_i 上尽可能接近给定的 y_i 的值。

MATLAB 曲线拟合的最优标准是采用常见的最小二乘法，拟合结果使得误差的平方和最小。在 MATLAB 中用 polyfit 函数来求得最小二乘法拟合多项式的系数，再用 polyval 函数按所得的多项式计算所给出的点上的函数近似值。

polyfit 函数的调用格式为

```
[p, s]=polyfit(x, y, m)
```

函数根据采样点 x 和采样点函数值 y，产生一个 m 次多项式 p 及其在采样点的误差向量 s。其中 x, y 是两个等长的向量，p 是一个长度为 m+1 的向量，p 的元素为多项式系数。

例 4.3 用一个 6 次多项式在区间[0, 2π]内的逼近函数 $\sin x$ 。

MATLAB 程序如下：

```
x=linspace(0, 2*pi, 50);
y=sin(x);
p=polyfit(x, y, 6)        %得到 6 次多项式的系数和误差
```

程序运行结果如下：

```
p=
    0.0000   -0.0056    0.0874   -0.3946    0.2685    0.8797    0.0102
```

下面利用绘图的方法将多项式 $P(x)$和 $\sin x$ 进行比较，继续执行下列命令：

```
x=linspace(0, 2*pi, 50);
y=sin(x);
f=polyval(P, x);
plot(x, y, ':o', x, f, '-*')
```

绘出 $\sin x$ 和多项式 $P(x)$在给定区间的函数曲线，如图 4.1 所示。其中带圆圈标记的虚线

(':o')是 sin*x*，带星号标记的实线('-*')为 *P*(*x*)。

4. 数据插值

(1) 一维数据插值

在 MATLAB 中，实现一维数据插值的函数是 interp1，被插值函数是一个单变量函数，其调用格式为

```
yi=interp1(x, y, xi, method)
```

函数根据 x, y 的值，计算函数在 xi 处的值。x, y 是两个等长的已知向量，分别描述采样点和样本值，xi 是一个向量或标量，描述欲插值的点，yi 是一个与 xi 等长的插值结果。method 是插值方法，允许的取值有'linear'、'nearest'、'cubic'、'spline'，分别表示线性插值、最近点插值、3 次多项式插值、3 次样条插值。

注意：xi 的取值范围不能超出 x 的给定范围，否则，会给出“NaN”错误。

例 4.4　向量 t 和 p 表示从 1900～1990 年的每隔 10 年的美国人口普查数据(单位：百万)：

```
t=1900:10:1990;
p=[75.995  91.972  105.711  123.203  131.669...
   150.697  179.323  203.212  226.505  249.633];
```

根据人口普查数据估计 1975 年的人口，并利用插值估计从 1900～2000 年每年的人口数。

首先在命令窗口输入插值命令 interp1(t, p, 1975)，估计 1975 年的人口，返回结果如下：

```
ans=
     214.8585
```

再利用插值估计 1900～2000 年每年的人口数，并利用画图命令得出曲线分布。在 MATLAB 命令窗口输入

```
x=1900:1:2000;
y=interp1(t, p, x, 'spline');          %样条插值
plot(t, p, ':o', x, y, '-r')           %带圆圈标记的虚线(':o')为普查数据，(红)实线
                                       %('-r')为插值数据
```

程序运行结果如图 4.2 所示。

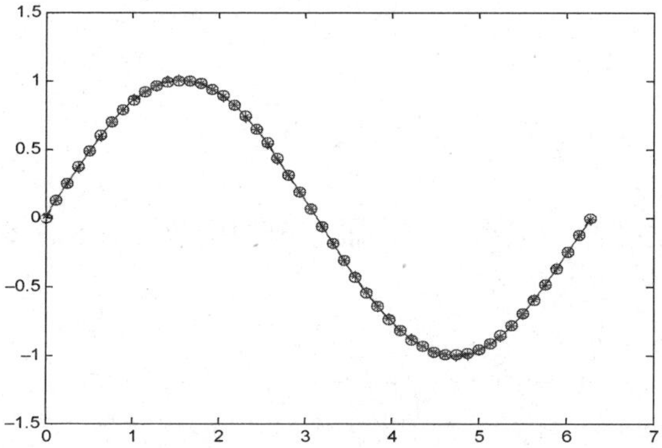

图 4.1　用 6 次多项式对正弦函数进行拟合

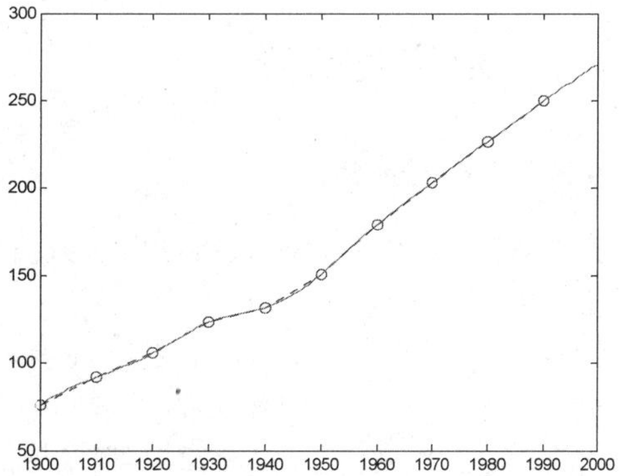

图 4.2　用一维数据插值得到的美国 100 年人口分布图

(2) 二维数据插值

在 MATLAB 中，提供了解决二维插值问题的函数 interp2，其调用格式为

```
Z1=interp2(X, Y, Z, X1, Y1, 'method')
```

其中，X, Y 是两个向量，分别描述两个参数的采样点；Z 是与参数采样点对应的函数值；X1, Y1 是两个向量或标量，描述欲插值的点；Z1 是根据相应的插值方法得到的插值结果。method 的取值与一维插值函数相同。X, Y, Z 也可以是矩阵形式。

同样，X1, Y1 的取值范围不能超出 X, Y 的给定范围，否则，会给出"NaN"错误。

例 4.5　利用插值运算对峰值函数 peaks 插入更多的栅格。

MATLAB 程序如下：

```
[X, Y]=meshgrid(-3:.25:3);
Z=peaks(X, Y);
[XI, YI]=meshgrid(-3:.125:3);
ZI=interp2(X, Y, Z, XI, YI);
mesh(X, Y, Z), hold,
mesh(XI, YI, ZI+15)
hold off
axis([-3 3 -3 3 -5 20])
```

程序运行结果如图 4.3 所示。

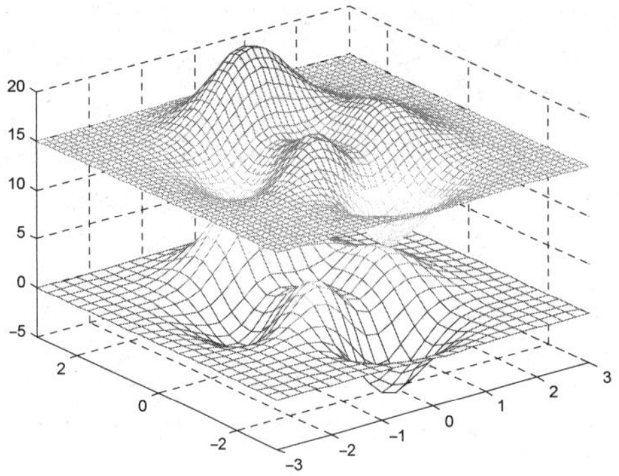

图 4.3　用二维数据插值得到的 peaks 函数曲线图

例 4.6　给定雇员数据如下：

```
years=1950:10:1990;      %工作年份
service=10:10:30;        %服役时间，即在职时间
wage=[150.697 199.592 187.625
      179.323 195.072 250.287
      203.212 179.092 322.767
      226.505 153.706 426.730
      249.633 120.281 598.243];     %工资
```

利用二维数据插值计算某个雇员在工作 15 年后在 1975 年所获得的工资。

MATLAB 程序如下：

```
w=interp2(service, years, wage, 15, 1975)
```

程序运行结果如下：

```
w=
    190.6287
```

4.2　数值微积分

4.2.1　数值微分

在 MATLAB 中，没有直接提供求数值导数的函数，只有计算向前差分的函数 diff，其调用格式如下。

DX=diff(X)，计算向量 X 的向前差分，DX(i)=X(i+1)-X(i)，i=1, 2, …, n-1。

DX=diff(X,n)，计算 X 的 n 阶向前差分，例如 diff(X,2)=diff(diff(X))。

DX=diff(A,n,dim)，计算矩阵 A 的 n 阶差分，dim=1 时(默认状态)，按列计算差分；dim=2 时，按行计算差分。

例 4.7　设 X 由[0, 2π]间均匀分布的 10 个点组成，求 $\sin x$ 的 1～3 阶差分。

MATLAB 程序如下：

```
X=linspace(0, 2*pi, 10)
Y=sin(X)
```

```
DY=diff(Y)            %计算 Y 的一阶差分
D2Y=diff(Y,2)         %计算 Y 的二阶差分，也可用命令 diff(DY)计算
D3Y=diff(Y,3)         %计算 Y 的三阶差分，也可用命令 diff(D2Y)或 diff(DY,2)计算
```

程序运行结果如下：

```
X=
     0  0.6981  1.3963  2.0944  2.7925  3.4907  4.1888  4.8869  5.5851  6.2832
Y=
     0  0.6428  0.9848 0.8660  0.3420 -0.3420 -0.8660 -0.9848 -0.6428 -0.0000
DY=
    0.6428  0.3420  -0.1188  -0.5240  -0.6840  -0.5240  -0.1188  0.3420  0.6428
D2Y=
   -0.3008  -0.4608  -0.4052  -0.1600  0.1600  0.4052  0.4608  0.3008
D3Y=
   -0.1600   0.0556   0.2452   0.3201  0.2452  0.0556 -0.1600
```

例 4.8　设 $f(x)=\sqrt{x^3+2x^2-x+12}+\sqrt[6]{x+5}+5x+2$，其中 $f'(x)=\dfrac{3x^2+4x-1}{2\sqrt{x^3+2x^2-x+12}}+\dfrac{1}{6\sqrt[6]{(x+5)^5}}+5$，用不同的方法求函数 $f(x)$ 的数值导数，并在同一个坐标系中绘制出 $f'(x)$ 的图像。

MATLAB 程序如下：

```
f=inline('sqrt(x.^3+2*x.^2-x+12)+(x+5).^(1/6)+5*x+2');
g=inline('(3*x.^2+4*x-1)./sqrt(x.^3+2*x.^2-x+12)/2+1/6./(x+5).^(5/6)+5');
x=-3:0.01:3;
p=polyfit(x, f(x), 5);                  %用 5 次多项式 p 拟合 f(x)
dp=polyder(p);                          %对拟合多项式 p 求导数 dp
dpx=polyval(dp, x);                     %求 dp 在假设点的函数值
dx=diff(f([x, 3.01]))/0.01;             %直接对 f(x)求数值导数
gx=g(x);                                %求函数 f 的导函数 g 在假设点的导数
plot(x, dpx, x, dx, '.', x, gx, '-');   %作图
```

程序运行结果如图 4.4 所示。结果表明用 3 种方法求得的数值导数比较接近。

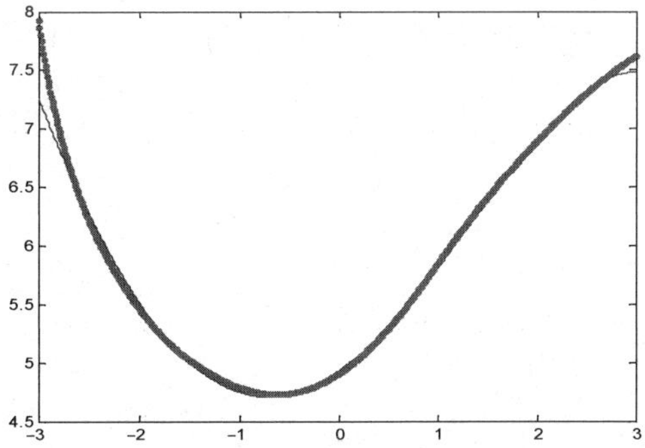

图 4.4　用 3 种方法求得的数值导数

4.2.2　数值积分

求解定积分的数值方法多种多样，如简单的梯形法、辛普生 (Simpson) 法、牛顿-柯特斯 (Newton-Cotes) 法等。它们的基本思想都是将整个积分区间 $[a, b]$ 分成 n 个子区间 $[x_i, x_{i+1}]$，$i = 1, 2, \cdots, n$，其中 $x_1=a$，$x_{n+1}=b$。这样求定积分问题就分解为求和问题。

被积函数一般用一个解析式给出，但也有很多情况用一个表格形式给出。在MATLAB中，对这两种给定被积函数的方法，提供了不同的数值积分函数。

(1) 被积函数是一个解析式

MATLAB 提供了 quad 函数和 quadl 函数来求定积分。它们的调用格式为

```
quad(filename, a, b, tol, trace)
quadl(filename, a, b, tol, trace)
```

其中 filename 是被积函数名，用单引号引起来，或者用函数句柄表示。a 和 b 分别是定积分的下限和上限。tol 用来控制积分精度，默认时为 10^{-6}。trace 控制是否展现积分过程，若取非 0 则展现积分过程，若取 0 则不展现，默认时取 trace=0。

例 4.9 用两种方法求 $I=\int_0^2 \frac{1}{x^3-2x-5}\mathrm{d}x$。

在 MATLAB 命令窗口输入

```
F=inline('1./(x.^3-2*x-5)');
Q=quad(F, 0, 2)
```

或
```
Q=quadl(F, 0, 2)
```

返回

```
Q=
   -0.4605
```

或者采用函数句柄

```
Q=quad(@myfun, 0, 2)
```

也可以返回

```
Q=
   -0.4605
```

这里 myfun.m 为一个 M 文件：

```
function y=myfun(x)
y=1./(x.^3-2*x-5);
```

(2) 被积函数由一个表格定义

在科学实验和工程应用中，函数关系往往是不知道的，只有实验测定的一组样本点和样本值，这时，就无法使用 quad 函数计算其定积分。在 MATLAB 中，对由表格形式定义的函数关系的求定积分问题用 trapz(X, Y)函数。其中向量 X,Y 定义函数关系 $Y=f(X)$。X, Y 是两个等长的向量，$X=(x_1, x_2, \cdots, x_n)$，$Y=(y_1, y_2, \cdots, y_n)$，并且 $x_1<x_2<\cdots<x_n$，积分区间是$[x_1, x_n]$。

例 4.10 用 trapz 函数计算 $I=\int_0^1 \mathrm{e}^{-x^2}\mathrm{d}x$。

MATLAB 程序如下：

```
X=0:0.01:1;
Y=exp(-X.^2);
trapz(X, Y)
```

程序运行结果如下：

```
ans=
     0.7468
```

(3) 二重积分数值求解

使用 MATLAB 提供的 dblquad 函数就可以直接求出上述二重定积分的数值解。该函数的调用格式为

```
I=dblquad(f, a, b, c, d, tol, trace)
```

该函数求 f 在[a,b]×[c,d]区域上的二重定积分。f 为函数名，用单引号引起来，或者用函数句柄表示。参数 tol,trace 的用法与函数 quad 完全相同。

例 4.11　计算二重定积分 $I=\int_{-1}^{1}\int_{-2}^{2}\mathrm{e}^{-x^2/2}\sin(x^2+y)\mathrm{d}x\mathrm{d}y$ 。

首先建立一个函数文件 fxy.m，

```
function f=fxy(x, y)
global ki;
ki=ki+1;                %ki 用于统计被积函数的调用次数
f=exp(-x.^2/2).*sin(x.^2+y);
```

再调用 dblquad 函数求解。

```
global ki;ki=0;
I=dblquad('fxy', -2, 2, -1, 1)
ki
```

程序运行结果如下：

```
I=
    1.57449318974494
ki=
    1038
```

4.3　线性方程组求解

4.3.1　直接解法

1. 利用左除运算符的直接解法

对于线性方程组 Ax=b，可以利用左除运算符“\”求解：

x=A\b

即　x=inv(A)*b

如果矩阵 A 是奇异的或接近奇异的，则 MATLAB 会给出警告信息。

例 4.12　用直接法求解下列线性方程组。

$$\begin{bmatrix}1/2 & 1/3 & 1/4\\ 1/3 & 1/4 & 1/5\\ 1/4 & 1/5 & 1/6\end{bmatrix}\begin{bmatrix}x_1\\ x_2\\ x_3\end{bmatrix}=\begin{bmatrix}0.95\\ 0.67\\ 0.52\end{bmatrix}$$

MATLAB 程序如下：

```
A=[1/2 1/3 1/4;1/3 1/4 1/5;1/4 1/5 1/6]
b=[0.95 0.67 0.52]'
x=A\b 或 X=inv(A)*b
```

程序运行结果如下：

```
x=
   1.2000
   0.6000
   0.6000
```

2. 利用矩阵的分解求解线性方程组

矩阵分解是指根据一定的原理用某种算法将一个矩阵分解成若干个矩阵的乘积。常见的矩阵分解有 LU 分解、QR 分解、Cholesky 分解，以及 Schur 分解、Hessenberg 分解、奇异分解等。

(1) LU 分解

矩阵的 LU 分解就是将一个矩阵表示为一个交换下三角矩阵和一个上三角矩阵的乘积形式。线性代数中已经证明，只要方阵是非奇异的，其 LU 分解总是可以进行的。

MATLAB 提供的 `lu` 函数用于对矩阵进行 LU 分解，其调用格式如下。

`[L, U]=lu(X)`，产生一个上三角矩阵 `U` 和一个变换形式的下三角矩阵 `L`(行交换)，使之满足 `X=LU`。注意，这里的矩阵 `X` 必须是方阵。

`[L, U, P]=lu(X)`，产生一个上三角矩阵 `U` 和一个下三角矩阵 `L` 以及一个置换矩阵 `P`，使之满足 `PX=LU`。当然矩阵 `X` 同样必须是方阵。

实现 LU 分解后，线性方程组 `Ax=b` 的解可表示为 `x=U\(L\b)` 或 `x=U\(L\Pb)`，这样可以大大提高运算速度。

(2) QR 分解

对矩阵 $\boldsymbol{X}$ 进行 QR 分解，就是把 $\boldsymbol{X}$ 分解为一个正交矩阵 $\boldsymbol{Q}$ 和一个上三角矩阵 $\boldsymbol{R}$ 的乘积形式。QR 分解只能对方阵进行。MATLAB 的函数 `qr` 可用于对矩阵进行 QR 分解，其调用格式如下。

`[Q, R]=qr(X)`，产生一个正交矩阵 `Q` 和一个上三角矩阵 `R`，使之满足 `X=QR`。

`[Q, R, E]=qr(X)`，产生一个正交矩阵 `Q`、一个上三角矩阵 `R` 以及一个置换矩阵 `E`，使之满足 `XE=QR`。

实现 QR 分解后，线性方程组 `Ax=b` 的解可表示为 `x=R\(Q\b)` 或 `x=E(R\(Q\b))`。

(3) Cholesky 分解

如果矩阵 $\boldsymbol{X}$ 是对称正定的，则 Cholesky 分解将矩阵 $\boldsymbol{X}$ 分解成一个下三角矩阵和一个上三角矩阵的乘积。设上三角矩阵为 $\boldsymbol{R}$，则下三角矩阵为其转置，即 $\boldsymbol{X}=\boldsymbol{R}'\boldsymbol{R}$。MATLAB 函数 `chol(X)` 用于对矩阵 `X` 进行 Cholesky 分解，其调用格式如下。

`R=chol(X)`，产生一个上三角矩阵 `R`，使 `R'R=X`。若 `X` 为非对称正定的，则输出一个出错信息。

`[R, p]=chol(X)`，这个命令格式将不输出出错信息。若 `X` 为对称正定的，则 `p=0`，`R` 与上述格式得到的结果相同；否则 `p` 为一个正整数。若 `X` 为满秩矩阵，则 `R` 为一个 `q=p-1` 阶的上三角矩阵，且满足 `R'R=X(1:q, 1:q)`。

实现 Cholesky 分解后，线性方程组 `Ax=b` 变成 `R'Rx=b`，所以 `x=R\(R'\b)`。

例 4.13　分别用 LU 分解、QR 分解和 Cholesky 分解求解例 4.12 中的线性方程组。

MATLAB 程序如下：

```
A=[1/2 1/3 1/4;1/3 1/4 1/5;1/4 1/5 1/6]
b=[0.95 0.67 0.52]'
[L, U]=lu(A);
x=U\(L\b)          %LU 分解求解
[Q, R]=qr(A);
x=R\(Q\b)          %QR 分解求解
R=chol(A)
x=R\(R'\b)         %Cholesky 分解求解
```

程序运行结果为

```
x=
    1.2000
```

```
    0.6000
    0.6000
```

4.3.2 迭代解法

迭代解法非常适合求解大型系数矩阵的方程组。在数值分析中，迭代解法主要包括 Jacobi 迭代法、Gauss-Serdel 迭代法、超松弛迭代法和两步迭代法。

1. Jacobi 迭代法

对于线性方程组 $\boldsymbol{Ax}=\boldsymbol{b}$，如果 $\boldsymbol{A}$ 为非奇异方阵，即 $a_{ii}\neq 0\,(i=1, 2, \cdots, n)$，则可将 $\boldsymbol{A}$ 分解为 $\boldsymbol{A}=\boldsymbol{D}-\boldsymbol{L}-\boldsymbol{U}$，其中 $\boldsymbol{D}$ 为对角阵，其元素为 $\boldsymbol{A}$ 的对角元素，$\boldsymbol{L}$ 与 $\boldsymbol{U}$ 为 $\boldsymbol{A}$ 的下三角矩阵和上三角矩阵，于是 $\boldsymbol{Ax}=\boldsymbol{b}$ 化为

$$\boldsymbol{x}=\boldsymbol{D}^{-1}(\boldsymbol{L}+\boldsymbol{U})\boldsymbol{x}+\boldsymbol{D}^{-1}\boldsymbol{b}$$

与之对应的迭代公式为

$$\boldsymbol{x}^{(k+1)}=\boldsymbol{D}^{-1}(\boldsymbol{L}+\boldsymbol{U})\boldsymbol{x}^{(k)}+\boldsymbol{D}^{-1}\boldsymbol{b}$$

这就是 Jacobi 迭代公式。如果序列 $\{\boldsymbol{x}^{(k+1)}\}$ 收敛于 $\boldsymbol{x}$，则 $\boldsymbol{x}$ 必是方程 $\boldsymbol{Ax}=\boldsymbol{b}$ 的解。

Jacobi 迭代法的 MATLAB 函数文件 Jacobi.m 如下：

```
function [y, n]=jacobi(A, b, x0, eps)
if nargin==3
    eps=1.0e-6;
elseif nargin<3
    error
    return
end
D=diag(diag(A));        %求 A 的对角矩阵
L=-tril(A, -1);         %求 A 的下三角矩阵
U=-triu(A, 1);          %求 A 的上三角矩阵
B=D\(L+U);
f=D\b;
y=B*x0+f;
n=1;                    %迭代次数
while norm(y-x0)>=eps
    x0=y;
    y=B*x0+f;
    n=n+1;
end
```

例 4.14 用 Jacobi 迭代法求解线性方程组。设迭代初值为 0，迭代精度为 10^{-6}。

$$\begin{cases} 9x_1-x_2+x_3=10 \\ -x_1+10x_2-2x_3=7 \\ -2x_1+x_2+10x_3=6 \end{cases}$$

在命令窗口中调用函数文件 Jacobi.m，命令如下：

```
A=[9, -1, 1;-1, 10, -2; -2, 1, 10];
b=[10, 7, 6]';
[x, n]=jacobi(A, b, [0, 0, 0]', 1.0e-6)
```

返回

```
x=
    1.1365
    0.9599
    0.7313
n=
    10
```

输入 x=inv(A)*b，所得结果相同。

2．Gauss-Serdel 迭代法

在 Jacobi 迭代过程中，计算 $\boldsymbol{x}_i^{(k+1)}$ 时，$\boldsymbol{x}_1^{(k+1)},\cdots,\boldsymbol{x}_{i-1}^{(k+1)}$ 已经得到，不必再用 $\boldsymbol{x}_1^{(k)},\cdots,\boldsymbol{x}_{i-1}^{(k)}$，即原来的迭代公式 $\boldsymbol{D}\boldsymbol{x}^{(k+1)}=(\boldsymbol{L}+\boldsymbol{U})\boldsymbol{x}^{(k)}+\boldsymbol{b}$ 可以改进为 $\boldsymbol{D}\boldsymbol{x}^{(k+1)}=\boldsymbol{L}\boldsymbol{x}^{(k+1)}+\boldsymbol{U}\boldsymbol{x}^{(k)}+\boldsymbol{b}$，于是得到

$$\boldsymbol{x}^{(k+1)}=(\boldsymbol{D}-\boldsymbol{L})^{-1}\boldsymbol{U}\boldsymbol{x}^{(k)}+(\boldsymbol{D}-\boldsymbol{L})^{-1}\boldsymbol{b}$$

该式即 Gauss-Serdel 迭代公式。和 Jacobi 迭代法相比，Gauss-Serdel 迭代法用新分量代替旧分量，精度会高些。

Gauss-Serdel 迭代法的 MATLAB 函数文件 gauseidel.m 如下：

```
function [y, n]=gauseidel(A, b, x0, eps)
if nargin==3
    eps=1.0e-6;
elseif nargin<3
    error
    return
end
D=diag(diag(A));        %求 A 的对角矩阵
L=-tril(A, -1);         %求 A 的下三角矩阵
U=-triu(A, 1);          %求 A 的上三角矩阵
G=(D-L)\U;
f=(D-L)\b;
y=G*x0+f;
n=1;                    %迭代次数
while norm(y-x0)>=eps
    x0=y;
    y=G*x0+f;
    n=n+1;
end
```

例 4.15　用 Gauss-Serdel 迭代法求解例 4.14 中的线性方程组。设迭代初值为 0，迭代精度为 10^{-6}。

在命令窗口中调用函数文件 gauseidel.m，命令如下：

```
A=[9, -1, 1;-1, 10, -2; -2, 1, 10];
b=[10, 7, 6]';
[x, n]=gauseidel(A, b, [0, 0, 0]', 1.0e-6)
```

返回

```
x=
    1.1365
    0.9599
    0.7313
```

```
n=
     7
```

例 4.16　分别用 Jacobi 迭代法和 Gauss-Serdel 迭代法求解下列线性方程组，看是否收敛。

$$\begin{bmatrix}1 & 2 & -2\\1 & 1 & 1\\2 & 2 & 1\end{bmatrix}\begin{bmatrix}x_1\\x_2\\x_3\end{bmatrix}=\begin{bmatrix}9\\7\\6\end{bmatrix}$$

MATLAB 程序如下：

```
A=[1, 2, -2;1, 1, 1;2, 2, 1];
b=[9;7;6];
[x, n]=jacobi(A, b, [0;0;0])
[x1, n1]=gauseidel(A, b, [0;0;0])
```

程序运行结果如下：

```
x=
      -27
       26
        8
n=
        4
x1=
     NaN
     NaN
     NaN
n1=
    1012
```

可见对此方程，用 Jacobi 迭代法收敛而用 Gauss-Serdel 迭代法不收敛。因此在考虑迭代法时，要考虑算法的收敛性。

4.4　常微分方程的数值求解

常微分方程初值问题的数值解法有很多种，比较常用的有欧拉(Euler)法、龙格-库塔(Runge-Kutta)法、线性多步法、预报校正法等。

基于龙格-库塔法，MATLAB 提供了求常微分方程数值解的函数，一般调用格式如下：

```
[t, y]=ode23('fname', tspan, y0), 二阶、三阶龙格-库塔法
[t, y]=ode45('fname', tspan, y0), 四阶、五阶龙格-库塔法
```

其中，`fname` 是定义 `f(t, y)` 的函数文件名，该函数文件必须返回一个列向量；`tspan` 的形式为`[t0, tf]`；表示求解区间；`y0` 是初始状态列向量；`t` 和 `y` 分别给出时间向量和相应的状态向量。

例 4.17　考虑著名的 Rossler 微分方程组 $\begin{cases}\dot{x}(t)=-y(t)-z(t)\\ \dot{y}(t)=x(t)+ay(t)\\ \dot{z}(t)=b+[x(t)-c]z(t)\end{cases}$，选定 $a=b=0.2$，$c=5.7$，且 $x(0)=y(0)=z(0)=0$，求解该微分方程。

引入新状态变量

$$\begin{cases}\dot{x}_1(t) = -x_2(t) - x_3(t)\\ \dot{x}_2(t) = x_1(t) + ax_2(t)\\ \dot{x}_3(t) = b + [x_1(t) - c]x_3(t)\end{cases}$$

其矩阵形式为

$$\dot{\boldsymbol{x}}(t) = \begin{bmatrix} -x_2(t) - x_3(t) \\ x_1(t) + ax_2(t) \\ b + [x_1(t) - c]x_3(t) \end{bmatrix}$$

编写 M 函数如下：

```
function dx=rossler(t, x, flag, a, b, c)     %虽然不显含时间，但还应该写出占位
dx=[-x(2)-x(3);x(1)+a*x(2);b+(x(1)-c)*x(3)];    %对应方程
```

保存为 rossler.m 文件，在 MATLB 命令窗口输入如下语句：

```
a=0.2;b=0.2;c=5.7;       %从函数外部定义参数变量
x0=[0 0 0]';             %微分方程的初值
[t, y]=ode45('rossler', [0, 100], x0, [], a, b, c)     %求解微分方程
plot(t, y)               %绘制各个状态变量的时间响应
figure
plot3(y(:, 1), y(:, 2), y(:, 3))
```

上面的命令直接得出该微分方程在 $t \in [0,100]$ 内的数值解，并绘制出各个状态变量和时间之间的关系曲线和相空间曲线，如图 4.5(a)和图 4.5(b)所示。

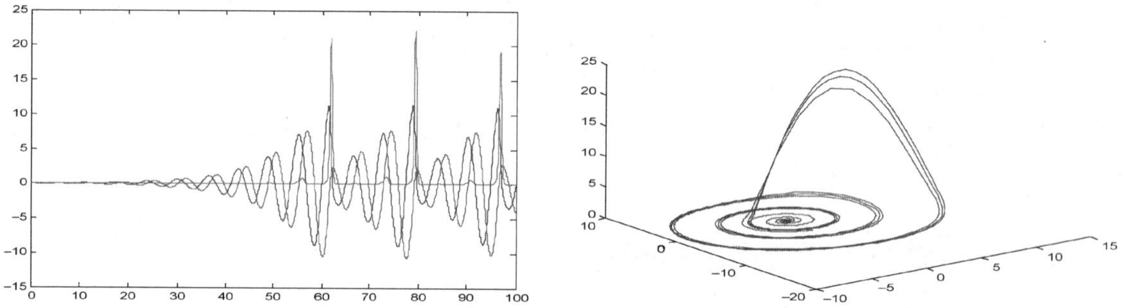

(a) 状态变量的时间曲线

(b) 系统响应的相空间曲线

图 4.5 Rossler 方程的数值解表示

在定义 M 函数 rossler.m 时，状态方程中的参数 a,b,c 如果作为输入变量，则在 M 函数 rossler.m 定义语句中，输入变量对应的圆括号内，以一个标志变量 flag 引导，以与时间变量 t、状态变量 x 区别开来。同时，在命令窗口中要定义参数变量 a,b,c，并保存至 Workspace 里，以便随后的命令语句可以调用参数变量 a,b,c。同时在后面调用函数 ode23 和 ode45 时，在其输入变量中，加入一个空阵[]，把参数变量 a,b,c 与前面的函数名称、时间区间、初始状态区别开来。

如果把参数变量 a,b,c 作为常数 0.2,0.2,5.7 直接写入函数体中，则 M 函数 rossler.m 定义语句中，输入变量里不包含 flag，a,b,c,调用函数 ode23 和 ode45 时，在其输入变量中也不包含[],a,b,c,如例 4.18 所示。

例 4.18 已知一个二阶线性系统的微分方程为

$$\begin{cases}\dfrac{d^2x}{dt^2} + ax = 0, & a > 0\\ x(0) = 0, & x'(0) = 1\end{cases}$$

其中 $a=2$，绘制该系统的时间响应曲线和相平面图。

函数 ode23 和 ode45 是对一阶常微分方程组设计的，因此对高阶常微分方程，需先将它转化为一阶常微分方程组，即状态方程。

令 $x_2=x, x_1=x'$，则系统的状态方程为

$$\begin{cases} x_2' = x_1 \\ x_1' = -ax_2 \\ x_2(0)=0, x_1(0)=1 \end{cases}$$

建立一个函数文件 sabc.m：

```
function xdot=sabc(t, x)
xdot=[-2*x(2);x(1)];
```

取 t0=0，tf=20，求微分方程的解：

```
t0=0;tf=20;
[t, x]=ode45('sabc', [t0, tf], [1, 0]);
subplot(1, 2, 1);plot(t, x(:, 2));           %解的曲线，即 t-x
subplot(1, 2, 2);plot(x(:, 2), x(:, 1))      %相平面曲线，即 x-x'
axis equal
```

绘制二阶系统方程的时间响应曲线和相平面曲线如图 4.6 所示。

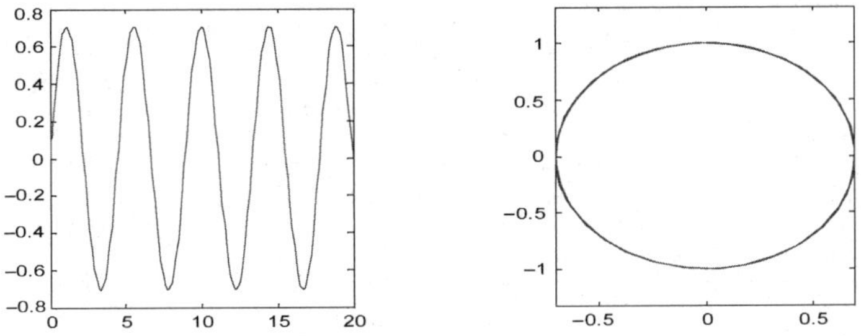

图 4.6　二阶系统的时间响应曲线和相平面曲线

4.5 MATLAB 符号计算

MATLAB 具有符号数学工具箱，可以对符号表达式进行运算和处理。基本运算包括复合、化简、微分、积分，以及求解代数方程式、微分方程式等。另外还可以求解线性代数问题，如求解符号矩阵的逆、行列式、正则行的精确结果，找出符号矩阵的特征值而没有由数值计算引入的误差。此外，符号运算不产生由数值运算产生的运算误差，可以在运算最后将数字代入结果，避免了由于中间运算而产生的累积误差，因而能够以指定的精度返回结果。

4.5.1 符号计算基础

1. 建立符号变量和符号常数

MATLAB 中提供了两个建立符号对象的函数或命令：sym 和 syms。它们用法不同，分别介绍如下。

(1) sym 函数

sym 函数用来建立单个符号变量，其调用格式为

```
符号变量名=sym(符号字符串)
```

符号字符串可以是常量、变量、函数或表达式。例如，a=sym('a')建立符号变量 a，此后，用户可以在表达式中使用变量 a 进行各种运算。

应用 sym 函数还可以定义符号常量，使用符号常量进行运算所得的结果是精确的数学表达式，而数值计算则是将结果近似为一个有限小数。

(2) syms 函数

syms 函数的一般调用格式为

```
syms  var1 var2 … varn
```

函数定义符号变量 var1, var2, …, varn 等。用这种格式定义符号变量时，不要在变量名上加字符分界符(')，变量间用空格而不要用逗号分隔。

syms x beta 等同于

```
x=sym('x');
beta=sym('beta');
```

2. 建立符号表达式

建立符号表达式有以下两种方法。

(1) 用 sym 函数建立符号表达式

命令语句

```
y1=sym('1/sqrt(2*x)')
```

返回

```
y1=
      1/sqrt(2*x)
```

命令语句

```
M=sym('[a, b;c, d]')
```

返回

```
M=
      [ a, b]
      [ c, d]
```

(2) 使用已经定义的符号变量组成符号表达式

命令语句

```
syms x y
v=3*x^2-5*y+2*x*y+6
```

返回

```
v=
      3*x^2-5*y+2*x*y+6
```

3. 基本的符号运算

(1) 符号表达式的四则运算

符号表达式的四则运算和其他表达式的运算相同，只是其运算结果依然是一个符号表达式。符号表达式的加、减、乘、除运算可分别由函数 symadd，symsub，symmul 和 symdiv 来实现，幂运算可以由 sympow 来实现。此外，和数值运算一样，也可以用+, –, *, /, ^ 运算实现符号运算。symadd(A,B)等同于 sym(A)+sym(B)，symsub(A,B)等同于 sym(A)-sym(B)，symmul(A,B)等同于 sym(A)*sym(B)，symdiv(A,B)等同于 sym(A)/sym(B)，sympow(A,B)等同于 sym(A)^sym(B)。

(2) 提取分子和分母

如果符号表达式是一个有理分式或可以展开为有理分式，可利用 numden 函数来提取符号表达式中的分子或分母。其一般调用格式为

```
[n, d]=numden(s)
```

该函数提取符号表达式 s 的分子和分母，分别将它们存放在 n 与 d 中。例如命令语句

```
[n, d]=numden(sym(4/5))
```

返回

```
n=4 and d=5
```

命令语句

```
syms x y
[n, d]=numden(x/y + y/x)
```

返回

```
n=
      x^2+y^2
d=
      y*x
```

命令语句

```
syms a b
A=[a, 1/b]
[n, d]=numden(A)
```

返回

```
A=
      [a, 1/b]
n=
      [a, 1]
d=
      [1, b]
```

(3) 因式分解与展开

MATLAB 中符号表达式的因式分解与展开的函数如下。

factor(S)，对 S 分解因式，S 是符号表达式或符号矩阵。

expand(S)，对 S 进行展开，S 是符号表达式或符号矩阵。

collect(S)，对 S 合并同类项，S 是符号表达式或符号矩阵。

collect(S, v)，对 S 按变量 v 合并同类项，S 是符号表达式或符号矩阵。

例如命令语句

```
f=factor(123)
```

返回

```
f=

   3    41
```

命令语句

```
expand((x-2)*(x-4))
```

返回

```
x^2-6*x+8
```

命令语句

```
expand(cos(x+y))
```

返回

```
cos(x)*cos(y)-sin(x)*sin(y)
```

命令语句

```
expand(exp((a+b)^2))
```

返回

```
exp(a^2)*exp(a*b)^2*exp(b^2)
```

命令语句

```
syms t
expand([sin(2*t), cos(2*t)])
```

返回

```
[2*sin(t)*cos(t), 2*cos(t)^2-1]
```

命令语句

```
syms x y;
R1=collect((exp(x)+x)*(x+2))
R2=collect((x+y)*(x^2+y^2+1), y)
R3=collect([(x+1)*(y+1), x+y])
```

返回

```
R1=
      x^2+(exp(x)+2)*x+2*exp(x)
R2=
      y^3+x*y^2+(x^2+1)*y+x*(x^2+1)
R3=
      [(y+1)*x+y+1, x+y]
```

(4) 表达式化简

MATLAB 提供的对符号表达式化简的函数如下。

simplify(S)，应用函数规则对 S 进行化简。

simple(S)，调用 MATLAB 的其他函数对表达式进行综合化简，并显示化简过程。

例如命令语句

```
simplify(sin(x)^2 + cos(x)^2)
```

返回

```
1
```

命令语句

```
simplify(exp(c*log(sqrt(a+b))))
```

返回

```
(a+b)^(1/2 c)
```

命令语句

```
S=[(x^2+5*x+6)/(x+2), sqrt(16)];
R=simplify(S)
```

返回

```
R=[x+3, 4]
```

(5) 符号表达式与数值表达式之间的转换

利用函数 sym 可以将数值表达式转换成它的符号表达式。例如命令语句

```
sym(1.5)
```

返回

```
ans=
      3/2
```

命令语句

```
sym(3.14)
```

返回

```
ans=
      157/50
```

函数 eval 可以将符号表达式转换成数值表达式。例如命令语句

```
A=magic(4);
A(:, :, 2)=A';
[d1, d2, d3]=eval('size(A)')
```

返回

```
d1=
     4
d2=
     4
d3=
     2
```

4. 符号矩阵的运算函数

transpose(S)，返回 S 矩阵的转置矩阵。

determ(S)，返回 S 矩阵的行列式值。

colspace(S)，返回 S 矩阵列空间的基。

下面定义一个符号矩阵，进行各种运算。

命令语句

```
A=sym('[sin(x), cos(x);acos(x), asin(x)]')
```

返回

```
A=
     [sin(x), cos(x)]
     [acos(x), asin(x)]
```

命令语句

```
B=transpose(A)
```

返回

```
B=
     [sin(x), acos(x)]
     [cos(x), asin(x)]
```

命令语句

```
C=determ(A)
```

返回

```
C=
     sin(x)*asin(x)-cos(x)*acos(x)
```

命令语句

```
D=inv(A)
```

返回

```
D=
    [asin(x)/(sin(x)*asin(x)-cos(x)*acos(x)),-cos(x)/(sin(x)*asin(x)-
     cos(x)*acos(x))]
    [-acos(x)/(sin(x)*asin(x)-cos(x)*acos(x)), sin(x)/(sin(x)*asin(x)-
     cos(x)*acos(x))]
```

命令语句

```
E=diag(A, 1)
```

返回

```
E=
   cos(x)
```

命令语句

```
E=diag(A)
```

返回

```
E=
    [sin(x)]
    [asin(x)]
```

命令语句

```
F=triu(A)
```

返回

```
F=
    [sin(x), cos(x)]
    [     0, asin(x)]
```

命令语句

```
N=rank(A)
```

返回

```
N=
    2
```

5. 符号函数曲线曲面图形的绘制

在 MATLAB 中，ezplot 函数和 ezplot3 函数分别实现符号函数二维和三维曲线的绘制。ezplot 函数可以绘制显函数的图形，也可以绘制隐函数的图形，还可以绘制参数方程的图形。

对于显函数，其调用格式有：

ezplot(f)，绘制函数 f(x)在默认区间$-2\pi<x<2\pi$内的图形；

ezplot(f, [min, max])，绘制函数 f(x)在指定区间[min, max]内的图形。该函数打开标签为 Figure No.1 的图形窗口，并显示图形。如果已经存在图形窗口，该函数在标签数最大的窗口中显示图形；

ezplot(f, [min max], fign)，在指定的窗口 fign 中绘制函数 f(x)在指定区间[min, max]内的图形。

对于隐函数，ezplot 函数的调用格式有：

ezplot(f)，绘制函数 f(x)在区间$-2\pi<x<2\pi$内的图形；

ezplot(f, [xmin, xmax, ymin, ymax])，绘制函数 f(x,y)在指定区间$xmin<x<xmax, ymin<y<ymax$的图形；

ezplot(f,[min, max])，绘制函数 f(x,y)在指定区间$min<x<max, min<y<max$的图形。

对于参数方程，ezplot 函数的调用格式有：

ezplot(x,y)，绘制参数方程 x=x(t),y=y(t)在默认区间 0<t<2π内的图形；

ezplot(x,y,[tmin,tmax])，绘制参数方程 x=x(t),y=y(t)在指定区间 tmin<t<tmax 的图形。

ezplot3 函数用于绘制三维参数曲线。该函数的调用格式有：

ezplot3(x, y, z)，在默认区间 0<t<2π内绘制参数方程 x=x(t),y=y(t),z=z(t)的图形；

ezplot3(x, y, z, [tmin, tmax])，在区间 tmin<t<tmax 内绘制参数方程 x=x(t),y=y(t),z=z(t)的图形；

ezplot3(…,'animate')，生成空间曲线的动态轨迹。

在 MATLAB 中，函数 ezmesh,ezmeshc,ezsurf 及 ezsurfc 实现三维曲面的绘制。

ezmesh,ezsurf 函数分别用于绘制三维曲面图和网状表面图。这两个函数的用法相同，ezmesh 函数的调用格式有：

ezmesh(f)，绘制函数 f(x, y)在默认区间-2π<x<2π,-2π<y<2π内的图形；

ezmesh(f, domain)，在指定区域 domain 内绘制函数 f(x, y)的图形；

ezmesh(x, y, z)，绘制参数方程 x=x(s, t),y=y(s, t),z=z(s, t)在默认区间-2π<s<2π,-2π<t<2π内的图形；

ezmesh(x, y, z,[smin, smax, tmin, tmax])或 ezmesh(x, y, z, [min, max])，在指定区域绘制三维参数方程的图形。

ezmeshc，ezsurfc 两个函数用于在绘制三维曲面的同时绘制等值线。

ezmeshc(f)，绘制二元函数 f(x, y)在默认区间-2π<x<2π,-2π<y<2π的图形。

ezmeshc(f, domain)，绘制函数 f(x, y)在指定区域的图形，绘图区域由 domain 指定，其中 domain 为 4 × 1 数组或者 2 × 1 数组，如[xmin, xmax, ymin, ymax]表示 xmin<x<xmax,ymin<y<ymax，[min, max]表示 min<x<max,min<y<max。

ezmeshc(x, y, z)，绘制参数方程 x=x(s, t),y=y(s, t)和 z=z(s, t)在默认区间-2π<s<2π,-2π<t<2π内的图形。

ezmeshc(x,y, z,[smin, smax, tmin, tmax])，ezmeshc(x, y, z,[min, max])，绘制参数方程在指定区域的图形。

ezmeshc(…, n)，指定绘图的网格数，默认值为 60。

ezmeshc(…, 'circ')，在以指定区域中心为中心的圆盘上绘制图形。

在 MATLAB 中，用于绘制符号函数等值线的函数有 ezcontour 和 ezcontourf，这两个函数分别用于绘制等值线和带有区域填充的等值线。其调用格式有：

ezcontour(f)，绘制符号二元函数 f(x, y)在默认区间-2π<x<2π,-2π<y<2π内的等值线图；

ezcontour(f, domain)，绘制符号二元函数 f(x, y)在指定区域的等值线图；

ezcontour(…, n)，绘制等值线图，并指定等值线的数目。

例如命令 ezplot('x^2-y^4')绘制的图形曲线如图 4.7 所示。

例如命令 ezmeshc('y/(1+x^2+y^2)',[-5, 5, -2*pi, 2*pi])绘制的图形如图 4.8 所示。

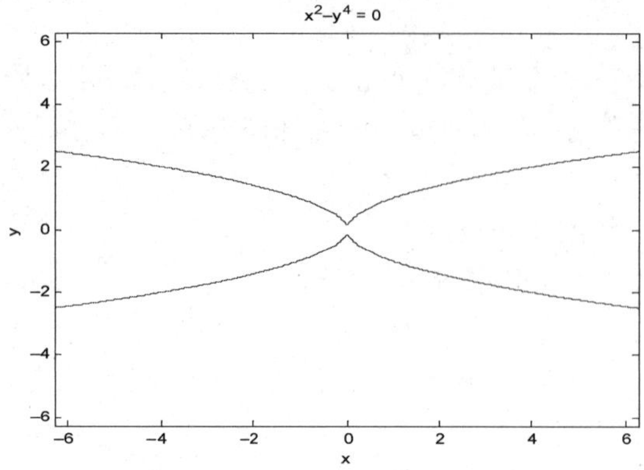

图 4.7 函数'x^2-y^4'的图形曲线

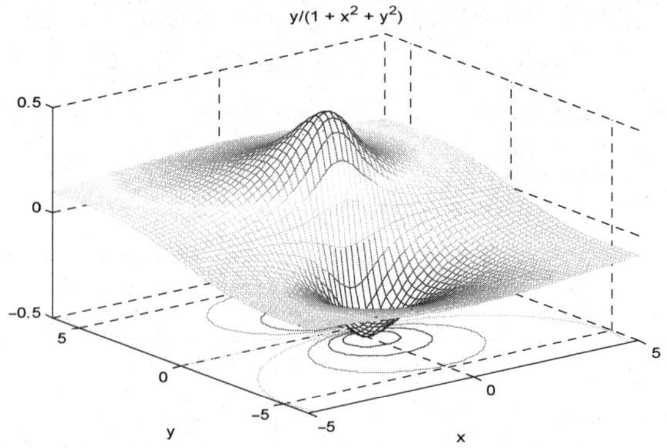

图 4.8 带等值线的函数 y/(1+x^2+y^2)的曲面图形

4.5.2 符号导数及其应用

1. 符号函数的极限

MATLAB 中求函数极限的函数是 limit。limit 函数的调用格式如下。

limit(f, x, a)，计算当变量 x 趋近于常数 a 时，函数 f(x)的极限值。

limit(f, a)，求符号函数 f(x)的极限值，符号函数 f(x)的变量为函数 findsym(f)确定的默认自变量，即变量 x 趋近于 a。

limit(f)，系统默认变量趋近于 0，即 a=0 的极限。

limit(f, x, a, 'right')，变量 x 从右边趋近于 a 时符号函数 f(x)的极限值。

limit(f, x, a, 'left')，变量 x 从左边趋近于 a 时符号函数 f(x)的极限值。

例如命令语句

```
syms x a t h;
limit(sin(x)/x)
```

返回

```
ans=
        1
```

命令语句

```
limit(1/x, x, 0, 'right')
```

返回

```
ans=
        inf
```

命令语句

```
limit(1/x, x, 0, 'left')
```

返回

```
ans=
        -inf
```

命令语句

```
limit((sin(x+h)-sin(x))/h, h, 0)
```

返回

```
ans=
        cos(x)
```

命令语句

```
v=[(1 + a/x)^x, exp(-x)];
```

```
limit(v, x, inf, 'left')
```

返回

```
ans=
        [exp(a),    0]
```

2．符号函数求导及其应用

MATLAB 中求导的函数为

```
diff(f, x, n)
```

diff 函数求函数 f 对变量 x 的 n 阶导数。x 的用法同求极限函数 limit，可以默认，默认值与 limit 相同，n 的默认值是 1。

例 4.19　求下列函数的导数。

(1) $y=\sqrt{1+e^x}$，求 y'。　　(2) $y=x\cos x$，求 y'',y'''。

(3) $\begin{cases} x=a\cos t \\ y=a\sin t \end{cases}$，求 y'_x,y''_x。　　(4) $z=\dfrac{xe^y}{y^2}$，求 z'_x,z'_y。

各题的求解程序及结果如下。

(1) 命令语句

```
syms a b t x y z;
f=sqrt(1+exp(x));
diff(f)                    %未指定求导变量和阶数，按默认规则处理
```

返回

```
ans=
        1/2/(1+exp(x))^(1/2)*exp(x)
```

(2) 命令语句

```
f=x*cos(x);
diff(f, x, 2)              %求 f 对 x 的二阶导数
```

返回

```
ans=
        -2*sin(x)-x*cos(x)
```

命令语句

```
diff(f, x, 3)              %求 f 对 x 的三阶导数
```

返回

```
ans=
       -3*cos(x)+x*sin(x)
```

(3) 命令语句

```
f1=a*cos(t);f2=b*sin(t);
diff(f2)/diff(f1)          %按参数方程求导公式求 y 对 x 的导数
```

返回

```
ans=
        -b*cos(t)/a/sin(t)
```

命令语句

```
(diff(f1)*diff(f2, 2)-diff(f1, 2)*diff(f2))/(diff(f1))^3
                           %求 y 对 x 的二阶导数
```

返回

```
ans=
        -(a*sin(t)^2*b+a*cos(t)^2*b)/a^3/sin(t)^3
```

(4) 命令语句

```
f=x*exp(y)/y^2;
diff(f, x)                %z 对 x 的偏导数
```

返回

```
ans=
      exp(y)/y^2
```

命令语句

```
diff(f, y)                %z 对 y 的偏导数
```

返回

```
ans=
      x*exp(y)/y^2-2*x*exp(y)/y^3
      f=x^2+y^2+z^2-a^2;
```

4.5.3 符号积分

在 MATLAB 中，求积分的函数是 int，其调用格式如下。

int(f, x)，求函数 f 对变量 x 的不定积分。x 可以默认，默认原则与 diff 函数相同。

int(f, v)，以 v 为自变量，对被积函数符号表达式 f 求不定积分。

int(f, v, a, b)，求被积函数 f 在区间[a, b]上的定积分。a 和 b 可以是两个具体的数，也可以是一个符号表达式。

例如命令语句

```
int(-2*x/(1+x^2)^2)
```

返回

```
ans=
      1/(1+x^2)
```

命令语句

```
int(x/(1+z^2), z)
```

返回

```
ans=
      x*atan(z)
```

命令语句

```
int(x*log(1+x), 0, 1)
```

返回

```
ans=
      1/4
```

命令语句

```
int(2*x, sin(t), 1)
```

返回

```
ans=
      1-sin(t)^2
```

命令语句

```
int([exp(t), exp(alpha*t)])
```

返回

```
ans=
      [exp(t), 1/alpha*exp(alpha*t)]
```

例 4.20　求椭球$\frac{x^2}{a^2}+\frac{y^2}{b^2}+\frac{z^2}{c^2}=1$的体积。

用平面$Z=z_0(z_0\leqslant c)$去截取上述椭球，其相交线是一个椭圆，该椭圆在 xy 平面投影的面积是$s(z)=\frac{\pi ab(c^2-z^2)}{c^2}$，椭球的体积$V=\int_{-c}^{c}s(z)\mathrm{d}z$。

MATLAB 程序如下：

```
syms a b c z;
f=pi*a*b*(c^2-z^2)/c^2;
V=int(f, z, -c, c)
```

程序运行结果如下：

```
V=
    4/3*pi*a*b*c
```

4.5.4　符号方程求解

1. 符号代数方程求解

代数方程是指未涉及微积分运算的方程，相对比较简单。在 MATLAB 中，求解用符号表达式表示的代数方程可由函数 solve 实现，其调用格式如下。

solve(eq)，求解符号表达式表示的代数方程 eq，求解变量为默认变量。当方程右端为 0 时，方程 eq 中可以不包含右端项和等号，而仅列出方程左端的表达式。

solve(eq, v)，求解符号表达式表示的代数方程 eq，求解变量为 v。

solve(eq1, eq2, …, eqn, v1, v2, …, vn)，求解符号表达式 eq1, eq2, …, eqn 组成的代数方程组，求解变量分别为 v1, v2, …, vn。若不指定求解变量，则由默认规则确定。

例如命令语句

```
solve('a*x^2 + b*x + c')
```

返回

```
ans=
          [ 1/2/a*(-b+(b^2-4*a*c)^(1/2))]
          [ 1/2/a*(-b-(b^2-4*a*c)^(1/2))]
```

命令语句

```
solve('a*x^2 + b*x + c', 'b')
```

返回

```
ans=
        -(a*x^2+c)/x
```

命令语句

```
S=solve('x + y=1', 'x - 11*y=5')
```

返回结构体变量

```
S.y=-1/3, S.x=4/3
```

命令语句

```
A=solve('a*u^2 + v^2', 'u - v=1', 'a^2 - 5*a + 6')
```

返回

```
A=
     a: [4x1 sym]
     u: [4x1 sym]
     v: [4x1 sym]
where A.a=
                [ 2]
                [ 2]
                [ 3]
                [ 3]
A.u=
        [ 1/3+1/3*i*2^(1/2)]
        [ 1/3-1/3*i*2^(1/2)]
        [ 1/4+1/4*i*3^(1/2)]
        [ 1/4-1/4*i*3^(1/2)]
A.v=
        [ -2/3+1/3*i*2^(1/2)]
        [ -2/3-1/3*i*2^(1/2)]
        [ -3/4+1/4*i*3^(1/2)]
        [ -3/4-1/4*i*3^(1/2)]
```

2. 符号常微分方程求解

在早年版本中，MATLAB 中用大写字母 D 表示导数。例如 Dy 表示 y'，D2y 表示 y''，Dy(0)=5 表示 $y'(0)=5$，D3y+D2y+Dy-x+5=0 表示微分方程 $y'''+y''+y'-x+5=0$。MATLAB 的符号运算工具箱中提供了功能强大的求解常微分方程的函数 dsolve。该函数的调用格式为

```
dsolve('eqn1', 'condition', 'var')
```

该函数求解微分方程 eqn1 在初值条件 condition 下的特解。参数 var 描述方程中的自变量符号，省略时按默认原则处理，若没有给出初值条件 condition，则求方程的通解。

dsolve 在求微分方程组时的调用格式为

```
dsolve('eqn1','eqn2',…,'eqnN','condition1',…,'conditionN','var1', …,'varN')
```

函数求解微分方程组 eqn1,…, eqnN 在初值条件 conditoion1,…, conditionN 下的特解，若不给出初值条件，则求方程组的通解，var1,…, varN 给出求解变量。

在以后发行版本中，dsolve 不再接受用字符串变量表示的方程式，而采用符号表达式或符号对象。其调用格式为：

```
S = dsolve(eqn)
S = dsolve(eqn,cond)
  S = dsolve(___,Name,Value)
  [y1,...,yN] = dsolve(___)
```

dsolve(eqn1,eqn2, ...)，求解常微分方程的符号解，接受符号方程表示的常微分方程组和初始条件。

在调用前先定义符号变量及自变量，其中自变量在之后用圆括号括起来，自变量默认为 't'，用 DIFF 函数求解符号方程组的微分，表示导数。比如使用：syms y(t); dsolve (diff(y)==y) 而不再用 dsolve('Dy=y')。

例如命令语句

```
    syms x(t) a
dsolve(diff(x) == -a*x)
```

返回

```
ans = C1/exp(a*t)。
```

也可以指定自变量为其他符号变量。

例如命令语句

```
x = dsolve(diff(x) == -a*x, x(0) == 1, 's')
```

返回

```
x = 1/exp(a*s)
```

等同于，

```
syms x(s) a
x = dsolve(diff(x) == -a*x, x(0) == 1)
```

返回

```
x = 1/exp(a*s)
```

表示微分方程的初始条件需要引入一个中间变量。

例如命令语句：

```
syms x(t)
Dx = diff(x);
dsolve(diff(Dx) == -x, Dx(0) == 1)
```

返回

```
ans =
   sin(t) + C1*cos(t)
```

如果给定的初始条件的个数少于因变量的个数，求出的解将包含任意常数 `C1,C2,`等。

对于一个常微分方程，将返回一个解，而对于一个符号变量的非线性方程，将返回多个解。对于指定输出变量个数和方程数量个数相等的情况，计算结果按字母顺序指定给输出变量。如果有多个方程，只指定一个输出，则计算结果返回给输出变量，输出变量为一个结构体变量。

例如，解微分方程组：

```
syms f(t) g(t)
 S = dsolve(diff(f) == f + g, diff(g) == -f + g,f(0) == 1,g(0) == 2)
```

返回一个具有域的结构体变量 `S`：

```
S.f = exp(t)*cos(t) + 2*exp(t)*sin(t)
S.g = 2*exp(t)*cos(t) - exp(t)*sin(t)
```

写成状态空间方程的形式：

```
syms f(t) g(t)
 v = [f;g];
 A = [1 1; -1 1];
S = dsolve(diff(v) == A*v, v(0) == [1;2])
```

返回一个具有域的结构体变量 `S`：

```
S.f = exp(t)*cos(t) + 2*exp(t)*sin(t)
S.g = 2*exp(t)*cos(t) - exp(t)*sin(t)
```

与前述结果等效。

如果不能求得闭合形式的解，则 MATLAB 给出 waring，并且返回一个空 sym 矩阵。

选项'IgnoreAnalyticConstraints'表示是否忽略解析解约束，默认值为 true，表示计算微分方程的数值解，如果对应的 Value 设为 false，一旦微分方程没有解析解，则不再计算，直接返回无解。

dsolve(...,'MaxDegree',n)，控制解多项式方程数值解的精度，n 必须是一个小于 5 的正整数，默认值为 2。

例如命令语句

```
syms y(t)
dsolve(sqrt(diff(y))==y, 'IgnoreAnalyticConstraints', false)
```

返回

```
ans =

piecewise((C1 + t)*(1/(C1 + t)^2)^(1/2) == -1, -1/(C1 + t))
```

其中 piecewise 为分段函数，即满足条件 (C1 + t)*(1/(C1 + t)^2)^(1/2) == -1，则为-1/(C1 + t)。

而默认 ture 时，可省略，即

```
syms y(t)
dsolve(sqrt(diff(y))==y)
```

返回

```
ans =

-1/(C1 + t)
          0
```

此外，求解高阶系统，例如命令语句

```
syms y(t) a
Dy = diff(y);
D2y = diff(y,2);
dsolve(D2y == -a^2*y, y(0) == 1, Dy(pi/a) == 0)
```

返回

```
ans =
exp(-a*t*1i)/2 + exp(a*t*1i)/2。
```

例如命令语句

```
syms w(t)
Dw = diff(w);
D2w = diff(w,2);
w = dsolve(diff(D2w) == -w, w(0)==1, Dw(0)==0, D2w(0)==0)
```

返回：

```
w =
exp(-t)/3 + (2*exp(t/2)*cos((3^(1/2)*t)/2))/3
```

例 4.21　求下列微分方程的解。

(1) 求 $\dfrac{dy}{dx}=\dfrac{x^2+y^2}{2x^2}$ 的通解。　　(2) 求 $x^2\dfrac{dy}{dx}+2xy=e^x$ 的通解。

(3) 求 $\dfrac{dy}{dx}=\dfrac{x^2}{1+y^2}$ 的特解，$y(2)=1$。　　(4) 求 $\begin{cases}\dfrac{dx}{dt}=4x-2y\\ \dfrac{dy}{dt}=2x-y\end{cases}$ 的通解。

MATLAB 程序如下：

```
syms y(x)
```

```
dsolve(diff(y) == (x^2+y^2)/(2*x^2))%解 (1)
dsolve(diff(y)*x^2+2*x*y==exp(x))%解 (2)
dsolve(diff(y) == x^2/(1+y^2), y(2) == 1) %解 (3)
%以下单独解第(4)题
clear
syms x(t) y(t)
[x,y]=dsolve(diff(x) ==4*x-2*y,diff(y)==2*x-y)
```

4.6　级数

1. 级数求和

对于有穷级数，其求和函数为 sum，无穷级数的求和使用符号表达式求和函数 symsum，调用格式如下。

symsum(s, v)，s 表示一个级数的通项，是一个符号表达式，其求和变量为 v，v 省略时使用系统的默认变量。

symsum(s, a, b)和 symsum(s, v, a, b)，其中 s 表示一个级数的通项，是一个符号表达式。v 是求和变量，v 省略时使用系统的默认变量。a 和 b 是求和的开始项和末项。

例如，在 MATLAB 命令窗口输入如下命令求级数之和。

```
syms k n x
symsum(k^2)
```

返回

```
1/3*k^3-1/2*k^2+1/6*k
symsum(k)
```

返回

```
1/2*k^2-1/2*k
symsum(sin(k*pi)/k, 0, n)
symsum(k^2, 0, 10)
```

返回

```
385
symsum(x^k/factorial(k), k, 0, inf)
```

返回

```
exp(x)
symsum(1/(n*(n+1)),n,1,inf)
```

返回

```
1
 symsum(((-1)^(n-1))/(n*(n+2)),n,1,inf)
```

返回

```
1/4
```

2. 函数的泰勒级数

MATLAB 中提供了将函数展开为幂级数的 taylor 函数，其调用格式为

T = taylor(f,var)，将函数 f 按变量 var 展开为泰勒级数，默认展开到第 6 项（即变量 var 的 5 次幂）

T = taylor(f,var,a)，将函数 f 在自变量 var=a 处展开，a 的默认值是 0。

T = taylor(___,'Order',Value)，Value 表示展开的项数，展开到第 Value 项（即变量 var 的 Value-1 次幂）

例 4.22　求函数 $\sqrt{1-2x+x^3}-\sqrt[3]{1-3x+x^2}$ 的 5 阶泰勒级数展开式。

MATLAB 程序如下：

```
clc
clear
syms x
f2=sqrt(1-2*x+x^3)-(1-3*x+x^2)^(1/3);
f20=taylor(f2,x,'Order',5)
f25=taylor(f2,x,5,'Order',5)
```

程序运行结果如下：

```
f20 =
(119*x^4)/72 + x^3 + x^2/6
f25 =
116^(1/2) - 11^(1/3) - (x - 5)*((7*11^(1/3))/33 - (73*116^(1/2))/232) +
(x - 5)^2*((16*11^(1/3))/1089 + (1631*116^(1/2))/107648) - (x - 5)^3*((329*11^
(1/3))/107811 + (11415*116^(1/2))/24974336) + ((3022*11^(1/3))/3557763 + (673019*
116^(1/2))/23176183808)*(x - 5)^4
```

4.7　实验五　数值工具箱与符号工具箱的应用

4.7.1　实验目的

1．掌握数值插值与曲线拟合的方法及其应用。
2．掌握求数值导数、数值积分、代数方程数值求解、常微分方程数值求解的方法。
3．掌握定义符号对象、求符号函数极限及导数、求符号函数积分的方法。

4.7.2　实验内容

1．某气象观测站测得某日 6:00～18:00 之间每隔 2 h 的室内外温度(℃)见表 4.1。

表 4.1　室内外温度观测结果(℃)

时间	6	8	10	12	14	16	18
室内温度 t_1	18.0	20.0	22.0	25.0	30.0	28.0	24.0
室外温度 t_2	15.0	19.0	24.0	28.0	34.0	32.0	30.0

试用 3 次样条插值分别求出该日室内外 6:30～17:30 之间每隔 2 h 各点的近似温度(℃)。

2．已知 $\lg x$ 在[1, 101]区间 10 个整数采样点的函数值见表 4.2。试求 $\lg x$ 的 5 次拟合多项式 $p(x)$，并绘制出 $\lg x$ 和 $p(x)$ 在[1, 101]区间的函数曲线。

表 4.2　lgx 在 10 个采样点的函数值

x	1	11	21	31	41	51	61	71	81	91	101
$\lg x$	0	1.0414	1.3222	1.4914	1.6128	1.7076	1.7853	1.8513	1.9085	1.9590	2.0043

3．求 $\lim\limits_{\substack{x\to 1\\ y\to 0}}\dfrac{\ln(x+\mathrm{e}^y)}{\sqrt{x^2+y^2}}$。

4．计算 $I=\iint_D f(x)\mathrm{d}x\mathrm{d}y=\iint_D \frac{1}{2}(2-x-y)\mathrm{d}x\mathrm{d}y$，其中 D 为直线 $y=x$ 和曲线 $y=x^2$ 所围部分。

5．求下列变上限积分对变量 x 的导数：$\int_x^{x^2}\sqrt{a+x}\,\mathrm{d}x$。

6．求解高阶微分方程 $y''-10y'+9y=\mathrm{e}^{2x}$。其中 $y'(0)=\dfrac{33}{7}$，$y(0)=\dfrac{6}{7}$。

7．设方程 $x+2y+z-2\sqrt{xyz}=0$，确定了函数 $z=z(x,y)$，求 $\dfrac{\partial z}{\partial x}$ 和 $\dfrac{\partial z}{\partial y}$。

8．解方程组 $\begin{cases} xy^2+z^2=0 \\ y-z=1 \\ x^2-5x+6=0 \end{cases}$。

4.7.3　实验参考程序

1．MATLAB 程序如下：

```
h=6:2:18;
t1=[18 20 22 25 30 28 24];
t2=[15 19 24 28 34 32 30];
h1=6.5:2:17.5;
t11=interp1(h, t1, h1, 'spline')      %3 次样条插值得室内近似温度，等同于
                                      % t11=spline(h,t1,h1)，都是 3 次样条插值
t22=interp1(h, t2, h1, 'spline')      %3 次样条插值得室外近似温度
```

程序运行结果如下：

```
t11=
     18.5020   20.4986   22.5193   26.3775   30.2051   26.8178
t22=
     15.6553   20.3355   24.9089   29.6383   34.2568   30.9594
```

2．MATLAB 程序如下：

```
x=[1 11 21  31  41  51  61  71  81  91  101]
y=[0  1.0414 1.3222 1.4914 1.6128 1.7076 1.7853 1.8513 1.9085 1.9590
2.0043]
p=polyfit(x, y, 5)
x1=1:0.5:101;                         %细化 x，便于绘图
y1=log10(x1);                         %求得 x1 的常用对数
p1=polyval(p, x1)                     %求得 5 次多项式针对自变量 x1 的值
plot(x1, y1, ':o', x1, p1, '-*')      %虚线为对数曲线，实线为拟合多项式曲线
```

程序运行结果如下：

```
p=
    0.0000   -0.0000    0.0001   -0.0058    0.1537   -0.1326
```

绘制曲线如图 4.9 所示。

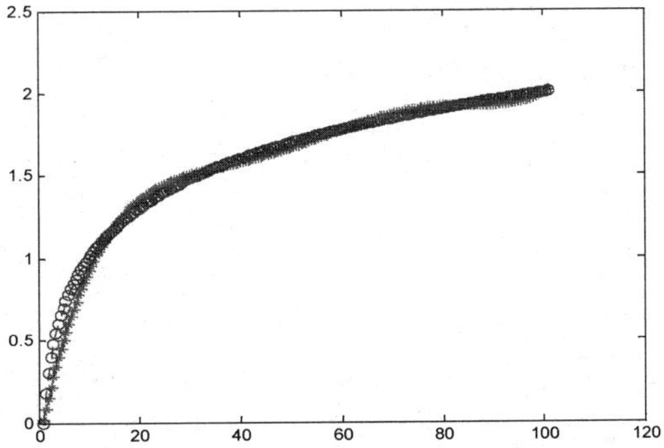

图 4.9　用 5 次多项式对常用对数函数进行拟合

3. MATLAB 程序如下：

```
clear
fxy=sym('log(x+exp(y))/sqrt(x^2+y^2)')
result=limit(limit(fxy, 'x', 1), 'y', 0)
```

程序运行结果如下：

```
fxy=
      log(x+exp(y))/sqrt(x^2+y^2)
result=
          log(2)
```

4. MATLAB 程序如下：

```
clear
syms x y
f=(2-x-y)/2;y1=x;y2=x^2;
X=solve('x-x^2=0')              %确定积分上限和下限
fdy=int(f, y, x^2, x)           %积分运算
I=int(fdy, x, X(1), X(2))       %积分运算，化为二次积分
```

程序运行结果如下：

```
X=
     [0]
     [1]
fdy=
     x-5/4*x^2-1/2*x*(x-x^2)+1/4*x^4
I=
     11/120
```

5. MATLAB 程序如下：

```
clear
syms a x t y1 y2
y1=sqrt(a+t)
y2=int(y1, t, x, x^2);
diff(y2, x)
```

程序运行结果如下：

```
y1=
     (a+t)^(1/2)
ans=
     2*(a+x^2)^(1/2)*x-(a+x)^(1/2)
```

6. MATLAB 程序如下：

```
clc
clear
syms y(t) x
D2y=diff(y,t,2);
Dy=diff(y,t);
eqn=D2y-10*Dy+9*y==exp(2*x);
cond=[Dy(0)==33/7,y(0)==6/7];
ySol(t)=dsolve(D2y-10*Dy+9*y==exp(2*x),cond)
```

程序运行结果如下：

```
ySol(t) =
exp(2*x)/9 - exp(t)*(exp(2*x)/8 - 3/8) + exp(9*t)*(exp(2*x)/72 + 27/56)
```

7. MATLAB 程序如下：

```
clear
syms x y z
f=x+2*y+z-2*sqrt(x*y*z);
fx=diff(f, x);
fy=diff(f, y);
fz=diff(f, z);
zx=-fx/fz
zy=-fy/fz
```

程序运行结果如下：

```
zx =
-((y*z)/(x*y*z)^(1/2) - 1)/((x*y)/(x*y*z)^(1/2) - 1)
 zy =
 -((x*z)/(x*y*z)^(1/2) - 2)/((x*y)/(x*y*z)^(1/2) - 1)
```

8. MATLAB 程序如下：

```
clc
clear
syms x y z
[x, y, z]=solve(x*y^2+z^2==0, y-z==1, x^2-5*x+6==0)
```

程序运行结果如下：

```
x =
2
2
3
3
 y =
 1/3 - (2^(1/2)*1i)/3
(2^(1/2)*1i)/3 + 1/3
1/4 - (3^(1/2)*1i)/4
(3^(1/2)*1i)/4 + 1/4
 z =
 - (2^(1/2)*1i)/3 - 2/3
   (2^(1/2)*1i)/3 - 2/3
- (3^(1/2)*1i)/4 - 3/4
  (3^(1/2)*1i)/4 - 3/4
```

第 5 章　Simulink 仿真工具箱

MATLAB Simulink 工具箱是 20 世纪 90 年代初由 MathWorks 公司开发的，对动态系统进行建模、仿真和分析的一个软件包。其文件类型为.mdl 和.slx，支持连续、离散及两者混合的线性和非线性系统仿真，也支持具有多种采样速率的多速率系统仿真。Simulink 提供了封装和模块化工具，提高了仿真的集成化和可视化程度，简化了设计过程，减轻了设计负担。此外，Simulink 能够用 M 语言或 C 语言、Fortran 语言，根据系统函数即 S 函数的标准格式，写成自己定义的功能模块，扩充其功能。

5.1　Simulink 建模的基本知识

5.1.1　Simulink 简介

在 MATLAB 工作空间中输入命令 simulink，或者单击 MATLAB 命令窗口工具栏中的 Simulink 图标，便可以打开 Simulink 起始页，如图 5.1 所示。单击“空白模型”，打开新模型窗口，单击库浏览器图标，便打开库浏览器窗口，如图 5.2 所示。该窗口以树状列表的形式列出了各类模块库，双击某个模块库的图标即可打开该模块库窗口，或者右击选择打开某个模块库窗口。两种窗口的调用各有特色，用户熟悉和喜欢哪种调用方式就可以用哪种方法。

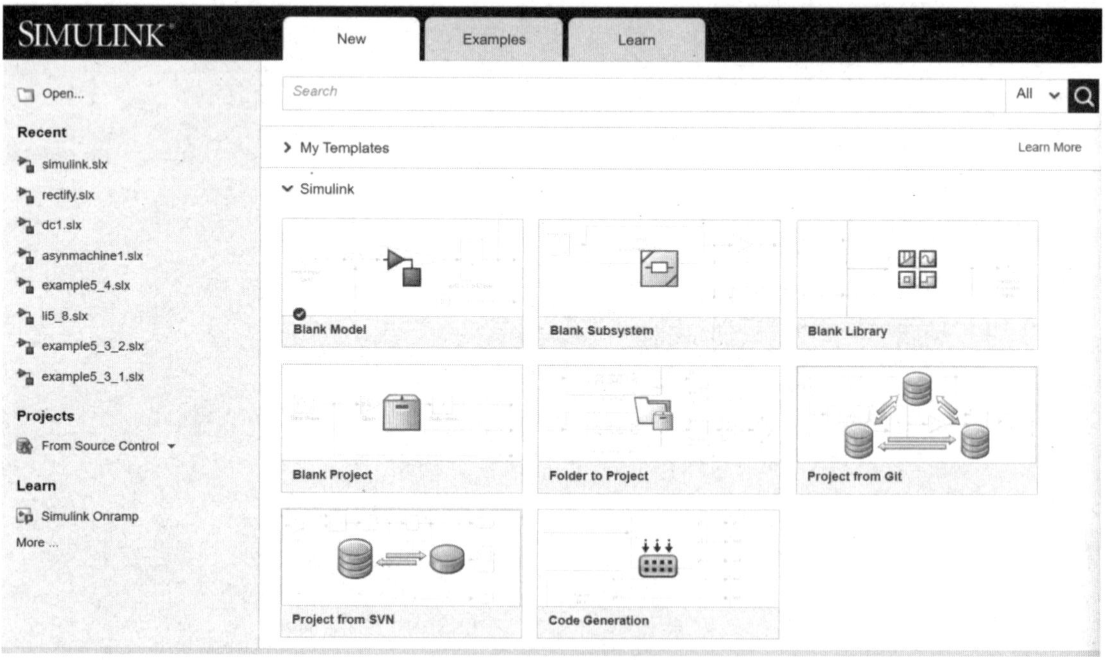

图 5.1　Simulink 起始页

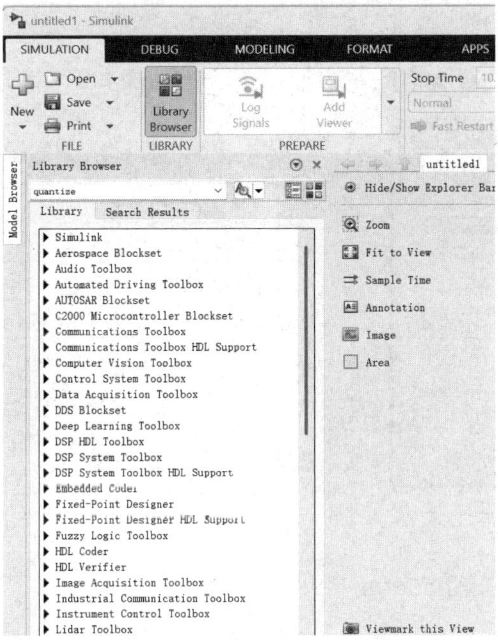

图 5.2　Simulink 库浏览器窗口

5.1.2　Simulink 下常用模块库简介

Simulink 模块库中提供了诸多子模块库，每个子模块库中还包含众多的下一级模块及模块组，将各模块按需要相互连接即可搭建复杂的系统模型，下面列举 Simulink 模块库中的几类基本模块库，其他的模块库用户可以查询 help 文档。

1. 输入源模块库(Sources)

双击 Simulink 模块库中的输入源模块库图标，将打开如图 5.3 所示的模块库窗口，常用输入源模块的功能如表 5.1 所示。

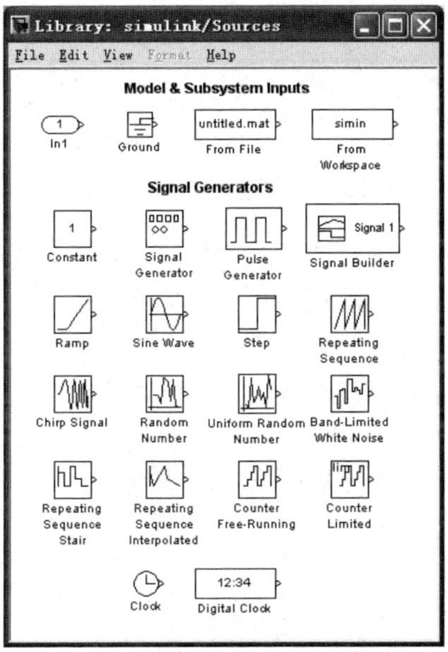

图 5.3　输入源模块库窗口

表 5.1　常用输入源模块的功能

模 块 名	功 能 简 介
Constant	常数信号
Signal Generator	信号发生器
Step	阶跃信号
Ramp	线性增加或减小的信号(斜坡信号)
Sine Wave	正弦信号
Repeating Sequence	重复序列线性信号，类似锯齿形
Pulse Generator	脉冲发生器，和采样时间无关
Chirp Signal	频率不断变化的正弦信号
Clock	仿真时钟
Digital Clock	数字仿真时钟，按指定速率输出
From File	从 M 文件读取数据
From Workspace	从工作空间读取数据
Random Number	高斯分布的随机信号
Uniform Random Number	平均分布的随机信号
Band-Limited White Noise	带限白噪声

2. 输出模块库(Sinks)

输出模块库窗口如图 5.4 所示，常用输出模块的功能如表 5.2 所示。

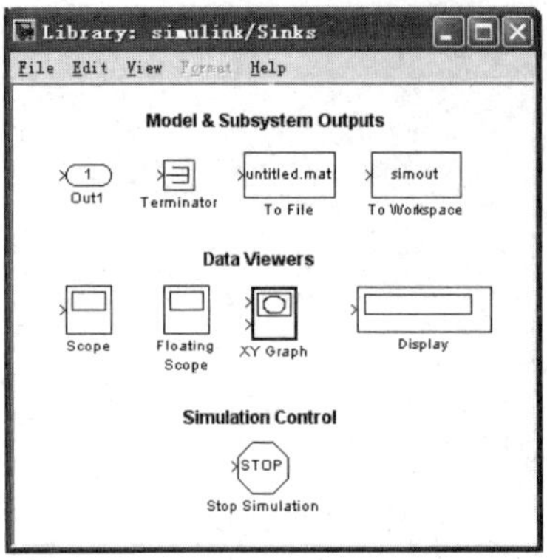

图 5.4　输出模块库窗口

表 5.2　常用输出模块的功能

模 块 名	功 能 简 介
Scope	示波器
Floating Scope	浮动示波器
XY Graph	显示一个信号对另一个信号的变化图形
Display	显示数值
To File	将输出的数据保存到文件
To Workspace	将数据输出到当前工作空间的变量
Stop Simulation	当输入不为零时停止仿真

3. 连续系统模块库(Continuous)

连续系统模块库窗口如图 5.5 所示，常用连续系统模块的功能如表 5.3 所示。

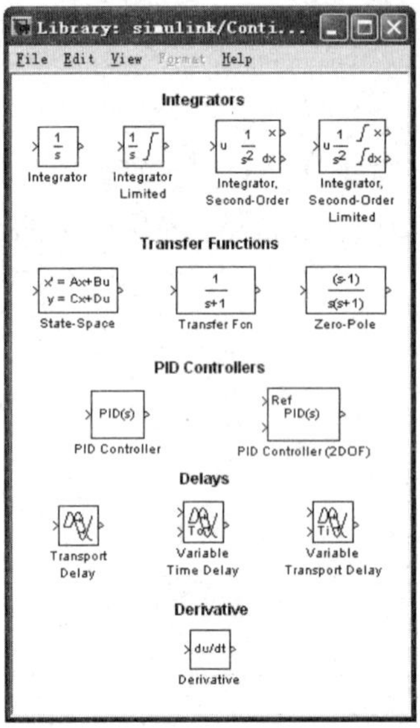

图 5.5　连续系统模块库窗口

表 5.3　常用连续系统模块的功能

模 块 名	功 能 简 介
Integrator	积分
Derivative	微分
State-Space	状态方程
Transfer Fcn	传递函数
Zero-Pole	零极点模型
Transport Delay	把输入信号按给定的时间进行延迟
Variable Transport Delay	按第二个输入指定的时间将第一个输入进行延迟

连续系统模块库中所有模块都是假设初始条件为零的，但在实际应用中有时要求模块初始条件非零，这时可以在 Blocksets&Toolboxes 库中双击 Simulink Extras 模块组，再双击其中的 Additional Linear 图标，得出如图 5.6 所示的附加连续线性模块组，其包含的模块均允许非零初始条件，该模块组还提供了一般 PID 控制模块。此外，控制系统模块组还提供了如图 5.7 所示的线性时不变(LTI)模块组，可以在该模块的参数对话框中直接输入 LTI 模型变量。

4. 离散系统模块库(Discrete)

离散系统模块库窗口如图 5.8 所示，常用离散系统模块的功能如表 5.4 所示。

和连续系统模块库类似，这些模块也都是表示零初始条件的模块；对初始条件非零的模块，可以在 Simulink Extras 模块组中的 Additional Discrete(附加离散系统模块组)中查找。

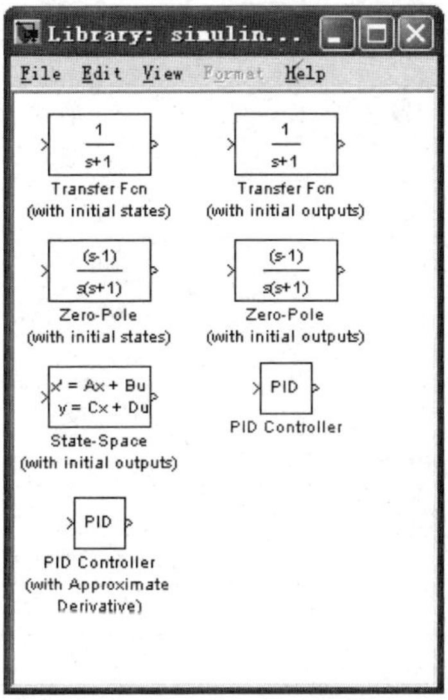

图 5.6 附加连续线性模块组

图 5.7 LTI 模块组

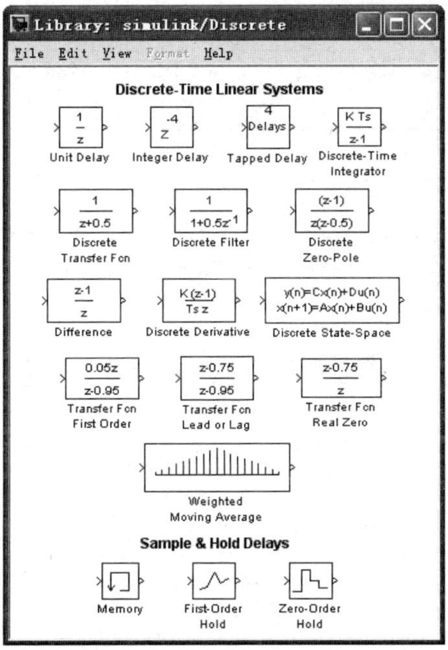

图 5.8 离散系统模块库窗口

表 5.4 常用离散系统模块的功能

模 块 名	功 能 简 介
Unit Delay	延迟一个采样周期
Discrete-Time Integrator	离散时间积分器
Discrete Filter	离散滤波器
Discrete Transfer Fcn	离散传递函数
Discrete Zero-pole	离散零极点模型
Discrete State-Space	离散状态方程
First-Order Hold	一阶保持器
Zero-Order Hold	零阶保持器

5．数学运算模块库（Math Operations）

数学运算模块库窗口如图 5.9 所示，常用数学运算模块的功能如表 5.5 所示。

6．非线性模块库（Discontinuties）

非线性模块库在 Simulink 模块库浏览器中又称为不连续模块库(Discontinuties)，该模块库的内容如图 5.10 所示。该模块库中主要包含常见的分段线性模块和非线性静态模块，如饱和非线性模块(Saturation)、死区非线性模块(Dead Zone)、继电非线性模块(Relay)、变化率限幅器模块(Rate Limiter)、量化器模块(Quantizer)、磁滞回环模块(Backlash)，以及库仑（静态）摩擦模块(Coulumb)。模块库的名称 Discontinuties 不是很确切，因为这里包含的模块有些还是连续的，如饱和非线性模块等。

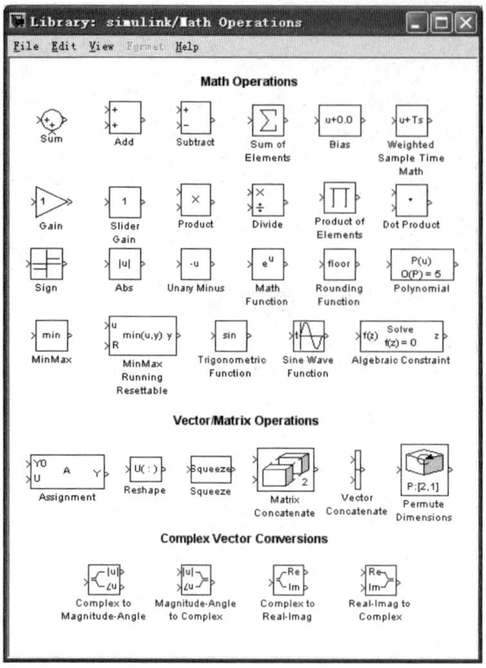

图 5.9　数学运算模块库窗口

表 5.5　常用数学运算模块的功能

模　块　名	功 能 简 介
Sum	对输入求和
Product	对输出求积
Dot Product	点乘运算
Gain	常量增益
Slider Gain	滑动增益
Math Function	数学运算函数
Trigonometric Function	三角函数
MinMax	求输入的最小值或最大值
Abs	求绝对值或求复数的模
Sign	取输入的符号
Rounding Function	取整运算
Algebraic Constraint	强制输入信号为零
Complex to Magnitude-Angle	求复数的幅值、相角
Magnitude-Angle to Complex	根据幅值、相角得到复数
Complex to Real-Imag	求复数的实部、虚部
Real-Imag to Complex	根据实部、虚部得到复数

7. 查表模块库(Look up Tables)

查表模块库如图 5.11 所示，其中有一维查表模块(Lookup Table)、二维查表模块［Lookup Table (2-D)］、*n* 维查表模块［Lookup Table (n-D)］。任意分段线性的非线性环节均可以由查表模块搭建起来，这样可以方便地对非线性控制系统进行仿真分析。

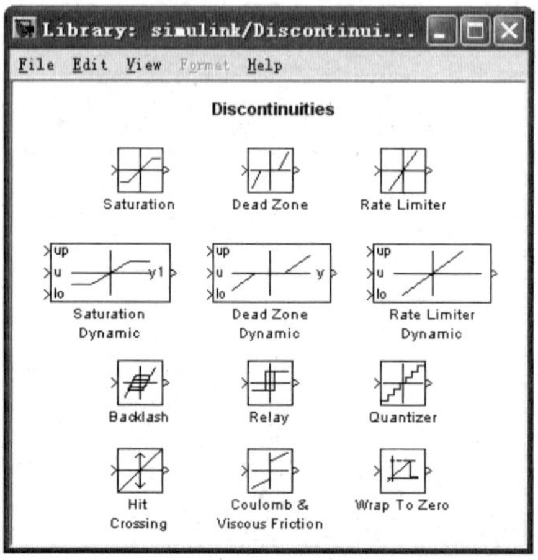

图 5.10　非线性模块库

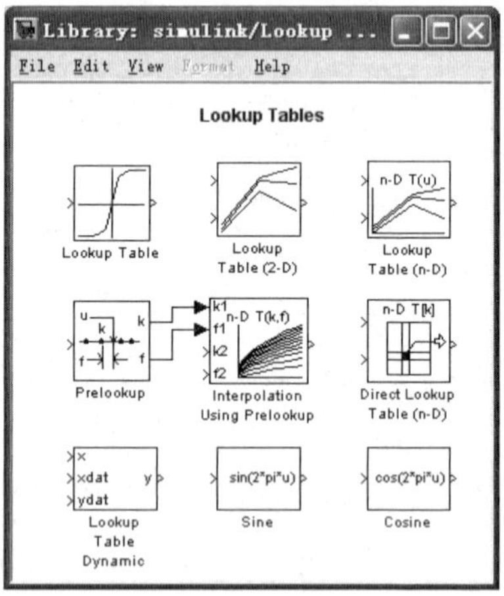

图 5.11　查表模块库

8. 用户自定义函数模块库(User-defined Functions)

用户自定义函数模块库如图 5.12 所示，其中可以利用 Fcn 模块对 M 函数和 MATLAB 内构函数直接求值，还可以使用 Fcn 模块对用户自己编写的 MATLAB 复杂函数求解，还可以按照特定的格式编写系统函数，简称 S 函数，用以实现任意复杂度的功能。

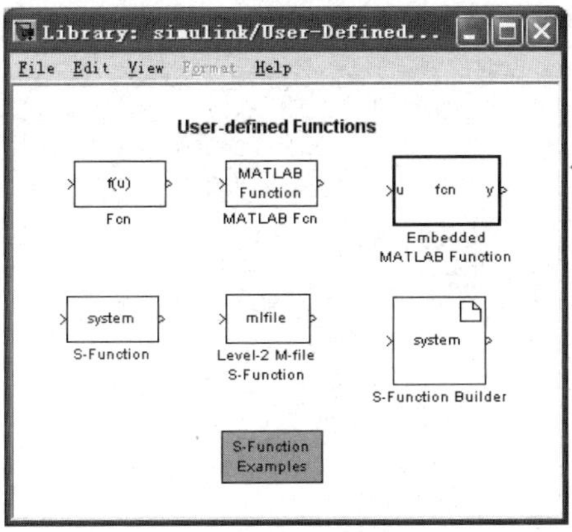

图 5.12　用户自定义函数模块库

9．信号模块库(Signal Routing)

Simulink 的信号模块库如图 5.13 所示，其中包括将多路信号组成向量型信号的 Mux 模块、将向量型信号分解成若干单路信号的 Demux 模块、选路器模块 Selector、转移模块 Goto 和 From 及支持各种开关的模块，如一般开关模块(Switch)、多路开关模块(Multiport Switch)、手动开关模块(Manual Switch)等。

10．信号属性模块库(Signal Attributes)

信号属性模块库如图 5.14 所示，其中包括信号类型转换模块(Data Type Conversion)、采样周期转换模块(Rate Transition)、初始条件设置模块(IC)、信号宽度检测模块(Width)等。

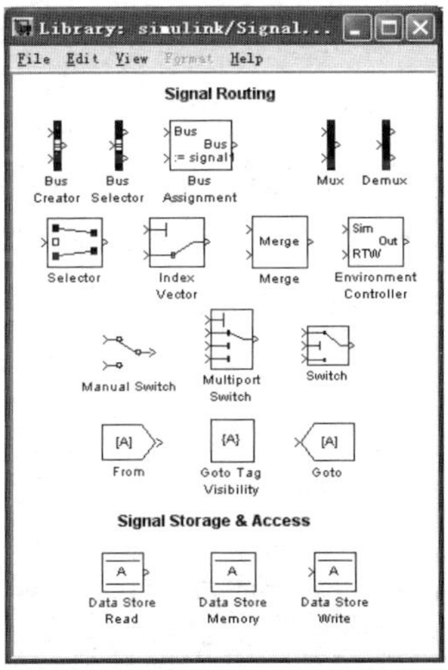

图 5.13　信号模块库

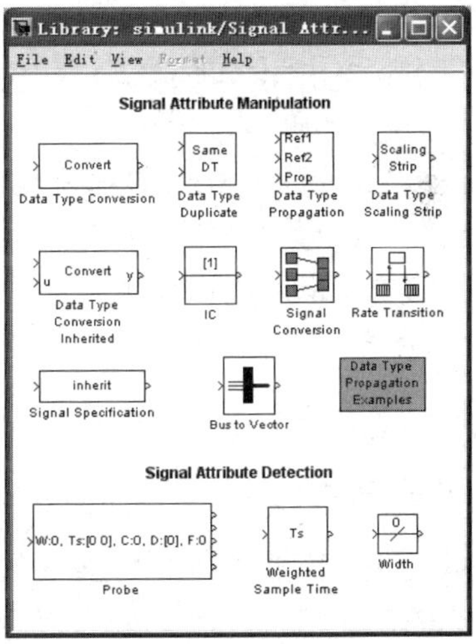

图 5.14　信号属性模块库

5.1.3　Simulink 下其他工具箱模块库

双击模块库中的 Blocksets & Toolboxes 图标，得到 Simulink 下其他工具箱模块库，如图 5.15 所示。其中包括通信模块集(Comm Blockset)、控制系统工具箱(Control System Toolbox)、系统辨识工具箱(System Identification Toolbox)、模糊逻辑工具箱(Fuzzy Logic Toolbox)、神经网络模块集(Neural Network Blockset)、Simulink 参数估计(Simulink Parameter Estimation)、状态流(Stateflow)、视频与图像处理模块集(Video & Image Processing Blockset)等，它们都是由相关领域的著名学者开发的，能够得到可靠的仿真结果。

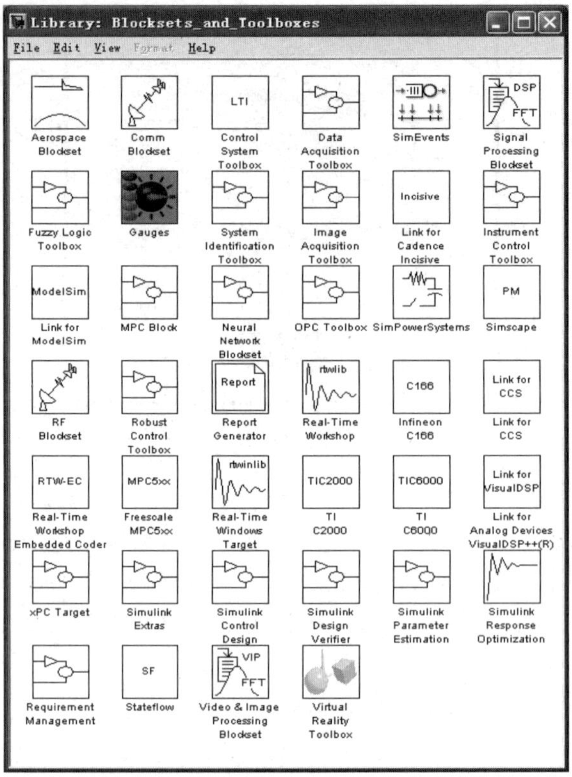

图 5.15　Simulink 下其他工具箱模块库

5.2　Simulink 建模与仿真

Simulink 仿真模型(Model)在视觉上表现为直观的方框图，文件扩展名为.mdl 或.slx，在数学上体现了一组微分方程或差分方程，在行为上模拟了物理器件构成的实际系统的动态特性。从宏观的角度来看，Simulink 模型通常包含 3 类模块：信源(Source)、系统(System)及信宿(Sink)。

5.2.1　建立 Simulink 模型

1. 模型编辑窗口

在 MATLAB 的工具栏中新建一个 Simulink 模型，默认的模型编辑窗口为白色背景，有一个可视化的工具栏，采取 ode45 解算方法，用户可以编写函数修改默认设置。例如，由下面的函数创建一个具有绿色面板、隐藏工具栏并且使用 ode3 解算方法的 Simulink 模型模板。

```
function new_model(modelname)
% NEW_MODEL Create a new, empty Simulink model
% NEW_MODEL('MODELNAME') creates a new model with
% the name 'MODELNAME'. Without the 'MODELNAME'
% argument, the new model is named 'my_untitled'.
if nargin==0
    modelname='my_untitled';
end
% create and open the model
```

```
open_system(new_system(modelname));
% set default screen color
set_param(modelname, 'ScreenColor', 'green');
% set default solver
set_param(modelname, 'Solver', 'ode3');
% set default toolbar visibility
set_param(modelname, 'Toolbar', 'off');
% save the model
save_system(modelname);
```

2. 建立模型

Simulink 模型是通过线将各种功能模块进行连接而构成的。建立一个 Simulink 模型，包括对于模块的操作和 Simulink 线的处理。

模块的操作包括模块的选取、移动、复制、删除、转向、改变大小、命名、颜色设置、参数设置、属性设置、输入输出信号设置等。

例 5.1　建立 Simulink 模型，用示波器表示一组正弦信号及其积分波形。

打开所对应的模块库，选中模块，按住鼠标左键并将其拖曳到模型窗口中进行处理。本例中先从输入源模块库中选取正弦信号模块，如图 5.16 所示。在模型窗口中，选中模块，则其 4 个角会出现黑色标记，如图 5.17 所示。

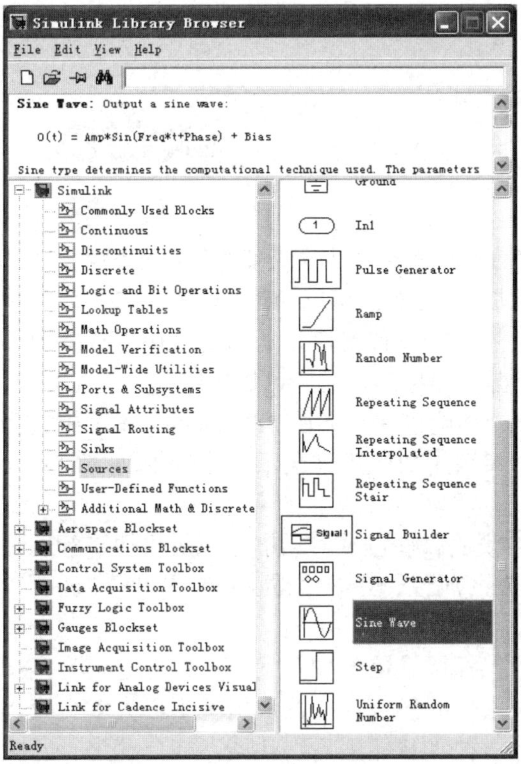

图 5.16　选取正弦信号模块

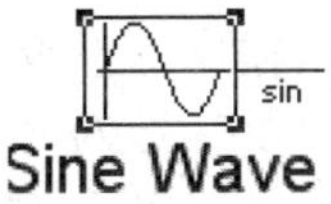

图 5.17　在模型窗口中选中模块

此时可以对模块进行以下基本操作。

移动：选中模块，按住鼠标左键并将其拖曳到所需的位置即可。也可按住 Shift 键，再进行拖曳。

复制：选中模块，然后按住鼠标右键进行拖曳，即可复制一个同样的功能模块。

删除：选中模块，按 Delete 键即可。若要删除多个模块，可以按住 Shift 键，同时用鼠标选中多个模块，然后按 Delete 键即可。也可以用鼠标选取某区域，再按 Delete 键就可以把该区域中的所有模块和线等全部删除。

转向：为了能够顺序连接功能模块的输入端和输出端，功能模块有时需要转向。在菜单 Format 中选择 Flip Block 命令旋转 180°，选择 Rotate Block 命令顺时针旋转 90°。或者直接按 Ctrl+I 键执行 Flip Block 命令，按 Ctrl+R 键执行 Rotate Block 命令，如图 5.18 所示。

改变大小：选中模块，对模块出现的 4 个黑色标记进行拖曳即可。

命名：先单击需要命名的模块，然后直接输入名称，如图 5.19 所示。名称在功能模块上的位置也可以变换 180°，可以用 Format 菜单中的 Flip Name 命令来实现，也可以直接通过鼠标进行拖曳。Hide Name 命令可以隐藏模块名称。

图 5.18　模块转向

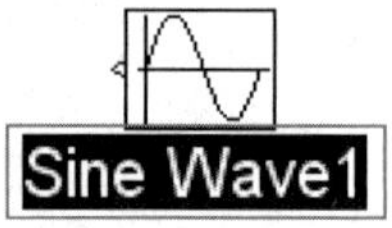

图 5.19　模块命名

颜色设置：Format 菜单中的 Foreground Color 命令可以改变模块的前景颜色，Background Color 命令可以改变模块的背景颜色；而模型窗口的颜色可以通过 Screen Color 命令来改变。

参数设置：双击模块，就可以进入模块的参数设置窗口，从而对模块进行参数设置。参数设置窗口包含了该模块的基本功能，为获得更详尽的帮助，可以单击其上的“Help”按钮。通过对模块进行参数设置，就可以获得需要的功能模块，如图 5.20 所示。本例中选择两个正弦信号，用一个正弦模块表示，多个信号的参数用数组矩阵表示，本例中两个信号的幅值和频率分别为[1　2]和[1　3]。

属性设置：选中模块，打开 Edit 菜单的模块属性设置对话框可以对模块进行属性设置，包括 Description 属性、Priority 优先级属性、Tag 属性、Block Annotation 属性、Callbacks 属性，如图 5.21 所示。

输入、输出信号设置：模块处理的信号包括标量信号和向量信号；标量信号是一种单一信号，而向量信号为一种复合信号，是多个信号的集合。在默认情况下，大多数模块的输出都为标量信号。对于输入信号，模块都具有一种“智能”识别功能，能自动进行匹配。某些模块通过对参数的设置，可以使模块输出向量信号。

设置好正弦信号模块后，再分别从连续模块库里选取积分模块，从输出源模块库里选取示波器；如果用示波器表示一系列的信号波形，则再从信号路径模块库里选取信号分配模块。用鼠标在功能模块的输入与输出端之间直接连线即得本例的仿真模型图。所画的线可以改变粗细、设置标签，也可以把线折弯、分支。

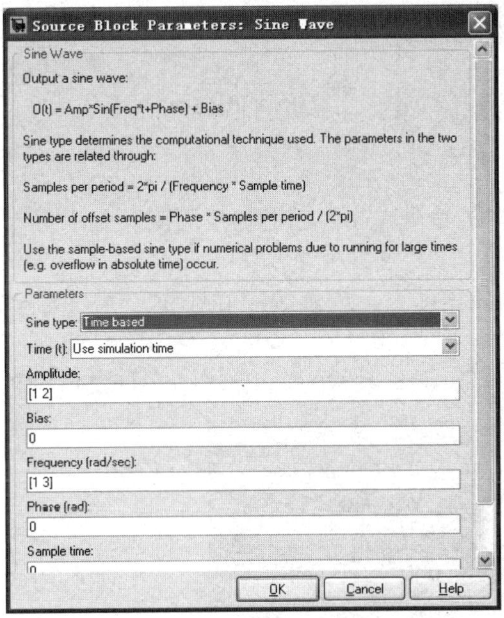

图 5.20　正弦信号参数设置对话框

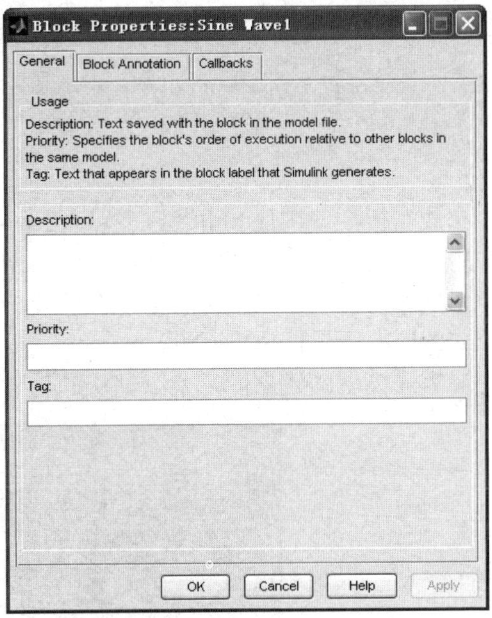

图 5.21　模块属性设置对话框

改变粗细：线之所以有粗细，是因为线引出的信号可以是标量信号或向量信号。当选中 Format 菜单下的 Wide Vector Lines 选项时，线的粗细会根据线所引出的信号是标量还是向量而改变。如果信号为标量，则为细线；如果信号为向量，则为粗线。选中 Vector Line Widths 选项则可以显示出向量引出线的宽度，即向量信号由多少个单一信号合成。本例中正弦信号模块输出的是两个正弦信号，为向量输出，因此所引出的线为粗线，如图 5.22 所示。

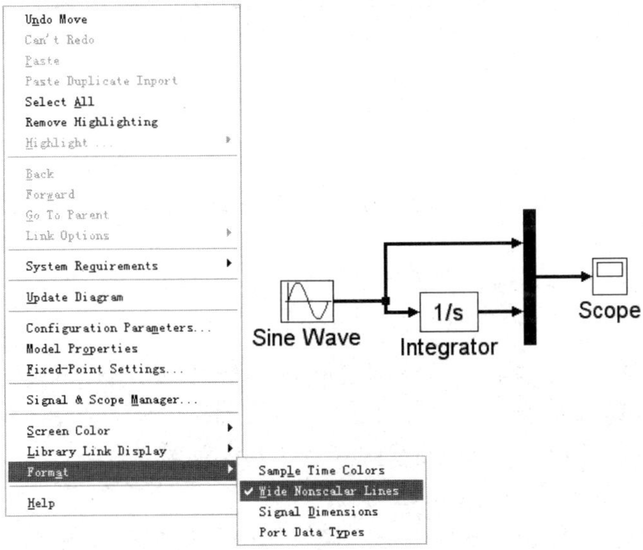

图 5.22　包含正弦信号及其积分的 Simulink 模型图

设置标签：只要在线上双击，即可输入该线的说明标签。也可以通过选中线，然后打开 Edit 菜单下的 Signal Properties 对话框进行设置，其中 signal name 属性的作用是标明信号的名称，设置这个名称反映在模型上的直接效果就是，与该信号有关的端口相连的所有直线附近都会出现写有信号名称的标签，如图 5.23 所示。

图 5.23　信号名称的定义

线的折弯：按住 Shift 键，然后用鼠标在要折弯的线处单击，就会出现圆圈，表示折点，利用折点就可以改变线的形状。

线的分支：按住鼠标右键，在需要分支的地方拉出即可。或者按住 Ctrl 键，并在要建立分支的地方用鼠标拉出即可。

完成模型的建立后，采取默认的仿真参数，仿真后得到系统的输出波形如图 5.24 所示。

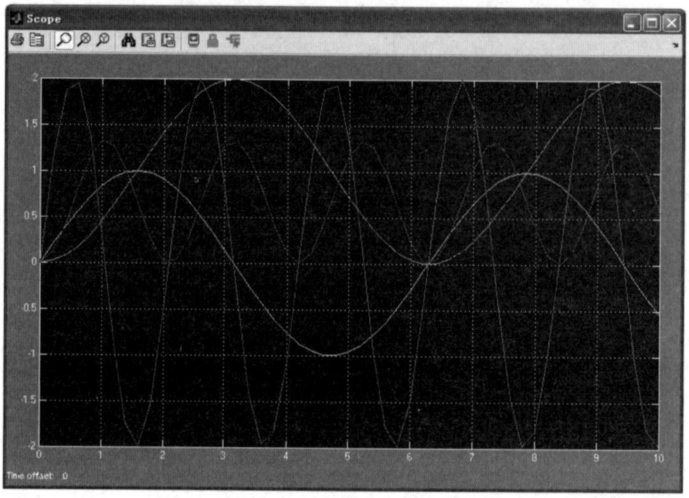

图 5.24　两个正弦信号及其积分波形

5.2.2　建模实例

下面再通过一个例子演示 Simulink 建模的一般步骤，并介绍仿真的方法。

例 5.2　有初始状态为 0 的二阶微分方程 $x''+0.2x'+0.4x=0.2u(t)$，其中 $u(t)$是单位阶跃函数，试建立系统模型并仿真。

首先用积分器直接构造求解微分方程的模型。把原微分方程改写为

$$x''=0.2u(t)-0.2x'-0.4x$$

x''经积分作用得x'，x'再经积分作用就得 x，而x'和 x 经代数运算又得x''，然后用下面的步骤搭建此系统的仿真模型。

(1) 打开模型编辑窗口，在 MATLAB 主窗口 File 菜单中选择 New 菜单项下的 Model 命令，出现一个名字为 untitled 的模型编辑窗口。

(2) 复制相关模块，将相关模块库中的模块拖动到模型编辑窗口，双击各模块可以从弹出的对话框中修改各模块的参数。模型中各模块说明如下。

① u(t)输入模块：Sources 库中的 Step 模块，双击该模块，将其 step time 设置为 0，双击模块下方名称 step，将其改为 u(t)。

② Gs 增益模块：将增益参数(Gain)设置为 0.2。

③ 求和模块：Math 库中的加法器 Add，双击打开参数设置对话框，将其图标形状复选框(Icon shape)选择为“rectangular”，符号列表复选框(List of signs)设置为“+ − −”。

④ G1 和 G2 增益模块：增益参数分别设置为 0.2 和 0.4，因为处于反馈回路，需要旋转其方向，右击该模块，在下拉菜单 Format 中选择 Flip Block 命令。

⑤ 积分模块：参数不需要改变。

⑥ Scope 示波器：在示波器参数设置窗口选择 Data history 选项卡，选择其中的“Save data to workspace”复选框。这将使送入示波器的数据同时被保存在 MATLAB 工作空间的默认名为 ScopeData 的结构矩阵或数组矩阵中。

(3) 将有关的模块直接连接起来，单击某模块的输出端，拖曳鼠标到另一模块的输入端处再释放，即将对应两模块连接起来，双击信号线，输入对应信号的名称 x"，x'，x。完成模块连接后，得到如图 5.25 所示的系统模型。

(4) 单击模型编辑窗口 Simulink 菜单中的 Configuration Parameters 选项，打开如图 5.26 所示对话框，设置仿真参数。

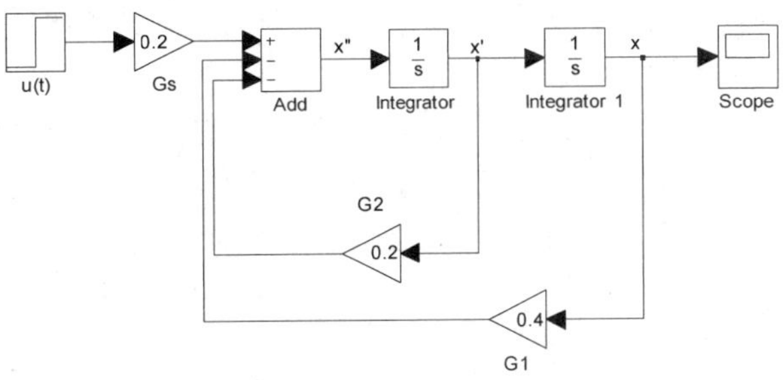

图 5.25　求解微分方程的模型

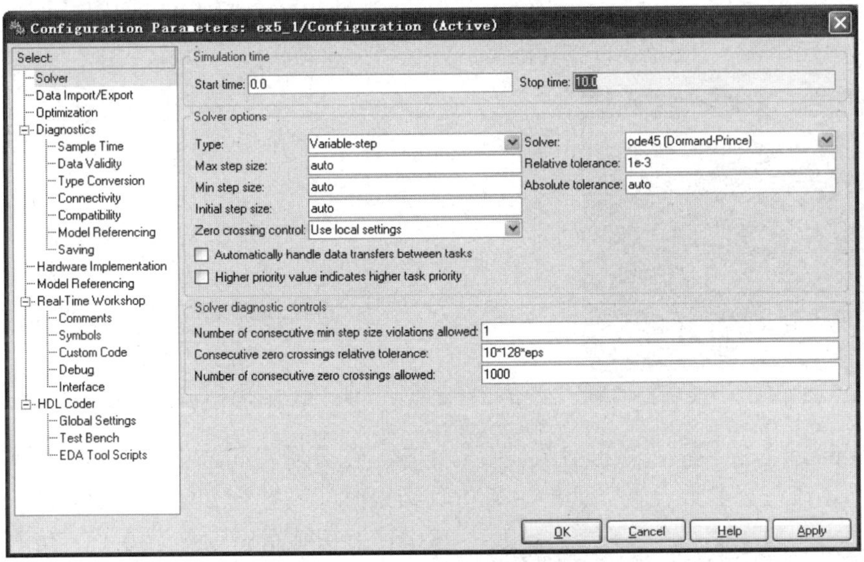

图 5.26　仿真控制参数设置对话框

① Start time 和 Stop time 栏允许用户输入仿真的起始时间和结束时间，这里把结束时间设置为 20。

② Solver options 的 Type 栏有两个选项，允许用户选择定步长和变步长算法。为了保证仿真精度，一般情况下建议选择变步长算法。其后面的列表框中列出了各种各样的算法，如 ode45(Domand-Prince) 算法、ode15s(stiff/NDF) 算法等，用户可以选择合适的算法进行仿真分析，离散系统采用定步长算法进行仿真。

③ 选项 Relative tolerance(相对误差限)、Absolute tolerance(绝对误差限)等控制仿真精度，不同的算法还将有不同的控制参数，其中相对误差限的默认值设置为 1e–3，即 1/1000 的误差，该值在实际仿真中显得偏大，建议选择 1e–6 或 1e–7。此外，由于采用变步长仿真算法，所以将相对误差限设置到这样小的值也不会增加太大的运算量。

④ 选定最大允许的步长和最小允许的步长，通过输入 Max step size 和 Min step size 的值

来实现，如果选择变步长算法，步长超过这个限制时，将弹出警告对话框。

一些警告信息和警告级别的设置可以通过其中的 Diagnostics 标签下的对话框来实现，此处不再赘述。

设置完仿真参数后，就可以选择 Simulink Start 菜单或单击工具栏中的“▶”按钮来启动仿真，仿真结束后，会自动生成一个向量 `tout` 存放各个仿真时刻的值，若使用 `Outport` 模块，则其输出信号会自动赋给 `yout` 变量，用户就可以使用 `plot(tout, yout)` 命令来绘制仿真结果。此处仿真结束后双击示波器，打开示波器窗口，可以看到仿真结果的变化曲线，如图 5.27 所示。

由于 Simulink 工具箱中有丰富的模块，因此还可以有其他两种方法搭建例 5.2 的模型。

方法 1：利用传递函数模块建模。

对方程 $x'' + 0.2x' + 0.4x = 0.2u(t)$两边进行 Laplace 变换，得

$$s^2X(s) + 0.2sX(s) + 0.4X(s) = 0.2U(s)$$

经整理得传递函数为

$$G(s) = \frac{X(s)}{U(s)} = \frac{0.2}{s^2 + 0.2s + 0.4}$$

在 Continuous 模块库中有专门的传递函数(Transfer Fcn)模块可以调用，于是可以根据系统传递函数构建如图 5.28 所示的仿真模型。

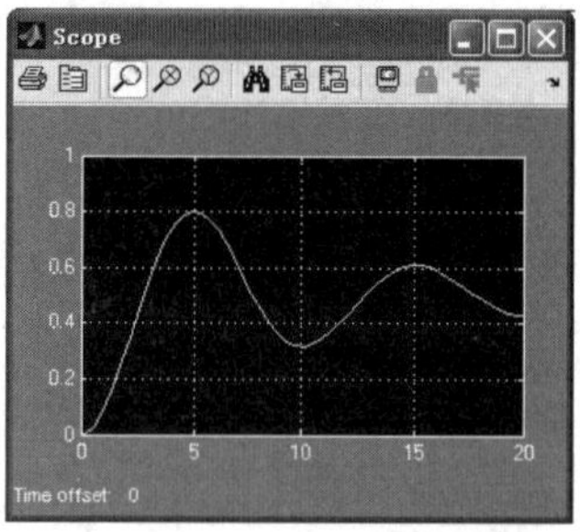

图 5.27 仿真曲线

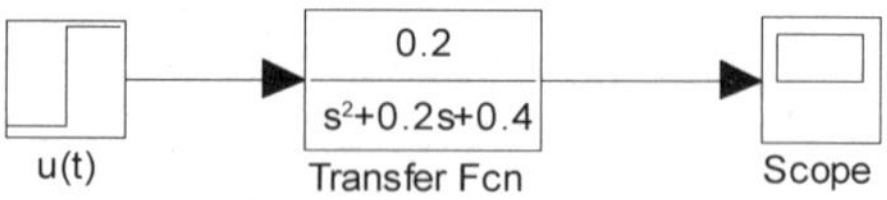

图 5.28 由传递函数模块构建的仿真模型

双击 Transfer Fcn 模块，弹出参数设置对话框，在分子栏和分母栏中输入所需的系数，如图 5.29 所示。在仿真参数设置对话框中将仿真结束时间设置为 20，在 Data Import/Export 选项中，把初始状态设置为[0; 0]。仿真结束后双击示波器可以得到和图 5.27 相同的结果。

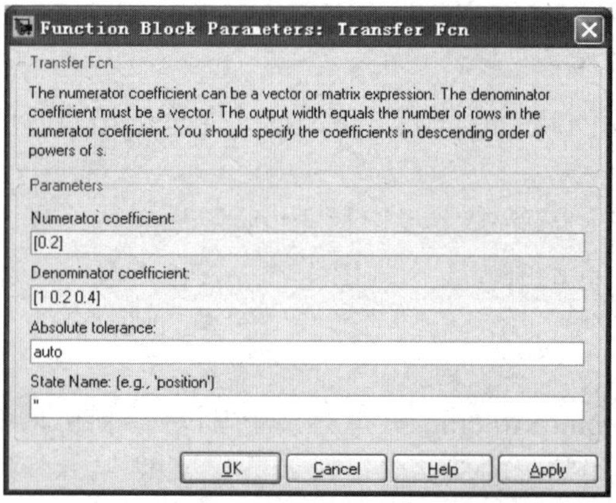

图 5.29 Transfer Fcn 模块参数设置

方法 2：利用状态方程模块建模。

若令 $x_1 = x, x_2 = x'$, 那么微分方程 $x'' + 0.2x' + 0.4x = 0.2u(t)$可以写成

$$\boldsymbol{x}' = \begin{bmatrix} x_1' \\ x_2' \end{bmatrix} = \begin{bmatrix} 0 & 1 \\ -0.4 & -0.2 \end{bmatrix} \begin{bmatrix} x_1 \\ x_2 \end{bmatrix} + \begin{bmatrix} 0 \\ 0.2 \end{bmatrix} u(t)$$

写成状态方程为

$$y = [1 \quad 0] \begin{bmatrix} x_1 \\ x_2 \end{bmatrix}$$

$$\begin{cases} \boldsymbol{x}' = \boldsymbol{Ax} + \boldsymbol{Bu} \\ y = \boldsymbol{Cx} + \boldsymbol{Du} \end{cases}$$

式中，$\boldsymbol{A}=\begin{bmatrix}0 & 1\\ -0.4 & -0.2\end{bmatrix}$；$\boldsymbol{B}=\begin{bmatrix}0\\ 0.2\end{bmatrix}$；$\boldsymbol{C}=[1\quad 0]$；$\boldsymbol{D}=0$。

在 Continuous 模块库中有标准的状态方程(State-Space)模块可以调用，构建仿真模型如图 5.30 所示。

双击状态方程(State-Space)模块，在弹出的对话框里输入 A, B, C, D 的值，如图 5.31 所示。其他仿真参数设置同前，仿真可得相同的结果。

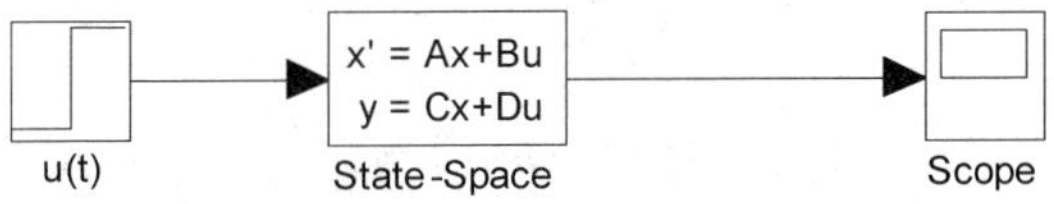

图 5.30　用状态方程模块构建的仿真模型

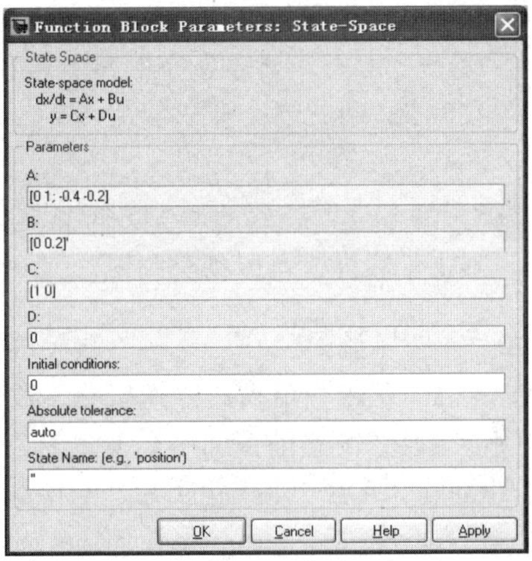

图 5.31　状态方程模块参数设置

5.3　使用命令操作对系统进行仿真

从命令窗口运行仿真的函数有 4 个，即 sim, simset, simget 和 set_param。

1．sim 函数

除了用 Simulation 菜单启动系统仿真的进程外，还可以调用 sim 函数来进行仿真分析，该函数的调用格式为

```
[t, x, y]=sim(model, timespan, options, ut);
[t, x, y1, y2, …, yn]=sim(model, timespan, options, ut);
```

model 即对应的 Simulink 模型文件名；timespan 为仿真起止时间，通常起始时间为 0，只需输入仿真结束时间；options 为仿真控制参数；ut 为输入信号，即输入端子 Input 构成的矩阵，从工作空间导入，如果模型中没有输入端子则不必输入；返回的 t 为时间向量；x 为状态矩阵，其各列为各个状态变量；y 的各列为各个输出信号，即输出端子 Outport 构成的矩阵。

2．simset 函数

simset 函数用来为 sim 函数建立或编辑仿真参数或规定算法，并把设置结果保存在一个结构变量中。它有如下 4 种用法。

(1) options=simset(property, value,…)，把 property 代表的参数赋值为 value，结果保存在 options 结构中。其中 property 为需要控制的参数名称，用单括号括起，value 为具体数值，用 help simset 命令可以显示出所有的控制参数名。例如相对误差限位'RelTol'，其默认值为 10^{-3}，这个参数在仿真中过大，应该修改成小值，如 10^{-7}。

可以使用

```
options=simset('RelTol', 1e-7)或options.RelTol=1e-7
```

(2) options=simset(old_opstruct, property, value, …)，把已有的结构 old_opstruct(由 simset 产生)中的参数 property 重新赋值为 value，结果保存在新 options 结构中。

(3) options=simset(old_opstruct, new_opstruct)，用结构 new_opstruct 的值替代已经存在的结构 old_opstruct 的值。

(4) simset，显示所有的参数名和它们可能的值。

在例 5.2 中，定义模型名为 ex5_2.model，在 MATLAB 命令窗口输入如下命令：

```
clc;clear;options=simset('RelTol', 1e-7)
[t, x, y]=sim('ex5_2', 20, options);
```

双击示波器，可以得到与图 5.27 相同的仿真结果。

3. simget 函数

simget 函数用来获得模型的参数设置值。如果参数值是用一个变量名定义的，simget 返回的也是该变量的值而不是变量名。如果该变量在工作空间中不存在(即变量未被赋值)，则 Simulink 给出一个出错信息。该函数有如下 3 种用法。

(1) struct=simget(modname)，返回由 modname 指定的模型的参数设置的选项 options 结构。

(2) value=simget(modname,property)，返回由 modname 指定的模型的参数 property 的值。

(3) value=simget(options, property)，获取 options 结构中的参数 property 的值。如果在该结构中未指定该参数，则返回一个空阵。

用户只需输入能够唯一识别它的那个参数名称的前几个字符即可，对参数名称中字母的大小写不作区别。

4. set_param 函数

set_param 函数的功能很多，这里只介绍如何用 set_param 函数设置 Simulink 仿真参数，以及如何开始、暂停、终止仿真进程或更新显示一个仿真模型。

(1) 设置仿真参数

调用格式为

```
set_param(modname, property, value, …)
```

其中 modname 为仿真模型名称，property 为要设置的参数，value 是设置值。这里设置的参数可以有很多种，而且和用 simset 设置的内容不尽相同，相关参数的设置可以参考有关资料。

(2) 控制仿真进程

调用格式为

```
set_param(modname, 'SimulationCommand', 'cmd')
```

其中 modname 为仿真模型名称，而 cmd 是控制仿真进程的各个命令，包括 start, stop, pause, comtinue 或 update。

在使用这两个函数的时候，需要注意必须先把模型打开。

5.4　Simulink 仿真的应用实例演示

例 5.3　考虑例 4.17 中给出的 Rossler 微分方程组 $\begin{cases}\dot{x}(t)=-y(t)-z(t)\\ \dot{y}(t)=x(t)+ay(t)\\ \dot{z}(t)=b+[x(t)-c]z(t)\end{cases}$，选定 $a=b=0.2$，$c=5.7$，且 $x(0)=y(0)=z(0)=0$，求解该微分方程组。

在 Simulink 下搭建该微分方程相应的仿真模型，对每个微分量引入一个积分器，积分器的输出就是该状态变量，积分器的输入端为该变量的一阶微分。构造 Simulink 仿真框图如图 5.32 所示。将 3 个积分器的初值设置为 0，仿真之前，设置仿真参数，如令仿真终止时间为 100，相对误差限为 10^{-7}。仿真结束后，返回两个变量 tout 和 yout 至 MATLAB 工作空间，其中 tout 为列向量，表示各个仿真时刻，而 yout 为一个 3 列的矩阵，分别对应 3 个状态变量 $x_1(t)\sim x_3(t)$。在 MATLAB 命令窗口输入如下命令：

```
plot(tout, yout)    %系统状态的时间响应曲线
```

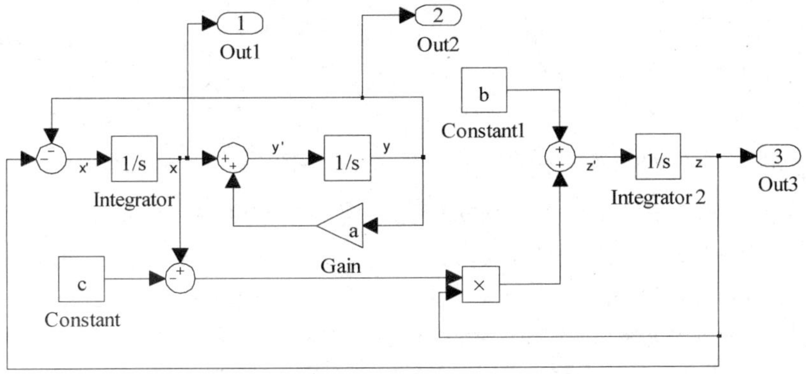

图 5.32　Rossler 微分方程组的 Simulink 仿真框图

可以绘制各个状态变量的时间响应曲线，如图 5.33 所示。如果以 $x_1(t)\sim x_3(t)$分别为 3 个坐标轴，还可以用下面的语句动态演示状态空间的走向，如图 5.34 所示。

```
comet3(yout(:, 1), yout(:, 2), yout(:, 3)), grid
```

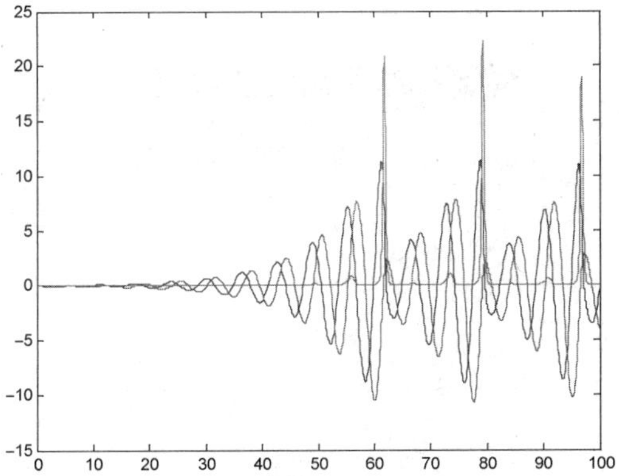

图 5.33　状态变量的时间响应曲线

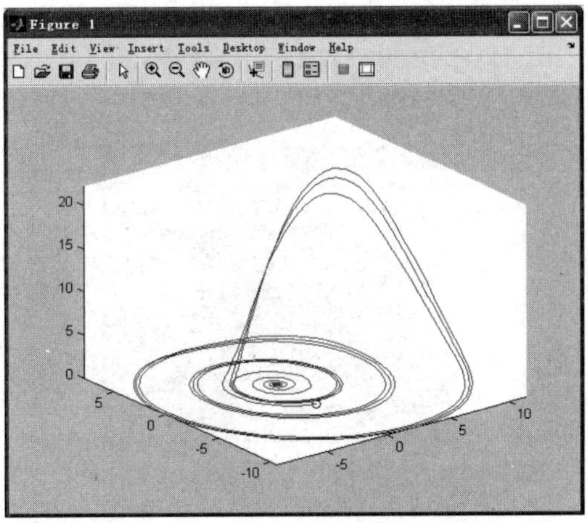

图 5.34　系统响应的相空间表示

Simulink 的模块中很多都支持向量化输入，即把若干路信号用 Mux 模块组织成一路信号，这一路信号的各个分量为原来的各路信号。这样这组信号经过积分器模块后，得出的输出仍然为向量化信号，其各路为原来输入信号各路的积分。因此可以改写 Simulink 仿真框图如图 5.35 所示。该模型图中使用 Fcn 模块，用于描述对输入信号的数学运算，这里输入信号为系统的状态向量，而 Fcn 模块中将其输入信号记为 `u`，如果 `u` 为向量，则用 `u[i]` 表示其第 `i` 路分量。仿真前在命令窗口先定义 `a`, `b`, `c`，其他参数设置同前，仿真得到相同的结果。

例 5.4 在离散控制系统中，控制器的更新频率一般低于对象本身的工作频率。而显示系统的更新频率总比显示器的可读速度低得多。假设有某过程的离散状态方程为

$$\begin{cases} x_1(k+1) = x_1(k) + 0.1x_2(k) \\ x_2(k+1) = -0.05\sin x_1(k) + 0.094x_2(k) + u(k) \end{cases}$$

式中，$u(k)$ 是输入。该过程的采样周期为 0.1s。控制器应用采样周期为 0.25s 的比例控制器；显示系统的更新周期为 0.5s。

(1) 建立模型 exm5_4.mdl，如图 5.36 所示。

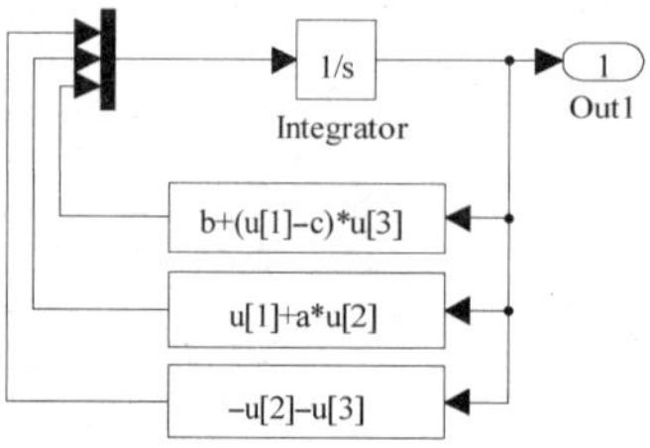

图 5.35 Rossler 方程的另一种 Simulink 仿真框图

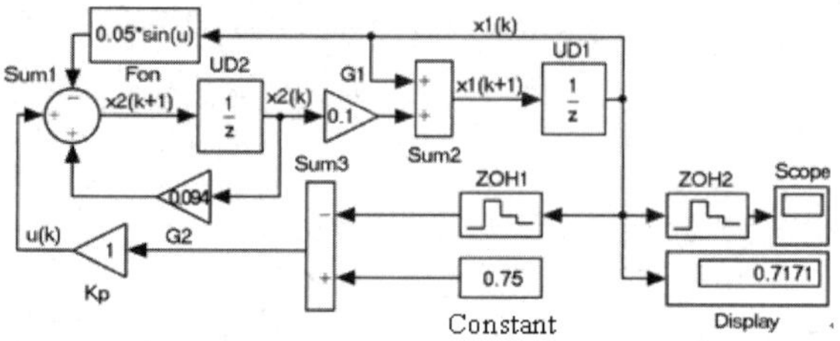

图 5.36 经着色的多速率离散系统

(2) 在 exm5_4.mdl 模型窗口中，双击所需设置的参数模块，显示模块参数设置对话框，设置模块 UD1、UD2 的采样周期为 0.1s，设置模块 ZOH1、Constant 和 Kp 的采样周期为 0.25s，设置模块 ZOH2 的采样周期为 0.5s，选取菜单项"Format:Sample time colors"后，模型中不同采样周期的模块和连线就会以不同颜色表示。在本例中，采样速率最快的被控过程部分模块 UD1、UD2 及其连线显示为红色；采样速率次之的控制器部分模块 ZOH1、Constant 和 Kp 及其连线显示为绿色；显示 `x1` 历史记录的模块 ZOH2 显示为蓝色。

(3) 仿真后，双击示波器，得状态 `x1` 的波形如图 5.37 所示。也可以打开示波器参数设置对话框，在 Data history 选项卡中勾选"Save data to workspace"复选框，并命名送入工作空间的变量为结构矩阵 `TX`，如图 5.38 所示，再在 MATLAB 命令窗口输入如下命令：

```
tt=TX.time; x1=TX.signals.values;
plot(tt,x1),grid on,
xlabel('kT'),ylabel('x1(kT)')
```

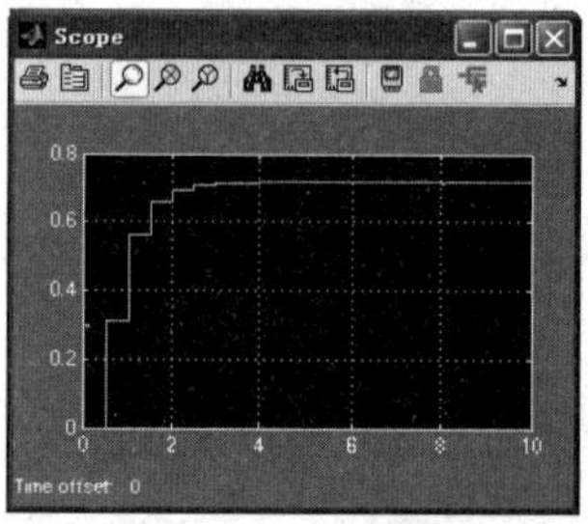

图 5.37 $x_1(k)$ 的波形

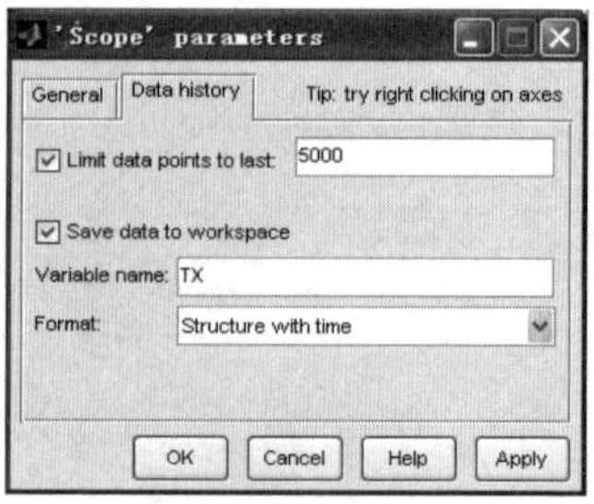

图 5.38 示波器参数设置对话框

运行以上程序，结果如图 5.39 所示。

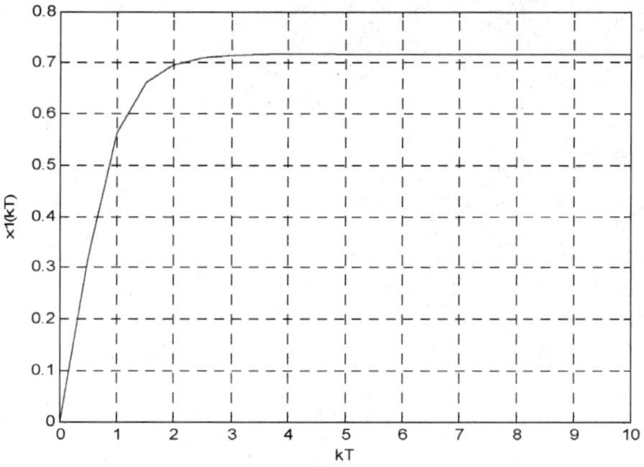

图 5.39　$x_1(k)$ 的波形

例 5.5　求非线性系统 $\begin{cases} \dot{x}_1 = x_1^{\ 2} + x_2^{\ 2} - 4 \\ \dot{x}_2 = 2x_1 - x_2 \end{cases}$ 在坐标原点处的线性化模型。

(1) 根据 $A_{ji} = \dfrac{\partial}{\partial x_i} f_j(x,u,t)$ 可由理论计算求得 $\boldsymbol{A} = \begin{bmatrix} 0 & 0 \\ 2 & -1 \end{bmatrix}$。

(2) 创建如图 5.40 所示的 Simulink 模型 exm5_5.mdl。

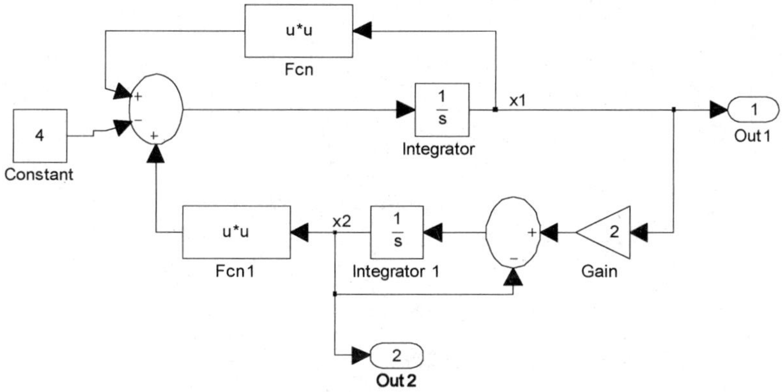

图 5.40　Simulink 模型 exm5_5.mdl

(3) 用指令 `linmod` 求坐标原点处的线性化模型。

函数 `linmod` 可获得一个由一组偏微分方程所表示的系统的线性化模型，其调用格式如下。

`[A,B,C,D]=linmod('SYS')`，获得由偏微分方程组或差分方程组所表示的系统的线性化模型，其中 `SYS` 表示 Simulink 模型图，为模型图保存的文件名称，模型图等效为一组偏微分方程或差分方程，其状态变量和输入变量为模型图中默认的状态变量和输入变量。

`[A,B,C,D]=linmod('SYS',X,U)`，指定状态变量 `X` 和输入变量 `U` 获得系统的线性化模型。

`[A,B,C,D]=linmod('SYS',X,U,PARA)`，指定状态变量 `X`、输入变量 `U` 和一些参数来获得系统的线性化模型，例如求指定坐标点处的线性化模型。

在 MATLAB 命令窗口输入如下命令：

```
[A,B,C,D]=linmod('exm5_5');A
```

程序运行结果为

```
A=
     0     0
     2    -1
```

结果与理论计算结果一致。

(4) 用指令求[1, 0.5]坐标处的线性化模型。

在 MATLAB 命令窗口输入如下命令：

```
[A1,B1,C1,D1]=linmod('exm5_5',[1,0.5]);A1
```

程序运行结果为

```
A1=
     2.0000    1.0000
     2.0000   -1.0000
```

从结果可以看出，与理论计算结果不一致。

例 5.6 求非线性系统$\begin{cases}\dot{x}_1 = x_1^2 + x_2^2 - 4 \\ \dot{x}_2 = 2x_1 - x_2\end{cases}$的相平面轨迹、平衡点，并进行稳定性分析。

(1) 非线性系统由图 5.40 所示的 Simulink 模型 exm5_5.mdl 表达。

(2) 编写绘制状态轨迹(State trajectory)的 M 文件 exm5_6.m，程序如下：

```
% exm5_6.m        画状态轨迹
clf;hold on
xx=[-2,1;-1,1;0,1;1,1;1,0;1,-1;1,-2];                    %轨迹起点
nxx=size(xx,1);                                          %起点数
for k=1:nxx
    opts=simset('initialstate',[xx(k,1),xx(k,2)]);       %设置仿真初值
    [t,x,y]=sim('exm5_5',10,opts);
    plot(x(:,1),x(:,2));                                 %画状态轨迹
end
xlabel('x1');ylabel('x2'),grid,hold off
```

(3) 运行 exm5_6.m 得如图 5.41 所示的状态轨迹图。

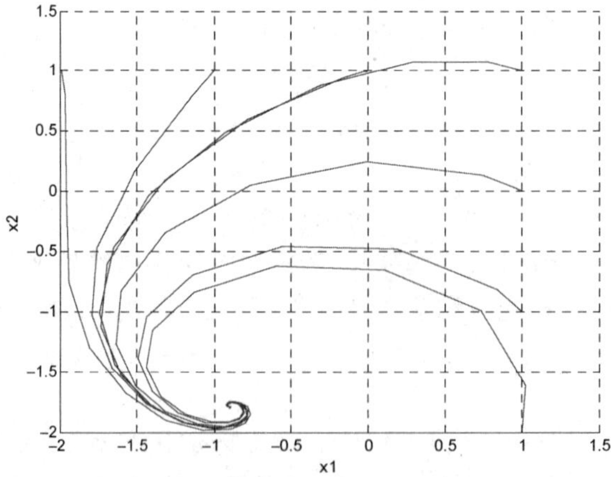

图 5.41 系统 exm5_5.mdl 的状态轨迹图

(4) 编写计算状态轨迹斜率的 M 函数 portraitzzy.m。

```
function [DX1,DX2,DP]=portraitzzy(x1,x2,h)
% PORTRAITZZY         采用“一步仿真”计算状态变量斜率和状态导数的二次方根
```

```
% x1,x2               分别给定“状态平面”上的格点坐标
% h                   给定积分计算采用的时间步长
% DX1,DX2             轨迹斜率在状态坐标轴上的投影长度
% DP                  状态导数向量的长度
opts=simset('solver','ode5','fixedstep',h); %采用 ode5 定步长积分算法
n=length(x1);
X1=zeros(n,n);X2=X1;                            %预置空间
for ii=1:n;
    for jj=1:n;
        opts=simset(opts,'initialstate',[x1(ii),x2(jj)]);%设置状态初值
        [t,x,y]=sim('exm5_5',h,opts);    %步长为 h 的“一步仿真”
        dx1=x(2,1)-x1(ii);               %计算 x1 的变化率
         dx2=x(2,2)-x2(jj);              %计算 x2 的变化率
          L=sqrt(dx1^2+dx2^2);           %计算状态轨迹长度的变化率
          Z(jj,ii)=L;
      if   L>1.e-10                      %若状态轨迹变化率大于“零”阈值
      DX1(jj,ii)=dx1/L;DX2(jj,ii)=dx2/L; %计算各状态变量的近似斜率
                                         %注意下标次序。这是绘图指令格式要求
      end
   end
 end
DP=Z/h;                                  %状态导数向量的长度
```

（5）调用 M 函数 portraitzzy.m 绘制精良状态轨迹斜率图(Quiver plot)，编写程序如下：

```
h=0.01;                         %设置仿真步长
x1=-2.5:0.25:2.5;x2=x1;         %轨迹起始点
k=0.15;
[X1,X2,Z]=portraitzzy(x1,x2,h);
quiver(x1,x2,k*X1,k*X2,0)       %调用 quiver 指令绘制平面上各点处的变化率图
xlabel('x1'),ylabel('x2')
```

程序运行结果如图 5.42 所示。

（6）绘制状态导数向量的长度分布曲面，编写程序如下：

```
surfc(x1,x2,Z),view([18,32]),xlabel('x1'),ylabel('x2')
```

程序运行结果如图 5.43 所示。

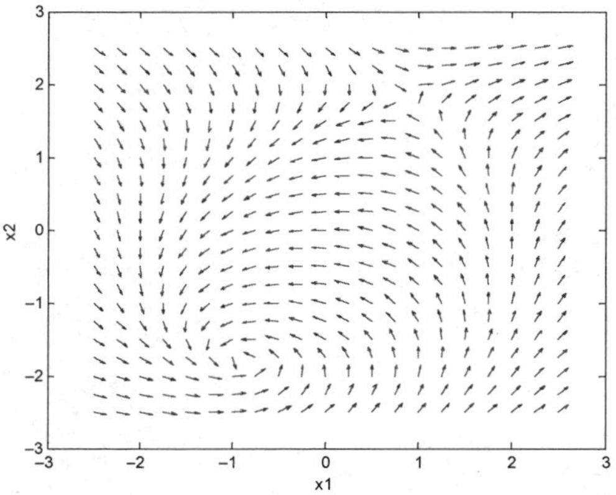

图 5.42 系统 exm5_5.mdl 的精良状态轨迹斜率图

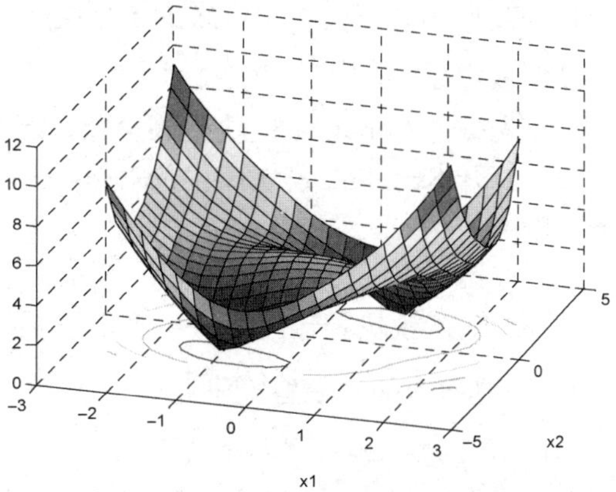

图 5.43 系统 exm5_5.mdl 的状态导数向量长度分布曲面

(7) 求系统平衡点。

求系统平衡点采用 trim 指令，在 MATLAB 命令窗口输入如下命令：

```
xa=trim('exm5_5',[-1,-2]')
xb=trim('exm5_5',[1,2]')
```

程序运行结果如下：

```
xa=
     -0.8944
     -1.7889
xb=
     0.8944
     1.7889
```

(8) 运用线性化模型，通过求取状态矩阵 $\boldsymbol{A}$ 的对角元素对系统进行稳定性分析，编写程序如下：

```
Axa=linmod('exm5_5',xa);eig_Axa=(eig(Axa.a))'
Axb=linmod('exm5_5',xb);eig_Axb=(eig(Axb.a))'
```

程序运行结果如下：

```
eig_Axa=
         -1.3944-2.6457i   -1.3944+2.6457i
eig_Axb=
         3.4110   -2.6222
```

5.5 子系统及其封装技术

当模型规模较大或比较复杂时，用户可以把几个模块组合成一个新的模块，这样的模块称为子系统。子系统把功能上有关的一些模块集中到一起保存，能够完成几个模块的功能。建立子系统的优点是减少系统中的模块数目，使系统易于调试；而且可以将一些常用的子系统封装成一些模块，这些模块可以在其他模型中直接作为标准的 Simulink 模块使用。

5.5.1 子系统的建立

建立子系统有两种方法：通过 Subsystem 模块建立子系统和通过已有的模块建立子系统。两者的区别是：前者先建立子系统，再为其添加功能模块；后者先选择模块，再建立子系统。

1. 通过 Subsystem 模块建立子系统

操作步骤如下：

(1) 先打开 Simulink 模块库浏览器，新建一个仿真模型。

(2) 打开 Simulink 模块库中的 Ports & Subsystems 模块库，将 Subsystem 模块添加到模型编辑窗口中。

(3) 双击 Subsystem 模块打开一个空白的 Subsystem 窗口，将要组合的模块添加到该窗口中，再添加输入模块和输出模块，表示子系统的输入端口和输出端口即建立好一个子系统。

2. 通过已有的模块建立子系统

操作步骤如下：

(1) 先选择要建立子系统的模块，不包括输入端口和输出端口。

(2) 选择模型编辑窗口 Edit 菜单中的 Create Subsystem 命令，这样，子系统就建好了。

在这种情况下，系统会自动把输入模块和输出模块添加到子系统中，并把原来的模块变为子系统的图标。

例 5.7　PID 控制器是在自动控制中经常使用的模块，在工程应用中其数学模型为

$$U(s)=K_{\mathrm{p}}\left(1+\frac{1}{T_{\mathrm{i}}s}+\frac{sT_{\mathrm{d}}}{1+sT_{\mathrm{d}}/N}\right)E(s)$$

其中采用了一阶环节来近似微分动作，为保证良好的微分近似效果，一般选 $N \geqslant 10$，建立其子系统。

首先由 Simulink 模块搭建框图，如图 5.44(a)所示，这里的模型含有 4 个变量，分别是 `Kp`, `Ti`, `Td` 和 `N`，应该在 MATLAB 工作空间中赋值定义。在建立好的框图中选中所有模块，可使用 Edit 菜单中的 Select All 菜单项来选择所有模块，也可以使用鼠标拖动的方法选中。然后选择 Edit 菜单中的菜单项 Create Subsystem 来构造子系统，得到子系统框图如图 5.44(b)所示。双击子系统图标可以打开原来的子系统内部结构窗口，如图 5.44(a)所示。

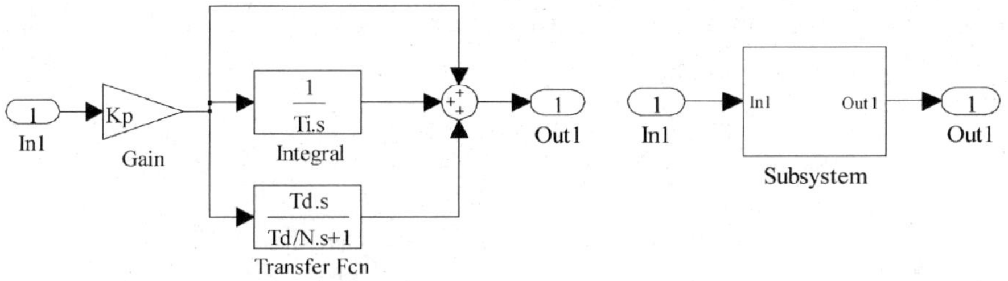

(a) PID控制器模型　　(b) 生成的子系统框图

图 5.44　PID 控制器的 Simulink 描述

5.5.2　模块封装方法

进行子系统封装(Masking)，可以为子系统定制对话框和图标，使子系统本身有一个独立的操作界面，还可以把子系统中的各模块的参数对话框合成一个参数设置对话框，在使用时不必打开每个模块进行参数设置，这样使子系统的使用更加方便。

子系统的封装过程很简单，先选中所要封装的子系统，再选择模型编辑窗口 Edit 菜单中的 Mask subsystem 命令，这时将出现封装编辑器(Mask Editor)对话框，如图 5.45 所示。

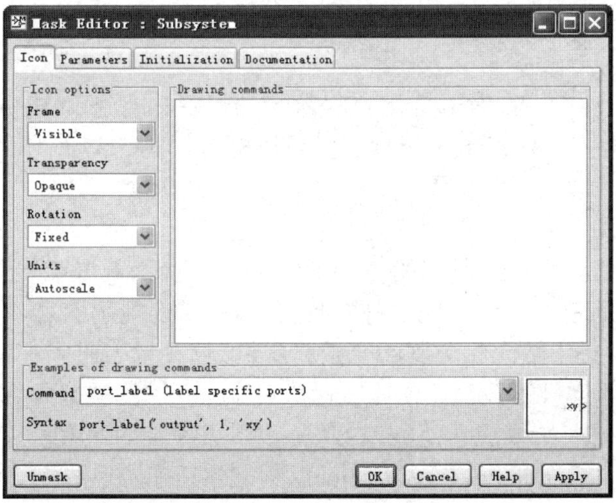

图 5.45　封装编辑器对话框

Mask Editor 对话框中共包括 4 个选项卡：Icon, Parameters, Initialization 和 Documentation。子系统的封装主要就是对这 4 项参数进行设置。

1．图标属性 Icon 选项

Drawing commands(绘图命令)编辑框允许在该模块图标上绘制图形，例如可以使用 MATLAB 的 `plot` 函数绘出线状的图形，也可以使用 `disp` 函数在图标上写字符串名，还允许用 `image` 函数来绘制图像。

例如在该栏中输入命令

```
plot(cos(0:0.1:2*pi), sin(0:0.1:2*pi))
```

得到如图 5.46(a)所示的图标，也可以使用

```
disp('PID\nController')
```

语句对该图标进行文字标注，得到如图 5.46(b)所示的图标，也可以在前面的 `plot` 语句后再添加 `disp('PID\nController')` 语句，则可以在圆圈上叠印文字，得到如图 5.46(c)所示的图标。在该编辑框中输入 `image(imread('shuilian.jpg'))` 命令，可以将计算机里已经存在的一个图像文件(shuilian.jpg)在图标上显示出来，如图 5.46(d)所示。

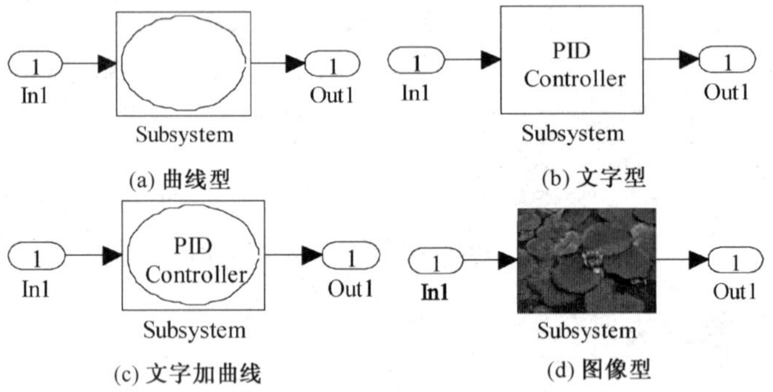

图 5.46　封装模块的标注形式

图标的属性还可以通过 Frame(图标边框)选项、Transparency(图标透明与否)及 Rotation (图标是否旋转)等进一步设置，例如 Rotation 属性有两种选择，即 Fixed(固定的，默认选项)和 Rotates(旋转)，后者在旋转或翻转模块时，也将旋转该模块的图标。若选择 Fixed 选项，则在模块翻转时不翻转图标。

2．Parameters 标签

封装模块的另一个关键的步骤是建立起封装的模块内部变量和封装的对话框之间的联系，选择封装编辑程序的 Parameters 选项卡，可以打开如图 5.47 所示的对话框，其中间的区域可以编辑变量与对话框之间的联系。

单击“ ”按钮和“ ”按钮来指定和删除变量名，在例 5.7 的 PID 控制器中，可以连续单击“ ”按钮 4 次，为该控制器的 4 个变量准备位置。单击第一个参数位置，将弹出如图 5.48 所示的对话框，在 Prompt(提示)栏中输入该变量的提示信息，如 Proportional(Kp)，然后在 Variable(变量)栏中输入相关联的变量名 Kp，该变量名必须和框图中的完全一致。采取相应的方式编辑其他变量的关系。在编辑栏最后 Type(控件类型)栏中的默认值为 Edit，表示用编辑框来接收数据。如果想让滤波常数 N 只取几个允许的值，则可以将该控件选择为 Popup(列表框)形式，并在 Popups (one per line) (列表字符串)栏中输入 10\100\1000，如图 5.49 所示。每个变量的位置可以使用“ ”按钮和“ ”按钮来修改次序。

此外，用户可以进一步选择 Initialization 选项卡对此模块进行初始化处理，也可以在 Documentation 选项卡下对模块进行说明，然后单击“OK”按钮，即完成了一个子系统的封装。模块封装完成，可以在其他系统里直接使用该模块。双击该模块，可以得如图 5.50 所示的对话框，用户可以输入 PID 控制器的参数，从列表框中选择滤波常数 N 的值。

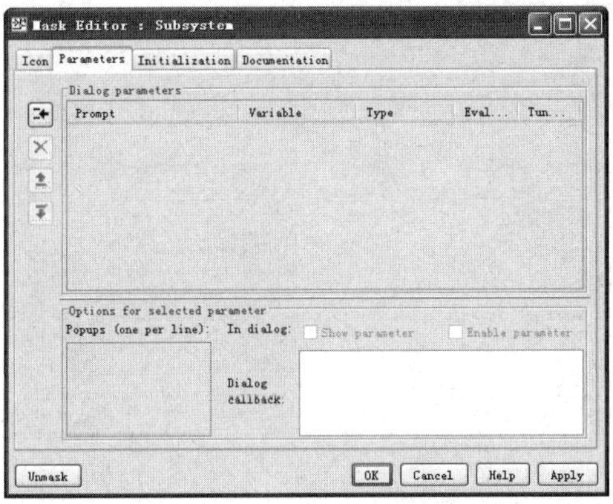

图 5.47　模块封装的参数输入对话框

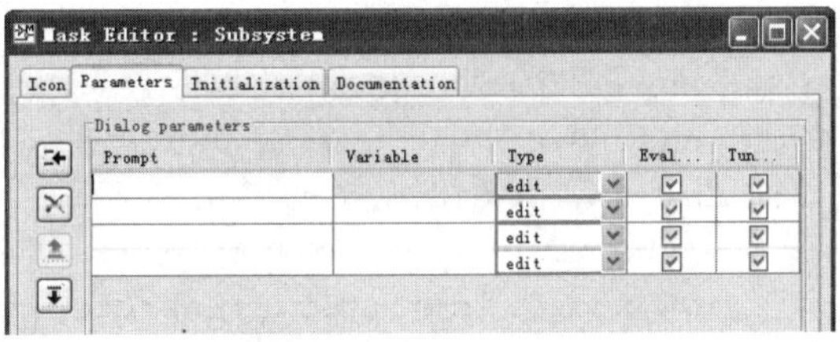

图 5.48　变量编辑与设置

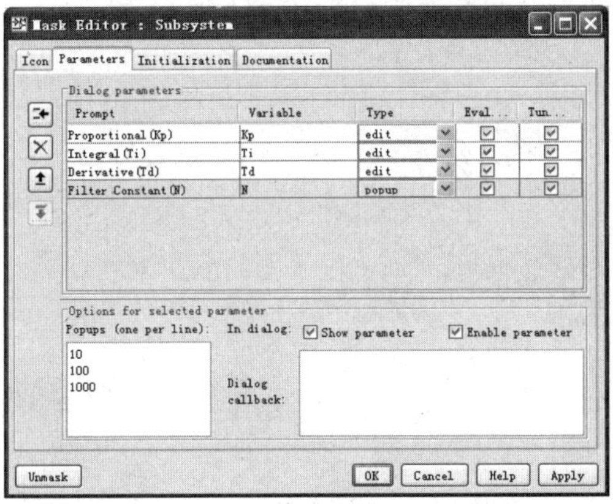

图 5.49　列表框型变量编辑

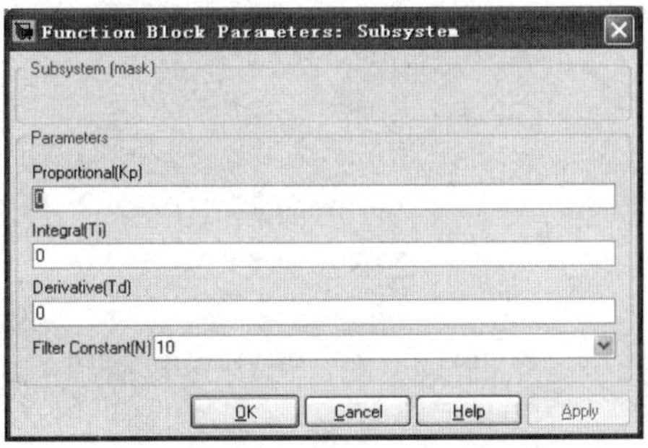

图 5.50　封装模块调用对话框

5.6　S 函数的设计与应用

在实际仿真中，如果模型中某个部分数学运算特别复杂，则不适合用普通 Simulink 模块来搭建，而应该采用程序来实现。Simulink 中支持两种用语言编程的形式来描述这种模型，即 M 函数和 S 函数。M 函数适合用于描述输出和输入信号之间为代数运算的模块，S 函数适合动态关系，即由状态方程描述的关系。

S 函数称为系统函数（System Function），它有固定的程序格式。用 MATLAB 语言可以编写 S 函数，此外还可以采用 C, C++, Fortran 和 Ada 等语言编写，只是用这些语言编写程序时，需要用编译器生成动态链接库（DLL）文件，才可以在 Simulink 中直接调用。本节只介绍用 MATLAB 语言编写 S 函数的方法，并通过例子介绍 S 函数的应用。

5.6.1　用 MATLAB 语言编写 S 函数

编写 S 函数有一套固定的规则，为此，Simulink 提供了一个用 M 文件编写 S 函数的模板。该模板程序存放在 toolbox\simulink\blocks 目录下，文件名为 sfuntmpl.m。用户可以从这个模板出发编写自己的 S 函数。下面为把注释部分都去掉后的模板程序。

```
function [sys,x0,str,ts,simStateCompliance] = sfuntmpl(t,x,u,flag)
switch flag,
case 0,
[sys,x0,str,ts,simStateCompliance]=mdlInitializeSizes;
case 1,
sys=mdlDerivatives(t,x,u);
case 2,
sys=mdlUpdate(t,x,u);
case 3,
sys=mdlOutputs(t,x,u);
case 4,
sys=mdlGetTimeOfNextVarHit(t,x,u);
case 9,
sys=mdlTerminate(t,x,u);
otherwise
DAStudio.error('Simulink:blocks:unhandledFlag', num2str(flag));
end
function [sys,x0,str,ts,simStateCompliance]=mdlInitializeSizes
sizes = simsizes;
sizes.NumContStates = 0;
sizes.NumDiscStates = 0;
sizes.NumOutputs = 0;
sizes.NumInputs = 0;
sizes.DirFeedthrough = 1;
sizes.NumSampleTimes = 1; % at least one sample time is needed
sys = simsizes(sizes);
x0 = [];
% str is always an empty matrix
str = [];
ts = [0 0];
% Specify the block simStateCompliance. The allowed values are:
% 'UnknownSimState', < The default setting; warn and assume DefaultSimState
% 'DefaultSimState', < Same sim state as a built-in block
% 'HasNoSimState', < No sim state
% 'DisallowSimState' < Error out when saving or restoring the model sim
state
simStateCompliance = 'UnknownSimState';
function sys=mdlDerivatives(t,x,u)
sys = [];
function sys=mdlUpdate(t,x,u)
sys = [];
function sys=mdlOutputs(t,x,u)
sys = [];
function sys=mdlGetTimeOfNextVarHit(t,x,u)
sampleTime = 1; % Example, set the next hit to be one second later.
sys = t + sampleTime;
function sys=mdlTerminate(t,x,u)
sys = [];
```

1. 主程序

S 函数主程序的引导语句为

```
function [sys, x0, str, ts]=fname(t, x, u, flag, p1, p2, … , pn)
```

其中各参数的含义如下：

(1) fname 是 S 函数的函数名。

(2) t, x, u, flag 是通过 Simulink 自动赋给 S 函数的默认驱动变量，分别为仿真时间、状态向量、输入向量和子程序调用标志。flag 为标志位，控制仿真的各个阶段调用 S 函数的哪一个子程序，其含义和有关信息如表 5.6 所示。

表 5.6　flag 参数的含义和有关信息

取　值	功　能	调用函数名	返 回 参 数
0	初始化	mdlInitializeSizes	sys 为初始化参数，x0, str, ts 如定义
1	计算连续状态变量导数值	mdlDerivatives	sys 返回连续状态
2	计算离散状态变量值	mdlUpdate	sys 返回离散状态
3	计算输出信号	mdlOutputs	sys 返回系统输出
4	计算下一个采样时刻	mdlGetTimeOfNextVarHit	sys 返回下一步仿真的时间
9	结束仿真任务	mdlTerminate	无

(3) sys, x0, str, ts 是 S 函数返回的参数。sys 是一个返回参数的通用符号，它得到何种参数，取决于 flag 值。例如，flag=1，sys 得到的是 S 函数的连续状态变量值。x0 是初始状态值，如果系统中没有状态变量，x0 将得到一个空阵。str 仅用于系统模型同 S 函数 API(应用程序接口)的一致性校验。对于 M 文件 S 函数，它将被置成一个空阵。ts 是一个两列矩阵，一列是 S 函数中各状态变量的采样周期，另一列是相应的采样时间的偏移量。采样周期按递增顺序排列，ts 中的一行对应一个采样周期。对于连续系统，采样周期和偏移量都应置成 0。如果取采样周期为–1，则将继承输入信号的采样周期。

此外，在主程序输入参数中还可以包括用户自定义参数表：p1, p2, …, pn，这是希望赋给 S 函数的可选变量，其值通过相应 S 函数的参数对话框设置，也可以在命令窗口赋值。

2. 子程序

M 文件 S 函数共有 6 个子程序，供 Simulink 在仿真的不同阶段调用。这些子程序的前缀为 mdl。用 M 文件表示的 S 函数，每一个 flag 值对应 S 函数中的一个子程序。每一次调用 S 函数时，都要给出一个 flag 值，实际执行该 S 函数中的一个子程序。Simulink 在仿真的不同阶段，需要调用 S 函数中不同的子程序。编写 S 函数时，应该根据系统的实际需要，编写相应的子程序调用语句及相应的子程序，并提供必要的参数。

子程序 MdlInitializeSizes 的功能是初始化程序。在 S 函数运行之前，为了使 Simulink 能够识别一个用 M 文件编写的 S 函数，用户必须向它提供 S 函数的有关信息：输入量、输出量、状态变量的个数及其他特征。

为了向 Simulink 提供这些信息，在子程序 mdlInitializeSizes 的开始处，应调用 simsizes 函数 sizes=simsizes，这个函数返回一个不透明的 sizes 结构，结构的成员 sizes. NumContStates, sizes.NumDiscStates, sizes.NumOutputs 和 sizes. NumInputs 分别表示连续状态变量的个数、离散状态变量的个数、输出的个数和输入的个数。这 4 个值均可以设置为–1，使其大小动态改变。成员 sizes.DirFeedthrough 是直通标志，即输入信号是否直接接在输出端出现的标志，是否设定为直通，取决于输出是否为输入的函数，或者取样时间是否为输入的函数。1 表示“yes”，0 表示“no”。成员 sizes.NumSampleTimes 是模块采样周期的个数，一般取 1。

按照要求设置好的结构体 sizes 用 sys=simsizes(sizes)语句赋给 sys 参数。除 sys 外，还应该设置系统的初始状态变量 x0、说明变量 str 和采样周期变量 ts。

状态的动态更新使用 mdlDerivatives 和 mdlUpdate 两个函数，前者用于连续模块的状态更新，后者用于离散状态的更新。这些函数的输出值，即相应的状态，均由 sys 变量返回。对于同时含有连续状态和离散状态的混合系统，则需要同时写出两个函数来分别描述连续状态和离散状态。

模块输出信号的计算使用 mdlOutputs 函数，系统的输出仍由 sys 变量返回。

一般应用中很少使用的 flag 值为 4 和 9，mdlGetTimeOfNextVarHit 和 mdlTerminate 两个函数较少使用。

5.6.2 S 函数的应用

下面来看两个 M 文件 S 函数的例子。

例 5.8 假设双输入-双输出系统的状态方程如下：

$$\dot{\boldsymbol{x}}=\begin{bmatrix}2.25 & -5 & -1.25 & -0.5\\ 2.25 & -4.25 & -1.25 & -0.25\\ 0.25 & -0.5 & -1.25 & -1\\ 1.25 & -1.75 & -0.25 & -0.75\end{bmatrix}\boldsymbol{x}+\begin{bmatrix}4 & 6\\ 2 & 4\\ 2 & 2\\ 0 & 2\end{bmatrix}\boldsymbol{u}$$

$$\boldsymbol{y}=\begin{bmatrix}0 & 0 & 0 & 1\\ 0 & 2 & 0 & 2\end{bmatrix}\boldsymbol{x}$$

其输入信号设为 $\sin(t)$ 和 $\cos(t)$。

(1) 请在 Simulink 环境下建立状态方程模型实际仿真框图并进行仿真。

(2) 编写该系统的 S 函数，绘制 S 函数仿真框图并进行仿真。

(3) 将两次仿真结果进行比较。

求解过程如下。

(1) 建立状态方程模型实际仿真框图，如图 5.51 所示。

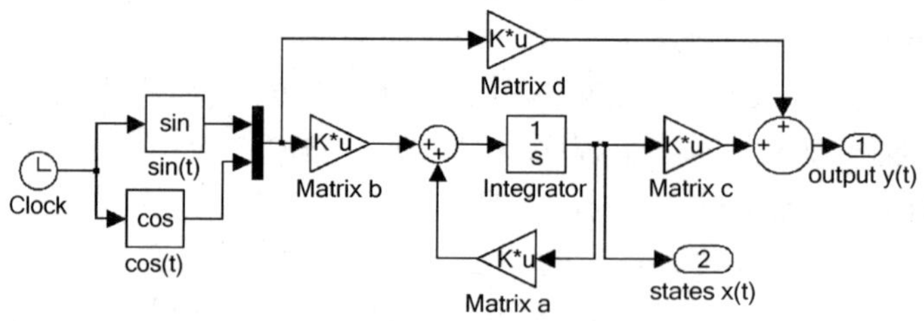

图 5.51 Simulink 仿真框图

对该框图仿真得到的输出信号曲线如图 5.52(a)所示，状态变量曲线如图 5.52(b)所示。

(2) 具体步骤如下。

① 利用 M 语言编写 S 函数。

MATLAB 程序如下：

```
function [sys, x0, str, ts]=c5exsf1(t, x, u, flag, A, B, C, D)
                                        %带附加参数 A, B, C, D
```

```
switch flag,
  case 0,
    [sys, x0, str, ts]=mdlInitializeSizes(A, D);
  case 1,
    sys=mdlDerivatives(t, x, u, A, B);
case 3,
    sys=mdlOutputs(t, x, u, C, D);         % Outputs
  case {2, 4, 9}                           %未定义标志
    sys=[]
otherwise                                  %出错
    error(['Unhandled flag=', num2str(flag)]);
end
% mdlInitializeSizes
function [sys, x0, str, ts]=mdlInitializeSizes(A, D)
sizes=simsizes;
sizes.NumContStates=size(A, 1);
% 连续变量个数为矩阵 A 的行数
sizes.NumDiscStates=0;                     %无离散状态
sizes.NumOutputs=size(A, 1)+size(D, 1);
%输出变量个数为 D 的行数加系统阶次
sizes.NumInputs=size(D, 2);
%输入变量个数为 D 的列数
sizes.DirFeedthrough=1;                    %输出量的计算取决于输入量
sizes.NumSampleTimes=1;
sys=simsizes(sizes);
x0=zeros(size(A, 1), 1);                   %设置为零初始状态
str=[];
ts=[-1 0];                                 %继承输入信号采样周期
%mdlDerivatives                            %连续系统状态方程
function sys=mdlDerivatives(t, x, u, A, B)
sys=A*x+B*u;
% mdlOutputs
function sys=mdlOutputs(t, x, u, C, D)
sys=[C*x+D*u;x];                           %系统的增广输出
```

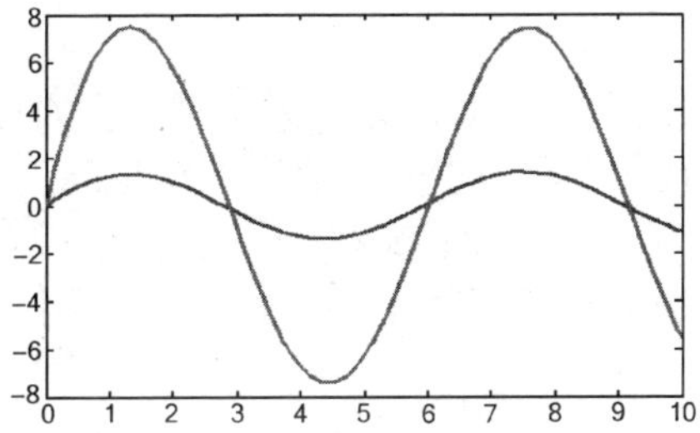

（a）输出信号曲线

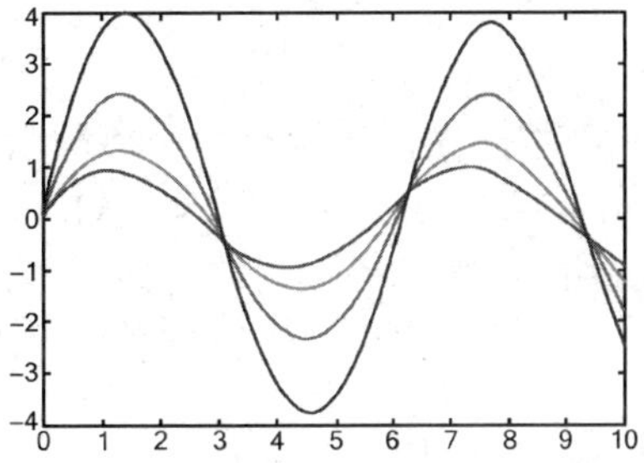

（b）状态变量曲线

图 5.52　Simulink 仿真结果曲线

② 建立 S 函数仿真框图，如图 5.53 所示。

③ 仿真。双击其中的 S 函数模块，打开如图 5.54 所示的参数对话框，在 S-function name 文本框中输入 c5exsf1，就可以建立起该模块和编写的 c5exsf1.m 之间的联系，在

S-function parameters 文本框中还可以给出 S 函数的附加参数 A, B, C, D。A, B, C, D 可以在 MATLAB 工作空间中用命令定义。

在 MATLAB 命令窗口输入：

```
A=[2.25, -5, -1.25, -0.5;2.25, -4.5, -1.25, -0.25;
   0.25, -0.5, -1.25, -1;1.25, -1.75, -0.25, -0.75];
B=[4, 6;2, 4;2, 2;0, 2];
C=[0, 0, 0, 1;0, 2, 0, 2];
D=zeros(2, 2);
```

仿真得到与图 5.52 相同的结果。

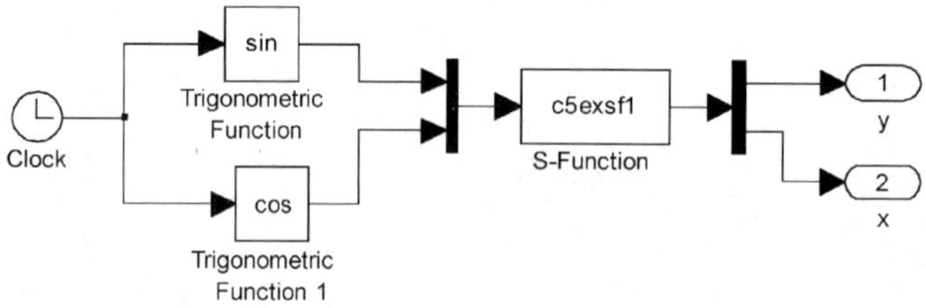
sin
Trigonometric Function
Clock
cos
Trigonometric Function 1
c5exsf1
S-Function
1
y
2
x

图 5.53　S 函数仿真框图

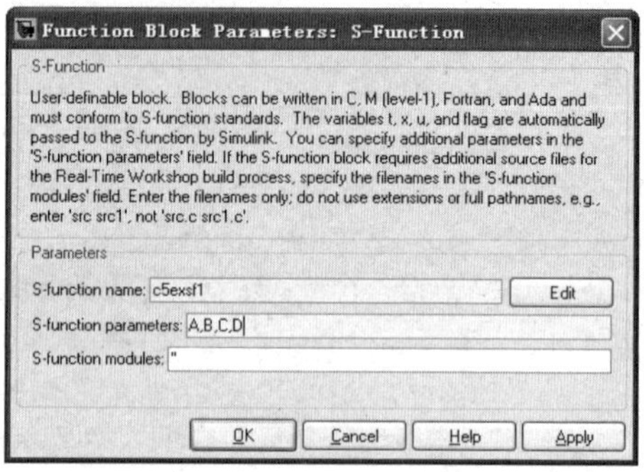
Function Block Parameters: S-Function
S-Function
User-definable block. Blocks can be written in C, M (level-1), Fortran, and Ada and must conform to S-function standards. The variables t, x, u, and flag are automatically passed to the S-function by Simulink. You can specify additional parameters in the 'S-function parameters' field. If the S-function block requires additional source files for the Real-Time Workshop build process, specify the filenames in the 'S-function modules' field. Enter the filenames only; do not use extensions or full pathnames, e.g., enter 'src src1', not 'src.c src1.c'.
Parameters
S-function name: c5exsf1
Edit
S-function parameters: A,B,C,D
S-function modules: ''
OK
Cancel
Help
Apply

图 5.54　S 函数参数对话框

例 5.9　微分跟踪器的离散形式为

$$\begin{cases} x_1(k+1) = x_1(k) + Tx_2(k) \\ x_2(k+1) = x_2(k) + T\text{fst}(x_1(k), x_2(k), u(k), r, h) \end{cases}$$

式中，T 为采样周期；$u(k)$为第 k 时刻的输入信号；r 为决定跟踪快慢的参数；而 h 为输入信号被噪声污染时，决定滤波效果的参数。fst 函数可以由下面的式子计算：

$$\delta = rh, \delta_0 = \delta h, y = x_1 - u + hx_2, a_0 = \sqrt{\delta^2 + 8r|h|}$$

$$a = \begin{cases} x_2 + y/h, & |y| \leqslant \delta_0 \\ x_2 + 0.5(a_0 - \delta)\text{sign}(y), & |y| > \delta_0 \end{cases}$$

$$\text{fst} = \begin{cases} -ra/\delta, & |a| \leqslant \delta \\ -r\text{sign}(a), & |a| > \delta \end{cases}$$

采用 S 函数建模，系统有两个离散状态：即 $x_1(k)$和 $x_2(k)$，没有连续状态；有一路输入信号 $u(k)$，两路输出信号：即 $y_1(k) = x_1(k), y_2(k) = x_2(k)$；系统的采样周期 T=0.001 s。由于系统的输出可以直接由状态计算出，不直接涉及输入信号 $u(k)$，所以初始化中 DirectFeedthrough 属性设置为 0。另外 r, h, T 应该理解成模块的附加参数。根据上述算法，编写相应的 S 函数如下。

```
function [sys, x0, str, ts]=han_td(t, x, u, flag, r, h, T)
switch flag,
case 0
   [sys, x0, str, ts]=mdlInitializeSizes(T);
case 2
   sys=mdlUpdates(x, u, r, h, T);
case 3
   sys=mdlOutputs(x);
```

```
case {1, 4, 9}
   sys=[];
otherwise
   error(['Unhandled flag=', num2str(flag)]);
end;
function [sys, x0, str, ts]=mdlInitializeSizes(T)
sizes=simsizes;
sizes.NumContStates=0;
sizes.NumDiscStates=2;
sizes.NumOutputs=2;
sizes.NumInputs=1;
sizes.DirFeedthrough=0;
sizes.NumSampleTimes=1;
sys=simsizes(sizes);
x0=[0; 0];
str=[];
ts=[T 0];
function sys=mdlUpdates(x, u, r, h, T)
sys(1, 1)=x(1)+T*x(2);
sys(2, 1)=x(2)+T*fst2(x, u, r, h);
function sys=mdlOutputs(x)
sys=x;
function f=fst2(x, u, r, h)
delta=r*h; delta0=delta*h; y=x(1)-u+h*x(2);
a0=sqrt(delta*delta+8*r*abs(y));
if abs(y)<=delta0
   a=x(2)+y/h;
else
   a=x(2)+0.5*(a0-delta)*sign(y);
end
if abs(a)<=delta, f=-r*a/delta; else, f=-r*sign(a); end
```

建立仿真框图如图 5.55 所示。输入信号为正弦信号，输出端直接接示波器，在 S 函数参数设置对话框中，输入 S-function name 为 han_td，附加参数设置为 $r=30$，$h=0.01$，$T=0.001$，如图 5.56 所示。对系统进行仿真分析，仿真结果如图 5.57 所示。

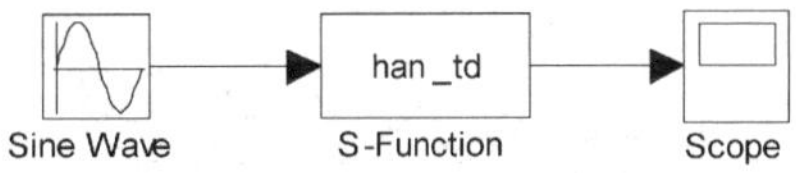
han_td
Sine Wave
S-Function
Scope

图 5.55　系统仿真框图

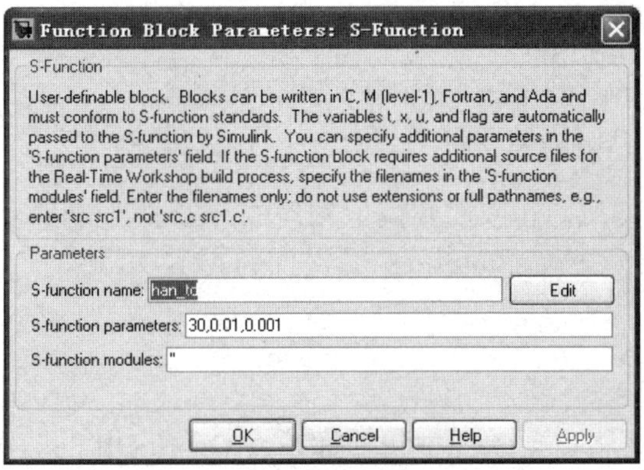
Function Block Parameters: S-Function
S-Function
User-definable block. Blocks can be written in C, M (level-1), Fortran, and Ada and must conform to S-function standards. The variables t, x, u, and flag are automatically passed to the S-function by Simulink. You can specify additional parameters in the 'S-function parameters' field. If the S-function block requires additional source files for the Real-Time Workshop build process, specify the filenames in the 'S-function modules' field. Enter the filenames only; do not use extensions or full pathnames, e.g., enter 'src src1', not 'src.c src1.c'.
Parameters
S-function name: han_td
Edit
S-function parameters: 30,0.01,0.001
S-function modules: ''
OK
Cancel
Help
Apply

图 5.56　S 函数参数设置对话框

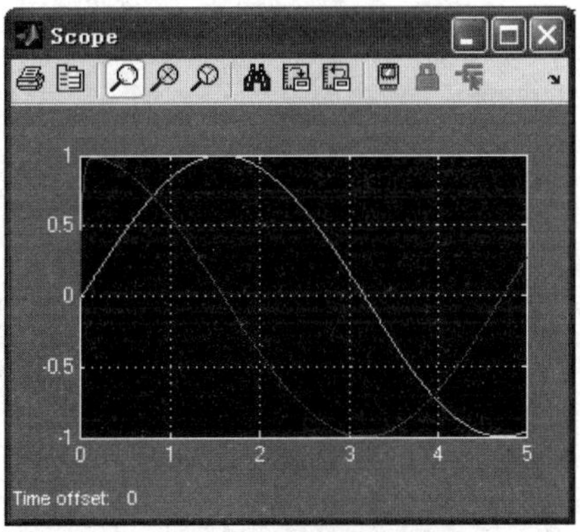
Scope
1
0.5
0
-0.5
-1
0
1
2
3
4
5
Time offset: 0

图 5.57　系统仿真结果

5.7 Stateflow

Stateflow 是集成于 Simulink 中的图形化设计与开发工具，主要用于针对控制系统中的复杂控制逻辑进行建模与仿真，或者说，Stateflow 适用于针对事件响应系统(Reactive System)进行建模和仿真。

事件响应系统通常利用一些自然语言或者逻辑表达式进行描述，Stateflow 的基础是有限状态机理论，它通过对状态图、流程图的创建，对组合和时序决策逻辑进行建模，使其可作为 Simulink 模型中的模块进行仿真，或作为 MATLAB 中的对象来执行。利用 Stateflow 可视化的模型和直观的仿真能力，能够设计和开发监控、任务调度、故障管理、通信协议、用户界面和混合系统。

5.7.1 基本的 Stateflow 图创建并运行

在 Stateflow 图形编辑器中，可以绘制状态机和流程图。Stateflow 语法支持使用基于事件和基于时间的运算符指定状态转移逻辑。

1. Stateflow 的创建

(1) 方法一：在命令行窗口输入“sfnew”，新建一个模型文件并在其中添加一个状态机，如图 5.58 所示。

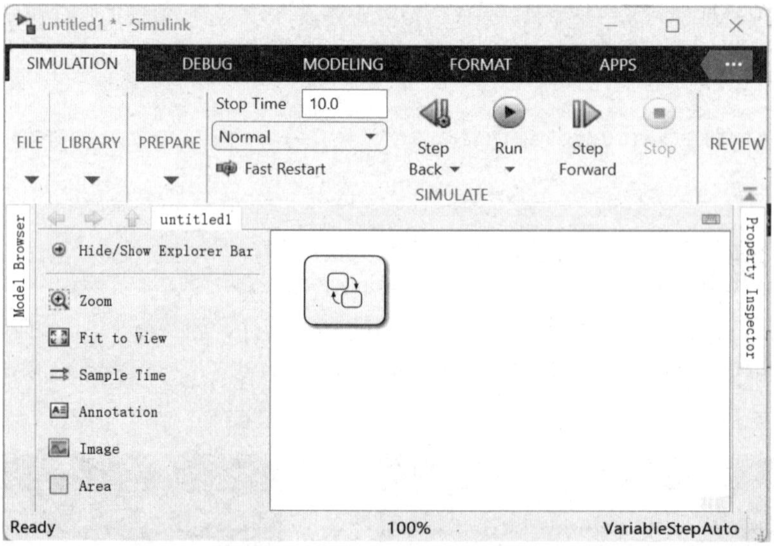

图 5.58 含状态机的模型文件

方法二：直接打开模块库，找到 Chart 模块并将其拖拽到模型文件中，如图 5.59 所示。

方法三：在 MATLAB 的工具栏中直接新建一个 Stateflow 图文件并在其中添加一个状态机。

2. 创建并运行 Stateflow 图简例

创建 Stateflow 图展示半波整流器的基础逻辑，要求图中包含标签为 On 和 Off 的两个状态，在 On 状态下，输出信号 y 等于输入 x。在 Off 状态下，输出信号设置为 0。当输入信号跨越某个阈值 t_0 时，进行状态转移。各个状态下的动作在仿真的每一时间步都会更新 y 的值。

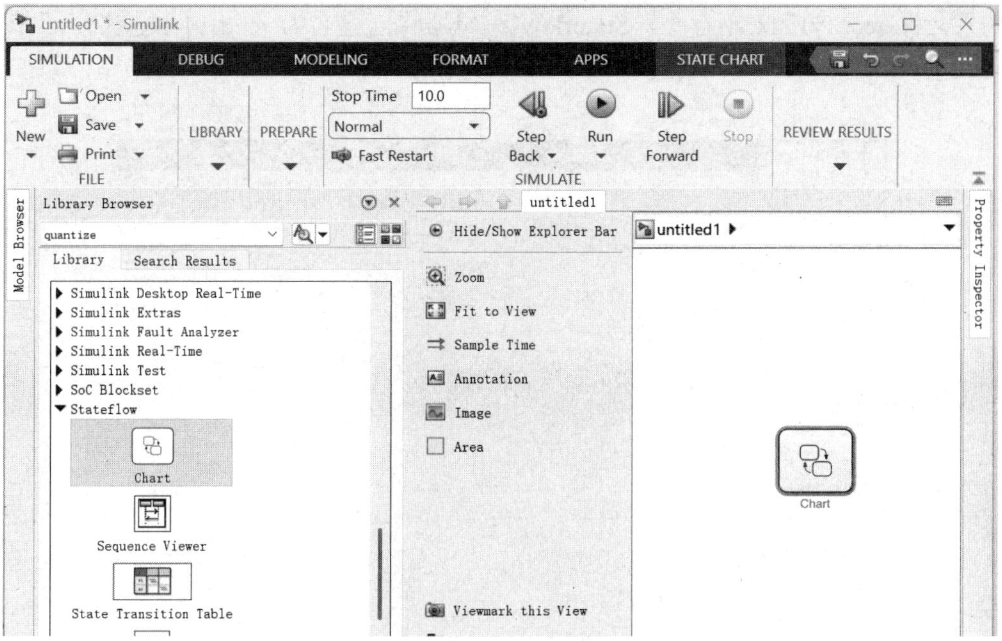

图 5.59　Chart 模块

首先，使用 sfnew 函数创建一个可在 Simulink 模型中作为模块进行仿真的 Stateflow 图。在 MATLAB 命令窗口输入

```
sfnew rectify    % create chart for simulation in a Simulink model
```

Simulink 创建一个名为 rectify 的模型，其中包含一个空的 Stateflow Chart 模块，如图 5.60 所示。

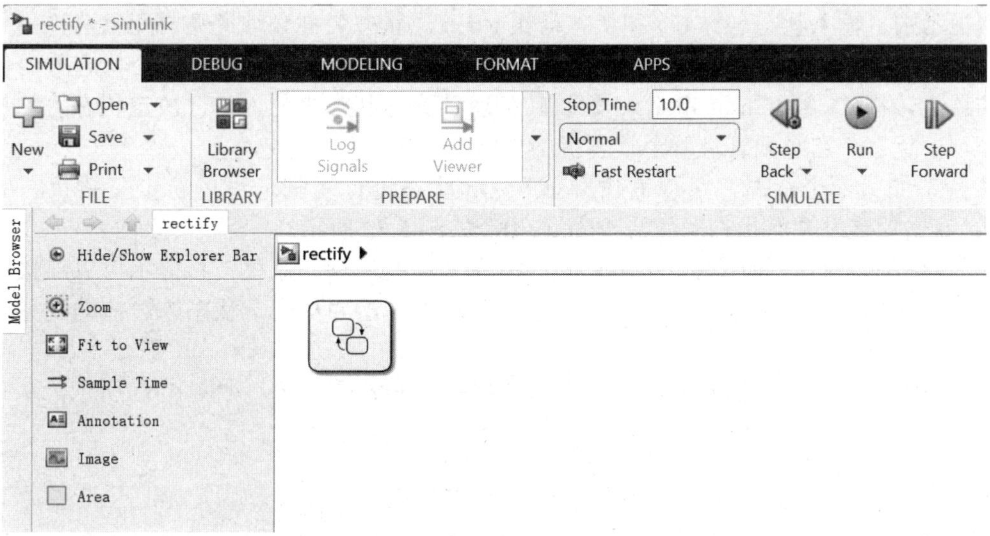

图 5.60　使用 sfnew 函数创建名为 rectify 的 Stateflow 图

双击 Stateflow Chart 模块打开 Stateflow 编辑器。

或者使用 edit 函数创建可作为 MATLAB 对象执行的独立 Stateflow 图，在 MATLAB 命令窗口输入

```
edit rectify1.sfx  % create chart for execution as a MATLAB object
```

如果文件 rectify1.sfx 不存在，Stateflow 编辑器将创建名为 rectify1 的空图，如图 5.61 所示。

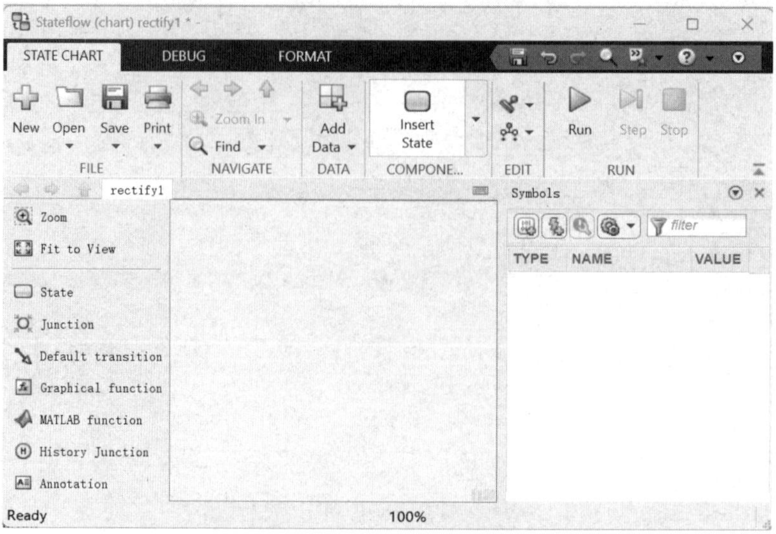

图 5.61　使用 edit 函数创建名为 rectify1 的 Stateflow 图

Stateflow 编辑器包含绘图区域、对象选项板和符号窗格等。

用户在绘图区域通过组合状态、转移和其他图形元素来创建图。绘图区域的右侧为符号窗格，用来创建数据、事件和消息并解析任何未定义或未使用的符号。绘图区域的左侧为对象选项板，对象选项板中包含向图中添加图形元素的工具，包含状态、节点、默认转移、图形函数、MATLAB 函数、历史节点、注释、图像、真值表等。

首先在对象选项板中，单击状态图标并将指针移至绘图区域，单击某个位置放置该状态。在文本提示中，输入状态名称 On 和状态动作 $y = x$。状态名称必须遵循与变量名称相同的规则，只包含字母数字或下画线字符(无空格)，不能以数字开头。添加第一个状态时会自动为其添加默认转移(Default transition)，默认转移可认为是状态机的入口，决定状态机的初始状态是哪一个状态，它必须有且每个状态机中只能有一个。

然后添加另一个状态，可以右击并拖动 On 状态进行复制，再重新定义新状态的名称为 Off，双击该状态并将状态动作修改为 $y = 0$，如图 5.62 所示。

然后对齐两个状态并在两个状态之间的空白处停留片刻，蓝色转移提示可以连接状态的几种方式，添加转移，单击适当的提示，绘制转移，单击并从一个状态的边拖动到另一个状态的边。

双击每个转移并在方括号内输入适当的转移条件 $x<t_0$ 或 $x \geqslant t_0$，如图 5.63 所示。

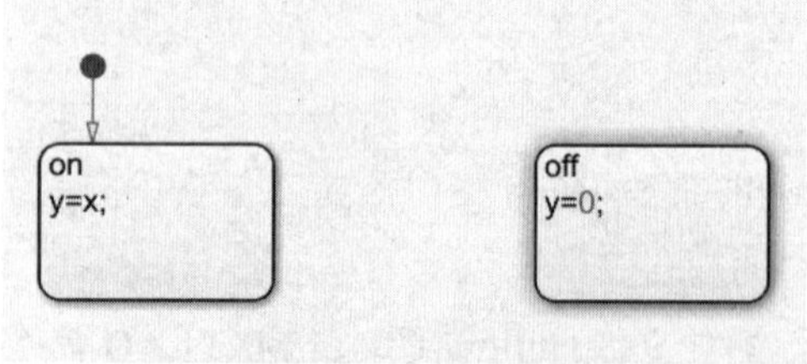

图 5.62　定义状态名称

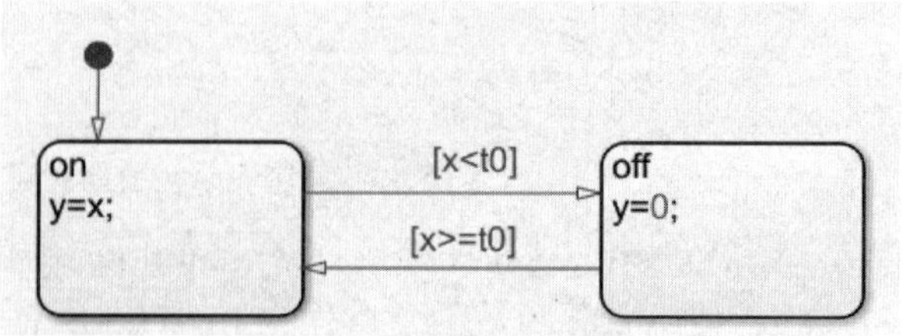

图 5.63　添加转移条件

然后清理图形，为使图更加清晰，将每个转移标签移到其对应转移上方或下方的方便位置。在格式选项卡中，单击自动排列或按 Ctrl+Shift+A 组合键对齐图的图形元素并调整其大小。按空格键或单击对象选项板中适应视图大小图标调整图的大小以适合绘图区域 。

接下来解析未定义的符号，先定义图中使用的每个符号并指定其作用域(例如，输入数据、输出数据或局部数据)。在符号窗格中，未定义的符号用红色错误标记进行标记。类型列根据每个未定义符号在图中的使用情况显示其建议作用域。

对于构建在 Simulink 模型中的图，在建模选项卡中，在设计数据下，选择符号窗格。对于构建在 MATLAB 中执行的独立图，在状态图选项卡中选择添加数据 > 符号窗格。在符号窗格中，单击解析未定义的符号。

对于构建在 Simulink 模型中的图，Stateflow 编辑器将符号 x 和 t_0 解析为输入数据，将 y 解析为输出数据。

对于构建在 MATLAB 中执行的独立图，Stateflow 编辑器将 x、t_0 和 y 解析为局部数据。

由于阈值 t_0 在仿真过程中不会更改，因此将其作用域更改为常量数据。在类型列中，单击 t_0 旁边的数据类型图标，然后选择其为常量数据，同时在值列中，单击 t_0 旁边的空白输入框，并输入值 0，如图 5.64 所示。

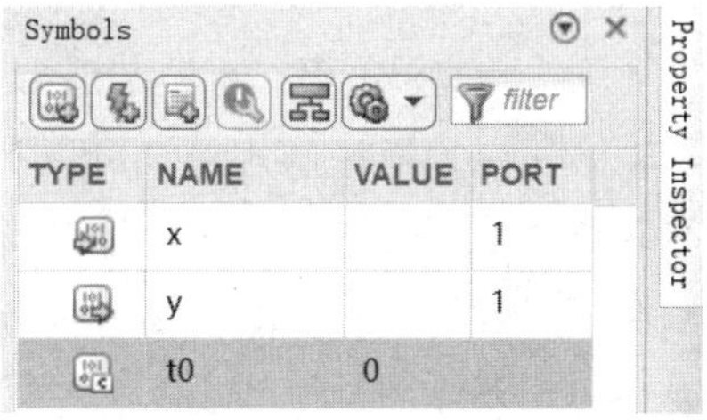

图 5.64　定义符号

保存 Stateflow 图，即可在 Simulink 中进行仿真，或者在 MATLAB 中执行。

在 Simulink 模型中对图进行仿真，通过输入和输出端口将图模块连接到模型中的其他模块。首先在绘图区域顶部的浏览器栏中单击 Simulink 模型的名称 rectify，返回到 Simulink 编辑器。如果浏览器栏不可见，则单击对象选项板顶部的隐藏/显示资源管理器栏图标。

从 Simulink Sources 库中添加一个输入模块，比如 Sine Wave (Simulink)模块。双击 Sine Wave 模块并将采样时间设置为 0.2s。将 Sine Wave 模块的输出连接到 Stateflow 图的输入。将信号标记为 x。从 Simulink Sinks 库中，添加一个具有两个输入端口的 Scope (Simulink)模块。将 Sine Wave 模块的输出连接到 Scope 模块的第一个输入。将 Stateflow 图的输出连接到 Scope 模块的第二个输入，将信号标记为 y，再保存 Simulink 模型。

然后仿真模型，在仿真过程中，Stateflow 编辑器通过图动画突出显示激活状态和转移。仿真后，双击 Scope 模块，示波器显示 Stateflow 图的输入信号和输出信号图，仿真结果显示整流器滤除了负输入值，如图 5.65 所示。

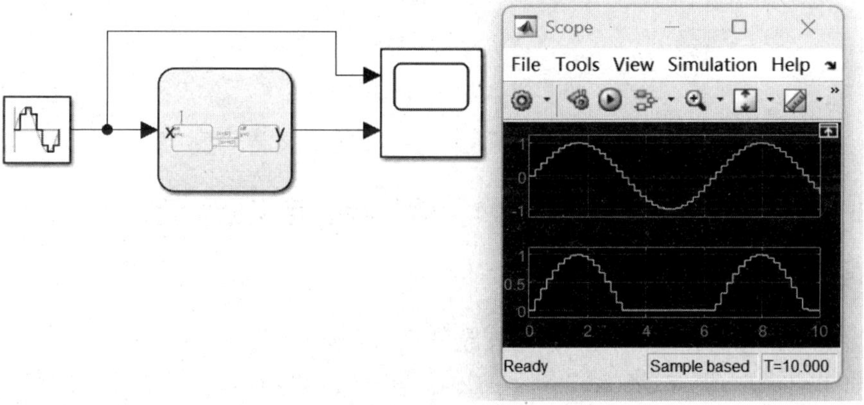

图 5.65　整流器滤除负输入值仿真结果

将图作为 MATLAB 对象执行，则先创建一个图对象 *r*，并调用 step 函数，并初始化输入和输出数据。令向量 ***X*** 包含来自正弦波的输入值，向量 ***Y*** 初始化为空阵。然后多次循环调用 step 函数来执行图对象，将来自向量 ***X*** 的单个值作为图数据 *x* 传递。在向量 ***Y*** 中收集 *y* 的结果值。在执行过程中，Stateflow 编辑器通过图动画突出显示激活状态和转移。

在 MATLAB 命令窗口输入

```
r = rectify1(x=0);
T = 0:0.2:10;
X = sin(T);
Y = [];
for i = 1:length(T)
    step(r,x=X(i));
    Y(i) = r.y;
end
```

然后用绘图命令绘制出波形，比如调用 stairs 函数创建一个阶梯图，比较 X 和 Y 的值。

在 MATLAB 命令窗口输入

```
ax1 = subplot(2,1,1);
stairs(ax1,T,X,color="#0072BD")
title(ax1,"x")
ax2 = subplot(2,1,2);
stairs(ax2,T,Y,color="#D95319")
title(ax2,"y")
```

执行结果显示整流器滤除了负输入值，如图 5.66 所示。

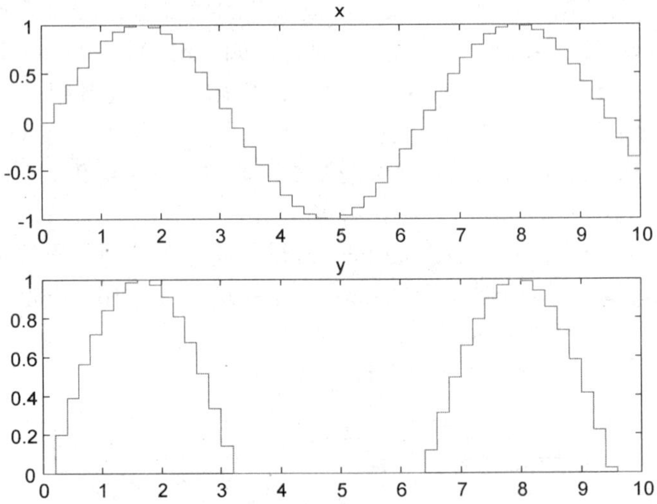

图 5.66 整流器状态图作为 MATLAB 对象仿真结果

5.7.2 使用状态动作、转移动作和转移标签定义图行为

1. 状态动作和转移动作

状态动作和转移动作是指用户分别在状态内部或转移上编写的指令，用于定义 Stateflow 图在仿真期间的行为。例如，图 5.67 所示的冰雹图中的动作定义了一个以试验方式验证 Collatz 猜想实例的状态机。任意给定一个正整数 *n*，如果 *n* 是偶数，将其除以 2，如果 *n* 是奇数，则

将 n 乘以 3 并加 1。Collatz 猜想指出，每个正整数都有一个最终达到 1 的冰雹序列。

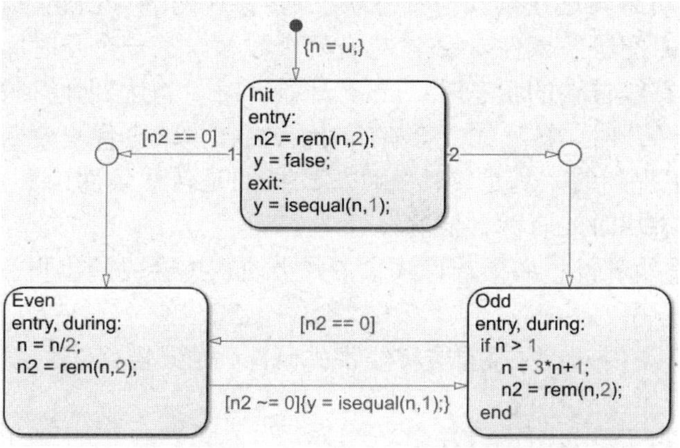

图 5.67 冰雹图(example5_sf_collatz_hailstone)

该图由三个状态组成。在仿真开始时，Init 状态通过以下设置来初始化图数据：

将局部数据 n 设置为输入 u 的值。当 n 除以 2 时，将局部数据 n_2 设置为余数。将输出数据 y 设置为 false。

根据输入的奇偶性，图转移到 Even 或 Odd 状态。当状态动作在 Even 和 Odd 之间切换时，Stateflow 图会计算冰雹序列中的数字。当序列达到 1 时，输出数据 y 变为 true，并触发 Simulink 模型中的 Stop Simulation (Simulink) 模块。

2. 状态动作类型

状态动作类型为当状态被激活时 Stateflow 图的动作类型。最常见的状态动作类型为 entry、during 和 exit 动作。

当状态被激活时，entry 动作发生。当状态已激活并且图未转移出该状态时，during 动作在时间步上发生。当图转移出该状态时，exit 动作发生。

可以使用完整关键字(entry、during、exit)或缩写(en、du 和 ex)来指定状态动作的类型。也可以使用逗号组合各状态动作类型，例如，具有组合类型 entry, during 的动作为当状态被激活时在时间步上发生，并且在状态保持激活时在每个后续时间步上发生。

冰雹图包含以下状态下的动作：

Init——如果此状态在仿真开始时被激活，entry 动作确定 n 的奇偶性并将 y 设置为 false。当图在一个时间步后转移出 Init 时，exit 动作确定 n 是否等于 1。

Even——当此状态被激活时，在该状态保持激活的每个后续时间步上，组合的 entry, during 动作计算冰雹序列的下一个数字 $n/2$ 的值和奇偶性。

Odd——当此状态被激活时，在该状态保持激活的每个后续时间步上，组合的 entry, during 动作检查 n 是否大于 1，如果大于 1，则计算冰雹序列的下一个数字 $3n+1$ 的值和奇偶性。

3. 转移标签类型

转移标签定义为当激活状态更改时 Stateflow 图执行的动作。

最常见的转移标签类型是条件和条件动作：[Condition]{ConditionAction}，横线上为条件，写入方括号内，竖线上为动作，写入大括号内。Condition 是布尔表达式，用于确定是否发生转移。如果不指定条件，转移将在源状态被激活后的下一个时间步发生。ConditionAction 是在判断转移的条件为 true 时执行的指令。条件动作发生在条件后，但在 exit 或 entry 动作之前。

单击状态块的边界(除了四个角以外)，按住鼠标拖动，即可从状态块引出一条转移线，拖住转移线的末端即可将其连接到其他状态块上(转移线两端可以连在同一个状态块上)。比较常用的触发事件有时间触发事件 after，它有两个参数，第一个是时间参数，第二个是时间单位参数，当进入转移线首端的状态时，after 开始计时，当达到计时时间后事件发生。当一个状态块引出两条转移线时，转移线上会有编号，Chart 模块会优先判断编号较小的转移线是否满足转移条件(以下提到的“满足转移条件”均指的是转移条件为真且事件触发)。当转移线两端连接同一个状态块时，有两种情况：

① 转移线在状态块外部：如果转移线生效，当前状态会先退出再重新进入，也就是要执行关键词 entry 下的代码段。

② 转移线在状态块内部：内部的转移线优先判断，如果转移线生效，当前状态不会退出，不会执行关键词 entry 下的代码段。

冰雹图包含发生以下转移时的动作：

到 Init 的默认转移——在仿真开始时，条件动作 n=u 将输入值 u 赋给局部数据 n。

从 Init 到 Even 的转移——条件 n_2==0 确定当 n 为偶数时发生该转移。此转移起始处的数字 1 表示此转移将先于 Init 到 Odd 的转移进行计算。

从 Odd 到 Even 的转移_条件 n_2==0 确定当 n 为偶数时发生该转移。

从 Even 到 Odd 的转移——条件 n_2~=0 确定当 n 为奇数时发生该转移。在这种情况下，条件动作 y = isequal(n,1) 确定 n 是否等于 1。

4．检查图行为

比如从正整数 9 开始，计算冰雹序列，首先在 Simulink 图的 Constant 模块中，输入值 9，在仿真选项卡中，单击运行。

在时间 t=0 处，发生到状态 Init 的默认转移。转移动作将 n 的值设置为 9。状态 Init 被激活。状态 Init 中的 entry 动作将 n_2 设置为 1 且将 y 设置为 false。

在时间 t=1 处，条件 n_2==0 为 false，因此图准备转移到状态 Odd。状态 Init 中的 exit 动作将 y 设置为 false。状态 Init 变为非激活，状态 Odd 被激活。状态 Odd 中的 entry 动作将 n 设置为 28，将 n_2 设置为 0。

在时间 t=2 处，条件 n_2==0 为 true，因此图准备转移到状态 Even。状态 Odd 变为非激活，状态 Even 被激活。状态 Even 中的 entry 动作将 n 设置为 14，将 n_2 设置为 0。

在时间 t=3 处，条件 n_2~=0 为 false，因此图不会发生转移。状态 Even 保持激活。状态 Even 中的 during 动作将 n 设置为 7，将 n_2 设置为 1。

在时间 t=4 处，条件 n_2~=0 为 true，因此图准备转移到状态 Odd。转移动作将 y 设置为 false。状态 Even 变为非激活，状态 Odd 被激活。状态 Odd 中的 entry 动作将 n 设置为 22，将 n_2 设置为 0。

该图继续计算冰雹序列，直到它在时间 t=19 处达到 n=1。

在时间 t=20 处，图准备从 Even 转移到 Odd。转移动作将 y 设置为 true。状态 Even 变为非激活，状态 Odd 被激活。状态 Odd 中的 entry 动作不会修改 n 或 n_2。连接到输出信号 y 的 Stop Simulation 模块停止仿真。冰雹序列在 19 次迭代后达到值 1。可以在仿真选项卡中查看结果，单击数据检查器，在数据检查器中，选择记录的信号 n，查看冰雹序列的值，如图 5.68 所示。

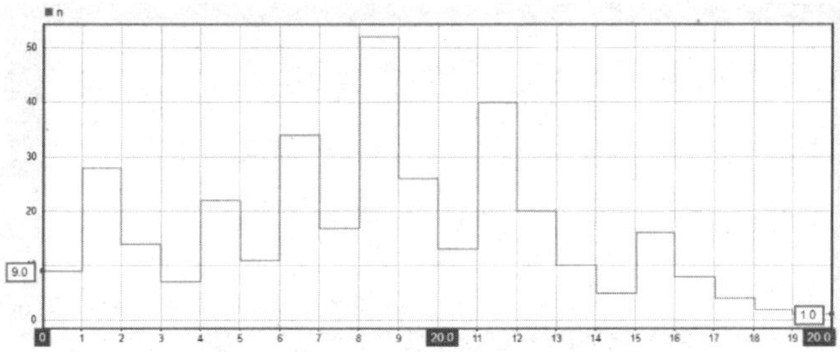

图 5.68　冰雹序列图

5.7.3　组合使用转移和连接节点以创建分支路径

连接节点表示转移路径中的决策点。通过组合使用转移和连接节点，可以构造常见的转移模式。

1. 具有无条件转移的 If-elseif-else-end 模式

图 5.69 中，从状态 Start 发出的转移有三个连接节点。路径的前两个分支由条件保护。路径的最后一个分支是无条件的。

图中使用时序逻辑确定输入 *u* 何时等于 1：

如果 *u* 在时间 *t*=2 之前等于 1，则 Fast 状态被激活。

如果 *u* 在时间 *t*=2 和 *t*=5 之间等于 1，则 Medium 状态被激活。

如果 *u* 在时间 *t*=5 后等于 1，则 Slow 被激活。

2. For 循环模式

图 5.70 中，流程图使用转移和连接节点的组合来构造 for 循环。

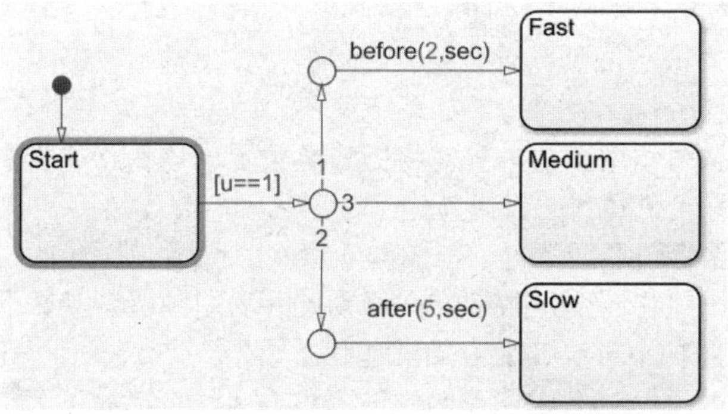

图 5.69　If-elseif-else-end 模式

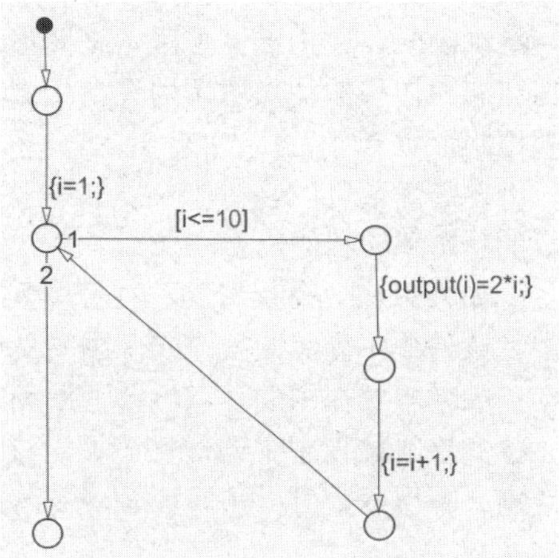

图 5.70　for 循环模式

计数器 i 的值从 1 增加到 10，流程图根据此值定义数组 output 的元素。此流程图中的循环等效于以下 MATLAB 代码片段：

```
for i = 1:10
   output(i) = 2*i;
end
```

3. While 循环模式

图 5.71 中，流程图组合使用转移和连接节点来构造用于计算各项输入的最大公约数的 while 循环。

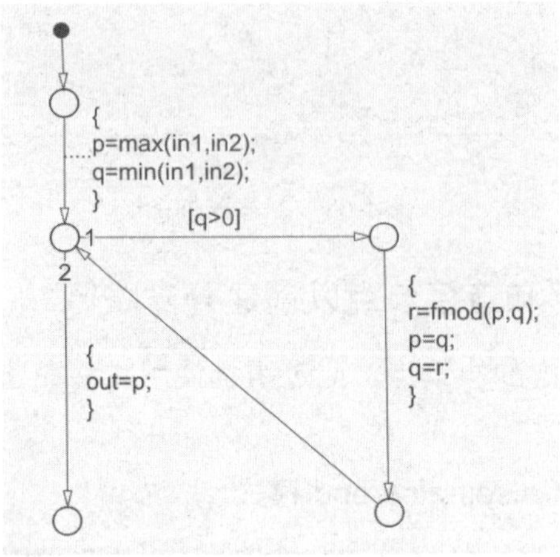

图 5.71　While 循环模式

该流程图中的循环等效于以下 C 代码片段：

```
while(q > 0) {
    r = fmod(p,q);
    p = q;
    q = r;
}
```

5.7.4　通过定义图形函数重用逻辑模式

Stateflow 图中的图形函数是图形元素，使用具有连接节点和转移的流程图创建图形函数，在状态和转移的动作中调用图形函数，可以创建模块化的可重用逻辑，并在图动画过程中直观地跟踪仿真行为。

图形函数可以驻留在 Stateflow 图、状态或子图的任意位置。函数的位置确定可以调用函数的状态和转移的集合。

如果想在一个状态(或子图)及其子状态内调用函数，只需将图形函数置于该状态或子图中。该函数将覆盖该状态或子图的父级和前代中同名的任何其他函数。

如果想要在图的任意位置调用函数，需将图形函数置于与图同一层次的位置。

如果要由模型中的任何图调用该函数，需将图形函数放在图级别，并启用图级别函数的导出。图形函数可以访问在 Stateflow 层次结构中位于其上方的图和状态数据。

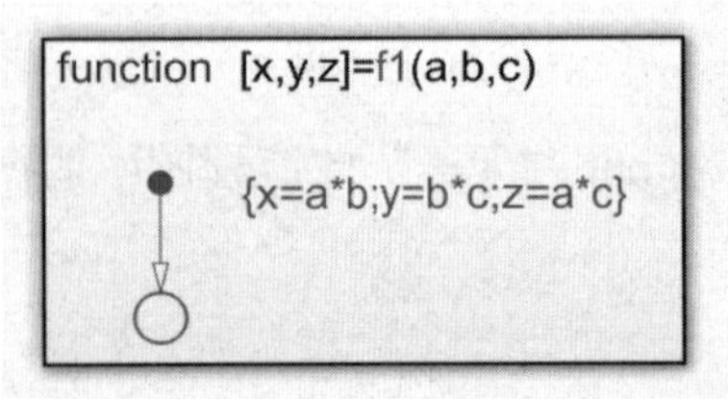

图 5.72　图形函数 f1

例如，图 5.72 中图形函数的名称为 f_1。它接收三个参量(a、b 和 c)并返回三个输出值(x、y 和 z)。该函数包含一个流程图，用于计算三个不同的参量乘积。

定义图形函数，首先在对象选项板中单击图形函数图标，然后在绘图区域单击新图形函数的位置，输入函数的签名标签。函数的签名标签指定函数的名称及其参量和返回值的形式名称。签名标签采用以下语法：

```
[return_val1,return_val2,...] = function_name(arg1,arg2,...)
```

可以指定多个返回值和多个输入参量，每个返回值和输入参量可以是一个标量、向量或矩阵，对于只有一个返回值的函数，可以忽略签名标签中的方括号。在符号窗格和模型资源管理器中，函数签名中的参量和返回值显示为属于图形函数的数据项，参量的作用域是输入，返回值的作用域是输出。

为每个参量和返回值指定数据属性，当参量和返回值同名时，只能编辑参量的属性，返回值的属性为只读。

对函数进行编程，即在函数框内构造一个流程图。由于图形函数在调用时必须完全执行，因此不能使用状态。在图形函数中，可以使用的图形元素只有连接节点和转移。

在图形函数中，不能广播可能导致激活状态更改的事件。在图形函数中，导致退出激活状态的事件广播具有不可预测的行为。

图形函数可以访问自己的数据或属于父状态或图的数据。函数中的数据项可以有以下作用域之一：

Constant——常量数据在所有函数调用中都保持其初始值。

Parameter——参数数据在所有函数调用中都保持其初始值。

Local——在整个仿真期间，局部数据在各次函数调用之间保持不变。仅在使用 C 语言作为动作语言的图中有效。

Temporary——临时数据在每个函数调用开始时初始化。仅在使用 C 语言作为动作语言的图中有效。

在使用 C 语言作为动作语言的 Stateflow 图中，如果希望数据值在整个仿真期间的各次函数调用之间保持不变，需定义为局部数据。如果需要在每次函数调用开始时初始化数据值，需定义为临时数据。例如，如果要跟踪调用函数的次数，可以定义一个具有局部作用域的计数器。相反，如果不需要在函数完成后计数器值保持不变，则可以将循环计数器指定为具有临时作用域。

在使用 MATLAB 作为动作语言的图中，如果不需要定义图形函数中的局部或临时数据，可以使用未定义的变量来存储仅在函数调用的其余时间段可访问的值。要存储在各次函数调用之间保持不变的值，需要在图级别使用局部数据。通常可以从 MATLAB 工作区初始化函数中的局部和临时数据。

在基于任何状态或任何转移的动作或从其他函数中调用图形函数，需使用函数签名，并在函数签名中为每个形参包含一个对应的实参值。

```
[return_val1,return_val2,...] = function_name(arg1,arg2,...)
```

如果实参和形参的数据类型不同，函数会将实参转换为形参的类型。

5.7.5　使用真值表对组合逻辑建模

真值表通过表格形式来实现组合逻辑设计，Stateflow 图中的真值表函数仅在调用真值表函数时执行。

真值表函数可以在 Stateflow 图、状态或子图中定义，函数的位置确定可以调用函数的状态和转移的集合。将真值表置于某状态或子图中，即从该状态(或子图)及其子状态内调用函数，该函数将覆盖该状态或子图的父级和前代中同名的任何其他函数。将真值表置于与图同一层次的位置，可以在图的任意位置调用函数。将真值表放在图级别，可由模型中的任何图调用该函数，并启用图级别函数的导出。真值表函数可以访问在 Stateflow 层次结构中位于其上方的图和状态数据。

将 Truth Table 模块直接添加到 Simulink 模型中可以直接实现决策逻辑，Truth Table 模块使用 MATLAB®作为动作语言。

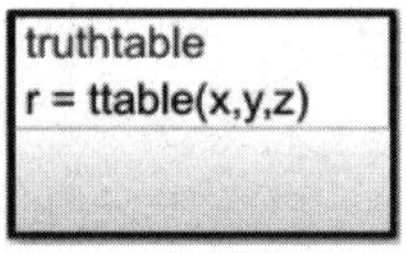

图 5.73　真值表函数 ttable

1．真值表的布局

图 5.73 真值表函数的名称为 ttable。它接收三个参量 x、y 和 z 并返回一个输出值 r。

该函数对条件、决策和动作的安排如表 5.7 所示。

表 5.7　真值表函数对条件、决策和动作的安排表

条件	决策 1	决策 2	决策 3	决策 4
x==1	true	false	false	—
y==1	false	true	false	—
z==1	false	false	true	—
动作	r=1	r=2	r=3	r=4

在条件列输入的每个条件的计算结果必须为 true(非零值)或 false(零值)。每个条件的结果指定为 T(true)、F(false)或—(true 或 false)。每个决策列通过逻辑 AND 运算符将每个条件的结果结合形成一个复合条件，即所谓的决策。

计算真值表时，一次计算一个决策，从决策 1 开始。决策 4 涵盖了所有可能的剩余决策。如果计算出某个决策的值为 true，该表会执行关联动作，然后结束真值表的执行。

例如，如果条件 x==1 和 y==1 为 false 且条件 z==1 为 true，则决策 3 为 true 且变量 r 设为 3。在这种情况下，不会再继续测试剩余决策，真值表的计算到此结束。如果前三个决策为 false，则默认决策将自动为 true，并执行其动作(r=4)。以下为与该真值表示例的计算相对应的代码。

```
if ((x==1)&(~(y==1))&(~(z==1)))
r=1
elseif ((~(x==1))&(y==1)&(~(z==1)))
r=2
elseif ((~(x==1))&(~(y==1))&(z==1))
r=3
else
r=4
end
```

2．定义真值表函数

在对象选项板中，单击真值表函数图标，在绘图区域单击新建真值表函数的位置，输入函数的签名标签，即可定义真值表函数。

函数的签名标签指定函数的名称及其参量和返回值的形式名称。签名标签采用以下语法：

```
[return_val1,return_val2,...] = function_name(arg1,arg2,...)
```

3．在状态和转移中调用真值表函数

要调用真值表函数，使用函数签名，并在函数签名中为每个形参包含一个对应的实参值。

```
[return_val1,return_val2,...] = function_name(arg1,arg2,...)
```

如果实参和形参的数据类型不同，函数会将实参转换为形参的类型。可以基于任何状态或任何转移的动作或从其他函数来调用真值表函数。如果导出真值表函数，可以从模型的任

何 Stateflow 图中调用它。

5.7.6　状态机(Stateflow)实例

例 5.10　求解数列和

已知存在数列：

$$\frac{\pi}{4}=1-\frac{1}{3}+\frac{1}{5}-\frac{1}{7}+\cdots=\sum_{i=1}^{n}\frac{(-1)^{i-1}}{2i-1}，\quad n=1,2,3,4,\cdots$$

可以近似求解常数 π 的数值，收敛条件为数列的最后一项的绝对值小于 1e-5。用 while 流程解决，先用 M 语言代码编程实现，程序如下：

```
clear
  index1=1
  cond1=1
  sum1=0
  while(abs(cond1)>1e-5)
  cond1=power(-1,(index1-1))/(2*index1-1)
  sum1=sum1+cond1
  index1=index1+1
  end
  pis=4*sum1
  index1
```

程序运行结果如下：

```
pis =
    3.1416
index1 =
        50002
```

创建 Simulink 模型，使用 Stateflow 流程图实现，如图 5.74 所示。

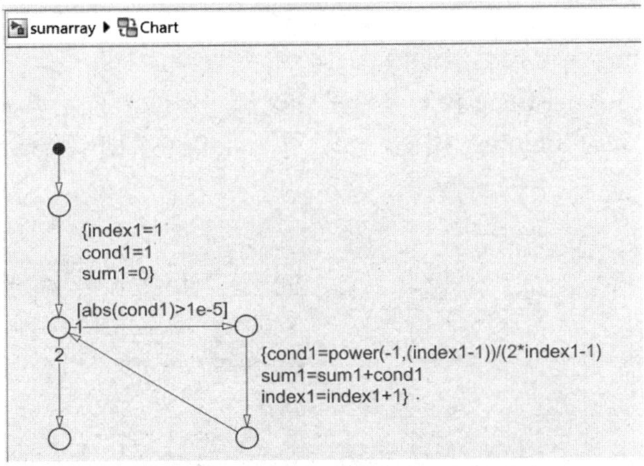

图 5.74　求数列和 Stateflow 图

使用阶跃信号作为流程图的触发事件，在符号窗格中创建事件 E，再右击 E，在下拉菜单中选择检查(inspect)选项，打开属性检查器对话框，在触发器下拉列表中选择上升选项，如图 5.75 所示。仿真运行 Simulink 模型，结果如图 5.76 所示。

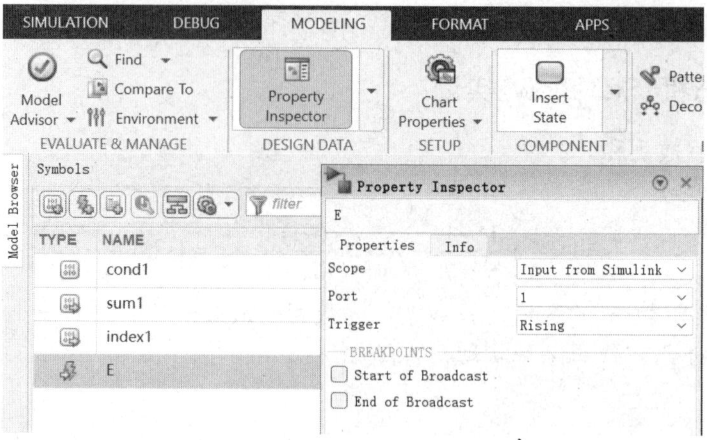

图 5.75　创建事件并设置属性

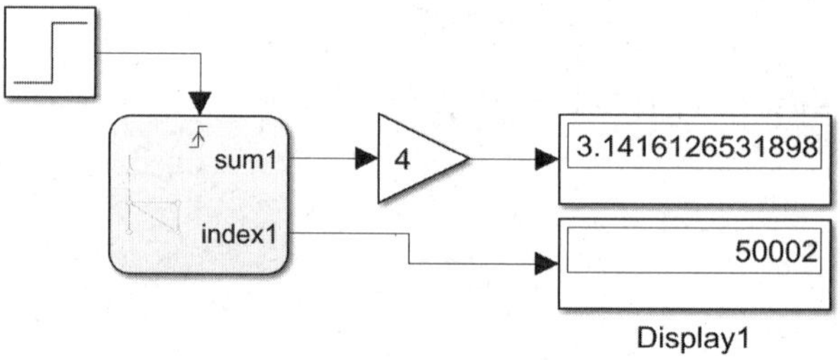

图 5.76　求数列和仿真结果

在流程图中，存在且仅存在一个终止节点，所有转移通路必须最终汇合到终止节点，流程图的更新执行最终终止在流程图的终止节点上。

流程图不能出现回溯现象，为防止出现回溯现象，通常为每一个分支节点提供无条件转移的通路，用于控制一些异常情况或者未预料到的情况。

如果流程图位于 Stateflow 的 Chart 层次，则在连续两次更新之间，整个 Stateflow 框图处于非活动的状态。

例 5.11　Bang-Bang 温度控制器建模

对调节锅炉温度的 Bang-Bang 控制系统进行建模，使用 8 位定点数据表示锅炉的温度，首先建立锅炉被控对象的 Simulink 模型，然后用 Stateflow 图实现 Bang-Bang 控制逻辑，如图 5.77 所示。

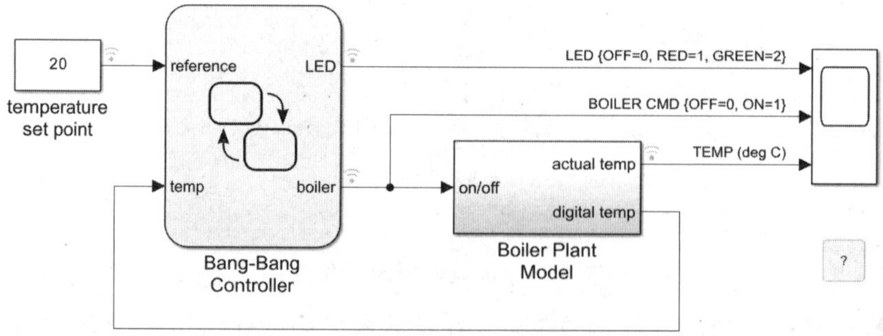

图 5.77　锅炉被控对象的 Simulink 模型

Bang-Bang Controller 确定锅炉何时开启或关闭，一开始锅炉处于关闭状态，在 40s 后，如果锅炉是冷的，则锅炉开启，在 20s 后，锅炉关闭，重复 Bang-Bang 控制循环，如图 5.78

所示。

为了控制 On 和 Off 状态之间的转移，使用 after 运算符实现控制逻辑，在 On 状态被激活 20s 后，转移标签 after(20,sec)触发从 On 到 Off 状态的转移。如果函数 cold 在 Off 状态被激活 40s 后返回 true，则标签 after(40,sec)[cold()]会导致从 Off 到 O 状态的转移。

Off 状态还使用时序逻辑来控制状态 LED，如图 5.79 所示,状态通过使用具有自环转移的子状态 Flash 来实现 LED 的操作。转移标签 after(5,sec)触发子状态的 entry 动作，并使 LED 每 5s 闪烁一次。

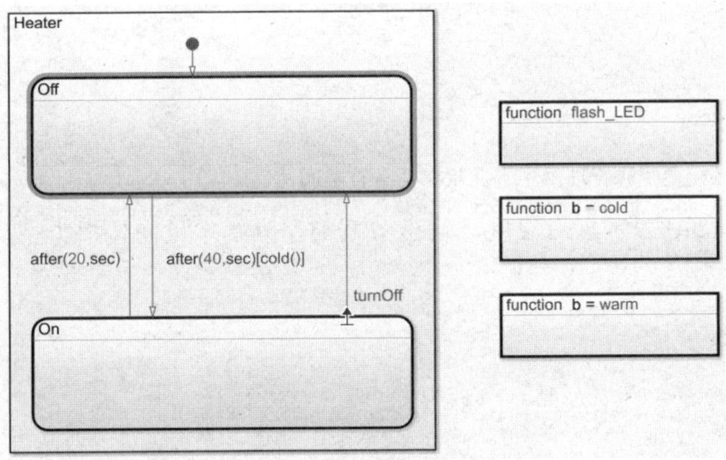

图 5.78　Bang-Bang Controller

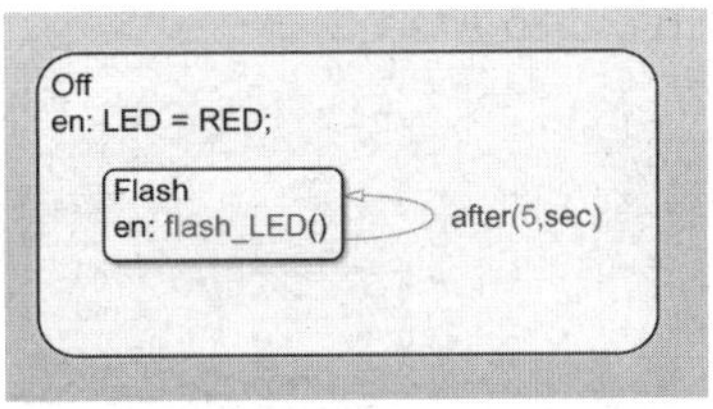

图 5.79　Off 状态

On 状态如图 5.80 所示，falsh_LED 图形函数如图 5.81 所示，cold 图形函数如图 5.82 所示，warm 图形函数如图 5.83 所示。

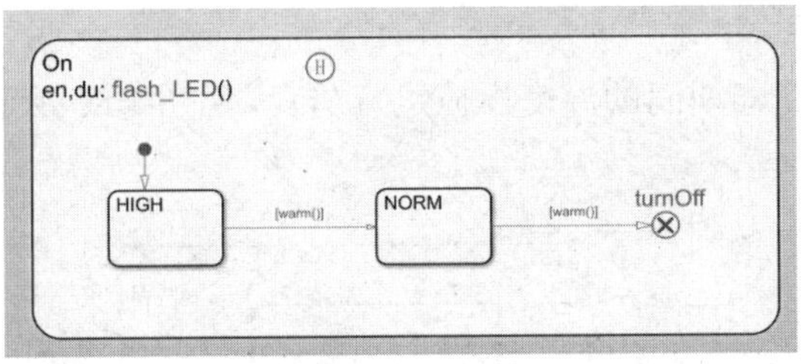

图 5.80　On 状态

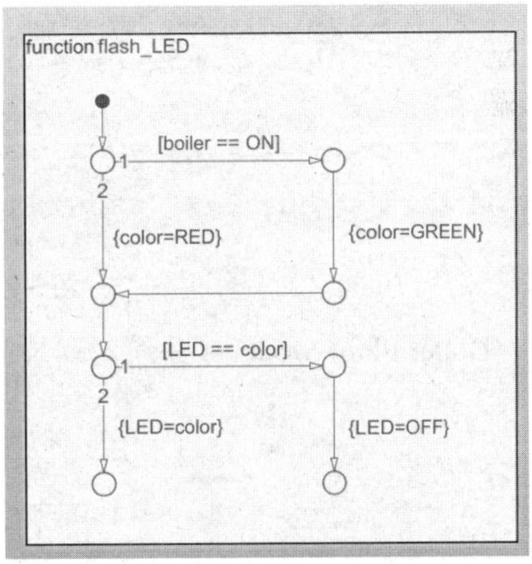

图 5.81　falsh_LED 图形函数

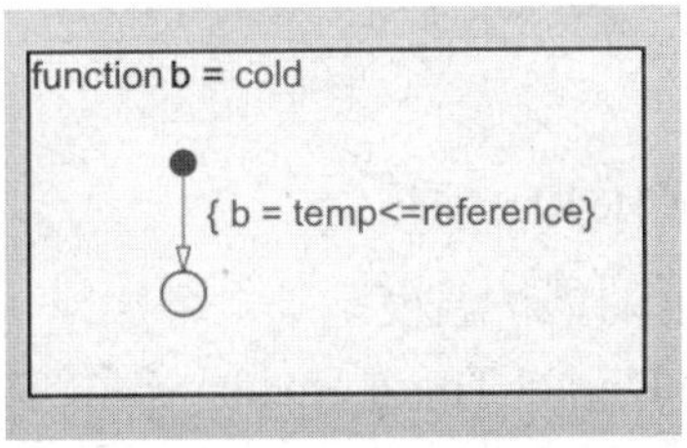

图 5.82　cold 图形函数

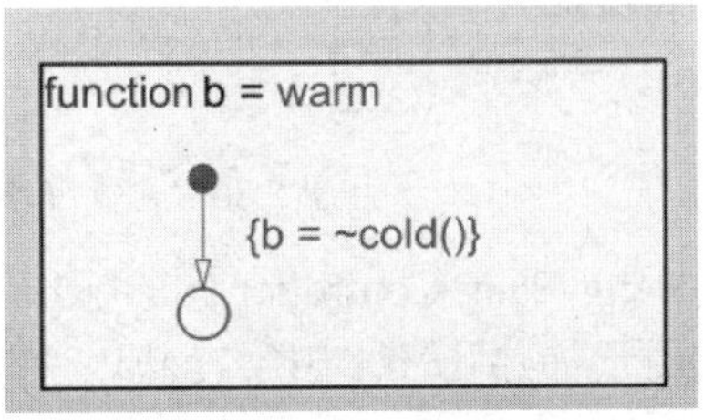

图 5.83　warm 图形函数

在模型资源管理器中定义状态变量符号各属性，如图 5.84 所示。

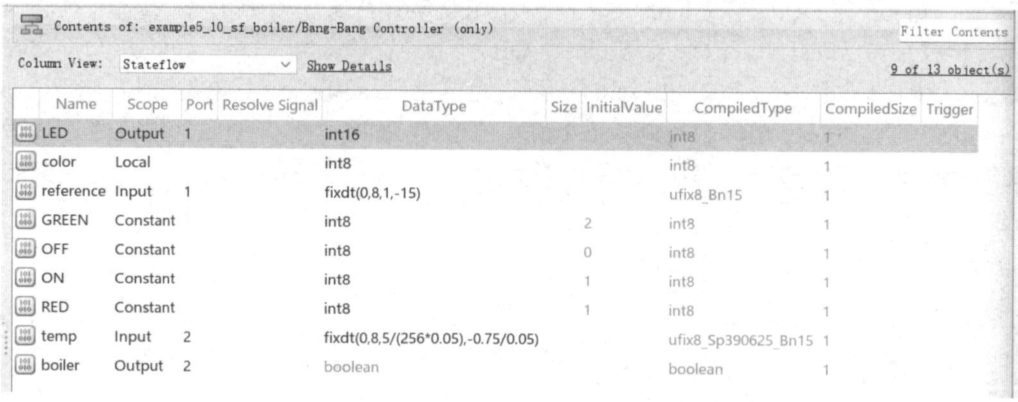
Contents of: example5_10_sf_boiler/Bang-Bang Controller (only)　Filter Contents

Column View: Stateflow　Show Details　9 of 13 object(s)

Name	Scope	Port	Resolve Signal	DataType	Size	InitialValue	CompiledType	CompiledSize	Trigger
LED	Output	1		int16			int8	1	
color	Local			int8			int8	1	
reference	Input	1		fixdt(0,8,1,-15)			ufix8_Bn15	1	
GREEN	Constant			int8		2	int8	1	
OFF	Constant			int8		0	int8	1	
ON	Constant			int8		1	int8	1	
RED	Constant			int8		1	int8	1	
temp	Input	2		fixdt(0,8,5/(256*0.05),-0.75/0.05)			ufix8_Sp390625_Bn15	1	
boiler	Output	2		boolean			boolean	1	

图 5.84　在模型资源管理器中定义状态变量符号属性

Simulink 中常量模块(Constant)表示参考温度，输出数据类型为继承反向传播类型，如图 5.85 所示。

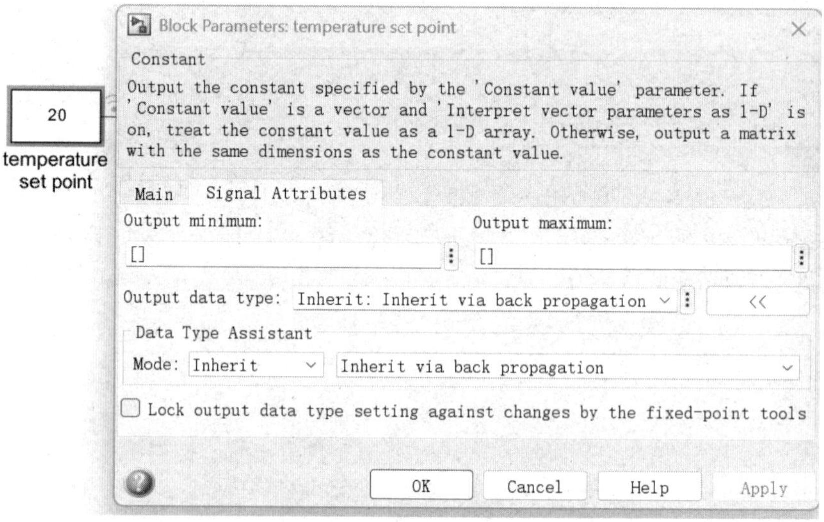

图 5.85　参考温度数据类型设定

Boiler Plant Model 子系统对锅炉在加热或冷却期间的温度反应进行仿真，如图 5.86 所示。

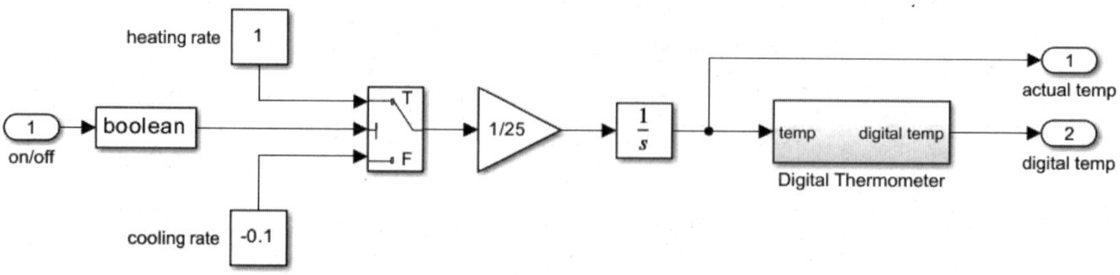

图 5.86　含温度增量的 Boiler Plant Model 子系统

根据 Bang-Bang Controller 图的输出，子系统在之前的锅炉温度基础上增加或减少一个温度增量(1 用于加热，-0.1 用于冷却)，并将结果传递给 Digital Thermometer 子系统。

Digital Thermometer 子系统将得到的温度转换为 8 位定点表示，如图 5.87 所示。

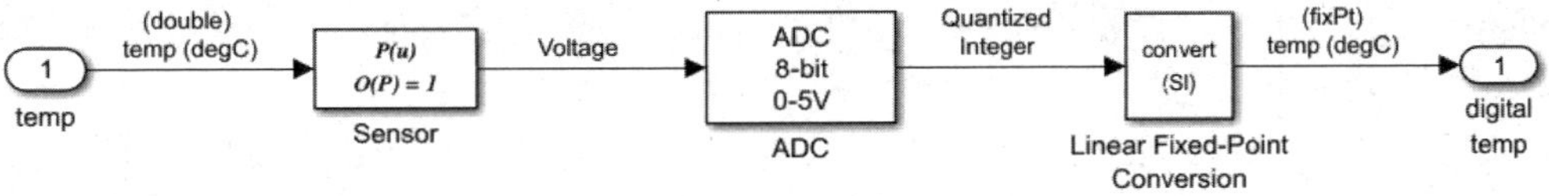

图 5.87 Digital Thermometer 子系统

转换分三步进行：

首先，Sensor 模块将输入锅炉温度 Tactual 转换为中间模拟电压，输出 Vsensor=0.05×Tactual+0.75；

然后，模数转换器（ADC）对来自传感器模块的模拟电压进行数字化处理，如图 5.88 所示，将电压乘以 256/5，向下舍入到整数，再将结果限制为最大值不超过 255（无符号 8 位整数的最大值），输出一个量化整数 Q=[256×Vsensor/5]=[256×0.05×Tactual/5+256×0.75/5]给 Linear Fixed-Point Conversion 模块；

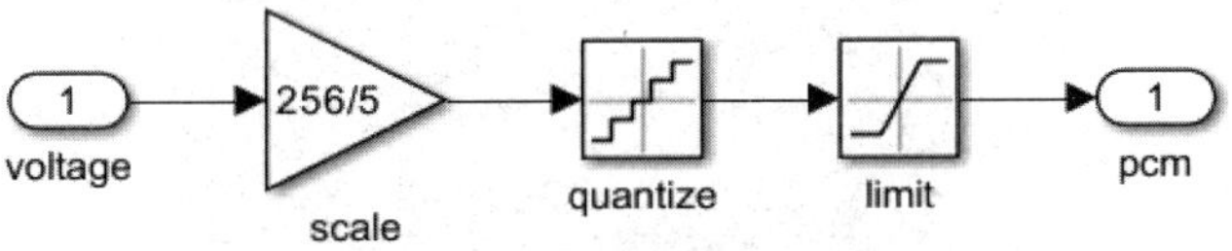

图 5.88 模数转换器（ADC）

最后，Linear Fixed-Point Conversion 模块对 Sensor 和模数转换器（ADC）的组合传递函数求逆函数，将锅炉温度编码为斜率为 S=5/(256×0.05)=0.390625 且偏置为 B=−0.75/0.05=−15 的定点参数，这些定点参数将 8 位量化整数 Q 转换为数字编码温度 Tdigital=SQ+B，如图 5.89 所示。

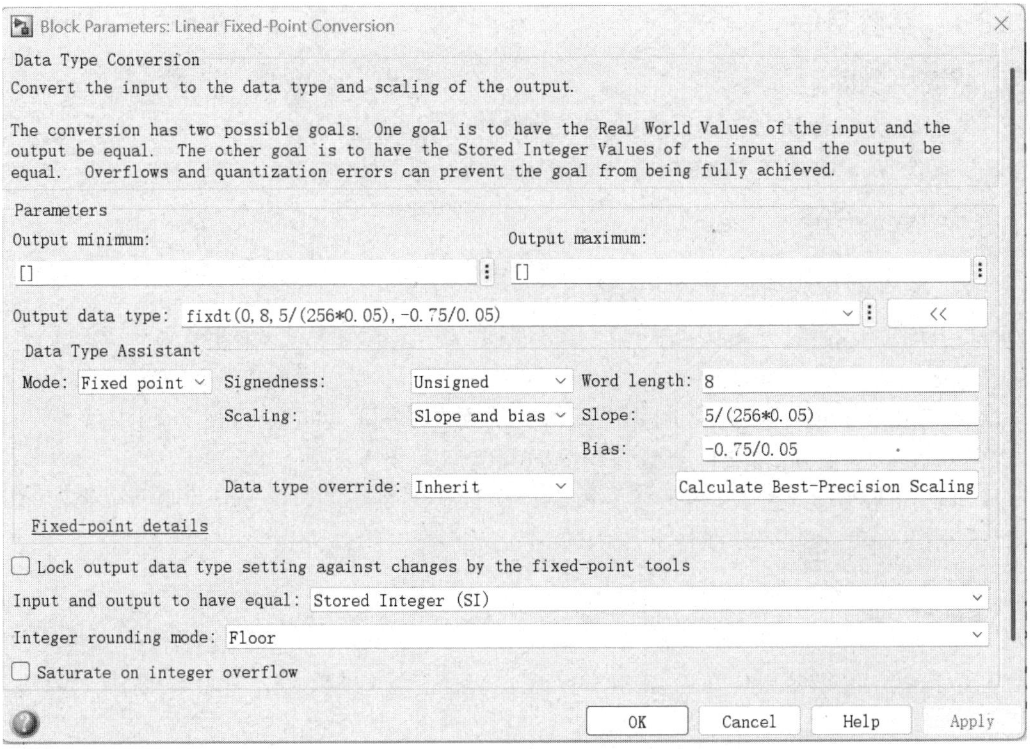

图 5.89 Linear Fixed-Point Conversion 模块

Bang-Bang Controller 接收数字编码温度 Tdigital，并将其解释为无符号 8 位定点数据 temp，该图在 8 位环境中处理此温度数据，没有进行任何显式转换。

仿真运行，Simulink 示波器显示锅炉在大约 450s 后达到参考温度 20℃的温度。Bang-Bang Controller 在余下的仿真中有效地保持该温度，如图 5.90 所示。

图 5.90 Bang-Bang Controller 控制锅炉温度仿真结果

5.8 实验六 Simulink 仿真应用

5.8.1 实验目的

1．熟悉 Simulink 环境。

2．熟悉建立 Simulink 仿真框图并进行系统仿真。

3．熟悉编写 S 函数和 M 函数对系统进行仿真。

5.8.2 实验内容

1．Van der Pol 方程所描述系统的仿真。

设置初始条件 $x_1(0) = x_2(0) = 0.25$，仿真时间 $t = 20\text{s}$ 及 Van der Pol 方程 $\ddot{y}+(y^2-1)\dot{y}+y=0$。要求：

(1) 绘出 Simulink 仿真模块图并进行仿真得到系统的时间响应和相平面图。

(2) 编写 M 函数和 M 文件得到系统的时间响应和相平面图。

(3) 编写 S 函数并绘出 S 函数仿真框图，仿真得到系统的时间响应和相平面图。

2．采用 S 函数来构造非线性分段函数。

$$
y=\begin{cases}3\sqrt{x}, & x<1\\ 3, & 1\leqslant x<3\\ 3-(x-3)^2, & 3\leqslant x<4\\ 2, & 4\leqslant x<5\\ 2-(x-5)^2, & 5\leqslant x<6\\ 1, & x\geqslant 6\end{cases}
$$

5.8.3　实验参考程序

1．Van der Pol 方程所描述系统的仿真，方法如下。

(1) 根据题意，在 Simulink 环境绘制仿真模块图，如图 5.91 所示。

对该图进行仿真，在 MATLAB 命令窗口输入

```
subplot(121), plot(t, x1, t, x2)
subplot(122), plot(x1, x2)
```

得到的状态响应与相平面图如图 5.92 所示。

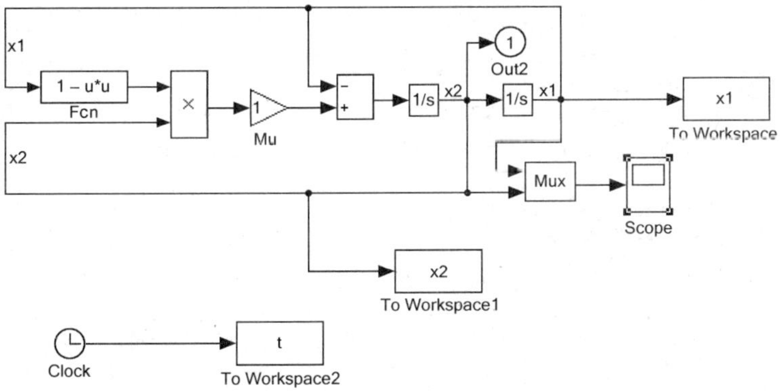

图 5.91　系统仿真模块图

(2) 首先将 Van der Pol 方程 $\ddot{y}+(y^2-1)\dot{y}+y=0$ 写成状态空间方程的形式：

$$\ddot{y}=(1-y^2)\dot{y}-y$$
$$x_1=y$$
$$\dot{x}_1=x_2$$
$$\dot{x}_2=(1-{x_1}^2)x_2-x_1$$

对该方程编写一个导数形式的 M 函数，名为 vdpol.m，描述该系统：

```
function xdot=vdpol(t, x)
xdot1(1)=x(2);
xdot1(2)=x(2)*(1-x(1)^2)-x(1);
xdot=xdot1';
```

然后编写另一个 M 文件，名为 runvdpol.m：

```
ts=[0 20];x0=[0.25;0.25];
[t, x]=ode45('vdpol', ts, x0);
subplot(121), plot(t, x)
subplot(122), plot(x(:, 1), x(:, 2))
```

运行该程序，得到与图 5.92 相同的状态响应和相平面图。

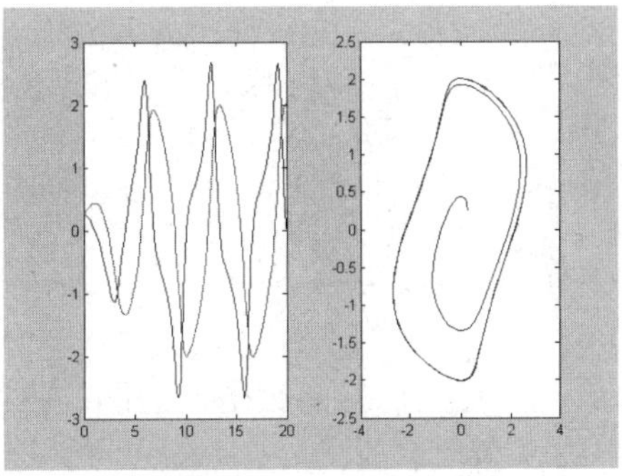

图 5.92　状态响应和相平面图

(3) 首先采用 S 函数模板编写 S 函数如下：

```
function [sys, x0, str, ts]=v2(t, x, u, flag)
switch flag,
  case 0,
    [sys, x0, str, ts]=mdlInitializeSizes;
```

```
   case 1,
     sys= mdlDerivatives(t, x, u);
   case 3,
     sys= mdlOutputs(t, x, u);
case {2, 4, 9}    %未定义标志
    sys=[] ;
  otherwise
    error(['Unhandled flag=', num2str(flag)]);
end
function [sys, x0, str, ts]=mdlInitializeSizes
sizes=simsizes;
sizes.NumContStates=2;
sizes.NumDiscStates=0;
sizes.NumOutputs=2;
sizes.NumInputs=0;
sizes.DirFeedthrough=0;
sizes.NumSampleTimes=1;    % at least one sample time is needed
sys=simsizes(sizes);
x0=[0.25;0.25];
str=[];
ts=[0 0];
function sys=mdlDerivatives(t, x, u)
sys(1)=x(1).*(1-x(2).^2)-x(2);
sys(2)=x(1);
function sys=mdlOutputs(t, x, u)
sys=x;
```

然后绘制S函数仿真框图如图5.93所示。

仿真得到与图5.92相同的状态响应和相平面图。

本题中也可以用 if 语句编写S函数如下：

```
function [sys, x0]=new_vdp(t, x, u, flag)
if flag==0
    sys=[2;0;2;0;0;0];
    x0=[0.25;0.25];
elseif abs(flag)==1
    sys(1)=x(1)*(1-x(2)^2)-x(2);
    sys(2)=x(1);
elseif flag==3
    sys=x;
else sys=[];
end
```

然后绘制S函数仿真框图，将图5.93中的S函数名改为new-vdp并进行仿真，可以得到与图5.92相同的状态响应和相平面图。

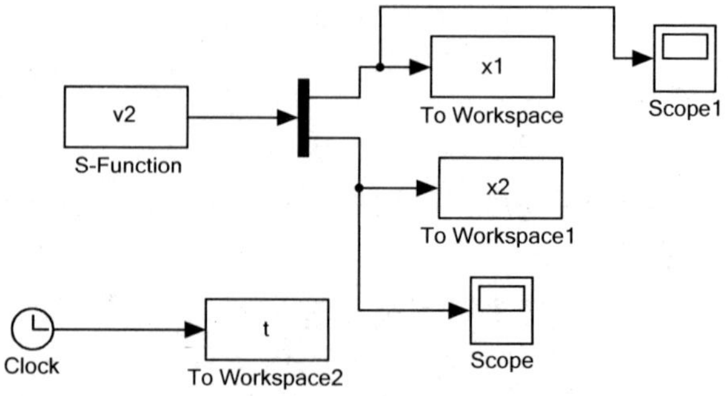

图5.93　S函数仿真框图

2．首先利用 MATLAB 语言编写 S 函数。程序如下：

```
function [sys, x0, str, ts]=sfunction(t, x, u, flag)
switch flag,
case 0,
  [sys, x0, str, ts]=mdlInitializeSizes;
case 3,
  sys=mdlOutputs(t, x, u);
case {1, 2, 4, 9}
  sys=[];
otherwise
  error(['Unhandled flag=', num2str(flag)]);
end
function[sys, x0, str, ts]=mdlInitializeSizes
sizes=simsizes;
sizes.NumContStates=0;
sizes.NumDiscStates=0;
sizes.NumOutputs=1;
sizes.NumInputs=1;
sizes.DirFeedthrough=1;
sizes.NumSampleTimes=1;
sys=simsizes(sizes);
x0=[];
str=[];
ts=[0 0];
function sys=mdlOutputs(t, x, u)
if u<1
  sys=3*sqrt(u);
elseif u>=1&u<3
  sys=3;
elseif u>=3&u<4
  sys=3-(u-3)^2;
elseif u>=4&u<5
  sys=2;
elseif u>=5&u<6
  sys=2-(u-5)^2;
else
  sys=1;
end
```

然后绘制 S 函数仿真框图如图 5.94 所示。

仿真得系统输出响应如图 5.95 所示。

图 5.94　S 函数仿真框图

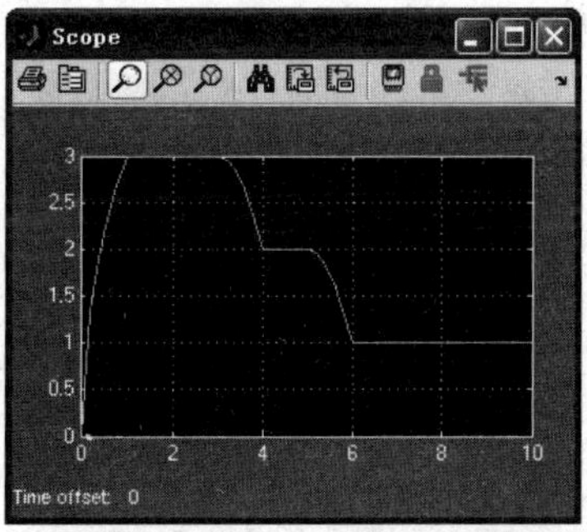

图 5.95　非线性分段函数的输出

第 6 章　控制系统工具箱

在 MATLAB 的 Control System Toolbox（控制系统工具箱）中提供了许多仿真函数和模块，用于控制系统的仿真和分析。本章着重介绍控制系统的模型、时域分析方法和频域分析方法等内容。

6.1　线性系统模型

控制系统的数学模型在控制系统的研究中有着相当重要的地位。要对系统进行仿真处理，首先要建立系统的数学模型，然后才可以对系统进行模拟。MATLAB 中着重研究线性时不变（LTI）系统，即定常线性系统。对 LTI 系统的描述采用 3 种模型：状态空间模型（ss）、传递函数模型（tf）和零极点增益模型（zpk）。MATLAB 通过建立专用的数据结构类型，把 LTI 系统的各种模型封装成统一的 LTI 对象，与 3 种模型相对应，LTI 对象包括 3 种子对象：ss 对象、tf 对象和 zpk 对象。

6.1.1　连续系统的传递函数模型（tf 对象）

单输入-单输出（SISO）LTI 系统的传递函数如下：

$$G(s)=\frac{C(s)}{R(s)}=\frac{b_1s^m+b_2s^{m-1}+\cdots+b_ms+b_{m+1}}{a_1s^n+a_2s^{n-1}+\cdots+a_ns+a_{n+1}}$$

对定常线性系统，式中 s 的系数均为常数且 a_1 不等于零，这时系统在 MATLAB 中可以方便地由分子和分母多项式系数构成的两个向量唯一地确定，这两个向量分别用 `num` 和 `den` 表示。

```
num=[b1, b2, …, bm, bm+1]
den=[a1, a2, …, an, an+1]
```

注意：它们都是按 s 的降幂进行排列的。

MATLAB 中用函数对象 `tf` 来建立系统的传递函数模型。函数的调用格式为

```
G=tf(num, den)
```

MATLAB 还支持另一种特殊的传递函数的输入格式，用 `s=tf('s')` 先定义传递函数的算子，然后用类似数学表达式的形式直接输入系统的传递函数模型。

例 6.1　系统传递函数为

$$G(s)=\frac{12s^3+24s^2+20}{2s^4+4s^3+6s^2+2s+2}$$

在 MATLAB 命令窗口输入

```
num=[12, 24, 0, 20];den=[2 4 6 2 2]; G=tf(num, den)
```

返回

```
Transfer function:
     12 s^3 + 24 s^2 + 20
------------------------------
```

```
2 s^4 + 4 s^3 + 6 s^2 + 2 s + 2
```

用后一种方法，同样可以输入系统的传递函数模型，结果一致。

```
s=tf('s');
>> G=(12*s^3+24*s^2+12*s+20)/(2*s^4+4*s^3+6*s^2+2*s+2);
```

复杂传递函数需借助多项式乘法函数 conv 来处理。

例 6.2　系统传递函数为

$$G(s)=\frac{4(s+2)(s^2+6s+6)^2}{s(s+1)^3(s^3+3s^2+2s+5)}$$

在 MATLAB 命令窗口输入

```
num=4*conv([1, 2], conv([1, 6, 6], [1, 6, 6]));
den=conv([1, 0], conv([1, 1], conv([1, 1], conv([1, 1], [1, 3, 2, 5]))));
   G=tf(num, den)
```

返回

```
Transfer function:
  4 s^5 + 56 s^4 + 288 s^3 + 672 s^2 + 720 s + 288
------------------------------------------------------------------
s^7 + 6 s^6 + 14 s^5 + 21 s^4 + 24 s^3 + 17 s^2 + 5 s
```

6.1.2　连续系统的零极点增益模型（zpk 对象）

零极点增益模型实际上是传递函数模型的另一种表现形式，其原理是分别对原系统传递函数的分子、分母进行分解因式处理，以获得系统的零点和极点的表示形式。

$$G(s)=\frac{N(s)}{D(s)}=K\frac{(s-z_1)(s-z_2)\cdots(s-z_m)}{(s-p_1)(s-p_2)\cdots(s-p_n)}$$

式中，$D(s)$为特征多项式；$D(s)=0$ 为特征方程；K 为系统增益；$z_i(i=1, \cdots, m)$为零点；$p_j\,(j=1, \cdots, n)$为极点。在 MATLAB 中零极点增益模型用[z, p, k]矢量组表示，再用函数对象 zpk 来建立系统的零极点增益模型。

```
z=[z1, z2, …, zm];        %输入系统的零点列向量，也可以表示成行向量
p=[p1, p2, …, pn];        %输入系统的极点列向量，也可以表示成行向量
kGain=k;                  %增益
G1=zpk(z, p, k)           %构造系统的零极点模型对象
```

例 6.3　系统的零极点增益模型为

$$G_1(s)=6\frac{(s+1.9294)(s+0.0353\pm0.9287\mathrm{i})}{(s+0.9567\pm1.2272\mathrm{i})(s-0.0433\pm0.6412\mathrm{i})}$$

则该模型可以由以下语句输入到 MATLAB 的工作空间中：

```
z=[-1.9294; -0.0353+0.9287i; -0.0353-0.9287i];
p=[-0.9567+1.2272i; -0.9567-1.2272i;
     0.0433+0.6412i; 0.0433-0.6412i];
kGain=6;
G1=zpk(z, p, kGain)
```

返回

```
Zero/pole/gain:
6 (s + 1.929) (s^2 + 0.0706s + 0.8637)
```

```
----------------------------------------------
(s^2 - 0.0866s + 0.413)(s^2 + 1.913s + 2.421)
```

可见，系统的零点和极点分别为分子、分母多项式的根，增益是传递函数分子和分母最高项系数的比值。如果有复数零极点存在，则用二阶多项式来表示两个因式，而不直接展成一阶复数因式。

用 s=zpk('s')定义零极点形式的 Laplace 算子，同样能输入零极点增益模型。

```
s=zpk('s')
G=6*(s+1.9294)*(s+0.0353+0.9287i)*(s+0.0353-0.9287i)/((s+0.9567+
  1.2272i)*((s+0.9567-1.2272i))*(s-0.0433+0.6412i)*(s-0.0433-0.6412i))
```

MATLAB 返回同样的结果：

```
Zero/pole/gain:
    6 (s + 1.929) (s^2 + 0.0706s + 0.8637)
----------------------------------------------
(s^2 - 0.0866s + 0.413) (s^2 + 1.913s + 2.421)
```

6.1.3 连续系统的状态空间模型(ss 对象)

LTI 系统可以用一组一阶微分方程来描述，其矩阵形式即为现代控制理论中常用的状态空间表示法。状态方程与输出方程的组合称为状态空间表达式，又称为动态方程，经典控制理论用传递函数将输入/输出关系表达出来，而现代控制理论则用状态方程和输出方程来表达输入/输出关系，揭示了系统内部状态对系统性能的影响。对于线性系统，状态方程可以简单地描述为

$$\begin{cases}\dot{\boldsymbol{x}}=\boldsymbol{Ax}+\boldsymbol{Bu}\\ \boldsymbol{y}=\boldsymbol{Cx}+\boldsymbol{Du}\end{cases}$$

式中，$\boldsymbol{x}$ 为状态向量；$\boldsymbol{u}$ 为输入向量；$\boldsymbol{y}$ 为输出向量；$\boldsymbol{A}$ 为系统矩阵；$\boldsymbol{B}$ 为输入矩阵；$\boldsymbol{C}$ 为输出矩阵；$\boldsymbol{D}$ 为前馈矩阵。各个矩阵维数必须兼容。

在 MATLAB 中，系统状态空间用(A, B, C, D)矩阵组表示。将各个系数矩阵按常规矩阵的方式输入到 MATLAB 工作空间中，然后使用函数对象 ss 来建立系统的状态空间模型。

$$A=[a_{11},a_{12},\cdots,a_{1n};a_{21},a_{22},\cdots,a_{2n};\cdots;a_{n1},a_{n2},\cdots,a_{nn}];$$
$$B=[b_1,b_2,\cdots,b_n];$$
$$C=[c_1,c_2,\cdots,c_n];$$
$$D=d;$$

```
G3=ss(A, B, C, D)
```

例 6.4 双输入-双输出系统如下：

$$\dot{\boldsymbol{x}}=\begin{bmatrix}1&6&9&10\\3&12&6&8\\4&7&9&11\\5&12&13&14\end{bmatrix}\boldsymbol{x}+\begin{bmatrix}4&6\\2&4\\2&2\\1&0\end{bmatrix}\boldsymbol{u}$$

$$\boldsymbol{y}=\begin{bmatrix}0&0&2&1\\8&0&2&2\end{bmatrix}\boldsymbol{x}$$

系统的状态方程模型可以用下面的语句直接输入：

```
A=[1 6 9 10; 3 12 6 8; 4 7 9 11; 5 12 13 14];
```

```
B=[4 6; 2 4; 2 2; 1 0];
C=[0 0 2 1; 8 0 2 2];
D=zeros(2, 2);
G3=ss(A, B, C, D)          %输入并显示系统状态方程模型，显示从略
```

带有时间延迟的状态方程模型可以表示为

$$\begin{cases}\dot{\boldsymbol{x}}(t)=\boldsymbol{Ax}(t)+\boldsymbol{Bu}(t-t_{\mathrm{i}})\\ \boldsymbol{z}(t)=\boldsymbol{Cx}(t)+\boldsymbol{Du}(t-t_{\mathrm{i}}),\boldsymbol{y}(t)=\boldsymbol{z}(t-t_{\mathrm{o}})\end{cases}$$

式中，t_{i} 为输入延迟；t_{o} 为输出延迟。输入该模型时，只需将前面最后一个语句改成下面的形式即可。

```
G=ss(A, B, C, D, 'InputDelay', ti, 'OutputDelay', to)
```

6.1.4　线性离散时间系统的数学模型

在 MATLAB 中，离散系统的数学模型和连续系统的数学模型表达函数相同，只需要输入系统的采样周期 Ts，具体格式如下。

状态空间模型：sys=ss(A, B, C, D，Ts)

零极点增益模型：sys=zpk(z, p, k, Ts)

传递函数模型：sys=tf(num, den，Ts)

连续系统状态空间转换为离散系统状态空间形式采用函数 c2d，其调用格式为

```
sysd=c2d(sys, Ts)
```

或

```
[Ad, Bd, Cd, Dd]=c2dm(A, B, C, D, Ts, 'method')%将带选项的连续系统
                                                %转换到离散系统
[Ad, Bd, Cd, Dd]=c2dt(A, B, C, T, lambda)
```

%带有输入纯延迟的连续形式 $\begin{cases}x(t)=Ax(t)+Bu(t-\lambda)\\ y(t)=Cx(t)\end{cases}$ 转换到离散形式

例 6.5　考虑系统 $H(s)=\dfrac{s-1}{s^2+4s+5}$，其中输入延迟 $T_{\mathrm{d}}=0.35\ \mathrm{s}$，将系统离散化，采样周期为 $T_{\mathrm{s}}=0.1\ \mathrm{s}$。

在 MATLAB 命令窗口输入

```
H=tf([1 -1], [1 4 5], 'inputdelay', 0.35)
Hd=c2d(H, 0.1, 'foh')
```

返回

```
Transfer function:
                0.0115 z^3 + 0.0456 z^2 - 0.0562 z - 0.009104
z^(-3) * ---------------------------------------------
                    z^3 - 1.629 z^2 + 0.6703 z
Sampling time: 0.1
```

6.1.5　模型的转换

在一些场合下要用到某种模型，而在另外一些场合下可能要用到另外的模型，这就需要进行模型的转换。

模型转换函数包括以下几种。

[z, p, k]=tf2zp(num, den)，传递函数模型转换为零极点增益模型，也可以用来求传递函数的零极点和增益。

[A, B, C, D]=tf2ss(num, den)，传递函数模型转换为状态空间模型。

[num, dena]=zp2tf(z, p, k)，零极点增益模型转换为传递函数模型。

[A, B, C, D]=zp2ss(z, p, k)，零极点增益模型转换为状态空间模型。

[num, den]=ss2tf(A, B, C, D, iu)，状态空间模型转换为传递函数模型，iu 用来指定对应第几个输入，当只有一个输入时可忽略。

[z, p, k]=ss2zp(A, B, C, D, i)，状态空间模型转换为零极点增益模型。

[At, Bt, Ct, Dt] = ss2ss(A, B, C, D, T)，将原系统

$$\begin{cases}\dot{\boldsymbol{X}} = \boldsymbol{AX} + \boldsymbol{BU} \\ \boldsymbol{Y} = \boldsymbol{CX} + \boldsymbol{DU}\end{cases}$$

通过 $\boldsymbol{Z}=\boldsymbol{TX}$，即 $\boldsymbol{X} = \boldsymbol{T}^{-1}\boldsymbol{Z}$ 的线性变换，得到新的动态方程

$$\begin{cases}\dot{\boldsymbol{Z}} = \boldsymbol{A}_t\boldsymbol{Z} + \boldsymbol{B}_t\boldsymbol{U} \\ \boldsymbol{Y} = \boldsymbol{C}_t\boldsymbol{Z} + \boldsymbol{D}_t\boldsymbol{U}\end{cases}$$

这个函数既适合连续模型也适合离散模型。

比如，在 MATLAB 命令窗口输入

```
A=[0 1 0;0 0 1;-2 -5 -4];                   %原系统矩阵
B=[0;0;1];
C=[6 2 0];
D=0;
Tj=[1 1 1;-1 0 -2;1 -1 4];                  %矩阵 A 的约当转换矩阵
[At,Bt,Ct,Dt]=ss2ss(A,B,C,D,inv(Tj))        %转换为约当矩阵
```

程序运行结果如下：

```
At =
    -1     1     0
     0    -1     0
     0     0    -2
Bt =
    -2
     1
     1
Ct =
     4     6     2
Dt =
     0
```

可以用 canon 函数求对角标准状态方程或伴随型状态方程，格式如下：

[As,Bs,Cs,Ds,Ts]=canon(A,B,C,D,'modal')，将原状态方程转换成对角型状态方程。

[As,Bs,Cs,Ds,Ts]=canon(A,B,C,D,'companion')，将原状态方程转换成特征多项式在最右侧的伴随型状态方程。

其中 Ts 为转换矩阵，转换公式为 $\boldsymbol{Z} = \boldsymbol{T}_s \cdot \boldsymbol{X}$。

比如，在 MATLAB 命令窗口输入

```
A=[0 1 0;0 0 1;-6 -11 -6]
B=[1;0;0];
C=[1 1 0];
D=0;
[As,Bs,Cs,Ds,Ts]=canon(A,B,C,D,'modal')
[As1,Bs1,Cs1,Ds1,Ts1]=canon(A,B,C,D,'companion')
```

程序运行结果如下：

```
As =
   -3.0000         0         0
         0   -2.0000         0
         0         0   -1.0000
Bs =
   -7.7621
   14.6969
    8.6168
Cs =
    0.2577   -0.2041    0.0000
Ds =
     0
Ts =
   -7.7621  -11.6431   -3.8810
  -14.6969  -19.5959   -4.8990
    8.6168    7.1807    1.4361
As1 =
     0     0    -6
     1     0   -11
     0     1    -6
Bs1 =
     1
     0
     0
Cs1 =
     1     0    -6
Ds1 =
     0
Ts1 =
    1.0000         0         0
         0   -1.0000   -0.1667
         0   -0.1667         0
```

例 6.6　已知某系统的传递函数为

$$G(s)=\frac{s^3+11s^2+30s}{s^4+9s^3+45s^2+87s+50}$$

求同一系统所对应的零极点增益模型。

在 MATLAB 命令窗口输入

```
num=[1, 11, 30, 0];
den=[1, 9, 45, 87, 50]; [z, p, k]=tf2zp(num, den)
```

返回

```
z=
     0
    -6
    -5
p=
    -3.0000+4.0000i
    -3.0000-4.0000i
    -2.0000
    -1.0000
k=
    1
```

即结果表达式为

$$G(s)=\frac{s(s+6)(s+5)}{(s+1)(s+2)(s+3+4\mathrm{j})(s+3-4\mathrm{j})}$$

例 6.7 已知一个单输入三输出系统的传递函数模型为

$$G_{11}(s)=\frac{y_1(s)}{u(s)}=\frac{-2}{s^3+6s^2+11s+6}$$

$$G_{21}(s)=\frac{-s-5}{s^3+6s^2+11s+6}$$

$$G_{31}(s)=\frac{s^2+2s}{s^3+6s^2+11s+6}$$

求其状态空间模型。

在 MATLAB 命令窗口输入

```
num=[0 0 -2;0 -1 -5;1 2 0];den=[1 6 11 6];
[A, B, C, D]=tf2ss(num, den)
```

返回

```
A=
   -6  -11   -6
    1    0    0
    0    1    0
B=
    1
    0
    0
C=
    0    0   -2
    0   -1   -5
    1    2    0
D=
    0
    0
    0
```

例 6.8 已知系统的零极点增益模型，求其传递函数模型和状态空间模型。

$$G(s)=\frac{6(s+3)}{(s+1)(s+2)(s+5)}$$

在 MATLAB 命令窗口输入

```
z=[-3];p=[-1, -2, -5];k=6;
[num, den]=zp2tf(z, p, k)
[a, b, c, d]=zp2ss(z, p, k)
```

返回

```
num=
     0     0     6    18
den=
     1     8    17    10
a=
   -1.0000          0         0
    2.0000    -7.0000   -3.1623
         0     3.1623         0
b=
    1
    1
    0
c=
    0      0     1.8974
d=
    0
```

6.1.6　部分分式展开

控制系统常用到并联系统，这时就要对系统函数进行分解，使其表现为一些基本控制单元(子传递函数)和的形式，即对其进行部分分式展开，同时部分分式展开也可以用来对系统求解。

MATLAB 采用 residue 函数实现传递函数模型与部分分式模型的互换，其调用格式如下。

```
[r, p, k]=residue(num, den)      %对两个多项式的比进行部分分式展开
[b, a]=residue(r, p, k)          %可以将部分分式转化为多项式比 b(s)/a(s)
```

其中，向量 num 和 den 是按 s 的降幂排列的多项式系数向量(即传递函数的分子和分母多项式)。r, p 分别为各个子传递函数的增益和极点，k 为部分分式展开后的余项(常数项)。

例 6.9　部分分式展开：

$$G(s)=\frac{2s^3+9s+1}{s^3+s^2+4s+4}$$

由下面的语句求出系统的部分分式展开：

```
num=[2, 0, 9, 1];
den=[1, 1, 4, 4]; [r, p, k]=residue(num, den)
```

返回

```
r=
     0.0000 - 0.2500i
     0.0000 + 0.2500i
    -2.0000
```

```
p=
    -0.0000 + 2.0000i
    -0.0000 - 2.0000i
    -1.0000
k=
     2
```

即得

$$G(s) = 2 + \frac{-0.25\mathrm{i}}{s-2\mathrm{i}} + \frac{0.25\mathrm{i}}{s+2\mathrm{i}} + \frac{-2}{s+1}$$

其解可以表示为

$$Y(t) = 2t - 0.25\mathrm{e}^{2\mathrm{i}t} + 0.25\mathrm{e}^{-2\mathrm{i}t} + -2\mathrm{e}^{-t}$$

6.1.7 模型的连接

1. 串联

两个模块 $G_1 = \dfrac{\text{num1}}{\text{den1}}$ 和 $G_2 = \dfrac{\text{num2}}{\text{den2}}$ 串联得到的整个系统的传递函数为

$$G(s) = G_1(s)G_2(s)$$

MATLAB 使用 `series` 函数直接对串联环节进行化简：

```
G=series(sys1, sys2)
```

对传递函数模型的串联表示成

```
[num, den]=series(num1, den1, num2, den2)
```

对状态空间模型的串联表示成

```
[a, b, c, d]=series(a1, b1, c1, d1, a2, b2, c2, d2)
```

2. 并联

两个模块 $G_1 = \dfrac{\text{num1}}{\text{den1}}$ 和 $G_2 = \dfrac{\text{num2}}{\text{den2}}$ 并联得到的整个系统的传递函数为

$$G(s) = G_1(s) + G_2(s)$$

MATLAB 使用 `parallel` 函数直接对并联环节进行化简：

```
G=parallel(G1, G2)
```

对传递函数模型的并联表示为

```
[num, den]=parallel(num1, den1, num2, den2)
```

对状态空间模型的并联表示为

```
[a, b, c, d]=parallel(a1, b1, c1, d1, a2, b2, c2, d2)
```

此外，对指定输入输出的并联表示为

```
SYS = PARALLEL(SYS1,SYS2,IN1,IN2,OUT1,OUT2)%系统 SYS1 和 SYS2 并联，连接输入
             %IN1 和 IN2，将输出 OUT1 和 OUT2 相加，IN1 和 IN2 分别为向量，包含系统 SYS1
             %和 SYS2 中输入向量的指数，即第几个输入，同样输出 OUT1 和 OUT2 分别为向量，
             %包含系统 SYS1 和 SYS2 中输出向量的指数，即第几个输出
```

例 6.10 系统 1 和系统 2 的状态方程如下所示。

$$\begin{bmatrix} \dot{x}_{11} \\ \dot{x}_{12} \\ \dot{x}_{13} \end{bmatrix} = \begin{bmatrix} 1 & 4 & 4 \\ 2 & 2 & 1 \\ 3 & 6 & 2 \end{bmatrix} \begin{bmatrix} x_{11} \\ x_{12} \\ x_{13} \end{bmatrix} + \begin{bmatrix} 0 & 1 & 0 \\ 1 & 0 & 0 \\ 0 & 0 & 1 \end{bmatrix} \begin{bmatrix} u_{11} \\ u_{12} \\ u_{13} \end{bmatrix}$$

$$\begin{bmatrix} y_{11} \\ y_{12} \end{bmatrix} = \begin{bmatrix} 0 & 0 & 1 \\ 0 & 1 & 1 \end{bmatrix} \begin{bmatrix} x_{11} \\ x_{12} \\ x_{13} \end{bmatrix} + \begin{bmatrix} 0 & 1 & 0 \\ 1 & 0 & 1 \end{bmatrix} \begin{bmatrix} u_{11} \\ u_{12} \\ u_{13} \end{bmatrix}$$

$$\begin{bmatrix} \dot{x}_{21} \\ \dot{x}_{22} \\ \dot{x}_{23} \end{bmatrix} = \begin{bmatrix} 1 & -1 & 0 \\ 3 & -2 & 1 \\ 1 & 6 & -1 \end{bmatrix} \begin{bmatrix} x_{21} \\ x_{22} \\ x_{23} \end{bmatrix} + \begin{bmatrix} 1 & 0 & 0 \\ 0 & 1 & 0 \\ 0 & 0 & 1 \end{bmatrix} \begin{bmatrix} u_{21} \\ u_{22} \\ u_{23} \end{bmatrix}$$

$$\begin{bmatrix} y_{21} \\ y_{22} \end{bmatrix} = \begin{bmatrix} 0 & 1 & 0 \\ 1 & 0 & 1 \end{bmatrix} \begin{bmatrix} x_{21} \\ x_{22} \\ x_{23} \end{bmatrix} + \begin{bmatrix} 1 & 1 & 0 \\ 1 & 0 & 1 \end{bmatrix} \begin{bmatrix} u_{21} \\ u_{22} \\ u_{23} \end{bmatrix}$$

求部分并联后的状态空间，要求 u_{11} 与 u_{22} 连接，u_{13} 与 u_{23} 连接，y_{11} 与 y_{21} 连接。

在 MATLAB 命令窗口输入

```
clc
clear
a1=[1 4 4; 2 2 1; 3 6 2];
b1=[0 1 0; 1 0 0; 0 0 1];
c1=[0 0 1; 0 1 1]; d1=[0 1 0; 1 0 1];
a2=[1 -1 0; 3 -2 1; 1 6 -1];
b2=[1 0 0; 0 1 0; 0 0 1];
c2=[0 1 0; 1 0 1]; d2=[1 1 0; 1 0 1];
%部分并联后的状态空间，要求 u11 与 u22 连接，u13 与 u23 连接
%y11 与 y21 连接
disp('部分并联连接后的状态方程')
[a, b, c, d]=parallel(a1, b1, c1, d1, a2, b2, c2, d2, [1 3], [2 3], 1, 1)
%input1=[1 3]
%input2=[2 3]
%output1=1
%output2=1
```

运行可得其结果。

3. 反馈

前向通道模块 $G_1 = \dfrac{\text{num1}}{\text{den1}}$ 和反馈通道模块 $G_2 = \dfrac{\text{num2}}{\text{den2}}$ 的反馈系统总的模型为

$$\frac{G_1(s)}{1 \pm G_1(s)G_2(s)}$$

MATLAB 使用 `G=feedback(G1, G2, sign)` 直接对反馈系统进行化简，`sign` 用来指示系统 2 的输出到系统 1 的输入的连接符号（反馈极性），`sign` 省略时，默认为负，即 `sign=-1`，`sign=1` 表示正反馈。

传递函数形式表示的反馈系统为

```
[num, den]=feedback(num1, den1, num2, den2, sign)
```

两个状态函数表示的系统按反馈方式连接表示为

```
[a, b, c, d]=feedback(a1, b1, c1, d1, a2, b2, c2, d2)
```

或者

```
[a, b, c, d]=feedback(a1, b1, c1, d1, a2, b2, c2, d2, sign)    %系统 1 的
    %所有输出连接到系统 2 的输入，系统 2 的所有输出连接到系统 1 的输入，总系统的输入/
    %输出数等同于系统 1 的
```

或者

```
[a, b, c, d]=feedback(a1, b1, c1, d1, a2, b2, c2, d2, inp1, out1)
    %部分反馈连接，将系统 1 的指定输出 out1 连接到系统 2 的输入，系统 2 的输出连接到系
    %统 1 的指定输入 inp1，以此构成闭环系统
```

4．闭环：cloop(单位反馈)

前向通道模块 $G=\dfrac{\text{num}}{\text{den}}$ 表示的单位反馈系统的模型为

$$\text{Gc}=\frac{G(s)}{1\pm G(s)}$$

MATLAB 使用 Gc=cloop(G, sign)直接对单位反馈系统进行化简，sign 用来指示系统的反馈极性，sign 省略时，默认为负，即 sign=-1。

由传递函数表示的开环系统构成闭环系统表示为

```
[numc, denc]=cloop(num, den, sign)  %当 sign=1 时采用正反馈；当 sign =-1 时采
    %用负反馈；sign 省略时，默认为负反馈
```

闭环系统的状态空间模型为

```
[ac, bc, cc, dc]=cloop(a, b, c, d, sign)  %通过将所有的输出反馈到输入，从而
    %产生闭环系统的状态空间模型
```

或者

```
[ac, bc, cc, dc]=cloop(a, b, c, d, outputs, inputs)  %表示将指定的输出 outputs
    %反馈到指定的输入 inputs，以此构成闭环系统
```

例 6.11 系统 1 为

$$\dot{\boldsymbol{x}}_1=\begin{bmatrix}0 & 1\\ 1 & -2\end{bmatrix}\boldsymbol{x}_1+\begin{bmatrix}0\\ 1\end{bmatrix}u_1$$

$$y_1=[1 \quad 3]\boldsymbol{x}_1+u_1$$

系统 2 为

$$\dot{\boldsymbol{x}}_2=\begin{bmatrix}0 & 1\\ -1 & -3\end{bmatrix}\boldsymbol{x}_2+\begin{bmatrix}0\\ 1\end{bmatrix}u_2$$

$$y_2=[1 \quad 4]\boldsymbol{x}_2$$

求按串联、并联、正反馈、负反馈连接时的系统状态方程及系统 1 按单位负反馈连接时的状态方程。

在 MATLAB 命令窗口输入

```
clc
clear
a1=[0 1;-1 -2];
b1=[0;1];
c1=[1 3];d1=[1];
```

```
a2=[0 1;-1 -3];
b2=[0;1];
c2=[1 4];d2=[0];
 [a, b, c, d]=series(a1, b1, c1, d1, a2, b2, c2, d2)        %串联
disp('串联连接')
 [a, b, c, d]=parallel(a1, b1, c1, d1, a2, b2, c2, d2)      %并联
disp('并联连接')
 [a, b, c, d]=feedback(a1, b1, c1, d1, a2, b2, c2, d2, +1) %正反馈
disp('正反馈连接')
 [a, b, c, d]=feedback(a1, b1, c1, d1, a2, b2, c2, d2)      %负反馈
disp('负反馈连接')
 [a, b, c, d]=cloop(a1, b1, c1, d1)                         %单位负反馈
disp('单位负反馈连接')
```

运行可得结果。

6.1.8　模型的属性

线性系统的能控性和能观性是状态方程和控制理论的基础，这些性质为系统的状态反馈设计、观测器的设计等提供了依据。MATLAB 采用 ctrb 和 obsv 函数求状态空间系统的能控性和能观性矩阵。其调用格式为

```
co=ctrb(A, B)
ob=obsv(A, C)
```

对于 n×n 矩阵 A，n×m 矩阵 B 和 p×n 矩阵 C，ctrb(A, B)可以得到 n×nm 的能控性矩阵 co=[B AB A^2B ...A^(n-1)B]，obsv(A, C)可以得到 np×n 的能观性矩阵 ob=[C; CA; CA^2 ...;CA^(n-1)]，当 co 的秩为 n 时，系统能控；当 ob 的秩为 n 时，系统能观。

例如，对于能控判别函数，设 A=[1 2 1;0 1 0;1 0 3],B=[1 0;0 0;0 1]，求系统的能控性。

在 MATLAB 命令窗口输入

```
A=[1 2 1;0 1 0;1 0 3];
B=[1 0;0 0;0 1];
co=ctrb(A,B)
r=rank(co)
if(r<3),disp('Uncontrolable!')
end
```

程序运行结果如下

```
co =
     1     0     1     1     2     4
     0     0     0     0     0     0
     0     1     1     3     4    10
r =
     2
Uncontrolable!
```

对于能观判别函数，设 A=[2 3; -1 2], C=[2 0;-1 1]，求系统能观性。

在 MATLAB 命令窗口输入

```
A=[2 3; -1 2];
C=[2 0;-1 1];
ob=obsv(A,C)
ob =
     2     0
    -1     1
     4     6
    -3    -1
>> r=rank(ob)
r =
     2
>> if(r<2),disp('Unobservable!')
else
disp('Observable!')
end
Observable!
```

对于系统 A=[1 2 0;3 -1 1;0 2 0]，B=[2;1;1]，C=[0 0 1]，D=0，下列程序得出系统的能控Ⅱ型：

```
>> A=[1 2 0;3 -1 1;0 2 0];
>> B=[2;1;1];
>> C=[0 0 1];
>> D=0;
>> T=ctrb(A,B);
>> [Ac2,Bc2,Cc2,Dc2]=ss2ss(A,B,C,D,inv(T))
```

程序运行结果如下：

```
Ac2 =
          0         0   -2.0000
     1.0000   -0.0000    9.0000
          0    1.0000         0
Bc2 =
     1
     0
     0
Cc2 =
     1.0000    2.0000   12.0000
Dc2 =
     0
```

下列程序得出系统的能观Ⅰ型：

```
>> A=[1 2 0;3 -1 1;0 2 0];
>> B=[2;1;1];
>> C=[0 0 1];
>> D=0;
>> To1=obsv(A,C);
>> [Ao1,bo1,Co1,Do1]=ss2ss(A,B,C,D,To1)
```

程序运行结果如下：

```
Ao1 =
     0     1     0
     0     0     1
    -2     9     0
bo1 =
     1
     2
    12
Co1 =
     1     0     0
Do1 =
     0
```

MATAB 提供了求解连续时间李雅普诺夫矩阵方程的函数 lyap，调用格式为：

```
P = lyap(A,Q)
```

用于求解如下形式的李雅普诺夫矩阵方程：

$$\boldsymbol{AP}+\boldsymbol{PA}'+\boldsymbol{Q}=0$$

对于以公式 $\boldsymbol{A}^{\mathrm{T}}\boldsymbol{P}+\boldsymbol{PA}=-\boldsymbol{Q}$ 表示的李雅普诺夫矩阵方程，在求解时先把矩阵 $\boldsymbol{A}$ 转置后再代入 lyap 函数。

例如，设系统状态方程为 $\dot{\boldsymbol{X}}=\begin{bmatrix}0 & 1\\ -1 & -1\end{bmatrix}\boldsymbol{X}$，分析其稳定性。取 $\boldsymbol{Q}$=$\boldsymbol{I}$，由下列程序求解李雅普诺夫矩阵方程：

```
>> A=[0 1;-1 -1];
>> A=A';
>> Q=[1 0;0 1];
>> P=lyap(A,Q)
```

程序运行结果如下：

```
P =
   1.5000    0.5000
   0.5000    1.0000
```

根据赛尔维斯特准则，得出 P>0，从而得出系统在唯一平衡点 $X_{\mathrm{e}}=0$ 处大范围渐进稳定。

例 6.12 已知某系统的闭环传递函数为

```
7 s^4 - 32 s^3 - 684 s^2 + 2689 s + 10365
------------------------------------------------------------
         s^4 - 5 s^3 - 86 s^2 + 345 s + 1236
```

要求判断系统的稳定性及系统是否为最小相位系统。

编写程序如下：

```
clear;  clc; close all; %系统描述
n =[7, -32, -684, 2689, 10365];
d =[1, -5, -86, 345, 1236];
%求系统的零极点
[z, p, k]=tf2zp(n, d)
%检验零点的实部；求取零点实部大于零的个数
```

```
ii=find(real(z)>0)
n1=length(ii);
%检验极点的实部；求取极点实部大于零的个数
jj=find(real(p)>0)
n2=length(jj);
%判断系统是否稳定
if(n2>0)
       disp('the system is unstable')
       disp('the unstable pole are:')
       disp(p(jj)) %显示不稳定极点p(jj)
else
       disp('the system is stable')
end
%判断系统是否为最小相位系统
if(n1>0)
      disp('the system is a nonminimal phase one')
else
      disp('the syetem is a minimal phase one')
end
pzmap(p, z) %绘制零极点图
```

程序中，ii=find(条件式)，用来求取满足条件的向量的下标向量，以列向量表示。例题中的条件式为 real(p>0)，其含义就是找出极点向量 p 中满足实部的值大于 0 的所有元素下标，并将结果返回 ii 向量中去。这样如果找到了实部大于 0 的极点，则会将该极点的序号返回 ii 中。如果最终的结果里 ii 的元素个数大于 0，则认为找到了不稳定极点，因而给出系统不稳定的提示，反之得出系统稳定的结论。

pzmap(p, z)，根据系统的零极点 p 和 z 绘制出系统的零极点分布图，如图 6.1 所示。程序运行结果如下：

```
z=
     -8.9995
     -2.5260
     8.0485 + 0.5487i
     8.0485 - 0.5487i
p=
    -8.2656
    -2.4242
     7.8449 + 0.3756i
     7.8449 - 0.3756i
k=
     7
ii=
     3
     4
jj=
     3
     4
```

```
the system is unstable
the unstable pole are:
      7.8449 + 0.3756i
      7.8449 - 0.3756i
the system is a nonminimal phase one
```

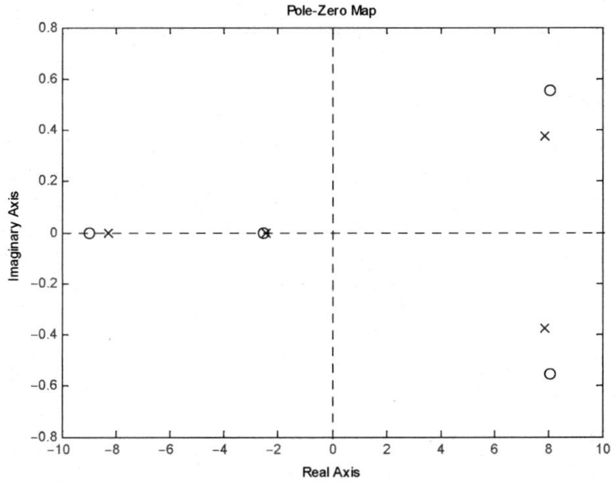

图 6.1　系统零极点分布图

例 6.13　系统闭环模型如下所示：

$$G(s)=\frac{3s^3+16s^2+41s+28}{s^6+14s^5+110s^4+528s^3+1494s^2+2117s+112}$$

判断系统的稳定性，以及系统是否为最小相位系统。

编写程序如下：

```
clear
clc
close all
%系统描述
num=[3 16 41 28];
den=[1 14 110 528 1494 2117 112];
%求系统的零极点
[z, p, k]=tf2zp(num, den)
%检验零点的实部；求取零点实部大于零的个数
ii=find(real(z)>0)
n1=length(ii);
%检验极点的实部；求取极点实部大于零的个数
jj=find(real(p)>0)
n2=length(jj);
%判断系统是否稳定
if(n2>0)
      disp('the system is unstable')
      disp('the unstable pole are:')
      disp(p(jj))
```

```
else
      disp('the system is stable')
end
%判断系统是否为最小相位系统
if(n1>0)
     disp('the system is a nonminimal phase one')
else
     disp('the system is a minimal phase one')
end
%绘制零极点图
pzmap(p, z)
```

程序运行后得到零极点分布图，如图 6.2 所示。程序运行结果如下：

```
z=
    -2.1667 + 2.1538i
    -2.1667 - 2.1538i
    -1.0000
p=
    -1.9474 + 5.0282i
    -1.9474 - 5.0282i
    -4.2998
    -2.8752 + 2.8324i
    -2.8752 - 2.8324i
    -0.0550
k=
     3
ii=
      []
jj=
      []
the system is stable
the system is a minimal phase one
```

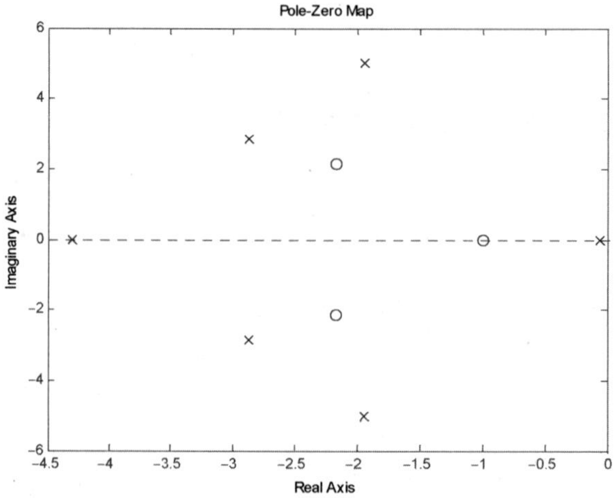

图 6.2　闭环系统零极点分布图

6.2 控制系统的时域分析

控制系统工具箱中提供了丰富的、用于对控制系统时间响应进行分析的工具函数，既可以对连续系统进行分析，又可以对离散系统进行分析，而且还支持用传递函数或状态空间表示的模型。对控制系统时域进行分析时经常要用到的一些函数及说明见表 6.1。

表 6.1 时间响应函数及说明

函数名称	说　明
covar	连续系统对白噪声的方差响应
dcovar	离散系统对白噪声的方差响应
impulse	连续系统的冲激响应
dimpulse	离散系统的冲激响应
initial	连续系统的初始条件响应
dinitial	离散系统的初始条件响应
lsim	连续系统对任意输入的响应
dlsim	离散系统对任意输入的响应
step	连续系统的单位阶跃响应
dstep	离散系统的单位阶跃响应
filter	数字滤波器

6.2.1 阶跃响应和冲激响应

在 MATLAB 的控制系统工具箱中提供了求取单位阶跃响应的函数 step 和冲激响应的函数 impulse，此外任意输入下的系统响应可以通过 lsim 函数求取。

1. step 函数的调用格式

y=step(num, den, t)，其中 num 和 den 分别为系统传递函数描述中的分子和分母多项式系数，t 为选定的仿真时间向量，可以由 t=0:step:end 产生。该函数返回值 y 为系统在仿真时各个输出所组成的矩阵。

[y, x, t]=step(num, den)，此时时间向量 t 由系统模型的特性自动生成，对于传递函数模型，状态变量 x 返回空矩阵。

[y, x, t]=step(A, B, C, D, iu)，其中 A, B, C, D 为系统的状态空间描述矩阵，iu 用来指明输入变量的序号。x 为系统返回的状态轨迹。

如果对具体的响应值不感兴趣，而只想绘制系统的阶跃响应曲线，可调用以下格式，自动输出响应曲线：

```
step(num,den); step(num,den,t); step(A,B,C,D,iu,t); step(A,B,C,D,iu)
```

线性系统的稳态值可以通过函数 dcgain 来求取，其调用格式为

```
dc=dcgain(num, den)或 dc=dcgain(a, b, c, d)
```

例 6.14 绘制例 6.5 中连续系统和离散系统的阶跃响应曲线。

在 MATLAB 命令窗口输入

```
step(H, '-', Hd, '--')      %连续系统的响应曲线为实线，离散系统的为虚线
```

得到的连续系统和离散系统的阶跃响应曲线如图 6.3 所示。

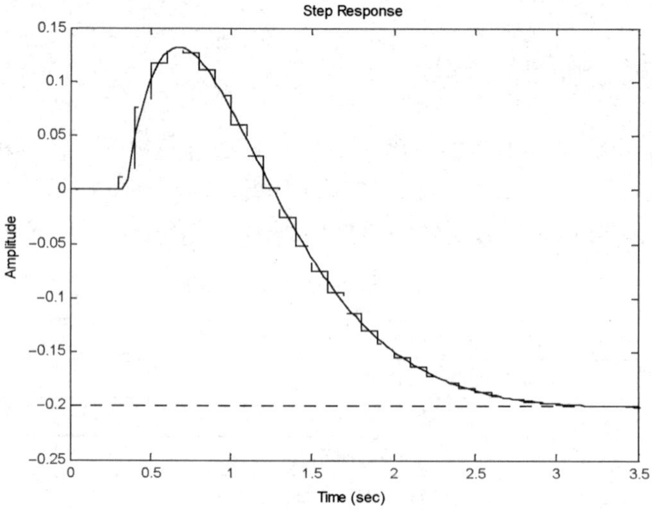

图 6.3　连续系统和离散系统的阶跃响应曲线

例 6.15　已知系统的开环传递函数为

$$G_o(s)=\frac{20}{s^4+8s^3+36s^2+40s}$$

求系统在单位负反馈下的阶跃响应曲线。

编写程序如下：

```
clc;clear;close all
%开环传递函数描述
num=[20];
den=[1 8 36 40 0];
%求闭环传递函数
[numc, denc]=cloop(num, den);
%绘制闭环系统的阶跃响应曲线
t=0:0.1:10;
y=step(numc, denc, t);
[y1, x, t1]=step(numc, denc);
%对于传递函数调用，状态变量 x 返回空矩阵
plot(t, y, 'r:', t1, y1)
title('the step responce')
xlabel('time-sec')
%求稳态值
disp('系统稳态值 dc 为')
dc=dcgain(numc, denc)
```

程序运行后得到系统的阶跃响应曲线如图 6.4 所示，系统稳态值为

```
dc=
    1
```

2. impulse 函数的调用格式

求取冲激响应的调用方法与 step 函数基本一致。

```
y=impulse(num,den,t); [y,x,t]=impulse(num, den);
[y, x, t]=impulse(A, B, C, D, iu, t)
impulse(num, den); impulse(num, den, t)
impulse(A, B, C, D, iu); impulse(A, B, C, D, iu, t)
```

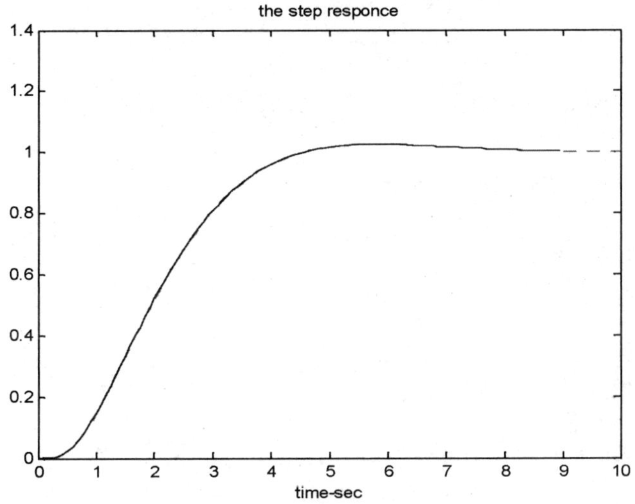

图 6.4　系统的阶跃响应曲线

例 6.16　已知系统的二阶状态空间模型为

$$\begin{bmatrix}\dot{x}_1\\ \dot{x}_2\end{bmatrix}=\begin{bmatrix}-0.5572 & -0.7814\\ 0.7814 & 0\end{bmatrix}\begin{bmatrix}x_1\\ x_2\end{bmatrix}+\begin{bmatrix}1 & -1\\ 0 & 2\end{bmatrix}\begin{bmatrix}u_1\\ u_2\end{bmatrix}$$

$$y=[1.9691 \quad 6.4493]\begin{bmatrix}x_1\\ x_2\end{bmatrix}$$

求其冲激响应曲线。

编写程序如下：

```
a=[-0.5572 -0.7814;0.7814  0];
b=[1 -1;0 2];
c=[1.9691  6.4493];
sys=ss(a, b, c, 0);
impulse(sys)
```

运行程序，得到其冲激响应曲线如图 6.5 所示。

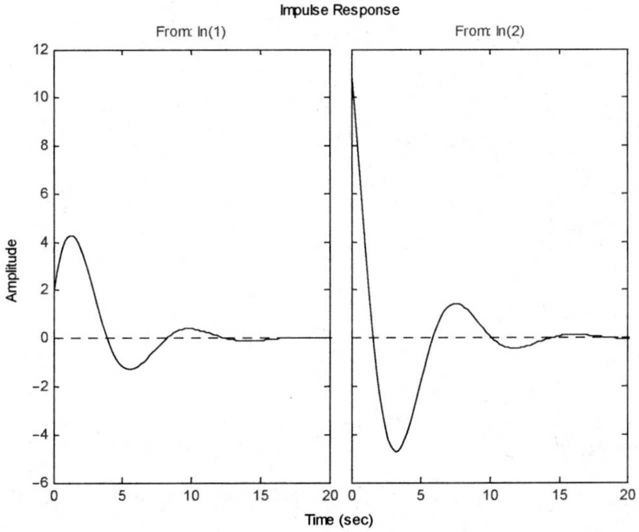

图 6.5　系统的冲激响应曲线

例 6.17 已知系统$G(s)=\dfrac{3}{(s+1+3\mathrm{i})(s+1-3\mathrm{i})}$，计算系统在阶跃输入时的峰值时间、超调量、调整时间等系统瞬态性能指标(稳态误差允许±2%)。

编写程序如下：

```
clc;clear;    %系统模型建立
num=3;den=conv([1 1+3i], [1 1-3i]);
%求系统的单位阶跃响应
[y, x, t]=step(num, den);
%求响应的稳态值
finalvalue=dcgain(num, den)
%求响应的峰值及对应的下标
[yss, n]=max(y);
%计算超调量及峰值时间
percentovershoot=100*(yss-finalvalue)/finalvalue
timetopeak=t(n)
%计算上升时间
n=1;
while y(n)<0.1*finalvalue
   n=n+1;
end
m=1;
while y(m)<0.9*finalvalue
     m=m+1;
end
risetime=t(m)-t(n)
%计算调整时间
k=length(t);
while (y(k)>0.98*finalvalue)&(y(k)<1.02*finalvalue)
     k=k-1;
end
settlingtime=t(k)
```

程序运行结果如下：

```
finalvalue=
               0.3000

percentovershoot=
                      35.0914

timetopeak=
              1.0491

risetime=
            0.4417

settlingtime=
                 3.5337
```

3. 任意输入下系统的响应

如果输入信号由其他数学函数描述，或者输入信号的数学模型未知，则采用 lsim 函数来绘制系统时域响应曲线。lsim 函数调用格式如下。

lsim(sys, u, t)，sys 为系统模型，u 和 t 用于描述输入信号，u 中的点对应于各个时间点处的输入信号值，若想研究多变量系统，则 u 应该是矩阵，其各行对应于向量 t 各个时刻的各路输入的值。

例 6.18　考虑一个带有时间延迟的双输入-双输出系统，其传递函数矩阵为

$$G(s)=\begin{bmatrix}\dfrac{0.1134\mathrm{e}^{-0.72s}}{1.78s^2+4.48s+1} & \dfrac{0.924}{2.07s+1}\\ \dfrac{0.3378\mathrm{e}^{-0.3s}}{0.361s^2+1.09s+1} & \dfrac{-0.318\mathrm{e}^{-1.29s}}{2.93s+1}\end{bmatrix}$$

假设第 1 路输入为 $u_1(t)=1-\mathrm{e}^{-t}\sin(3t+1)$，第 2 路输入为 $u_2(t)=\sin t\cos(t+2)$，绘制系统在两路输入信号下的时域响应曲线。

编写程序如下：

```
g11=tf(0.1134, [1.78 4.48 1], 'ioDelay', 0.72);
g12=tf(0.924, [2.07 1]);
g21=tf(0.3378, [0.361 1.09 1], 'ioDelay', 0.3);
g22=tf(-0.318, [2.93 1], 'ioDelay', 1.29);
G=[g11, g12;g21, g22];
t=[0:0.1:15]',
u=[1-exp(-t).*sin(3*t+1), sin(t).*cos(t+2)];
lsim(G, u, t);
```

运行程序，得到时域响应曲线如图 6.6 所示。

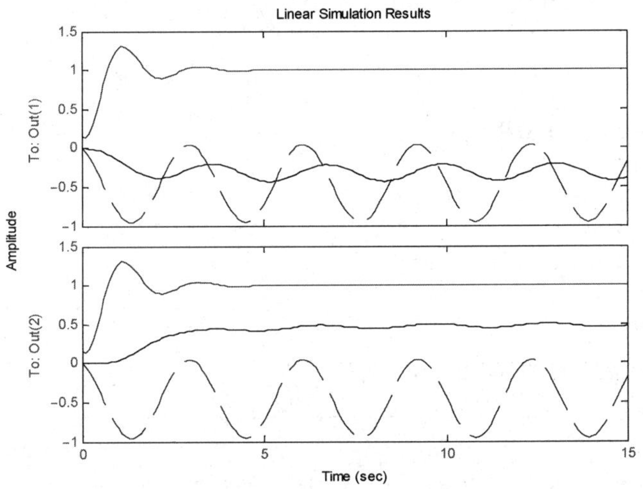

图 6.6　多变量系统的时域响应曲线

6.2.2　控制系统的根轨迹分析方法

通常来说，绘制系统的根轨迹是很烦琐的事情，因此在教科书中介绍的是一种按照一定规则进行绘制的概略根轨迹。MATLAB 中专门提供了根轨迹的分析函数。

1．rlocus 函数

该函数用于绘制根轨迹曲线，其调用格式如下。

rlocus(num, den)或 rlocus(a, b, c, d)，根据 SISO 开环系统的传递函数模型和状态空间描述模型，直接在屏幕上绘制出系统的根轨迹图。开环增益的值从零到无穷大变化。

rlocus(a, b, c, d, k)或 rlocus(num, den, k)，通过指定开环增益 k 的变化范围来绘制系统的根轨迹图。

r=rlocus(num, den, k)或[r, k]=rlocus(num, den)，不在屏幕上直接绘出系统的根轨迹图，而根据开环增益变化矢量 k，返回闭环系统特征方程 1+k*num(s)/den(s)=0 的根 r，它有 length(k)行、length(den)-1 列，每行对应某个 k 值时的所有闭环极点。或者同时返回 k 与 r。对于参数根轨迹，可以通过传递函数的等效变换而进行绘制。若给出传递函数描述系统的分子项 num 为负，则利用 rlocus 函数绘制的是系统的零度根轨迹(正反馈系统或非最小相位系统)。

2. rlocfind 函数

rlocfind 函数用于找出给定的一组根(闭环极点)对应的根轨迹增益，其调用格式为 [k, p]=rlocfind(a, b, c, d)或[k, p]=rlocfind(num, den)。

它要求在屏幕上先绘制好有关的根轨迹图。然后，此命令将产生一个光标，用来选择希望的闭环极点。命令执行结果中，k 为对应选择点处根轨迹的开环增益；p 为对应 k 的系统闭环特征根。不带输出参数项[k, p]时，同样可以执行，只是此时只将 k 的值返回到默认变量 ans 中。

例 6.19 已知某单位反馈系统的开环传递函数为

$$G(s)=\frac{k}{s(0.01s+1)(0.02s+1)}$$

绘制系统的闭环根轨迹，并确定使系统产生重实根和纯虚根的开环增益。

绘制根轨迹图，在 MATLAB 命令窗口输入

```
clc
clear
close all
%已知系统开环传递函数模型
num=1;
den=conv([0.01 1 0], [0.02 1]);
rlocus(num, den)
[k1, p]=rlocfind(num, den)
[k2, p]=rlocfind(num, den)
title('root locus')
```

运行程序，得到根轨迹曲线如图 6.7 所示。

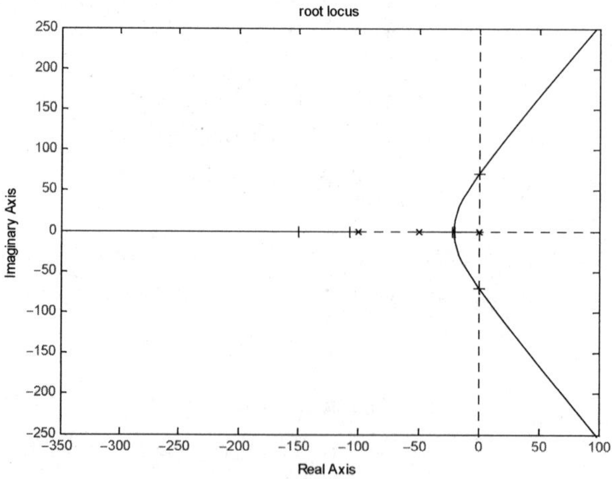

图 6.7 根轨迹曲线

命令窗口显示

```
Select a point in the graphics window
```

用鼠标选中重实根，重实根即两条根轨迹曲线汇合处，命令窗口显示

```
selected_point =
                  -19.9052 + 0.6211i
k1 =
      9.6031
p =
     -107.7221
      -22.1989
      -20.0791
Select a point in the graphics window
```

用鼠标选中纯虚根，纯虚根即根轨迹与虚轴的交点，命令窗口显示

```
selected_point =
                  -0.9479 + 67.7019i
k2 =
      135.8329
p =
       1.0e+002 *
      -1.4735
      -0.0133 + 0.6788i
      -0.0133 - 0.6788i
```

例 6.20　某开环系统传递函数如下所示：

$$G_o(s)=\frac{k(s+2)}{(s^2+4s+3)^2}$$

要求绘制系统的闭环根轨迹，分析其稳定性，并绘制出当 $k=55$ 和 $k=56$ 时系统的闭环冲激响应曲线。

编写程序如下：

```
clc
clear
close all
%已知系统传递函数模型
numo=[1 2];
den=[1 4 3];
deno=conv(den, den);
figure(1)
k=0:0.1:150;
rlocus(numo, deno, k)
title('root locus')
[p, z]=pzmap(numo, deno);
%求出系统临界稳定增益
[k, p1]=rlocfind(numo, deno);
```

```
k
%验证系统的稳定性
figure(2)
subplot(211)
k=55;
num2=k*[1 2];
den=[1 4 3];
den2=conv(den, den);
[numc, denc]=cloop(num2, den2, -1);
impulse(numc, denc)
title('impulse response k=55');
subplot(212)
k=56;
num3=k*[1 2];
den=[1 4 3];
den3=conv(den, den);
[numcc, dencc]=cloop(num3, den3, -1);
impulse(numcc, dencc)
title('impulse response k=56');
```

运行程序得到根轨迹曲线如图 6.8 所示，由于左半平面稳定，所以，虚轴上的 k 值就是系统的临界稳定开环增益。

```
Select a point in the graphics window
selected_point=
                    0.0083 + 3.1832i
k=
     56.8257
```

由于系统的临界稳定开环增益大约为 56，所以需要进行验证。系统的冲激响应曲线如图 6.9 所示。从图中可以看出：当 $k=55$ 时系统是稳定的，$k=56$ 时系统是不稳定的。

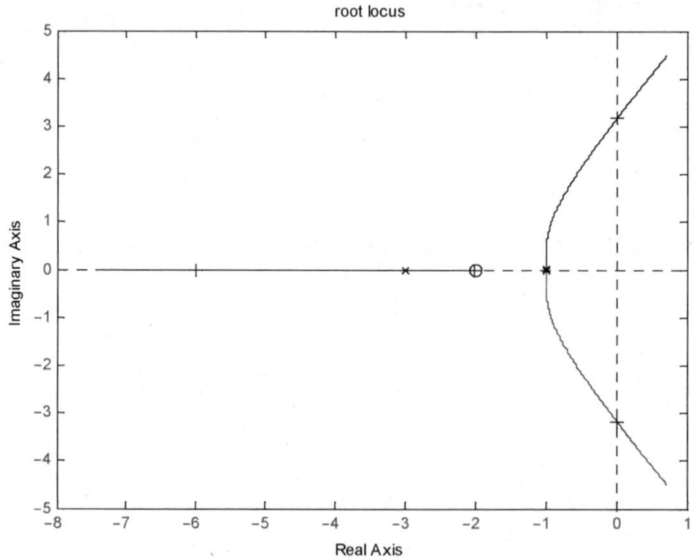

图 6.8　根轨迹曲线

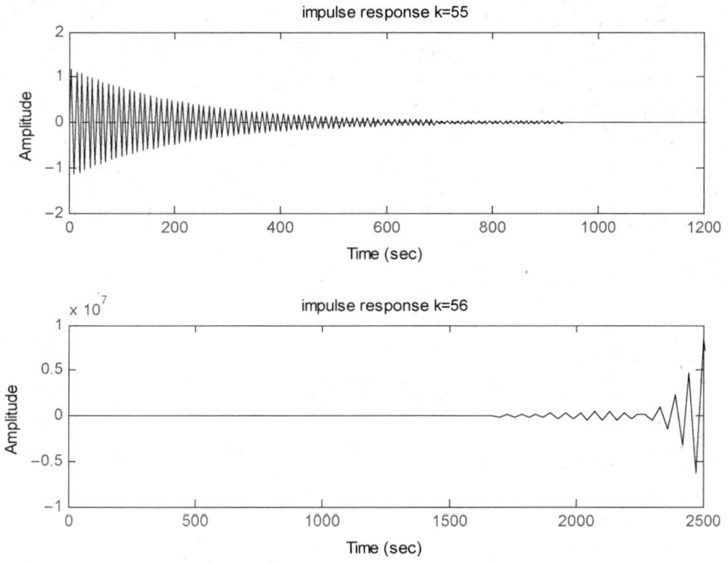

图 6.9　系统的冲激响应曲线

3．sgrid 函数

由控制理论可知，离虚轴近的稳定极点(主导极点)对整个系统的响应贡献最大，且在系统处于临界阻尼状态时，相角为 45°，即在根轨迹图上，应当选择相角为 45°的射线附近的 k 值。通过 `rlocfind`，配合 `sgrid` 函数可以找出合适的增益值。其调用格式如下。

`sgrid`，在现存的屏幕根轨迹或零极点图上绘制出自然振荡频率 `wn`、阻尼比矢量 `z` 对应的栅格线。

`sgrid('new')`，先清屏，再画栅格线。

`sgrid(z, wn)`，绘制由用户指定的阻尼比矢量 `z`、自然振荡频率 `wn` 对应的栅格线。

例 6.21　系统开环传递函数为

$$G(s)=\frac{k}{s(s+1)(s+2)}$$

试寻找一个合适的 k 值使得闭环系统具有较理想的阶跃响应。

编写程序如下：

```
%开环系统描述
clc;clear;close all
num=1;
den=conv([1 0], conv([1 1], [1 2]));
z=[0.1:0.2:1];
wn=[1:6];
sgrid(z, wn);
text(-0.3, 2.4, 'z=0.1')
text(-0.8, 2.4, 'z=0.3')
text(-1.2, 2.1, 'z=0.5')
text(-1.8, 1.8, 'z=0.7')
text(-2.2, 0.9, 'z=0.9')
```

通过 `sgrid` 指令可以绘出指定阻尼比矢量 `z` 和自然振荡频率 `wn` 对应的栅格线。

```
hold on
rlocus(num, den)
axis([-4 1 -4 4])
```

```
[k, p]=rlocfind(num, den)
%由控制理论可知，离虚轴近的稳定极点对整个系统的响应贡献大
%通过 rlocfind，配合前面所画的 z 及 wn 栅格线
%从而可以找出能产生主导极点的阻尼比
%z=0.707 的合适增益
[numc, denc]=cloop(k, den);
figure(2)
step(numc, denc)
```

程序运行结果如下：

```
Select a point in the graphics window
selected_point=
                    -0.3685 + 0.4348i
k=
     0.7378
p=
    -2.2593
    -0.3703 + 0.4352i
    -0.3703 - 0.4352i
```

绘制出与自然振荡频率 wn、阻尼比矢量 z 对应的栅格线的根轨迹曲线，如图 6.10 所示，阶跃响应曲线如图 6.11 所示。

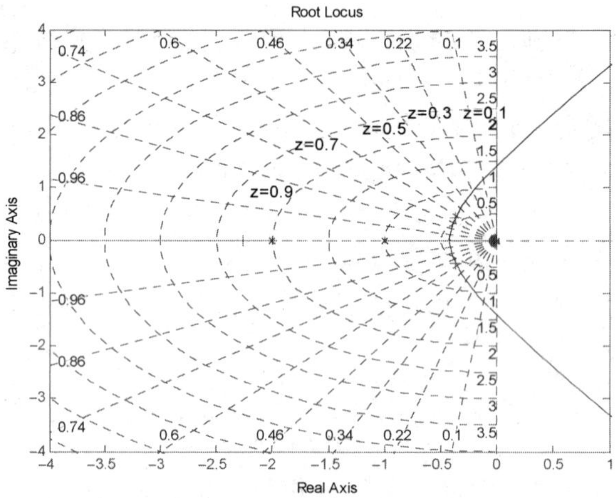

图 6.10　与自然振荡频率 wn、阻尼比矢量 z 对应的栅格线的根轨迹曲线

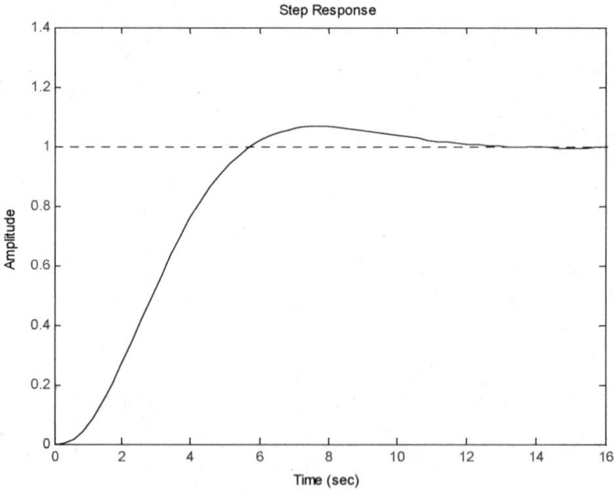

图 6.11　阶跃响应曲线

6.3　控制系统的频域分析

系统的频域分析是控制系统分析中一种重要的方法，频率响应主要研究系统的频率行为，从频率响应中可以得到带宽、增益、转折频率、闭环稳定性等特征。MATLAB 控制系统工具箱中提供了丰富的频域分析函数，这些函数及说明见表 6.2。

表 6.2　频域分析函数及说明

函　数	说　明
bode	连续系统 Bode 图
dbode	离散系统 Bode 图
fbode	连续系统快速 Bode 图
freqs	Laplace 变换，幅频和相频响应
nichols	连续系统的 Nichols 曲线
dnichiols	离散系统的 Nichols 曲线
nyquist	连续系统的 Nyquist 曲线
dnyquist	离散系统的 Nyquist 曲线
sigma	连续奇异值频率图
dsigma	离散奇异值频率图
margin	增益裕度和相角裕度及对应的转折频率
ngrid	Nichols 方格图

6.3.1　bode 函数

MATLAB 提供了 bode 函数来绘制系统的 Bode 图，其用法如下。

bode(num, den)，可绘制出以连续时间多项式传递函数表示的系统的 Bode 图。

bode(a, b, c, d, iu, w)或 bode(num, den, w)，可利用指定的角频率 w 矢量绘制系统的 Bode 图。由于横坐标按对数分度，因此 w 必须由 logsapce(对数生成语句)生成。

bode(a, b, c, d)，自动绘制出系统的一组 Bode 图，它们是针对连续状态空间系统[a, b, c, d]的每个输入的 Bode 图。其中频率范围由函数自动选取，而且在响应快速变化的位置会自动采用更多采样点。

bode(a, b, c, d, iu)，可得到从系统第 iu 个输入到所有输出的 Bode 图。

当带输出变量[mag, pha, w]或[mag, pha]引用函数时，可得到系统 Bode 图相应的幅值 mag、相角 pha 及角频率 w 矢量或只返回幅值与相角。相角以度为单位，幅值单位可转换为 dB：magdB=20×log10(mag)。

例 6.22　对于单输入-单输出系统 $H(s)=\dfrac{s^2+0.1s+7.5}{s^4+0.12s^3+9s^2}$，绘制其频率范围为 0.1～100 rad/s 的 Bode 图，同时采取采样周期 0.5 s，将其离散化，绘制其离散系统的 Bode 图。

编写程序如下：

```
g=tf([1 0.1 7.5], [1 0.12 9 0 0]);
bode(g, {0.1 , 100})
gd=c2d(g, 0.5)
bode(g, 'r', gd, 'b--')      %红色(实线)为连续系统，蓝色(虚线)为离散系统
```

运行程序，得到 Bode 图如图 6.12 所示。

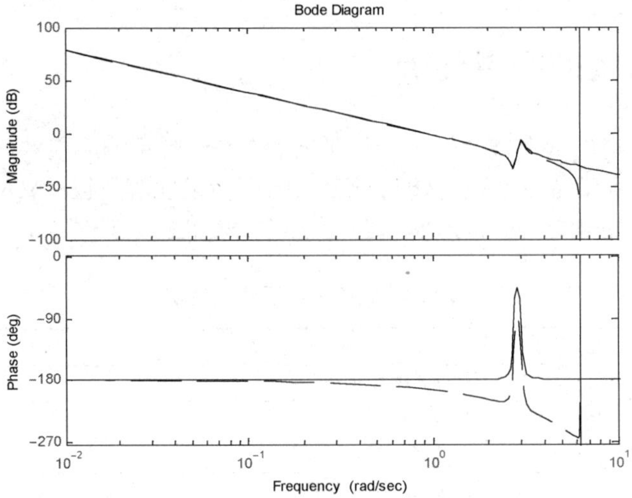

图 6.12 系统的 Bode 图

6.3.2 nyquist 函数

MATLAB 提供了 nyquist 函数来绘制系统的极坐标图，其用法如下。

nyquist(num, den)，可绘制出以连续时间多项式传递函数表示的系统的极坐标图。

nyquist(num, den, w)或 nyquist(a, b, c, d, iu, w)，可利用指定的角频率 w 矢量绘制出系统的极坐标图。

nyquist(a, b, c, d)，绘制出系统的一组 Nyquist 曲线，每条曲线对应连续状态空间系统[a, b, c, d]的输入/输出组合对。其中频率范围由函数自动选取，而且在响应快速变化的位置会自动采用更多采样点。

nyquist(a, b, c, d, iu)，可得到从系统第 iu 个输入到所有输出的极坐标图。

当不带返回参数时，直接在屏幕上绘制出系统的极坐标图(图上用箭头表示 w 的变化方向，从负无穷到正无穷)。当带输出变量[re, im, w]引用函数时，可得到系统频率特性函数的实部 re 和虚部 im 及角频率 w 矢量(为正的部分)。可以用 plot(re, im)绘制出对应 w 从负无穷到零变化的部分。

例 6.23 已知某系统的开环传递函数为

$$G(s)=\frac{26}{(s+6)(s-1)}$$

要求绘制系统的 Nyquist 曲线，求出系统的单位阶跃响应。

编写程序如下：

```
clear
close all
k=26;
z=[];
p=[-6 1];
[num, den]=zp2tf(z, p, k);
figure(1)
subplot(211)
nyquist(num, den)
subplot(212)
```

```
[numc, denc]=cloop(num, den);
step(numc, denc)
```

运行程序得到 Nyquist 曲线和单位阶跃响应曲线如图 6.13 所示。

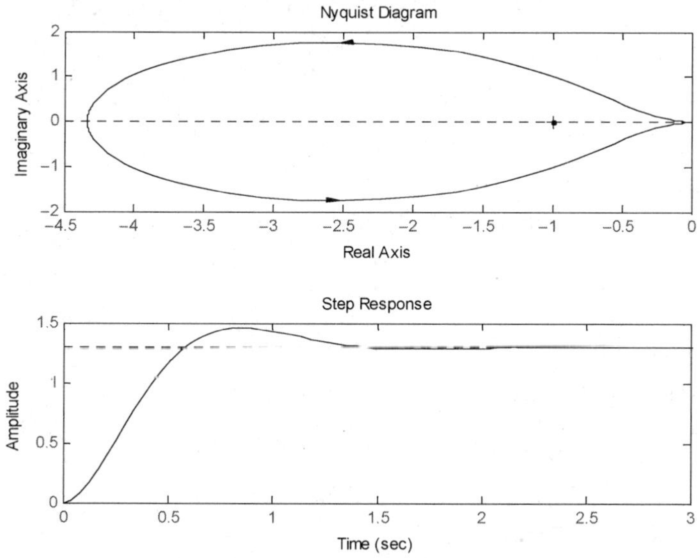

图 6.13　Nyquist 曲线和单位阶跃响应曲线

6.3.3　其他常用频域分析函数

MATLAB 除提供前面介绍的基本频域分析函数外，还提供了大量在工程实际中广泛应用的库函数，由这些函数可以求得系统的各种频率响应曲线和特征值。例如，

margin：求幅值裕度和相角裕度及对应的转折频率；

freqs：模拟滤波器特性；

nichols：求连续系统的 Nichols 频率响应曲线(即对数幅相曲线)；

ngrid：Nichols 方格图。

1. margin 函数

margin 函数可以从频率响应数据中计算出幅值裕度、相角裕度及对应的频率。幅值裕度和相角裕度是针对开环 SISO系统而言的，它指示出系统闭环时的相对稳定性。当不带输出变量引用时，margin(sys)可在当前图形窗口中绘制出带有裕量及相应频率显示的 Bode 图，其中幅值裕度以 dB 为单位，sys 为系统模型描述。

幅值裕度是在相角为−180° 处使开环增益为 1 的增益量，如在−180° 相角处的开环增益为 g，则幅值裕度为 1/g；若用 dB 表示幅值裕度，则等于-20*log10(g)。类似地，相角裕度是当开环增益为 1.0 时，相应的相角与 180° 角的和。

margin(mag, phase, w)，由 bode 指令得到的幅值 mag(不是以 dB 为单位）、相角 phase 及角频率 w 矢量绘制出带有裕量及相应频率显示的 Bode 图。

margin(num, den)，可计算出连续系统传递函数表示的幅值裕度和相角裕度并绘制相应的 Bode 图。类似地，margin(a, b, c, d)可以计算出连续状态空间系统表示的幅值裕度和相角裕度并绘制相应的 Bode 图。

[gm, pm, wcg, wcp]=margin(mag, phase, w)，由幅值mag(不是以dB为单位)、相角 phase 及角频率 w 矢量计算出系统幅值裕度和相角裕度及相应的相角交界频率 wcg、截

止频率 wcp，而不直接绘出 Bode 图。

例 6.24　某系统的开环传递函数为$G(s)=\dfrac{k}{s(s+1)(0.2s+1)}$，求 k 分别为 2 和 20 时的幅值裕度与相角裕度，并由 margin 绘制出幅值裕度和相角裕度的 Bode 图。

编写程序如下：

```
clear
clc
close all
num1=2;num2=20;
den=conv([1 0], conv([1 1], [0.2 1]));
figure(1)
margin(num1, den)
figure(2)
margin(num2, den);
```

运行程序，得到幅值裕度和相角裕度的 Bode 图如图 6.14 所示。

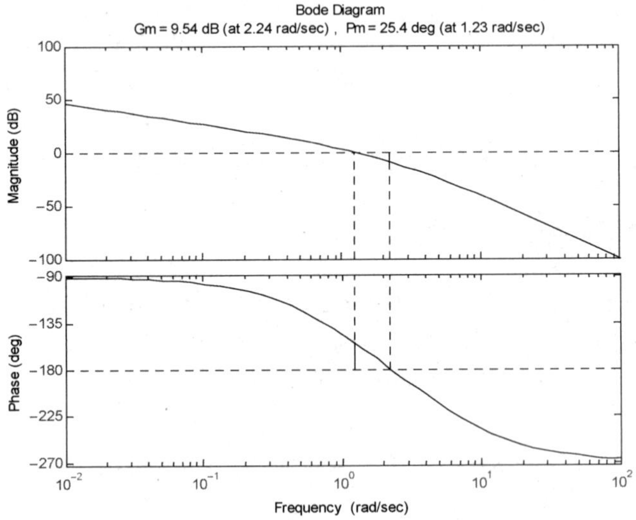

(a) $k=2$ 时幅值裕度和相角裕度的 Bode 图

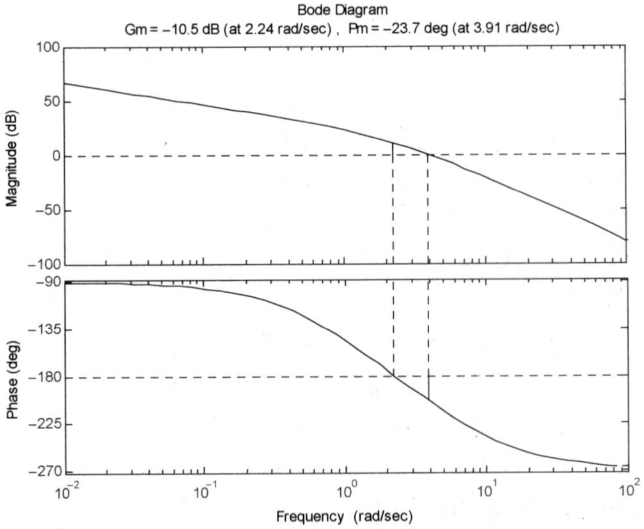

(b) $k=20$ 时幅值裕度和相角裕度的 Bode 图

图 6.14　幅值裕度和相角裕度的 Bode 图

2. freqs 函数

freqs 函数用于计算由矢量 $\boldsymbol{a}$ 和 $\boldsymbol{b}$ 构成的模拟滤波器 $H(s)=B(s)/A(s)$的幅频响应。

$$H(s)=\frac{B(s)}{A(s)}=\frac{b(1)s^m+b(2)s^{m-1}+\cdots+b(m+1)}{1\cdot s^n+a(2)s^{n-1}+\cdots+a(n+1)}$$

h=freqs(b, a, w)，用于计算模拟滤波器的幅频响应，其中实矢量 w 用于指定频率值，返回值 h 为一个复数行向量，对其取绝对值 abs，即求模，就可得到幅值。

[h, w]=freqs(b, a)，自动设定 200 个频率点来计算频率响应，这 200 个频率值记录在 w 中。

[h, w]=freqs(b, a, n)，设定 n 个频率点计算频率响应。

不带输出变量的 freqs 函数，将在当前图形窗口中绘制出幅频和相频曲线，其中幅相曲线对纵坐标与横坐标均为对数分度。

例 6.25　给定系统，其传递函数为 $H(s)=\dfrac{0.2s^2+0.3s+1}{s^2+0.4s+1}$，绘制其频率响应曲线。

编写程序如下：

```
a=[1 0.4 1];
b=[0.2 0.3 1];
w=logspace(-1, 1);
freqs(b, a, w)
```

运行程序得到频率响应曲线如图 6.15 所示。

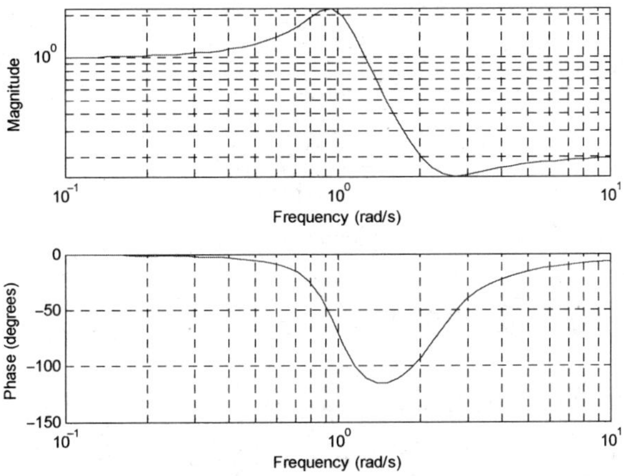

图 6.15　频率响应曲线

也可输入如下程序：

```
h=freqs(b, a, w);
mag=abs(h);
phase=angle(h);
subplot(2, 1, 1), loglog(w, mag)
subplot(2, 1, 2), semilogx(w, phase)
```

运行程序可得到相同的结果。

3. nichols 函数

nichols 函数用于求连续系统的 Nichols 频率响应曲线(即对数幅相曲线)，其调用格式为

```
nichols
```

```
nichols(sys)
nichols(sys, w)
nichols(sys1, sys2, …, sysN, w)
```

例 6.26　如例 6.25 中的系统，绘制其 Nichols 频率响应曲线。

编写程序如下：

```
num=[0.2 0.3 1];
den=[1 0.4 1];
H=tf(num, den)
nichols(H); ngrid
```

运行程序得到 Nichols 频率响应曲线如图 6.16 所示。

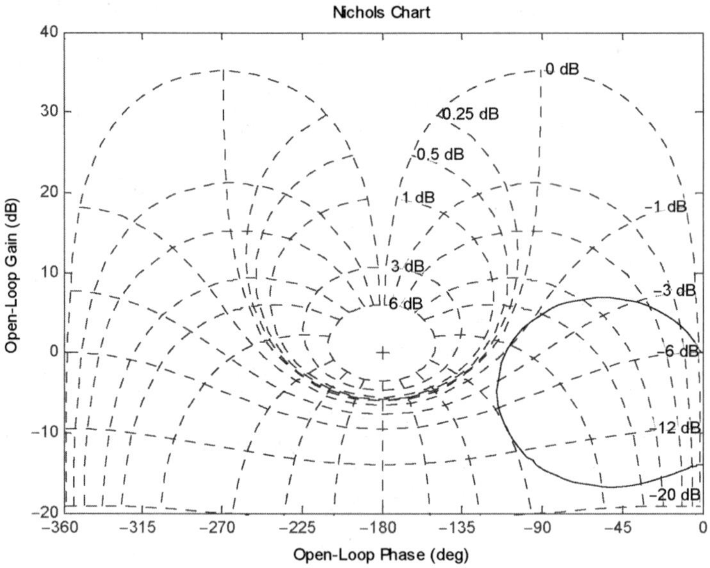

图 6.16　Nichols 频率响应曲线

6.4　控制系统仿真实例分析

本节介绍控制系统中的经典对象——小车倒摆系统的仿真分析。图 6.17 为小车倒摆系统示意图，倒摆由无质量的轻杆和小球组成，m 和 M 分别为倒摆小球和小车的质量，水平驱动力 u 作为系统的控制输入，小车的水平坐标 x 和倒摆偏离垂直方向的角度 θ 作为系统的输出，要求在保持倒摆垂直不倒的情况下实现对小车水平位置的控制。

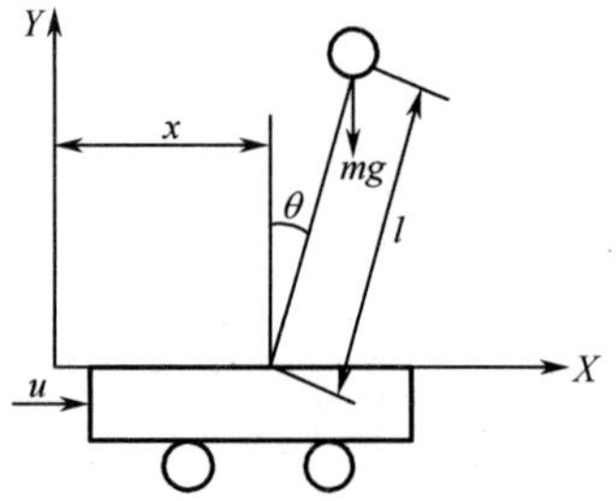

图 6.17　小车倒摆系统示意图

该系统的动力学模型如下。

基本方程：

$$M\frac{\mathrm{d}^2}{\mathrm{d}t^2}x+m\frac{\mathrm{d}^2}{\mathrm{d}t^2}x_{\mathrm{G}}=u$$

其中小球中心坐标为 $x_{\mathrm{G}}=x+l\sin\theta$，$y_{\mathrm{G}}=l\cos\theta$，得

$$(M+m)\ddot{x}-ml(\sin\theta)\dot{\theta}^2+ml(\cos\theta)\ddot{\theta}=u$$

令 $F_x=m\frac{\mathrm{d}^2}{\mathrm{d}t^2}x_{\mathrm{G}}$，$F_y=m\frac{\mathrm{d}^2}{\mathrm{d}t^2}y_{\mathrm{G}}$，$(F_x\cos\theta)l-(F_y\sin\theta)l=(mg\sin\theta)l$，得

$$m\ddot{x}\cos\theta + ml\ddot{\theta} = mg\sin\theta$$

将方程表示成标准的状态方程 $\frac{\mathrm{d}}{\mathrm{d}t}Z = f(Z,u,t)$ 形式，得

$$\ddot{x} = \frac{u + ml(\sin\theta)\dot{\theta}^2 - mg\cos\theta\sin\theta}{M + m - m\cos^2\theta}$$

$$\ddot{\theta} = \frac{u\cos\theta - (M+m)g\sin\theta + ml(\cos\theta\sin\theta)\dot{\theta}^2}{ml\cos^2\theta - (M+m)l}$$

令 $z_1 = \theta,\ z_2 = \dot{\theta},\ z_3 = x,\ z_4 = \dot{x}$，得倒摆系统的状态方程表示的模型为

$$\frac{\mathrm{d}}{\mathrm{d}t}z = \begin{bmatrix} z_2 \\ \ddot{\theta} \\ z_4 \\ \ddot{x} \end{bmatrix},\quad \boldsymbol{y} = \begin{bmatrix} \theta \\ x \end{bmatrix} = \begin{bmatrix} 1\,0\,0\,0 \\ 0\,0\,1\,0 \end{bmatrix}\begin{bmatrix} z_1 \\ z_2 \\ z_3 \\ z_4 \end{bmatrix}$$

将其于垂直位置线性化，得其线性化模型为

$$\boldsymbol{y} = \begin{bmatrix} \theta \\ x \end{bmatrix} = \begin{bmatrix} 1\,0\,0\,0 \\ 0\,0\,1\,0 \end{bmatrix}\begin{bmatrix} z_1 \\ z_2 \\ z_3 \\ z_4 \end{bmatrix}$$

$$\frac{\mathrm{d}}{\mathrm{d}t}\delta Z = \begin{bmatrix} 0 & 1 & 0 & 0 \\ \frac{(M+m)g}{Ml} & 0 & 0 & 0 \\ 0 & 0 & 0 & 1 \\ -\frac{mg}{M} & 0 & 0 & 0 \end{bmatrix}\delta Z + \begin{bmatrix} 0 \\ \frac{-1}{Ml} \\ 0 \\ \frac{1}{M} \end{bmatrix}\delta u$$

1．建立该系统的线性化与非线性模型，仿真得到其开环系统的阶跃响应。

(1) 根据系统的状态方程，编写 M 函数，建立基本的非线性模型 invpnnl1.m，函数如下：

```
function zdot=invpnnl1(t,z)
  global u M m g len
  zdot=zeros(size(z));
  c1=(M+m);  c2=m*len;  c3=m*g;  c4=(M+m)*len;  c5=(M+m)*g;
  zdot(1)=z(2);
  top2=u*cos(z(1))-c5*sin(z(1))+c2*cos(z(1))*sin(z(1))*z(2)^2;
  zdot(2)=top2/(c2*cos(z(1))^2-c4);
  zdot(3)=z(4);
  top4=u+c2*sin(z(1))*z(2)^2-c3*cos(z(1))*sin(z(1));
  zdot(4)=top4/(c1-m*cos(z(1))^2);
```

(2) 建立 M 文件 invpkaihuan.m，建立线性化模型，仿真得到非线性和线性化模型的开环阶跃响应，验证开环系统的不稳定性，编写程序如下：

```
clc
clear all,  close all,  nfig=0;
%为非线性或线性化模型建立基本的数据，验证开环系统的不稳定性
```

```
%比较非线性模型与线性化模型的阶跃响应曲线
%基本数据
  global u M m g len                        %在 invpnnl1.m 文件中使用的常量
  M=2.0;m=0.1;                              %小车与小球的质量(kg)
  len=0.5;                                  %倒摆的杆长
  g=9.81;                                   %重力加速度
%输入力矩 u=1 时求非线性系统的阶跃响应曲线
  u=1; to=0; tf=1.0;
  zo=[0 0 0 0]'; tol=1.0e-6;
  options=odeset('RELTOL',tol);
  [tnl1,znl1]=ode23('invpnnl1',[to tf],zo,options);
%创建线性化模型的状态空间矩阵
  c1=M*len; c2=m*len; c3=m*g;  c4=(M+m)*g;
  A1=[0 1 0 0;c4/c1 0 0 0;0 0 0 1;-c3/M 0 0 0];
  B1=[0 -1/c1 0 1/M]';
  C1=[1 0 0 0;0 0 1 0]; D1=[0 0]';
  disp('State Space Matrices for the Analytically Determined Linear Model')
  A1,  B1,  C1,  D1
%计算状态矩阵的特征值
  disp('Eigenvalues of the"Analytical Linear Model"'); ev=eig(A1)
%确定线性化模型的阶跃响应
  tl=linspace(to,tf,31);
  sysl1=ss(A1,B1,C1,D1);  [yl1,tl,zl1]=step(sysl1,tl);
%比较非线性与线性化模型的结果(开环)
  nfig=nfig+1;  figure(nfig);
  subplot(2,1,1),plot(tnl1,znl1(:,1),'g-',tl,zl1(:,1),'go'),grid
  title('Inverted Pendulum Rod Angle (step response)')
  xlabel('Time(sec)'),ylabel('Rod Angle(radians)')
  legend('nonlinear','linear')
%
  subplot(2,1,2),plot(tnl1,znl1(:,3),'r-',tl,zl1(:,3),'ro'),grid
  title('Inverted Pendulum Cart Position(step response)')
  xlabel('Time(sec)'),ylabel('Cart Position(m)')
  legend('nonlinear','linear')
```

程序运行结果如下：

```
State Space Matrices for the Analytically Determined Linear Model
A1=
         0    1.0000         0         0
   20.6010         0         0         0
         0         0         0    1.0000
   -0.4905         0         0         0
B1=
         0
   -1.0000
         0
    0.5000
```

```
C1=
     1     0     0     0
     0     0     1     0
D1=
     0
     0
Eigenvalues of the"Analytical Linear Model"
ev =
     0
     0
     4.5388
    -4.5388
```

系统的开环阶跃响应如图 6.18 所示，从仿真结果可以看出，开环系统为不稳定系统。

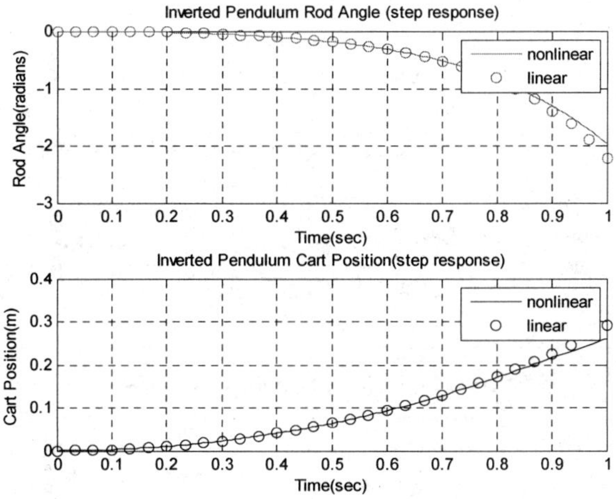

图 6.18　开环阶跃响应

2. 建立经典PID控制，整定PID参数，仿真得到其非线性和线性化后系统的开环和闭环阶跃响应。

(1) 采用 S 函数编写系统的非线性模型 invpnnl2.m，函数如下：

```
function[zdot,zo]=invpnnl2(t,z,u,flag,M,m,g,len)
%返回参数大小和初始条件
if flag==0, zdot=[4 0 2 1 0 0];  zo=zeros(4,1);
%返回连续状态的导数(列向量)
  elseif flag==1
    c1=(M+m);c2=m*len;c3=m*g;c4=(M+m)*len;c5=(M+m)*g;
    zdot(1)=z(2);
    top2=u*cos(z(1))-c5*sin(z(1))+c2*cos(z(1))*sin(z(1))*z(2)^2;
    zdot(2)=top2/(c2*cos(z(1))^2-c4);
    zdot(3)=z(4);
    top4=u+c2*sin(z(1))*z(2)^2-c3*cos(z(1))*sin(z(1));
zdot(4)=top4/(c1-m*cos(z(1))^2);
zdot=zdot';
%返回输出向量(列向量)
elseif flag==3
    zdot(1)=z(1); zdot(2)=z(3); zdot=zdot';
else
```

```
    zdot=[ ];
end
```

(2) 建立包含 S 函数模块的 Simulink 仿真开环方框图 invpnsl.mdl 如图 6.19 所示；包含倒摆角度反馈的 Simulink 仿真方框图 invpnsl1.mdl 如图 6.20 所示；包含小车位置反馈的 Simulink 仿真方框图 invpnsl2.mdl 如图 6.21 所示；包含小车位置反馈和倒摆角度反馈的 Simulink 仿真方框图 invpnsl3.mdl 如图 6.22 所示。

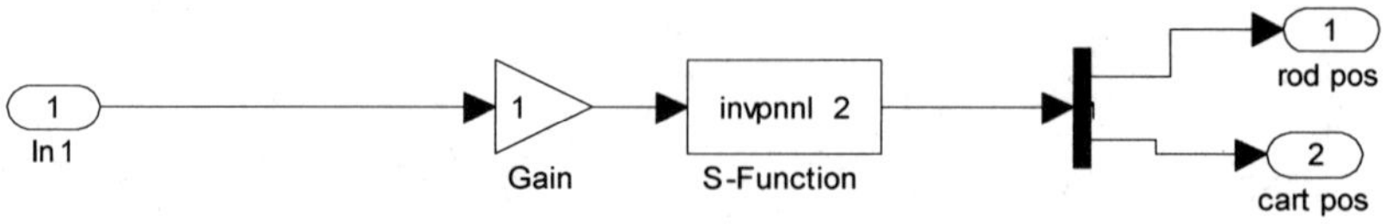

图 6.19　Simulink 仿真开环方框图 invpnsl.mdl

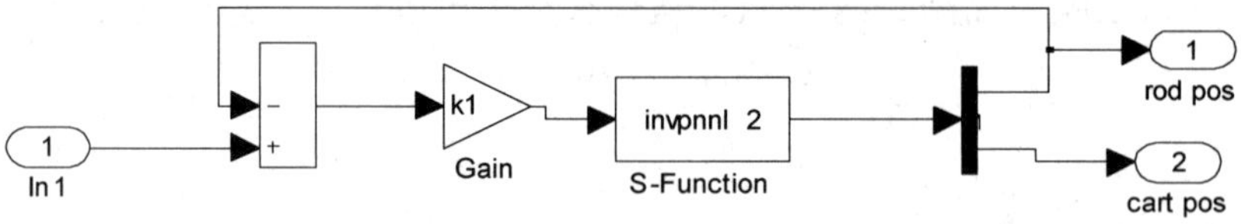

图 6.20　包含倒摆角度反馈的 Simulink 仿真方框图 invpnsl1.mdl

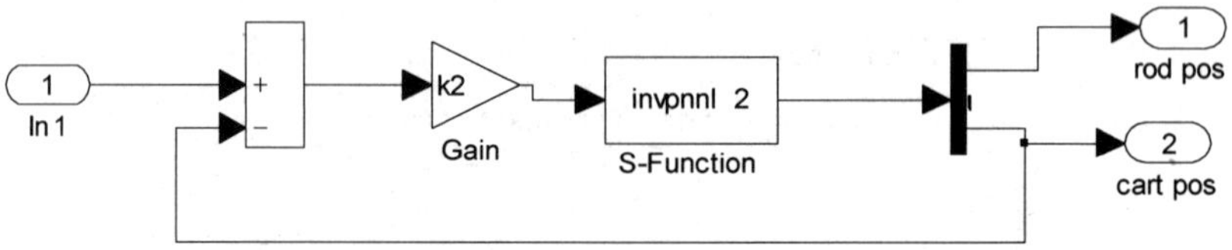

图 6.21　包含小车位置反馈的 Simulink 仿真方框图 invpnsl2.mdl

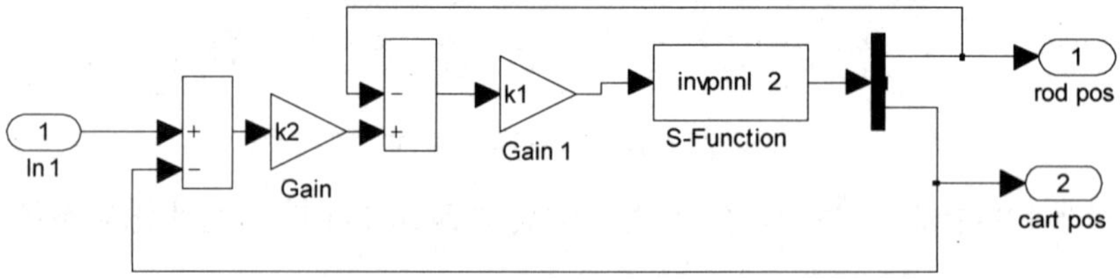

图 6.22　包含小车位置反馈和倒摆角度反馈的 Simulink 仿真方框图 invpnsl3.mdl

(3) 建立 M 函数 invfankui.m 整定 PID 参数，增益依次设为 `K1=[0.1 1 10 100 500 1000 5000]; K2=[0.1 1 10 100 500 1000 5000]`，仿真后可得到其非线性和线性化后系统的开环和闭环阶跃响应。

编写程序如下：

```
%使用 S 函数来描述非线性系统，使用 Simulink 中的 sim 函数来仿真非线性系统
%使用 Simulink 的 linmod 命令来计算系统在参考点处的线性化模型
%当输入 u=1 时仿真非线性系统得其仿真曲线
  clc,close all ,clear, nfig=0
  M=2.0;m=0.1;                         %小车与小球的质量(kg)
  len=0.5;                             %倒摆的杆长
  g=9.81;                              %重力加速度
%输入力矩 u=1 时非线性系统的阶跃响应曲线
  u=1; to=0; tf=1.0;
  zo=[0 0 0 0]'; tol=1.0e-6;
  invpnsl                              %显示包含非线性 S 函数模型的 Simulink 模型
```

```
  ut=[to u;tf u];
  options=simset('RelTol',tol);
  [tnl2,znl2,ynl2]=sim('invpnsl',[to tf],options,ut);
%创建线性化模型的状态空间矩阵
  c1=M*len; c2=m*len; c3=m*g;  c4=(M+m)*g;
  A1=[0 1 0 0;c4/c1 0 0 0;0 0 0 1;-c3/M 0 0 0];
  B1=[0 -1/c1 0 1/M]';
  C1=[1 0 0 0;0 0 1 0]; D1=[0 0]';
  disp('State Space Matrices for the Analytically Determined Linear Model')
  A1,  B1,  C1,  D1
%计算状态矩阵的特征值
  disp('Eigenvalues of the"Analytical Linear Model"'); ev=eig(A1)
  [A2,B2,C2,D2]=linmod('invpnsl',zo,0);
  disp('State Space Matrices for the Numerically Determined Linear Model')
  A2,B2,C2,D2
%计算状态矩阵的特征值
  disp('Eigenvalues of the "Numerical Linear Model"');  ev=eig(A2)
%确定线性系统的阶跃响应
  tl=linspace(to,tf,31);
  sysl2=ss(A2,B2,C2,D2);  [yl2,tl,zl2]=step(sysl2,tl);
%比较非线性模型与线性化模型的仿真结果(开环)
  nfig=nfig+1;  figure(nfig);
  subplot(2,1,1),plot(tnl2,znl2(:,1),'g-',tl,zl2(:,1),'go'),grid
  title('S-Fun Inverted Pendulum Rod Angle (step response)')
  xlabel('Time(sec)'),ylabel('Rod Angle(radians)')
  legend('nonlinear','linear')
%
  subplot(2,1,2),plot(tnl2,znl2(:,3),'r-',tl,zl2(:,3),'ro'),grid
  title('S-Fun Inverted Pendulum Cart Position(step response)')
  xlabel('Time(sec)'),ylabel('Cart Position(m)')
  legend('nonlinear','linear')
%设计最简单的经典控制器来稳定系统，针对小车位置的闭环系统进行仿真
%对在 Simulink 模型中使用的矩阵进行初始化
  A=A1;B=B1;C=C1;D=D1;
%倒摆角度的反馈
  invpnsl1                       %显示相关 Simulink 仿真模型(倒摆角度反馈)
  disp('Following data for ROD POSITION feedback:');
  K1=[0.1 1 10 100 500 1000 5000];
  for j=1:7
    k1=-K1(j),[A1,B1,C1,D1]=linmod('invpnsl1'); eig(A1)
  end

%小车位置的反馈
  invpnsl2                       %显示相关 Simulink 仿真模型(小车位置反馈)
  disp('Following data for CART POSITION feedback:');
  K2=[0.1 1 10 100 500 1000 5000];
  for j=1:7
```

```
    k2=-K2(j),[A2,B2,C2,D2]=linmod('invpnsl2'); eig(A2)
  end
%同时加入两个反馈回路(小车位置与倒摆角度)
  invpnsl3                          %显示相关 Simulink 仿真模型(两个反馈回路)
  disp('Closed loop system with two feedback loops');
  k1=-50,k2=-2                      %默认的增益值
  nfig=nfig+1; cont='y';
  while cont=='y'
  [A3,B3,C3,D3]=linmod('invpnsl3');   eig(A3)
%仿真系统的阶跃响应
  to=0; tf=10; tlf=linspace(to,tf,101);
  sysl3=ss(A3,B3,C3,D3);[ylf,tlf,zlf]=step(sysl3,tlf);
  figure(nfig);
  subplot(3,1,1),plot(tlf,ylf(:,1),'r-'),grid
  title(['Linear Inverted Pendulum Behavior(k1=',…
     num2str(k1),'&k2=',num2str(k2),')'])
  ylabel('Rod Angle (radians)')
%
  subplot(3,1,2),plot(tlf,ylf(:,2),'r-'),grid
  ylabel('Cart Position(m)')
%
  u=-k1*ylf(:,1)+k2*(1-ylf(:,2));
  subplot(3,1,3),plot(tlf,u,'g-'),grid
  xlabel('Time(sec)'),ylabel('Input Force(N)')
%
  cont=input('Select different gains?(y/n):','s');
  if isempty(cont); cont='n';  end
  if cont=='y'
    disp('Input values for gains(k1&k2)')
    k1=input('k1='); k2=input('k2=');
   end
 end
%
%绘制仿真结果曲线
  nfig=nfig+1;  figure(nfig);
  plot(tlf,ylf(:,1),'g-'),grid
  title(['Inverted Pendulum Rod Position(k1=',…
     num2str(k1),'&k2=',num2str(k2),')'])
  xlabel('Time(sec)'),ylabel('Rod Angle(radians)')

%
  nfig=nfig+1;  figure(nfig);
  plot(tlf,ylf(:,2),'r-'),grid
  title(['Inverted Pendulum Cart Position(k1=',…
     num2str(k1),'&k2=',num2str(k2),')'])
  xlabel('Time(sec)'),ylabel('Cart Position(m)')
```

```
%
  nfig=nfig+1;  figure(nfig);
  plot(tlf,u,'b-'),grid
  title(['Inverted Pendulum Input Force(k1=',…
     num2str(k1),'&k2=',num2str(k2),')'])
  xlabel('Time(sec)'),ylabel('Input Force (N)')

  disp('End of simulation')
%仿真结束
```

程序运行结果如下：

```
nfig=
        0
State Space Matrices for the Analytically Determined Linear Model
A1=
           0    1.0000         0         0
     20.6010         0         0         0
           0         0         0    1.0000
     -0.4905         0         0         0
B1=
           0
     -1.0000
           0
      0.5000
C1=
      1     0     0     0
      0     0     1     0
D1=
      0
      0
Eigenvalues of the"Analytical Linear Model"
ev=
      0
      0
      4.5388
     -4.5388
State Space Matrices for the Numerically Determined Linear Model
A2=
           0    1.0000         0         0
      0.0535         0         0         0
           0         0         0    1.0000
     -0.0250         0         0         0
B2=
           0
     -0.0510
           0
      0.5000
C2=
```

```
    1.0000         0         0         0
         0         0    1.0000         0
D2=
    0
    0
Eigenvalues of the "Numerical Linear Model"
ev=
         0
         0
    0.2313
   -0.2313
Following data for ROD POSITION feedback:
k1=
   -0.1000
ans=
         0
         0
    0.2200
   -0.2200
k1=
   -1
ans=
         0
         0
    0.0505
   -0.0505
k1=
   -10
ans=
    0
    0
    0 + 0.6754i
    0 - 0.6754i
k1=
   -100
ans=
    0
    0
    0 + 2.2457i
    0 - 2.2457i
k1=
   -500
ans=
    0
    0
    0 + 5.0429i
    0 - 5.0429i
```

```
k1=
    -1000
ans=
      0
      0
      0 + 7.1355i
      0 - 7.1355i
k1=
    -5000
ans=
       0
       0
       0 +15.9621i
       0 -15.9621i
Following data for CART POSITION feedback:
k2=
      -0.1000
ans=
      -0.2514
      -0.2008
       0.2514
       0.2008
k2=
      -1
ans=
      -0.7091
      -0.2251
       0.2251
       0.7091
k2=
      -10
ans=
      -2.2366
      -0.2257
       0.2257
       2.2366
k2=
      -100
ans=
      -7.0712
       7.0712
      -0.2258
       0.2258
k2=
      -500
ans=
      -15.8115
```

```
        15.8115
        -0.2258
         0.2258
k2=
        -1000
ans=
       -22.3607
        22.3607
        -0.2258
         0.2258
k2=
        -5000
ans=
        -50.0000
         50.0000
         -0.2258
          0.2258
Closed loop system with two feedback loops
k1=
        -50
k2=
        -2
ans=
        -0.0000 + 7.2487i
        -0.0000 - 7.2487i
        -0.2202
         0.2202
Select different gains?(y/n)
```

开环响应如图6.23所示，闭环响应如图6.24所示。从仿真波形可以看出，加了反馈控制，并且在增益整定为 k1=-50, k2=-2 的情况下，系统围绕平衡点振荡。

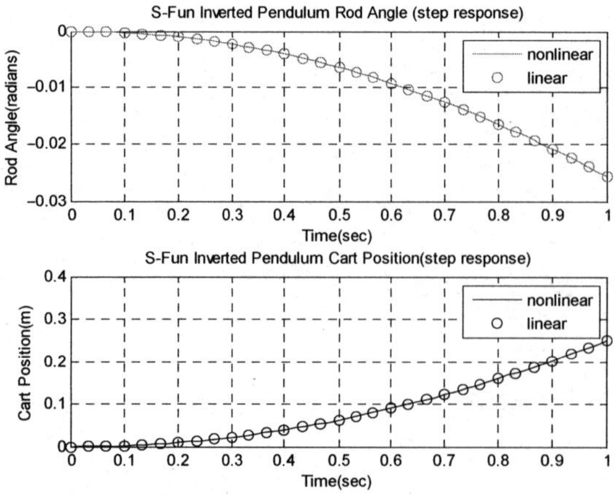

图 6.23　开环响应

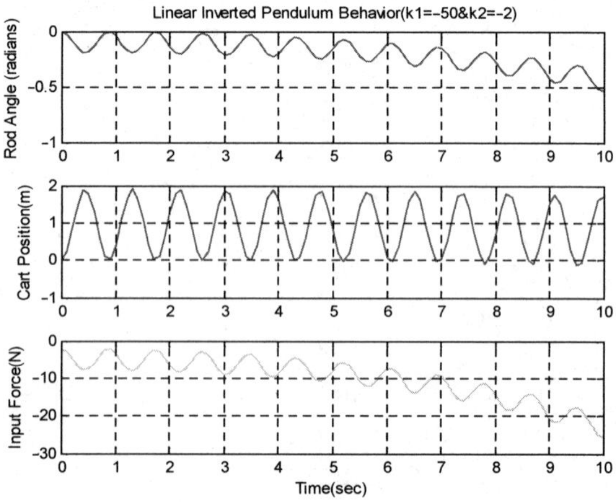

图 6.24　闭环响应

最后一行显示，要用户选择是否需要整定增益。如果需要，则从键盘输入 y；如果不需要，则从键盘输入 n。若输入 n，则 MATLAB 窗口显示

```
Select different gains?(y/n):n
End of simulation
```

得到倒摆位移、角度和输入的响应曲线分别如图 6.25、图 6.26 和图 6.27 所示。仿真结束。

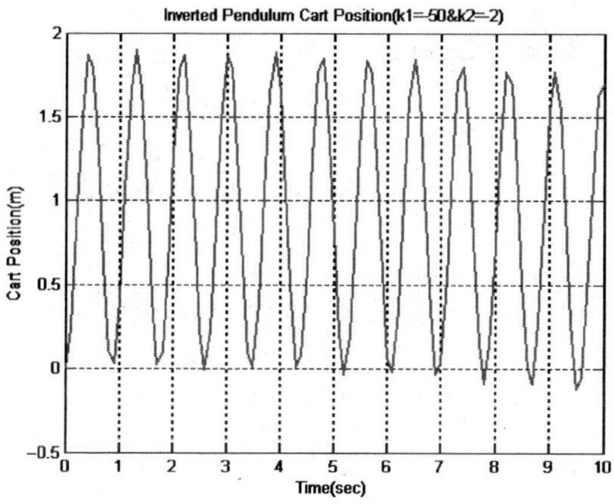

图 6.25 倒摆位移响应曲线

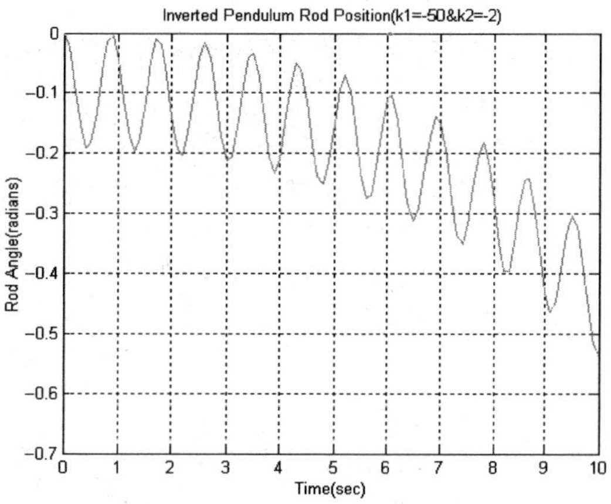

图 6.26 倒摆角度响应曲线

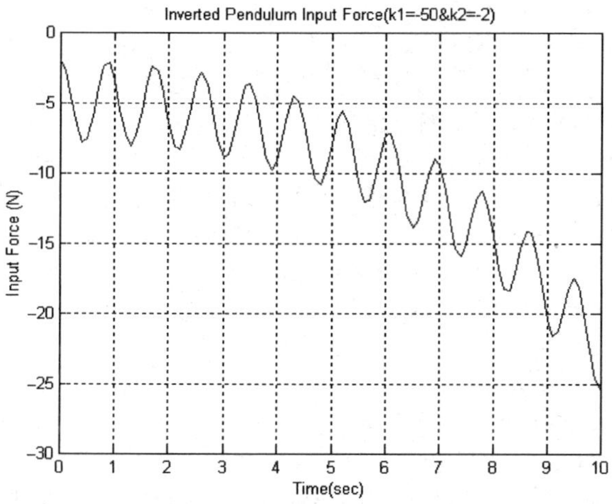

图 6.27 倒摆输入响应曲线

3．设计状态反馈控制器，仿真得到闭环时系统的阶跃响应。

(1) 建立含状态反馈控制器的闭环系统的非线性模型，其 M 函数 invpnnl3.m 如下：

```
function Zdot=invpnnl3(tt,Z)
global u M m g len A B C D Ks Nr L rd
%分离系统状态与估计状态
nn=max(size(A));
zp=Z(1:nn,1);  ze=Z(nn+1:2*nn,1);
%计算全状态的导数(系统状态与观测器状态)
yp=C*zp; u=Nr*rd-Ks*ze;
c1=(M+m); c2=m*len; c3=m*g; c4=(M+m)*len; c5=(M+m)*g;
zpdot(1)=zp(2);
top2=u*cos(zp(1))-c5*sin(zp(1))+c2*cos(zp(1))*sin(zp(1))*zp(2)^2;
zpdot(2)=top2/(c2*cos(zp(1))^2-c4);
zpdot(3)=zp(4);
top4=u+c2*sin(zp(1))*zp(2)^2-c3*cos(zp(1))*sin(zp(1));
```

```
    zpdot(4)=top4/(c1-m*cos(zp(1))^2);
    zedot=A*ze+L*(yp-C*ze)+B*u;
  %得到系统的全状态向量
    Zdot=[zpdot';zedot];
```

(2) 编写 M 文件 INVPN2.m，对倒摆的状态反馈控制系统进行仿真，程序如下：

```
  %文件 invpnnl3.m 为系统的非线性模型
   clc, clear all,  close all,   nfig=0;
    global u M m g len A B C D Ks Nr L rd      %定义在文件中使用的全局变量
    disp('')
  %建立线性化模型，显示倒摆系统是不稳定的
    M=2.0;m=0.1;                               %小车和末端小球的质量(kg)
    len=.5;                                    %倒摆的杆长(m)
    g=9.81;                                    %重力加速度(m/s^2)
  %创建线性化模型的状态方程
    c1=M*len; c2=m*len; c3=m*g;  c4=(M+m)*g;
    A=[0 1 0 0;c4/c1 0 0 0;0 0 0 1;-c3/M 0 0 0];
    B=[0 -1/c1 0 1/M]'
    C=[0 0 1 0];  D=[0];
    disp('State Space Matrices for the Linear Model')
    A,B,C,D
  %计算线性化模型状态矩阵的特征值
    disp('Eigenvalues of the "Linear Model"');  ev=eig(A)
  %加入状态反馈控制，仿真小车位置控制系统的阶跃响应
  %检查系统的完全可控性
  disp('Controllability Matrix for this system'), CM=ctrb(A,B)
  disp('Rank of Controllability Matrix'),  rank(CM)
     clp=[-1.5+3.0j -1.5-3.0j -5.0 -4.0];              %计算闭环系统的反馈增益
     Ks=place(A,B,clp);
     disp('Desired closed loop poles for state feedback controller');  clp
     disp('State feedback gains needed to give desired poles'); Ks
     disp('Calculated eigenvalues of system with state feedback');
     eig(A-B*Ks)
     Nr=-1.0/(C*inv(A-B*Ks)*B);                        %计算稳态误差
     disp('Setpoint gain for zero SS error');  Nr
     tto=0; ttf=5; t=linspace(tto,ttf,101);            %仿真线性化模型+控制器
     syscl1=ss(A-B*Ks,B*Nr,C,D);  [y1,t,x1]=step(syscl1,t);
     nfig=nfig+1;    figure(nfig)                      %绘制状态反馈控制的相关结果
     plot(t,y1,'g-'),grid
     xlabel('Time(sec)'),ylabel('Cart Position(m)')
     title('Inverted Pendulum with State Control(Cart Position)')
     nfig=nfig+1;  figure(nfig);
     subplot(4,1,1),plot(t,x1(:,1),'g-'),grid, ylabel('Angle')
     title('State for Inverted Pendulum(State Feedback)')
     subplot(4,1,2),plot(t,x1(:,2),'g-'),grid, ylabel('d(Angle)/dt')
     subplot(4,1,3),plot(t,x1(:,3),'r-'),grid, ylabel('Position')
     subplot(4,1,4),plot(t,x1(:,4),'r-'),grid, ylabel('d(Pos)/dt')
     xlabel('Time(sec)')
```

程序运行结果如下：

```
A=
          0    1.0000         0         0
    20.6010         0         0         0
          0         0         0    1.0000
    -0.4905         0         0         0
B=
          0
    -1.0000
          0
     0.5000
C=
     0     0     1     0
D=
      0
Eigenvalues of the "Linear Model"
ev=
          0
          0
     4.5388
    -4.5388
Controllability Matrix for this system
CM=
          0   -1.0000         0  -20.6010
    -1.0000         0  -20.6010         0
          0    0.5000         0    0.4905
     0.5000         0    0.4905         0
Rank of Controllability Matrix
ans=
     4
Desired closed loop poles for state feedback controller
clp=
    -1.5000 +3.0000i  -1.5000 -3.0000i  -5.0000  -4.0000
State feedback gains needed to give desired poles
Ks=
    -90.3189  -20.2187  -22.9358  -16.4373
Calculated eigenvalues of system with state feedback
ans=
    -1.5000 + 3.0000i
    -1.5000 - 3.0000i
    -5.0000
    -4.0000
Setpoint gain for zero SS error
Nr=
    -22.9358
```

带状态反馈控制时系统的阶跃响应如图 6.28 和图 6.29 所示。从仿真曲线可以看出，系统经过短暂的振荡后，能达到平衡状态。

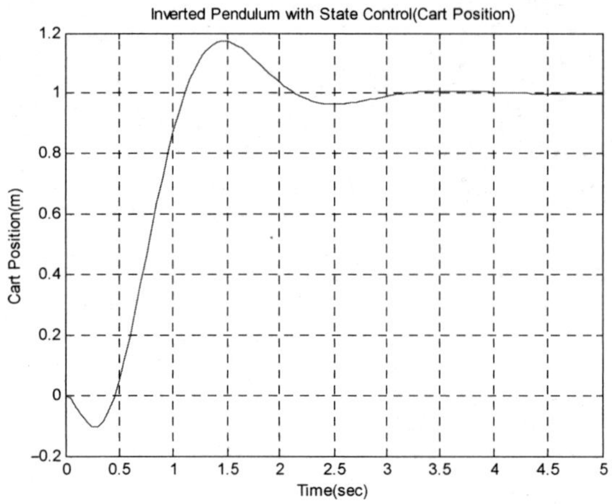

图 6.28 带状态反馈控制时系统的小车位置的阶跃响应

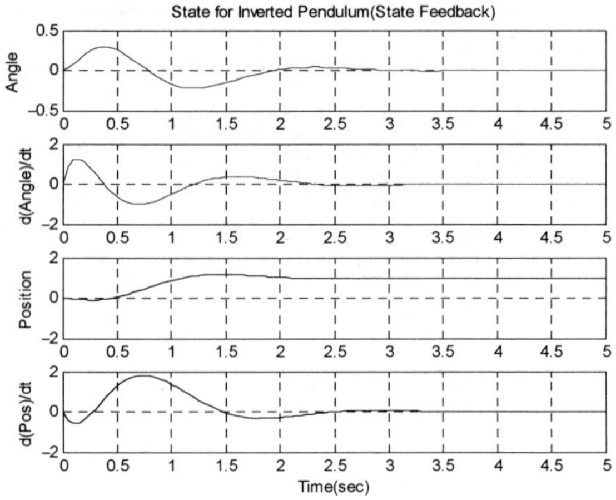

图 6.29 带状态反馈控制时系统各状态的阶跃响应

4．对含状态反馈控制的系统分别加 0.2 N 的扰动和在–0.2～0.2 N 之间均匀分布的随机扰动，进行仿真。编写程序如下：

```
%invpn3.m                                    倒摆系统演示#3(扰动输入)
%该程序对扰动输入情况下的倒摆(线性化模型)系统和状态反馈控制器进行仿真
clear all, close all, nfig=0;
delete invpn3.out                            %打开二进制文件
diary invpn3.out
disp('')
disp('')
M=2.0;m=0.1;
len=.5;
g=9.81;
%建立线性化模型的状态空间方程
  c1=M*len;c2=m*len;c3=m*g;c4=(M+m)*g;
  A=[0 1 0 0;c4/c1 0 0 0;0 0 0 1;-c3/M 0 0 0];
  B1=[0 -1/c1 0 1/M]'; B2=[0 1/c2 0 0]';
  C=[0 0 1 0]; D=[0];
  disp('State Space Matrices for the Linear Model')
  A,B1,B2,C
%验证系统的完全可控性
disp('Controllability Matrix for this system'),  CM=ctrb(A,B1)
disp('Rank of Controllability Matrix'), rank(CM)
%计算状态反馈增益
  clp=[-1.5+3.0j -1.5-3.0j -5.0 -4.0];
  Ks=place(A,B1,clp);
  disp('Desired closed loop poles for state feedback controller');clp
  disp('State feedback gains needed to give desired poles');   Ks
  disp('Calculated eigenvalues of system with state feedback');
   eig(A-B1*Ks)
   Nr=-1.0/(C*inv(A-B1*Ks)*B1);
```

```
  disp('Setpoint gain for zero SS error');  Nr
%仿真线性化模型+控制器(也可以使用 lsim 函数)
  BB=[B1 B2]; D=[0 0];                                %两个输入和一个输出
sysc1=ss(A-B1*Ks,BB,C,D);
  %Case1：无扰动情况下小车位置的单位阶跃响应
  to=0;tf=5;Nt=101;t=linspace(to,tf,Nt)';
  u1=zeros(size(t));                                  %控制信号输入(初始化)
  rd=ones(size(t));                                   %参考信号
  v1=zeros(size(t));                                  %扰动输入
  w1=[Nr*rd v1];
  [y1,t,x1]=lsim(syscl,w1,t);
  for i=1:Nt, u1(i)=Nr*rd(i)-Ks*x1(i,:)'; end         %控制信号输入
 %绘制相关结果
 nfig=nfig+1;  figurc(nfig)
 subplot(2,1,1),plot(t,y1,'r-'),grid, ylabel('Cart Position(m)')
 title('Linear Inverted Pendulum(Case 1:rd=1&v=0)')
 subplot(2,1,2),plot(t,u1,'g--',t,10*v1,'b-'),grid
 ylabel('Inputs(N)'),xlabel('Time(sec)')
 legend('u(t)','10*v(t)')
 %Case2:常值干扰(0.2N)情况下小车位置的仿真
 u2=zeros(size(t));                                   %控制信号输入(初始化)
 rd=zeros(size(t));                                   %参考点不变
 v2=0.2*ones(size(t));                                %扰动输入(0.2N)
 w2=[Nr*rd v2];
 [y2,t,x2]=lsim(syscl,w2,t);
 for i=1:Nt, u2(i)=Nr*rd(i)-Ks*x2(i,:)';  end         %控制信号输入
 %绘制相关结果
 nfig=nfig+1;  figure(nfig)
 subplot(2,1,1),plot(t,y2,'r-'),grid, ylabel('Cart Position(m)')
 title('Linear Inverted Pendulum(Case 2:rd=0&v=0.2N)')
 subplot(2,1,2),plot(t,u2,'g--',t,10*v2,'b-'),grid
 ylabel('Inputs(N)'),xlabel('Time(sec)')
 legend('u(t)','10*v(t)')
 %Case3:常值干扰(0.2N)情况下小车位置的阶跃响应
 u3=zeros(size(t));                                   %控制信号输入(初始化)
 rd=ones(size(t));                                    %参考信号
 v3=0.2*ones(size(t));                                %扰动输入(0.2N)
 w3=[Nr*rd v3];
 [y3,t,x3]=lsim(syscl,w3,t);
 for i=1:Nt,  u3(i)=Nr*rd(i)-Ks*x3(i,:)'; end         %控制信号输入
 %绘制相关结果
 nfig=nfig+1;  figure(nfig)
 subplot(2,1,1),plot(t,y3,'r-'),grid, ylabel('Cart Position(m)')
 title('Linear Inverted Pendulum(Case 3:rd=1&v=0.2N)')
 subplot(2,1,2),plot(t,u3,'g--',t,10*v3,'b-'),grid
```

```
ylabel('Inputs(N)'),xlabel('Time(sec)')
legend('u(t)','10*v(t)')
%Case4:随机扰动(-0.2~0.2 N)下小车位置的阶跃响应
u4=zeros(size(t));                                  %控制信号输入(初始化)
rd=ones(size(t));                                   %参考信号的阶跃变化
rn=rand(size(t)); a=-0.2; b=0.2;
v4=(b-a)*rn+a;                                 %在-0.2~0.2 N之间均匀分布
w4=[Nr*rd v4];
[y4,t,x4]=lsim(syscl,w4,t);
for i=1:Nt, u4(i)=Nr*rd(i)-Ks*x4(i,:)'; end          %控制信号输入
%绘制相关结果
nfig=nfig+1;  figure(nfig)
subplot(2,1,1),plot(t,y4,'r-'),grid, ylabel('Cart Position(m)')
title('Linear Inverted Pendulum(Case 4:rd=1&v=random noise…(+/-0.2N))')
subplot(2,1,2),plot(t,u4,'g--',t,10*v4,'b-'),grid
ylabel('Inputs(N)'),xlabel('Time(sec)')
legend('u(t)','10*v(t)')
```

程序运行结果如下:

```
State Space Matrices for the Linear Model
A=
          0    1.0000         0         0
    20.6010         0         0         0
          0         0         0    1.0000
    -0.4905         0         0         0
B1=
          0
    -1.0000
          0
     0.5000
B2=
     0
    20
     0
     0
C=
     0     0     1     0
Controllability Matrix for this system
CM=
          0   -1.0000         0  -20.6010
    -1.0000         0  -20.6010         0
          0    0.5000         0    0.4905
     0.5000         0    0.4905         0
Rank of Controllability Matrix
ans=
     4
```

```
Desired closed loop poles for state feedback controller
clp=
     -1.5000 + 3.0000i  -1.5000 - 3.0000i  -5.0000  -4.0000
State feedback gains needed to give desired poles
Ks=
     -90.3189  -20.2187  -22.9358  -16.4373
Calculated eigenvalues of system with state feedback
ans=
     -1.5000 + 3.0000i
     -1.5000 - 3.0000i
     -5.0000
     -4.0000
Setpoint gain for zero SS error
Nr=
     -22.9358
```

在添加不同扰动后，系统的仿真曲线如图 6.30、图 6.31、图 6.32 和图 6.33 所示。从仿真结果可以看出，系统趋于稳定状态。

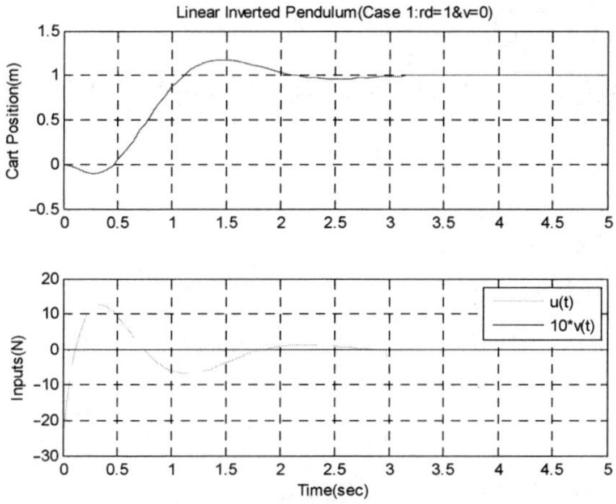

图 6.30　小车初始位置为 1，未加扰动时系统的阶跃响应

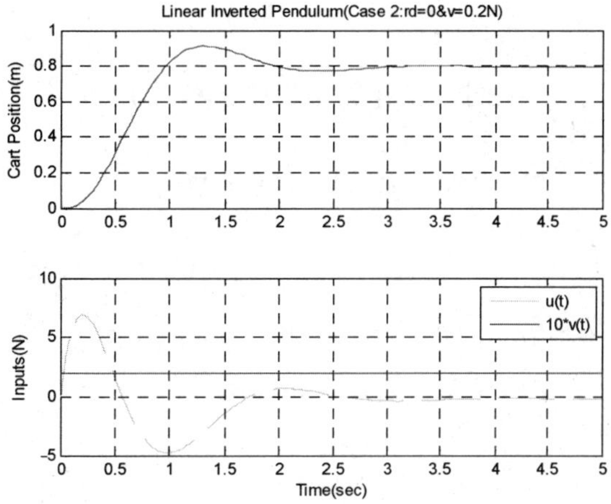

图 6.31　小车初始位置为 0，添加扰动 0.2 N 时系统的阶跃响应

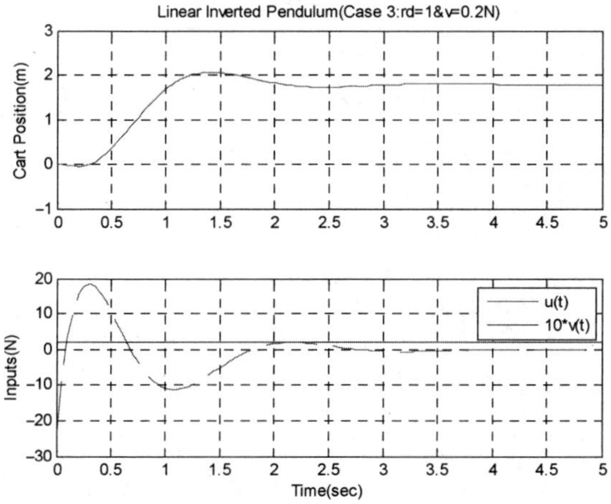

图 6.32　小车初始位置为 1，添加扰动 0.2 N 时系统的阶跃响应

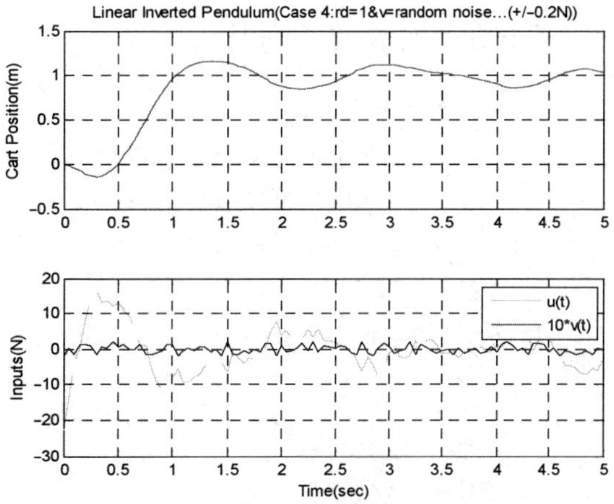

图 6.33　小车初始位置为 1，添加随机扰动时系统的阶跃响应

6.5 实验七 线性系统分析与设计

6.5.1 实验目的

1. 熟悉 MATLAB 控制系统工具箱。
2. 掌握 MATLAB 控制系统工具箱中进行分析设计的函数命令。
3. 了解控制系统的计算机辅助分析与设计方法。

6.5.2 实验内容

1. 设一高阶系统的传递函数为

$$G(s)H(s)=\frac{0.0001s^3+0.0218s^2+1.0436s+9.3599}{0.0006s^3+0.0268s^2+0.06365s+6.2711}$$

将系统的传递函数模型转换为状态空间模型及零极点增益模型。

2. 已知二阶系统传递函数为

$$\Phi(s)=\frac{{\omega_n}^2}{s^2+2\xi\omega_n s+{\omega_n}^2}$$

当 ω_n=1 时，试计算阻尼比 ξ 从 0.1～1 的二阶系统的阶跃响应，并绘制阶跃响应三维网格曲面图。

3. 已知一系统的传递函数为

$$G(s)=\frac{2s^4+8s^3+12s^2+8s+2}{s^6+5s^5+10s^4+10s^3+5s^2+s}$$

绘制 Bode 图、Nichols 图、Nyquist 图。

4. 设系统的开环传递函数为

$$H(s)=\frac{1}{s^4+12s^3+30s^2+50s+3}$$

画出系统的根轨迹，并求出临界点(即根在虚轴上)的增益。设 $T_s=0.5$，将系统离散化后，再求离散系统的根轨迹，并求出临界点(即根在虚轴上)的增益。

6.5.3 实验参考程序

1. 编写程序如下：

```
num=[0.0001 0.0218 1.0436 9.3599];
den=[0.0006 0.0268 0.6365 6.2711];
sys=tf(num, den);sys1=ss(sys)
sys2=zpk(sys)
```

程序运行结果如下：

```
a=
           x1      x2      x3
     x1  -44.67  -33.15  -20.41
     x2      32       0       0
     x3       0      16       0

b=
```

```
          u1
      x1   8
      x2   0
      x3   0

c=
             x1     x2     x3
      y1  3.611  6.104  3.383

d=
               u1
      y1  0.1667

Continuous-time model.

Zero/pole/gain:
0.16667 (s+154.3) (s+52.05) (s+11.65)
---------------------------------------
  (s+17.99) (s^2 + 26.67s + 580.9)
```

2．编写程序如下：

```
num=1;Y=zeros(200, 1);i=0;
for bc=0.1:0.1:1
   den=[1, 2*bc, 1];t=[0:0.1:19.9]';sys=tf(num, den);
    i=i+1;Y(:, i)=step(sys, t);
end
mesh(Y)
```

运行该程序得到的系统阶跃响应三维网格曲面图如图 6.34 所示。

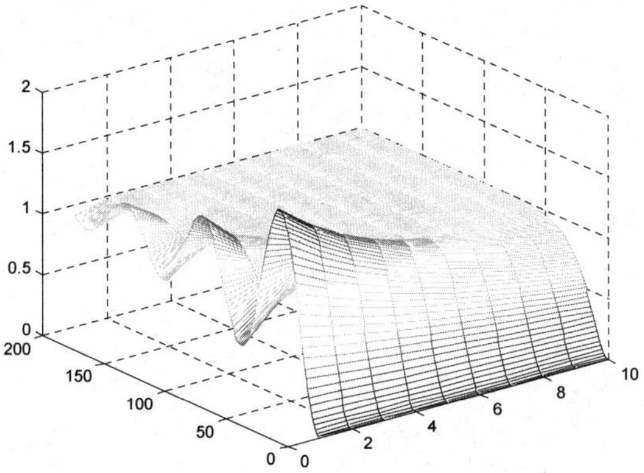

图 6.34　系统阶跃响应三维网格曲面图

3．编写程序如下：

```
clc
clear
close all
num=[0 0 2 8 12 8 2];den=[1 5 10 10 5 1 0];
sys=tf(num, den)
bode(sys)
figure
nichols(sys),
figure
nyquist(sys)
```

运行程序得到系统的频率响应如图 6.35 所示。

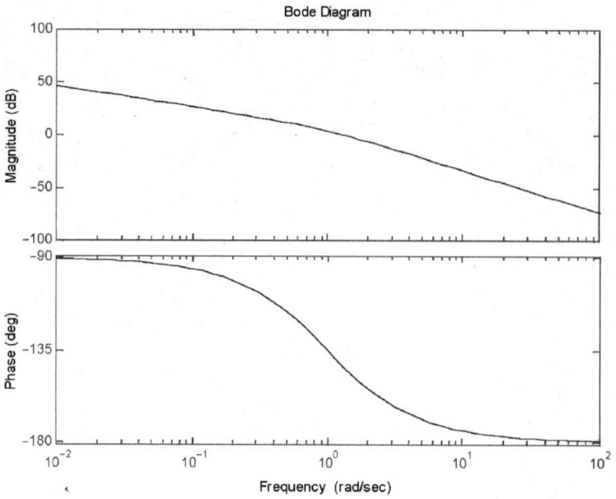

(a) 系统 Bode 图

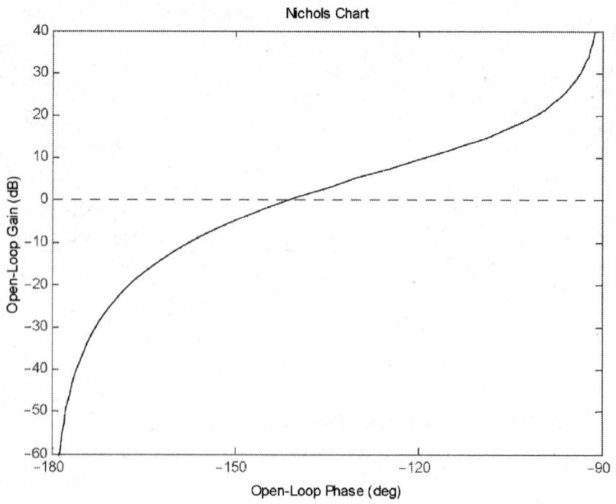

(b) 系统 Nichols 图

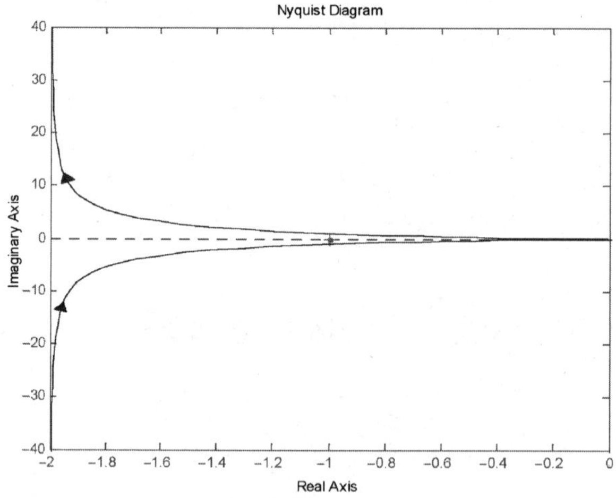

(c) 系统 Nyquist 图

图 6.35　系统的频率响应

4．编写程序如下：

```
clear;clc;clf;
disp('分析连续系统')
s=tf(1, [1, 12, 30, 50, 3])
figure(1);rlocus(s);
sgrid;                        %绘制连续系统根平面上的等阻尼和固有频率网格
title('连续系统根轨迹图');
rlocfind(s)                   %计算给定根轨迹增益
disp('分析离散系统');
sd=c2d(s, 0.5, 't');
figure(2);rlocus(sd);         %绘制根轨迹图
zgrid;                        %绘制离散系统根平面上的等阻尼和固有频率网格
title('离散系统根轨迹图');
rlocfind(sd)                  %计算给定根轨迹增益
```

运行程序得到系统根轨迹图如图 6.36 所示，MATLAB 返回根轨迹增益如下：

```
Transfer function:
                 1
--------------------------------
```

```
s^4 + 12 s^3 + 30 s^2 + 50 s + 3
Select a point in the graphics window
selected_point=
                    0.0059 + 2.1739i
ans=
       117.9947
```

分析离散系统如下：

```
Select a point in the graphics window
selected_point=
                    0.5865 + 0.8137i
ans=
       105.9656
```

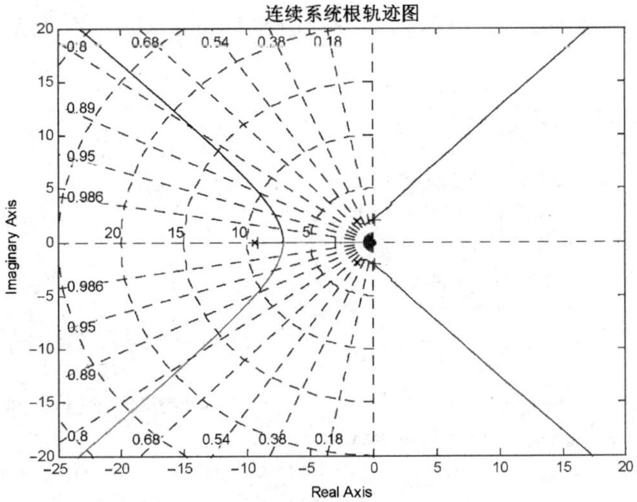

(a) 连续系统根轨迹图

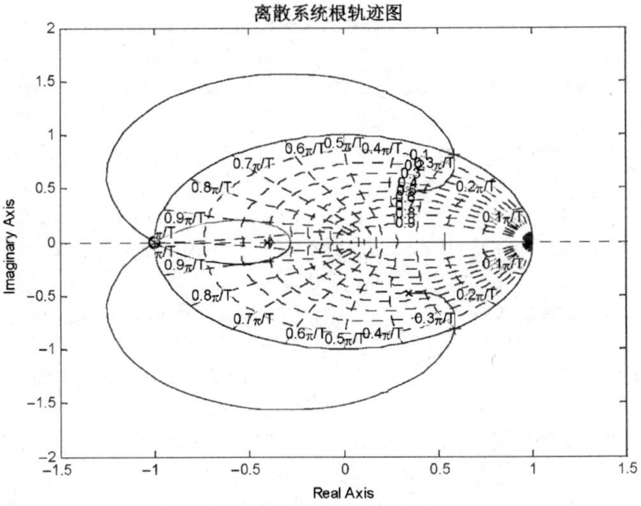

(b) 离散系统根轨迹图

图 6.36　系统根轨迹图

第 7 章　信号处理工具箱

MATLAB 信号处理工具箱中可进行一系列的数字信号处理操作，包括波形发生，滤波器设计和分析，参数建模和频谱分析等。工具箱提供使用命令函数和图形用户界面设计操作两个工具。本章先介绍 MATLAB 信号处理工具箱中的主要命令函数，以及它们在信号处理、系统分析中的应用，然后介绍信号处理中主要的图形用户界面工具——SPTool 工具。

MATLAB 提供了滤波器分析、滤波器实现、FIR 数字滤波器设计、IIR 数字滤波器设计、IIR 数字滤波器阶数设计、模拟低通滤波器原型设计、模拟滤波器变换、滤波器离散化、线性系统变换等方面的函数命令，这些函数命令存放在“signal\signal”目录中，可通过 help signal\signal 来获取。

```
help signal\signal

Signal Processing Toolbox
  Version 7.0 (R2015a) 09-Feb-2015

  Table of Contents (TOC)
  -----------------------
    Digital Filters              - Digital filter design, simulation, and
analysis
    Analog Filters                      - Analog filter design, frequency
transformation, analysis, and discretization
    Linear Systems             - Conversion of linear system representations
    Windows                    - Family of functions to window data
    Transforms                 - CZT, FFT, DCT, Goertzel, Hilbert, FWHT etc.
    Measurements and Statistics  - Signal measurements
    Cepstral Analysis            - Real, complex and inverse cepstrum
    Statistical Signal Processing- Statistical signal processing and
spectral analysis
    Parametric Modeling            - AR, ARMA, and frequency response fit
modeling
    Linear Prediction            - Schur, Levinson, LPC, etc.
    Multirate Signal Processing    - Interpolation, decimation, and
resampling
    Waveform Generation          - Pulses, periodic and aperiodic signals,
vco, etc.
    Specialized Operations       - Plotting, vector manipulation, uniform
encoding/decoding, etc.
    Graphical User Interfaces    - GUIs for data visualization, spectral
analysis, filter design, and window design
    GPU Acceleration             - Transforms, filter implementations, and
statistical signal processing
    Examples                    - Signal Processing Toolbox examples

  See also audiovideo, dsp.
```

下面结合数字信号的基本理论，介绍各命令函数在信号处理中的应用。

7.1　信号及其表示

7.1.1　工具箱中的信号产生函数

MATLAB 信号处理工具箱提供了 11 个信号产生函数，分别用于产生三角波、方波、sinc 函数、Dirichlet 函数等函数波形。

1. sawtooth 函数

sawtooth 函数用于产生锯齿波或三角波信号，格式如下。

x=sawtooth(t)，产生周期为 2π，幅值从–1～1 的锯齿波。在 2π 的整数倍处值为–1～1，这一段波形的斜率为 $1/\pi$。

sawtooth(t, width)，产生三角波，width 在 0～1 之间。

例 7.1　产生周期为 0.02 的三角波。

MATLAB 程序如下：

```
fs=10000;t=0:1/fs:1;
x1=sawtooth(2*pi*50*t, 0);
x2=sawtooth(2*pi*50*t, 0.5);
x3=sawtooth(2*pi*50*t, 1);
subplot(3, 1, 1), plot(t, x1), axis([0, 0.2, -1, 1]);
subplot(3, 1, 2), plot(t, x2), axis([0, 0.2, -1, 1]);
subplot(3, 1, 3), plot(t, x3), axis([0, 0.2, -1, 1]);
```

程序运行结果如图 7.1 所示。

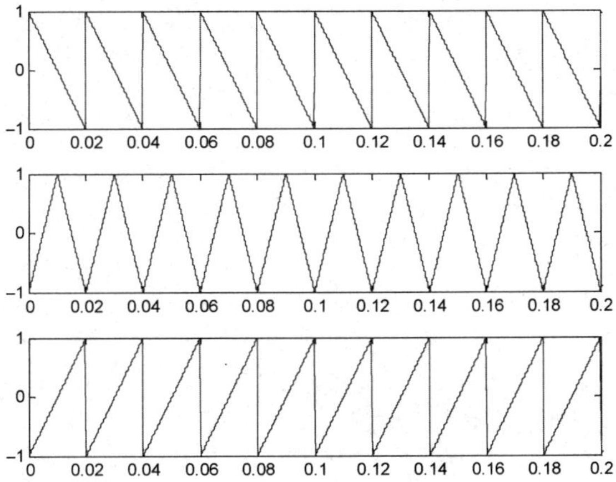

图 7.1　三角波波形

2. Square 函数

square 函数用于产生方波信号，格式如下。

x=square(t)，产生周期为 2π，幅值从–1～1 的方波。

x=square(t, duty)，产生指定周期的方波，duty 为正半周期的比例。

例 7.2　产生周期为 0.02 的方波。

MATLAB 程序如下：

```
fs=10000;t=0:1/fs:1;
x1=square(2*pi*50*t, 20);
```

```
x2=square(2*pi*50*t, 80);
subplot(2, 1, 1), plot(t, x1), axis([0, 0.2, -1.5, 1.5]);
subplot(2, 1, 2), plot(t, x2), axis([0, 0.2, -1.5, 1.5]);
```

程序运行结果如图 7.2 所示。

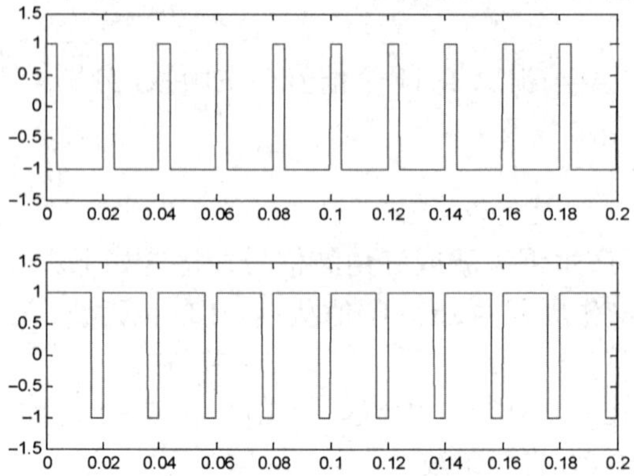

图 7.2 方波波形

3．sinc 函数

sinc 用于产生 sinc 函数波形，即

$$\mathrm{sinc}(t)=\begin{cases}1, & t=0\\ \dfrac{\sin(\pi t)}{\pi t}, & t\neq 0\end{cases}$$

sinc 函数十分重要，其傅里叶变换正好是幅值为 1 的矩形脉冲。格式如下：

```
y=sinc(x)
```

例 7.3 产生 sinc 函数波形。

MATLAB 程序如下：

```
x=linspace(-4, 4);
y=sinc(x);plot(x, y)
```

程序运行结果如图 7.3 所示。

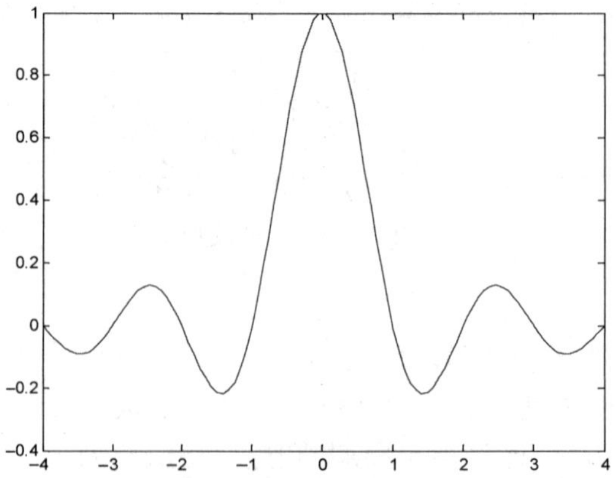

图 7.3 sinc 函数波形

4．rectpuls 函数

rectpuls 函数用于产生非周期方波信号，格式如下。

y=rectpuls(t)，产生非周期单位高度方波信号，方波的宽度为时间轴的一半，中心点为 t=0,默认宽度为 1。

y=rectpuls(t, w)，产生指定宽度为 w 的非周期方波。

例 7.4　编写程序产生方波信号。

MATLAB 程序如下：

```
clc
clear
t=-1:0.01:1;
y1=rectpuls(t);
y2=rectpuls(t,0.6);
y3=rectpuls(t,0.1);

subplot(311),plot(t,y1,'linewidth',5)
subplot(312),plot(t,y2,'linewidth',5)
subplot(313),plot(t,y3,'linewidth',5)
axis([-1 1 -1 1])
```

程序运行结果如图 7.4 所示。

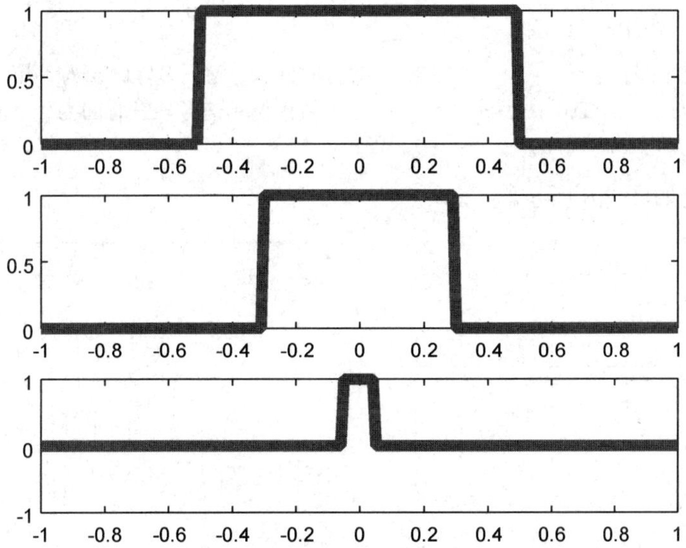

图 7.4　非周期方波波形

5．tripuls 函数

tripuls 函数用于产生非周期三角波信号，格式如下。

y=tripuls(T)，产生非周期三角波信号，三角波的宽度为时间轴的一半。默认宽度为 1，且对称，中心点为 t=0。

y=tripuls(T, w, s)，产生指定宽度为 w 的非周期三角波，顶点偏离对称中心点的程度用 s 表示， −1<s<1，s=0 时为对称三角波。

例 7.5　编写程序产生非周期三角波信号。

MATLAB 程序如下：

```
y1=tripuls(t);
y2=tripuls(t, 0.6, 0);
```

```
y3=tripuls(t, 0.6, 0.5);
subplot(3, 1, 1), plot(t, y1), grid;
subplot(3, 1, 2), plot(t, y2), grid;
subplot(3, 1, 3), plot(t, y3), grid;
```

程序运行结果如图 7.5 所示。

6. chirp 函数

chirp 函数用于产生线性调频扫频信号，格式如下。

y=chirp(t, f0, t1, f1)，产生一个线性扫频(频率随时间线性变化)信号，其时间轴的设置由数组 t 定义。时刻 0 的瞬时频率为 f0，时刻 t1 的瞬时频率为 f1。默认情况下，f0=0 Hz，t1=1，f1=100 Hz。

y=chirp(t, f0, t1, f1, 'method')，指定改变扫频的方法。可用的方法有'linear'(线性调频)、'quadratic'(二次调频)和'logarithmic'(对数调频)；默认时为'linear'。对于对数调频，f1＞f0。

y=chirp(t, f0, t1, f1, 'method', phi)，指定信号的初始相位为 phi(单位为度)，默认时 phi=0。

例 7.6 绘制一线性调频信号。

MATLAB 程序如下：

```
t=0:0.001:2;                % 采样时间为 2 s，采样频率为 1000 Hz
y=chirp(t, 0, 1, 150);      % 产生线性调频信号，在时间为 1 s 处频率为 150 Hz
plot(t, y);axis([0, 0.5, -1, 1])
```

程序运行结果如图 7.6 所示。

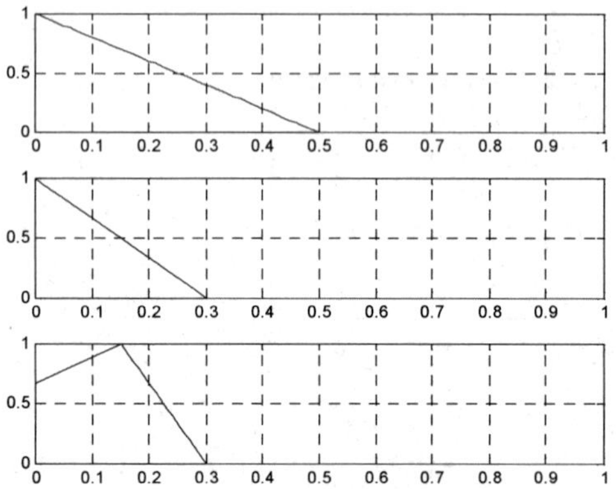

图 7.5 非周期三角波

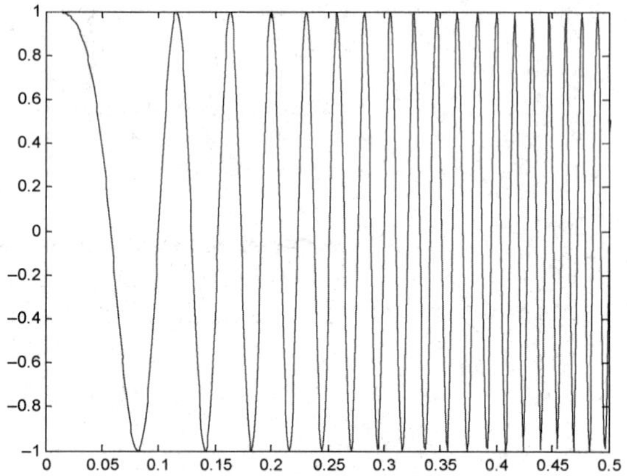

图 7.6 线性调频信号

7. pulstran 函数

pulstran 函数用于产生冲激串信号，格式如下。

y=pulstran(t, d, 'func')，在指定的时间范围 t 内，对连续函数 func，按向量 d 提供的平移量进行平移后采样生成冲激信号 y=func(t-d(1))+func(t-d(2))+…。其中函数 func 必须是 t 的函数，且可用函数句柄形式调用，即 y=pulstran(t, d, @func)。

例 7.7 产生一不对称的锯齿冲激串信号，要求锯齿宽度为 0.1 s，波形间隔为 1/3 s。

MATLAB 程序如下：

```
t=0 : 1/1e3 : 1;
    % 1 kHz sample freq for 1 sec
d=0 : 1/3 : 1;
    % 3 Hz repetition freq
y=pulstran(t, d, 'tripuls', 0.1, -1);
plot(t, y)
```

程序运行结果如图 7.7 所示。

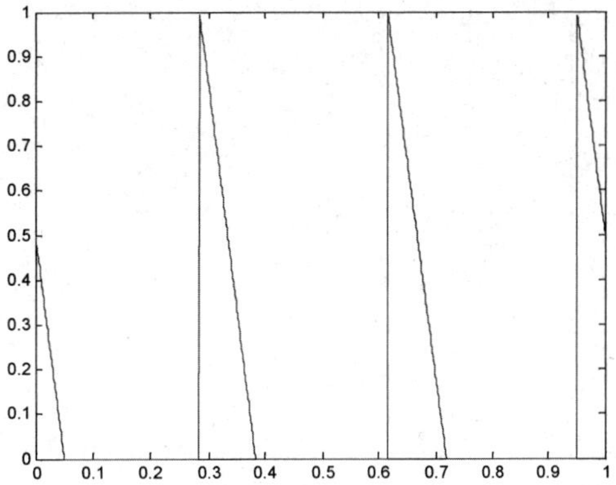

图 7.7　锯齿冲激串信号

8．diric 函数

diric 函数用于产生 Dirichlet 信号，格式如下。

y=diric(x, n)，用于产生 x 的 dirichlet 函数，即

$$\text{dirichlet}(x)=\begin{cases}(-1)^{k(n-1)}, & x=2\pi k, k=0,\pm1,\pm2,\cdots\\ \dfrac{\sin(nx/2)}{n\sin(x/2)}, & \text{其他}\end{cases}$$

9．gauspuls 函数

gauspuls 函数用于产生高斯正弦脉冲信号，格式如下。

yi=gauspuls(t, fc, bw, bwr)，返回持续时间为 t，中心频率为 fc(Hz)，分数带宽为 bw，幅度为 1 的高斯正弦脉冲(RF)信号的采样。脉冲宽度为信号幅度下降(相对于信号包络峰值)到 bwr(dB)时所对应宽度的 100*bw%。bw>0，bwr<0，默认时 fc=1000 Hz，bw=0.5，bwr=-6 dB。

tc=gauspuls('cutoff', fc, bw, bwr, tpe)，返回按参数 tpe(dB)计算所对应的截断时间 tc。参数 tpe(tpe<0)是脉冲拖尾幅度相对包络最大幅度的下降程度，默认时 tpe=-60 dB。

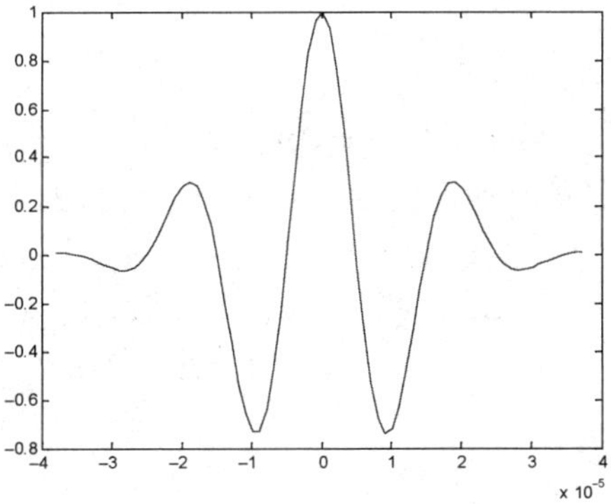

图 7.8　高斯正弦脉冲信号

例 7.8　产生频率为 50 kHz，分数带宽为 60%的高斯正弦脉冲信号。要求在脉冲包络幅度下降到 40 dB 处截断，采样频率为 1 MHz。

MATLAB 程序如下：

```
tc=gauspuls('cutoff', 50e3, 0.6, [ ], -40); 其中[]表示默认值 bwr=-6 dB
t=-tc : 1e-6 : tc;
yi=gauspuls(t, 50e3, 0.6);
plot(t, yi)
```

程序运行结果如图 7.8 所示。

10．gmonopuls 函数

gmonopuls 函数用于产生高斯单脉冲信号，格式如下。

y=gmonopuls(t, fc)，产生最大幅值为 1 的高斯单脉冲信号，时间数组由 t 给定，fc 为中心频率(Hz)。默认情况下，fc=1000 Hz。

tc=gmonopuls('cutoff', fc)，返回信号的最大值和最小值之间持续的时间。

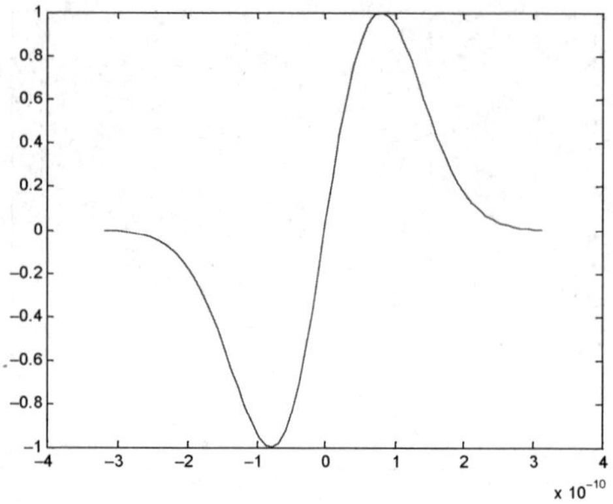

图 7.9 高斯单脉冲信号

例 7.9 产生一个 2 GHz 的高斯单脉冲信号，采样频率为 100 GHz。

MATLAB 程序如下：

```
fc = 2E9; fs=100E9;
tc = gmonopuls('cutoff', fc);
t  = -2*tc : 1/fs : 2*tc;
y = gmonopuls(t, fc); plot(t, y)
```

程序运行结果如图 7.9 所示。

11. vco 函数

vco 是电压控制振荡函数，格式如下。

y=vco(x, fc, fs)，产生一个采样频率为 fs 的振荡信号。其振荡频率由输入向量或数组 x 指定。fc 为载波或参考频率，如果 x=0，则 y 是一个采样频率为 fs(Hz)、幅值为 1、频率为 fc(Hz)的余弦信号。x 的取值范围为–1～1，如果 x=-1，输出 y 的频率为 0；如果 x=0，输出 y 的频率为 fc；如果 x=1，输出 y 的频率为 2*fc。输出 y 和 x 的维数一样。默认情况下，fs=1，fc=fs/4。如果 x 是一个矩阵，vco 函数按列产生一个振荡信号矩阵，它与 x 对应。

y=vco(x, [fmin fmax], fs)，可调整频率调制的范围，使得 x=-1 时产生频率为 fmin(Hz)的振荡信号；x=1 时产生频率为 fmax(Hz)的振荡信号。为了得到最好的结果，fmin 和 fmax 的取值范围应该在 0～fs/2 之间。

例如命令语句

```
fs = 10000;
t = 0:1/fs:2;
x = vco(sawtooth(2*pi*t, 0.75), [0.1 0.4]*fs, fs);
```

产生一个时间为 2 s，采样频率为 10 kHz 的振荡信号，其瞬时频率是时间的三角函数。

7.1.2 离散时间信号的表示

在 MATLAB 中，向量 x 的下标只能从 1 开始，不能取零或负值，而离散时间信号 x(n) 中的时间变量则不受限制，因此离散序列需用一个向量 x 表示序列幅值，用另一个等长的向量定位时间变量 n。

例 7.10 绘制离散时间信号的棒状图。其中 x(-1)=-1， x(0)=1， x(1)=2， x(2)=1， x(3)=0, x(4)=-1。

MATLAB 程序如下：

```
n=-3:5;                          % 定位时间变量
x=[0, 0, -1, 1, 2, 1, -1, 0, 0];
stem(n, x); grid;           % 绘制棒状图
line([-3, 5], [0, 0]);  % 画 x 轴线
xlabel('n'); ylabel('x[n]')
```

程序运行结果如图 7.10 所示。

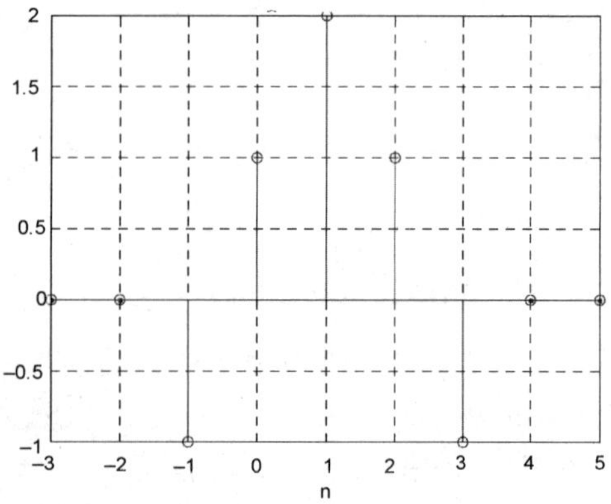

图 7.10 离散时间信号

7.1.3　几种常用离散时间信号的表示

下面给出一些常用离散信号的 MATLAB 实现，设序列 x 的起始点用 ns 表示，终止点用 nf 表示。因此序列的长度 length(x) 可写为

n=[ns:nf] 或 n=[ns:ns+length(x)-1]

1．单位脉冲序列

$$\delta(n-n_0)=\begin{cases}1, & n=n_0\\0, & n\neq n_0\end{cases}$$

直接实现语句：

```
x=zeros(1, N); x(1, n0)=1;
```

或者

```
n=[ns:nf]; x=[(n-n0)==0];
```

2．单位阶跃序列

$$u(n-n_0)=\begin{cases}1, & n\geqslant n_0\\0, & n<n_0\end{cases}$$

直接实现语句：

```
n=[ns:nf]; x=[(n-n0)>=0];
```

3．实指数序列

$$x(n)=a^n\text{，}\quad \forall n\text{，}\quad a\in R$$

直接实现语句：

```
n=[ns:nf];x=a.^n;
```

4．复指数序列

$$x(n)=\mathrm{e}^{(\delta+\mathrm{j}\omega)n},\quad \forall n$$

直接实现语句：

```
n=[ns:nf]; x=exp((sigema+jw)*n);
```

5．正(余)弦序列

$$x(n)=\cos(\omega n+\theta),\quad \forall n$$

直接实现语句：

```
n=[ns:nf]; x=cos(w*n+sita);
```

7.2　信号的基本运算

7.2.1　信号的相加与相乘

两信号的相加或相乘是指两信号对应时间的相加或相乘，其数学描述为

$$y(n)=x_1(n)+x_2(n)$$

$$y(n)=x_1(n)x_2(n)$$

其 MATLAB 实现必须将两序列时间变量延拓到同长，可以通过 zeros 函数左右补零，

然后再逐点相加或逐点相乘。

例 7.11　编程实现两信号的相加。

MATLAB 程序如下：

```
n1=1:5;
x10=[1 0.7 0.4 0.1 0];
n2=3:8;
x20=[0.1 0.3 0.5 0.7 0.9 1];
n=1:8;
x1=[x10 zeros(1, 8-length(n1))];
x2=[zeros(1,8-length(n2)) x20];
x=x1+x2;
subplot(3,1,1);stem(n,x1);
subplot(3,1,2)
stem(n, x2);
subplot(3, 1, 3);stem(n,x);
```

程序运行结果如图 7.11 所示，图的上部分和图的中间部分相加后得到图的下部分。

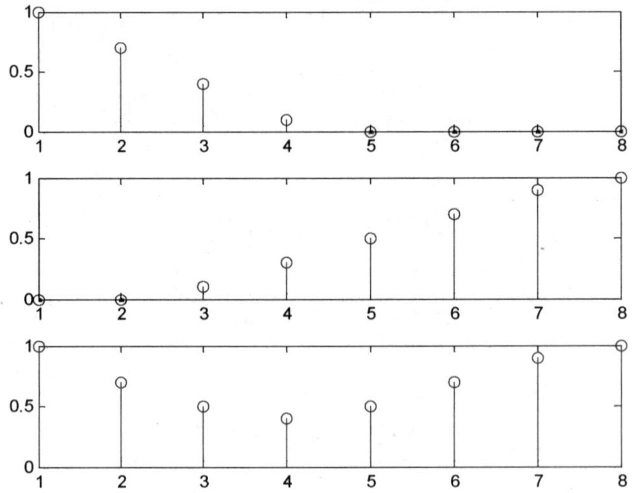

图 7.11　信号相加

7.2.2　序列移位与周期延拓运算

序列移位的数学描述为 $y(n)=x(n-m)$。序列移位的 MATLAB 实现为

```
y=x; ny=nx-m
```

序列周期延拓的数学描述为 $y(n)=x((n))M$，其中 M 表示延拓周期。序列周期延拓的 MATLAB 实现为

```
ny=nxs:nxf; y=x(mod(ny,M)+1)
```

例 7.12　编程实现序列移位与周期延拓。

MATLAB 程序如下：

```
clear
N=24;M=8;m=3;
n=0:N-1;
x2=[(n>=0)&(n<M)];                % 形成矩形序列
x1=0.8.^n;                        % 生成指数序列
```

```
x=x1.*x2;
xm=zeros(1, N);
for k=m+1:m+M
xm(k)=x(k-m);                    % 产生序列移位 x(n-3)
end;
xc=x(mod(n, M)+1);               % 产生 x(n)的周期延拓
xcm=x(mod(n-m, M)+1);            % 产生移位序列的周期延拓
subplot(4, 1, 1), stem(n, x, '.');ylabel('x(n)');
subplot(4, 1, 2), stem(n, xm, '.');ylabel('x(n-3)');
subplot(4, 1, 3), stem(n, xc, '.');ylabel('x((n))_8');
subplot(4, 1, 4), stem(n, xcm, '.');ylabel('x((n-3))_8');
```

程序运行结果如图 7.12 所示。

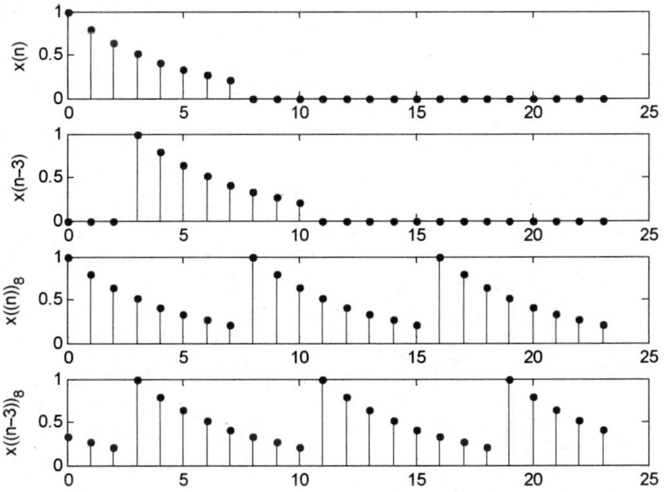

图 7.12 序列移位与周期延拓

7.2.3 序列翻转与序列累加运算

序列翻转的数学描述为 $y(n)=x(-n)$。MATLAB 中序列翻转可由函数 `fliplr` 实现。该函数的功能是将行向量左右翻转，其调用格式为

```
y=fliplr(x)
```

序列累加的数学描述为 $y(n)=\sum_{i=n_s}^{n} x(i)$，MATLAB 中序列累加可由函数 `cumsum` 来实现，调用格式为

```
y=cumsum(x)
```

7.2.4 两序列的卷积运算

两序列卷积运算的数学描述为 $y(n)=x_1(n)*x_2(n)=\sum_{m} x_1(m)x_2(n-m)$。

两序列卷积的 MATLAB 实现为

```
y=conv(x1, x2)
```

序列 $x_1(n)$ 和 $x_2(n)$ 必须长度有限。

7.2.5 两序列的相关运算

两序列相关运算的数学描述为 $y(m)=\sum_{n} x_1(n)x_2(n-m)$ 。

两序列相关运算的 MATLAB 实现为

```
y=xcorr(x1, x2)
```

若两序列具有相同的长度 M，则相关序列 $y(n)$ 的长度为 $2M-1$。若两序列的长度不同，则短者将自动填充 0。

例 7.13 用 MATLAB 编程实现以下运算：

(1) 序列 $x_1(n)=0.9^n R_{20}(n), h_1(n)=R_{10}(n)$ 的相关运算 $y_1(m)=\sum_{n} x_1(n)h_1(n-m)$；

(2) 序列 $x_2(n)=0.9^{n-5} R_{20}(n-5), h_2(n)=R_{10}(n)$ 的相关运算 $y_2(m)=\sum_{n} x_2(n)h_2(n-m)$ 。

MATLAB 程序如下：

```
Nx=20;Nh=10;m=5;
n=0:Nx-1;
x1=(0.9).^n;
x2=zeros(1, Nx+m);
for k=m+1:m+Nx
    x2(k)=x1(k-m);
end
nh=0:Nh-1;h1=ones(1, Nh);
h2=h1;
y1=xcorr(x1, h1);
y2=xcorr(x2, h2);
```

7.2.6 信号的能量和功率

1. 信号能量

信号能量的数学定义为 $E=\sum_{n=0}^{N} x[n]\cdot x*[n]$ 。

信号能量的 MATLAB 实现为

```
E=sum(x.*conj(x)); 或 E=sum(abs(x).^2);
```

2. 信号功率

信号功率的数学定义为 $P=\frac{1}{N}\sum_{n=0}^{N-1}|x[n]|^2$ 。

信号功率的 MATLAB 实现为

```
P=sum(x.*conj(x))/N; 或 E=sum(abs(x).^2)/N;
```

7.3 线性时不变系统

线性时不变系统是一类十分常用和重要的系统，系统的描述形式、模型结构及其频域时域响应已经在第 6 章中介绍，本节进行相关补充。

7.3.1　二次分式模型的系统描述及转换函数

二次分式模型是零极点增益模型的一种变形，把每一对共轭极点或零点多项式合并，得如下模型。

连续系统：
$$H(s)=g\prod_{k=1}^{L}\frac{b_{0k}+b_{1k}s+b_{2k}s^2}{1+a_{1k}s+a_{2k}s^2}$$

离散系统：
$$H(z)=g\prod_{k=1}^{L}\frac{b_{0k}+b_{1k}z^{-1}+b_{2k}z^{-2}}{1+a_{1k}z^{-1}+a_{2k}z^{-2}}$$

在 MATLAB 中用系数矩阵 sos 表示二次分式，g 为比例系数，sos 为 $L\times6$ 的矩阵，即

$$\text{sos}=\begin{bmatrix} b_{01} & b_{11} & b_{21} & 1 & a_{11} & a_{21} \\ \vdots & \vdots & \vdots & \vdots & \vdots & \vdots \\ b_{0L} & b_{1L} & b_{2L} & 1 & a_{1L} & a_{2L} \end{bmatrix}$$

sos, ss, tf, zp 分别表示二次分式模型、状态空间模型、传递函数模型和零极点增益模型。二次分式模型与其他模型的转换函数如下。

(1) sos2tf 函数

格式：`[num, den]=sos2tf(sos, g)`

功能：将二次分式模型 sos 转换为传递函数模型，增益系数 g 默认值为 1。

(2) tf2sos 函数

格式：`[sos, g]=tf2sos(num, den)`

功能：将传递函数模型转换为二次分式模型，g 为增益系数。

(3) sos2zp 函数

格式：`[z, p, k]=sos2tf(sos, g)`

功能：将二次分式模型转换为零极点增益模型，增益系数 g 默认值为 1。

(4) zp2sos 函数

格式：`[sos, g]=zp2sos(z, p, k, 'order')`

功能：将零极点增益模型转换为二次分式模型。

(5) sos2ss 函数

格式：`[A, B, C, D]=sos2ss(sos, g)`

功能：将二次分式模型转换为状态空间模型。

(6) ss2sos 函数

格式：`[sos, g]=ss2sos(A, B, C, D, iu)`

功能：将状态空间模型转换为二次分式模型。

7.3.2　线性时不变系统的响应

1. 线性时不变系统的时域响应

如果一个系统是线性时不变系统，则该系统输出可由系统的单位冲激响应来表征。其中连续 LTI 系统的响应为 $y(t)=T\left[x(t)\right]=x(t)*h(t)=\int_{-\infty}^{+\infty}x(\tau)h(t-\tau)\mathrm{d}\tau$，离散 LTI 系统的响应为 $y(n)=x(n)*h(n)=\sum_{m=-\infty}^{+\infty}x(m)h(n-m)$，在 MATLAB 中用卷积函数 conv 来实现。此外在已知系统传递函数或状态方程时，也可调用 MATLAB 提供的专用时域响应函数来求解系统的时域

响应，这部分内容已经在第 6 章介绍了。

例 7.14 某 LTI 系统的单位冲激响应 $h(t)=\mathrm{e}^{-0.1t}$，输入 $x(t)=\begin{cases}1, & 0\leqslant t\leqslant 1\\ 0, & 其他\end{cases}$，初始条件为 0，求系统的响应 $y(t)$。

MATLAB 程序如下：

```
dt=input('输入时间间隔 dt=');
x=ones(1, fix(10/dt));
h=exp(-0.1*[0:fix(10/dt)]*dt);
y=conv(x, h);
t=dt*([1:length(y)]-1);
plot(t, y), grid
```

输入离散时间间隔 dt=0.5，结果如图 7.13 所示。

例 7.15 已知离散 LTI 系统的单位冲激响应为 $h[n]=0.5^n$ ($n=0, 1, 2,\cdots, 14$)，求输入信号序列 $x[n]=1$ ($-5\leqslant n\leqslant 4$) 的系统响应。

MATLAB 程序如下：

```
x=ones(1, 10);
n=[0:14];h=0.5.^n;
y=conv(x, h);
stem(y);xlabel('n');ylabel('y[n]');
```

程序运行结果如图 7.14 所示。

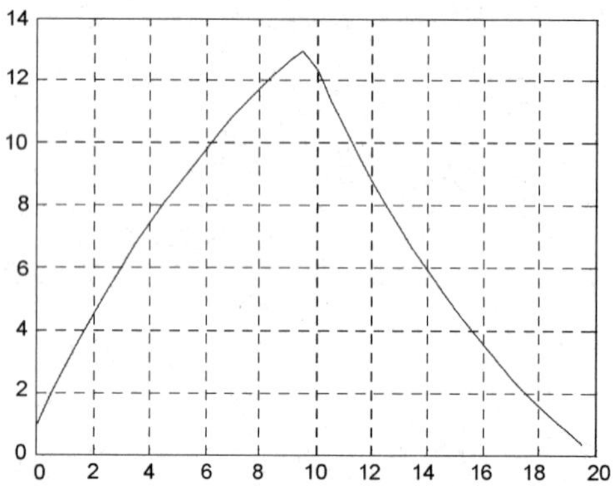

图 7.13 连续 LTI 系统的响应

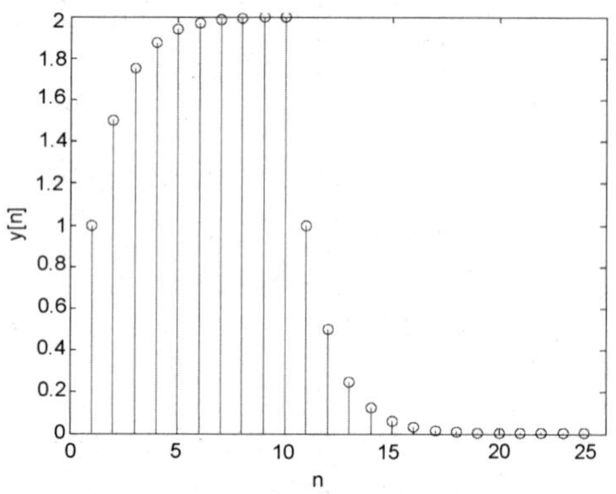

图 7.14 离散 LTI 系统的响应

2. 连续 LTI 系统的零输入响应函数 initial 和离散 LTI 系统的零输入响应函数 dinitial

(1) initial 函数

格式：[y, t, x]=initial(a, b, c, d, x0)

功能：计算出连续 LTI 系统由初始状态 x0 所引起的零输入响应 y。其中 x 为状态记录，t 为仿真所用的采样时间向量。

(2) dinitial 函数

格式：[y, x, n]=dinitial(a, b, c, d, x0)

功能：计算离散 LTI 系统由初始状态 x0 所引起的零输入响应 y 和状态响应 x，采样点数由函数自动选取。n 为仿真所用的点数。

例 7.16　二阶系统

$$\begin{bmatrix} x_1' \\ x_2' \end{bmatrix} = \begin{bmatrix} -0.55 & -0.78 \\ 0.78 & 0 \end{bmatrix} \begin{bmatrix} x_1 \\ x_2 \end{bmatrix} + \begin{bmatrix} 1 \\ 0 \end{bmatrix} u$$

$$y = [1.96 \quad 6.45] \begin{bmatrix} x_1 \\ x_2 \end{bmatrix}$$

当初始状态 $\boldsymbol{x}(0) = \begin{bmatrix} 1 \\ 0 \end{bmatrix}$ 时，求系统的零输入响应。

MATLAB程序如下：

```
a=[-0.55, -0.78;0.78, 0];b=[1;0];
c=[5.96 6.45];d=[0];
x0=[1;0];t0=0:0.1:20;
initial(a, b, c, d, x0, t0);
title('连续 LTI 系统的零输入响应曲线')
```

程序运行结果如图 7.15 所示。

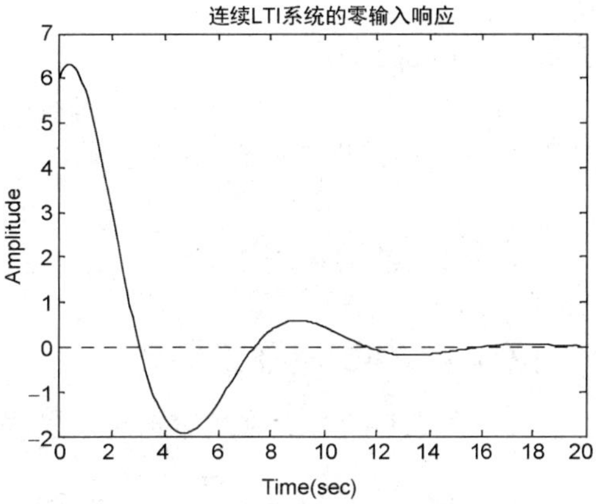

图 7.15　连续 LTI 系统的零输入响应曲线

例 7.17　二阶系统

$$\begin{bmatrix} x_1[n+1] \\ x_2[n+1] \end{bmatrix} = \begin{bmatrix} -0.55 & -0.78 \\ 0.78 & 0 \end{bmatrix} \begin{bmatrix} x_1[n] \\ x_2[n] \end{bmatrix} + \begin{bmatrix} 1 \\ 0 \end{bmatrix} u[n]$$

$$y[n] = \begin{bmatrix} 1.96 & 6.45 \end{bmatrix} \begin{bmatrix} x_1[n] \\ x_2[n] \end{bmatrix}$$

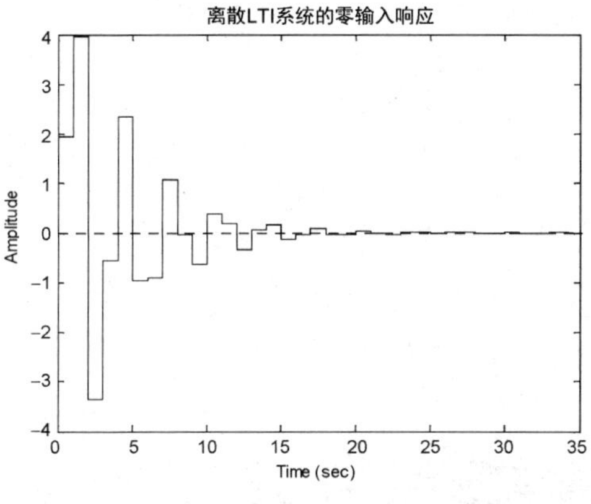

图 7.16　离散 LTI 系统的零输入响应曲线

当初始状态 $\boldsymbol{x}(0) = \begin{bmatrix} 1 \\ 0 \end{bmatrix}$ 时，求系统的零输入响应。

MATLAB 程序如下：

```
a=[-0.55, -0.78;0.78, 0];b=[1;0];
c=[1.96 6.45];d=[0];x0=[1;0]
dinitial(a, b, c, d, x0);
title('离散 LTI 系统的零输入响应')
```

程序运行结果如图 7.16 所示。

3. 滤波函数 filter

从频域角度，无论是连续 LTI 系统还是离散 LTI 系统，系统对输入信号的响应，实质上就是对输入信号的频谱进行选择的过程，这个过程称为滤波。MATLAB 信号处理工具箱中提供了滤波函数 `filter`。

格式：`y=filter(B, A, x)`

功能：对向量 `x` 中的数据进行滤波处理，即求解差分方程 `a(1)*y(n)=b(1)*x(n)+b(2)*x(n-1)+…+b(nb+1)*x(n-nb)-a(2)*y(n-1)-…-a(na+1)*y(n-na)`，产生输出序列向量 `y`。`B` 和 `A` 分别为数字滤波器系统函数 $H(z)$ 的分子和分母多项式系数向量。要求 `a(1)=1`，否则就应归一化。

例 7.18　设系统差分方程为

$$y(n) - 0.8y(n-1) = x(n)$$

求该系统对信号 $x(n) = 0.8^n R_{32}(n)$ 的响应。

MATLAB 程序如下：

```
B=1; A=[1, -0.8];
n=0:31; x=0.8.^n;
y=filter(B, A, x);
subplot(2, 1, 1);stem(x)
subplot(2, 1, 2);stem(y)
```

程序运行结果如图 7.17 所示。

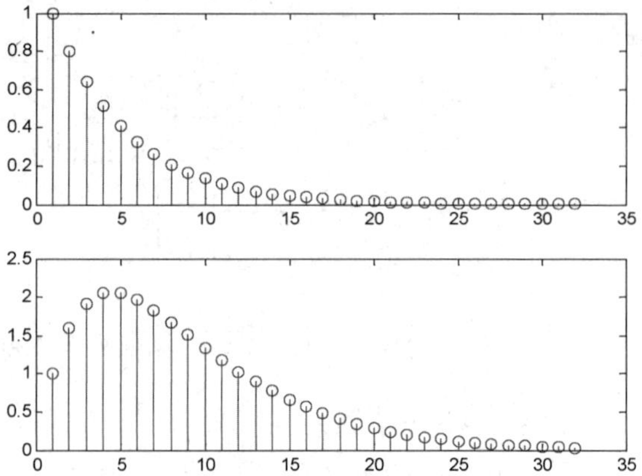

图 7.17 系统对信号的响应

7.4 傅里叶变换

7.4.1 傅里叶变换形式

1．连续时间、连续频率傅里叶变换

正变换：$X(\mathrm{j}\Omega)=\int_{-\infty}^{+\infty}x(t)\mathrm{e}^{-\mathrm{j}\Omega t}\mathrm{d}t$

逆变换：$x(t)=\frac{1}{2\pi}\int_{-\infty}^{+\infty}X(\mathrm{j}\Omega)\mathrm{e}^{\mathrm{j}\Omega t}\mathrm{d}\Omega$

$$X(\mathrm{j}\Omega)=\sum_{i=1}^{N}X(t_i)\mathrm{e}^{-\mathrm{j}\Omega t}\Delta t=\left[x(t_1),x(t_2),\cdots,x(t_n)\right]\left[\mathrm{e}^{-\mathrm{j}\Omega t_1},\mathrm{e}^{-\mathrm{j}\Omega t_2},\cdots,\mathrm{e}^{-\mathrm{j}\Omega t_n}\right]\Delta t$$

2．连续时间、离散频率傅里叶级数

正变换：$X(\mathrm{j}k\Omega_0)=\frac{1}{T_0}\int_{-T_0/2}^{T_0/2}x(t)\mathrm{e}^{-\mathrm{j}k\Omega_0 t}\mathrm{d}t$

逆变换：$x(t)=\sum_{k=-\infty}^{+\infty}X(\mathrm{j}k\Omega_0)\mathrm{e}^{\mathrm{j}k\Omega_0 t}$

3．离散时间、连续频率傅里叶变换

正变换：$X(\mathrm{e}^{\mathrm{j}\omega})=\sum_{n=-\infty}^{+\infty}x(n)\mathrm{e}^{-\mathrm{j}\omega n}$

逆变换：$x(n)=\frac{1}{2\pi}\int_{-\pi}^{\pi}X(\mathrm{e}^{\mathrm{j}\omega})\mathrm{e}^{\mathrm{j}\omega n}\mathrm{d}\omega$

4．离散时间、离散频率傅里叶级数

正变换：$\tilde{X}(k)=\mathrm{DFS}[\tilde{x}(n)]=\sum_{n=0}^{N-1}\tilde{x}(n)W_N^{nk}$ ，$k=0,1,2,\cdots,N-1$

逆变换：$\tilde{x}(n)=\mathrm{IDFS}[\tilde{X}(k)]=\frac{1}{N}\sum_{k=0}^{N-1}\tilde{X}(k)W_N^{-nk}$ ，$n=0,1,2,\cdots,N-1$

5．离散时间、离散频率傅里叶变换

正变换：$X(k)=\mathrm{DFT}[x(n)]=\sum_{n=0}^{N-1}x(n)W_N^{nk}$ ，$k=0,1,2,\cdots,N-1$

逆变换：$x(n)=\mathrm{IDFT}[X(k)]=\frac{1}{N}\sum_{k=0}^{N-1}X(k)W_N^{-nk}$ ，$n=0,1,2,\cdots,N-1$

7.4.2　MATLAB 中的傅里叶变换函数

1．一维快速正傅里叶变换函数 fft

格式：X=fft(x, N)

功能：采用 FFT 算法计算序列向量 x 的 N 点 DFT 变换。当 N 省略时，fft 函数自动按 x 的长度计算 DFT。当 N 为 2 的整数次幂时，fft 按基 2 算法计算，否则用混合算法。

2．一维快速逆傅里叶变换函数 ifft

格式：x=ifft(X, N)

功能：采用 FFT 算法计算序列向量 X 的 N 点 IDFT 变换。

3．二维快速正傅里叶变换函数 fft2

格式：X=fft2(x)

功能：返回矩阵 X 的二维 DFT 变换。

4．二维快速逆傅里叶变换函数 ifft2

格式：X=ifft2(x)

功能：返回矩阵 X 的二维 IDFT 变换。

5．线性调频 *z* 变换函数 czt

格式：y=czt(x, m, w, a)

功能：计算由 z=a*w.^(-(0:m-1))定义的 z 平面螺线上各点的 z 变换。其中，a 规定了起点，w 规定了相邻点的比例，m 规定了变换长度。后三个变量默认值是 a=1, w=exp(j*2*pi/m),m=length(x)。因此，y=czt(x)就等同于 y=fft(x)。

6．正/逆离散余弦变换函数 dct 和 idct

格式：y=dct(x, N)

功能：完成如下的变换，N 的默认值为 length(x)。idct 函数的调用格式与 dct 相仿。

$$y(k)=\mathrm{DCT}[x(n)]=\sum_{n=1}^{N}2x(n)\cos\left\{\left[\frac{\pi}{2N}k(2n+1)\right]\right\},\qquad k=0,1,\cdots,N-1$$

7．将零频分量移至频谱中心的函数 fftshift

格式：Y=fftshift(X)

功能：用来重新排列 X=ff(x)的输出，当 X 为向量时，它把 X 的左右两半进行交换，从而将零频分量移至频谱中心。如果 X 是二维傅里叶变换的结果，它同时把 X 左右和上下进行交换。

8．基于 FFT 重叠相加法 FIR 滤波器实现函数 fftfilt

格式一：y=fftfilt(b, x)

功能：采用重叠相加法 FFT 实现对信号向量 x 快速滤波，得到输出序列向量 y。向量 b 为 FIR 滤波器的单位冲激响应列，h(n)=b(n+1),n=0, 1, 2,…, length(b)-1。

格式二：y=fftfilt(b, x, N)

功能：自动选取 FFT 长度 NF=2^nextpow2(N)，输入数据 x 的分段长度 M=NFlength(b)+1。

其中 nextpow2(N)函数求一个整数，满足

2^(nextpow2(N)-1)<N≤2^nextpow2(N)

当 N 默认时，fftfilt 自动选择合适的 FFT 长度 NF 和对 x 的分段长度 M。

例 7.19 利用 FFT 计算下面两个序列的卷积，并测试直接卷积和快速卷积的时间。

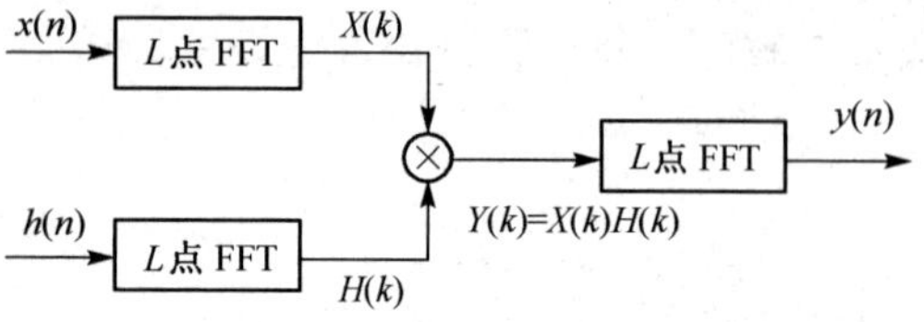

图 7.18 快速卷积计算框图

$$x(n) = \sin(0.4n) R_N(n)$$
$$h(n) = 0.9^n R_M(n)$$

首先利用 DFT 将时域卷积转换为频域相乘，然后再进行 IFFT 得到时域卷积。其计算框图如图 7.18 所示。

MATLAB 程序如下：

```
% 线性卷积
xn= sin(0.4*[1:15]);        % 对序列 x(n)赋值, M=15
hn= 0.9.^(1:20);            % 对序列 h(n)赋值, N=20

tic
yn=conv(xn, hn);            % 直接调用函数 conv 计算卷积
toc
M=length(xn);N=length(hn)
nx=1:M;nh=1:N
% 圆周卷积
L=pow2(nextpow2(M+N-1));
Xk=fft(xn, L);
Hk=fft(hn, L);
Yk=Xk.*Hk;
yn=ifft(Yk, L);
toc
subplot(2, 2, 1), stem(nx, xn, '.');ylabel('x(n)');
subplot(2, 2, 2), stem(nh, hn, '.');ylabel('h(n)');
subplot(2, 1, 2), ny=1:L;stem(ny, real(yn), '.');ylabel('h(n)');
```

程序运行结果如图 7.19 所示。

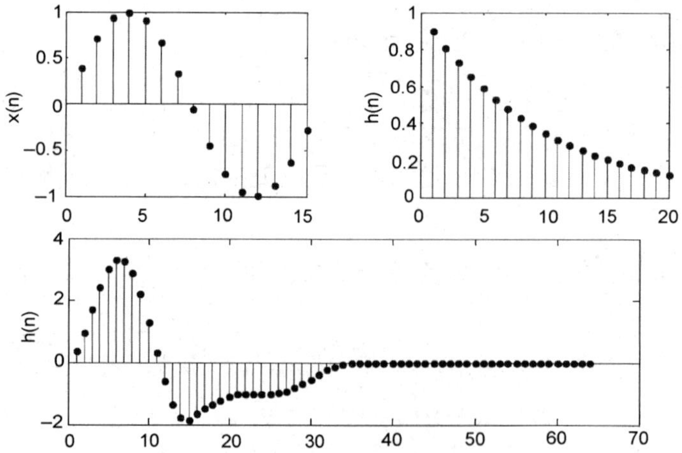

图 7.19 $x(n), h(n)$ 及其线性卷积波形

7.5　IIR 数字滤波器的设计方法

7.5.1　冲激响应不变法

冲激响应不变法设计 IIR 数字滤波器(简称 IIR 滤波器)的基本原理是，对具有传递函数 $H_a(s)$ 的模拟滤波器的冲激响应 $h_a(t)$，将以周期 T 采样所得的离散序列 $h_a(nT)$，作为数字滤波器的单位冲激响应 $h(n)$，即 $h(n)$ 与 $h_a(t)$ 满足如下关系：

$$h(n) = h_a(t)\big|_{t=nT}$$

当模拟滤波器的系统函数 $H_a(s)$ 只有单阶极点时，利用冲激响应不变法所得数字滤波器的系统函数 $H(z)$ 有以下对应关系：

$$H_a(s) = \sum_{k=1}^{N} \frac{A_k}{s - s_k} \rightarrow H(z) = \sum_{k=1}^{N} \frac{A_k}{1 - \mathrm{e}^{s_k T} z^{-1}}$$

MATLAB 信号处理工具箱中提供了专用函数 impinvar 来实现以上计算，其调用格式如下。

[bz, az]=impinvar(b, a, fs)，把具有[b, a]模拟滤波器的传递函数模型转换成采样频率为 fs(Hz)的数字滤波器的传递函数模型[bz, az]。采样频率 fs 的默认值为 1。

[bz, az]=impinvar(b, a, fs, tol)，利用指定的容错误差 tol 来确定极点是否重复。如果设置的容差增大，则函数认为相邻很近的极点为重复极点的可能性增大。默认的 tol=0.001，即 0.1%。

例7.20　利用函数 impinvar 将一个低通模拟滤波器转换成数字滤波器，采样频率为 10 Hz。

MATLAB 程序如下：

```
[b, a] = butter(4, 0.3, 's');
[bz, az] = impinvar(b, a, 10);
sys = tf(b, a);
impulse(sys);                    % 绘制低通模拟滤波器的冲激响应
hold on
impz(10*bz, az, [], 10);         % 绘制数字滤波器的冲激响应
axis([0 20 -0.04 0.12])
```

程序运行结果如图 7.20 所示。

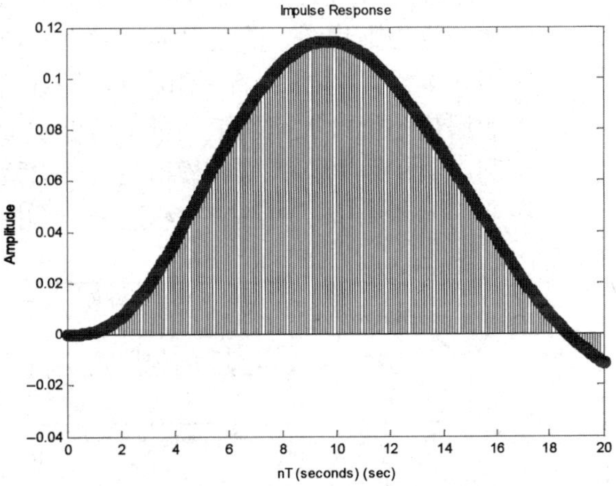

图 7.20　低通模拟滤波器和数字滤波器冲激响应波形

7.5.2　双线性变换法

双线性变换法利用频率变换关系

$$\Omega = \frac{2}{T}\tan\left(\frac{\omega}{2}\right)$$

即

$$s = \frac{2}{T} \times \frac{1 - z^{-1}}{1 + z^{-1}}$$

建立 s 平面与 z 平面的一一对应的单值关系 $s = f(z)$，然后将它代入 $H_a(s)$ 求得 $H(z)$，即

$$H(z) = H_a(s)\big|_{s=f(z)}$$

MATLAB 信号处理工具箱中为实现双线性变换提供了函数 bilinear，基本调用格式如下。

[zd, pd, kd]=bilinear(z, p, k, fs)，把模拟滤波器的零极点增益模型转换成数字滤波器的零极点增益模型，其中 fs 为采样频率。

[numd, dend]=bilinear(num, den, fs)，把模拟滤波器的传递函数模型转换成数字滤波器的传递函数模型。

[Ad, Bd, Cd, Dd]=bilinear(A, B, C, D, fs)，把模拟滤波器的状态方程模型转换成数字滤波器的状态方程模型。

以上三种调用格式中，可以再增设一个输入参数畸变频率 fp(Hz)。在进行双线性变换之前，对采样频率进行畸变处理，以保证频率冲激响应在双线性变换前后，在 fp 处具有良好的单值映射关系。

例 7.21 一个三阶 Butterworth 低通模拟滤波器的传递函数为

$$H(s)=\frac{1}{s^3+\sqrt{3}s^2+\sqrt{2}s+1}$$

试用双线性变换法求出 Butterworth 数字滤波器的传递函数。

MATLAB 程序如下：

```
num=1;                                  % 低通模拟滤波器系统函数的分子
den=[1, sqrt(3), sqrt(2), 1];           % 低通模拟滤波器系统函数的分母
[num1, den1]=bilinear(num, den, 1)      % 求数字滤波器的传递函数
```

程序运行结果为

```
num1 =  0.0533   0.1599   0.1599   0.0533
den1 =  1.0000  -1.3382   0.9193  -0.1546
```

7.5.3 IIR 滤波器的频率变换设计法

根据滤波器设计要求，设计低通模拟滤波器原型，然后进行频率变换，将其转换为相应的模拟滤波器(高通、带通等)，最后利用冲激响应不变法或双线性变换法，将模拟滤波器数字化，转变成相应的数字滤波器。

1. MATLAB 的典型设计

利用 MATLAB 设计 IIR 滤波器可分以下几步来实现：

① 按一定规则将数字滤波器的技术指标转换为模拟低通滤波器的技术指标；

② 根据转换后的技术指标使用滤波器阶数函数，确定滤波器的最小阶数 N 和截止频率 ω_c；

③ 利用最小阶数 N 产生低通模拟滤波器原型；

④ 利用截止频率 ω_c 把低通模拟滤波器原型转换成低通、高通、带通或带阻模拟滤波器；

⑤ 利用冲激响应不变法或双线性变换法把模拟滤波器转换成数字滤波器。其设计流程图如图 7.21 所示。

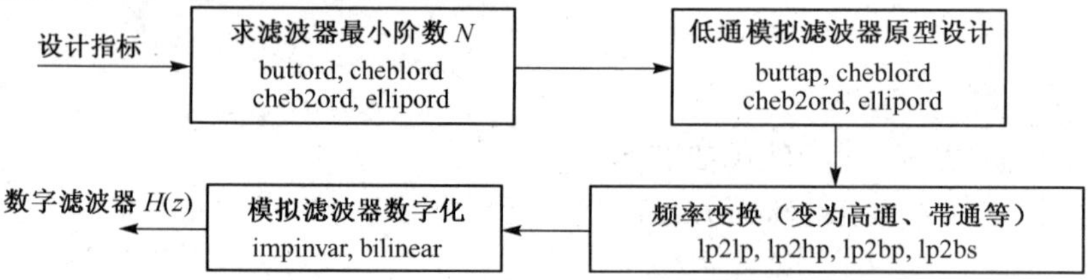

图 7.21 IIR 滤波器 MATLAB 设计流程图

MATLAB 信号处理工具箱中提供了大量与 IIR 滤波器设计相关的函数，分别如表 7.1、表 7.2 和表 7.3 所示。

表 7.1　IIR 滤波器阶数估计函数

函数名	功　能
buttord	计算 Butterworth 滤波器的阶数和截止频率
cheb1ord	计算 Chebyshev Ⅰ型滤波器的阶数
cheb2ord	计算 Chebyshev Ⅱ型滤波器的阶数
ellipord	计算椭圆滤波器的最小阶数

表 7.2　低通模拟滤波器原型设计函数

函数名	功　能
besselap	Bessel 低通模拟滤波器原型设计
buttap	Butterworth 低通模拟滤波器原型设计
Cheb1ap	Chebyshev Ⅰ型低通模拟滤波器原型设计
cheb2ap	Chebyshev Ⅱ型低通模拟滤波器原型设计
ellipap	椭圆低通模拟滤波器原型设计

表 7.3　低通模拟滤波器转换函数

函数名	功　能
lp2bp	把低通模拟滤波器转换成带通滤波器
lp2bs	把低通模拟滤波器转换成带阻滤波器
lp2hp	把低通模拟滤波器转换成高通滤波器
lp2	改变低通模拟滤波器的截止频率

例 7.22　设计一个 Butterworth 滤波器，其性能指标如下：通带的截止频率 $\omega_p = 10000$ rad/s，通带的最大衰减 $A_p = 3$ dB，阻带的截止频率 $\omega_s = 40\,000$ rad/s，阻带的最小衰减 $A_s = 35$ dB。

MATLAB 程序如下：

```
Wp=10000;
Ws=40000;
Ap=3;
As=35;
Np=sqrt(10^(0.1*Ap)-1);
Ns=sqrt(10^(0.1*As)-1);                 % 求相关参数
n=ceil(log10(Ns/Np)/log10(Ws/Wp));      % 确定参数 N
[z, p, k]=buttap(n);
syms rad;
Hs1=k/(i*rad/Wp-p(1))/(i*rad/Wp-p(2))/(i*rad/Wp-p(3));
Hs2=10*log10((abs(Hs1))^2);
ezplot(Hs2, [-60000, 60000]);
```

运行程序得到滤波器的幅度平方函数曲线如图 7.22 所示。

例 7.23　设计一个在阻带内最大衰减为 0.05 dB 的 5 阶 Chebyshev Ⅰ型低通模拟滤波器原型。

MATLAB 程序如下：

```
n=5;
rp=0.05;
```

```
[z, p, k]=cheb1ap(n, rp);
[b, a]=zp2tf(z, p, k);
w=logspace(-1, 1);
freqs(b, a)
```

程序运行结果如图 7.23 所示。

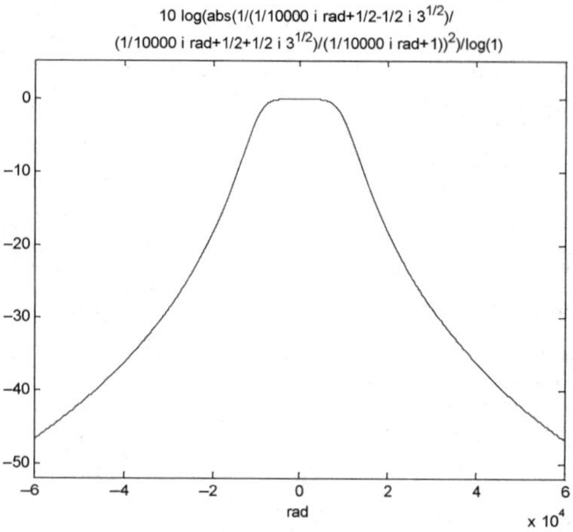

图 7.22 滤波器的幅度平方函数曲线

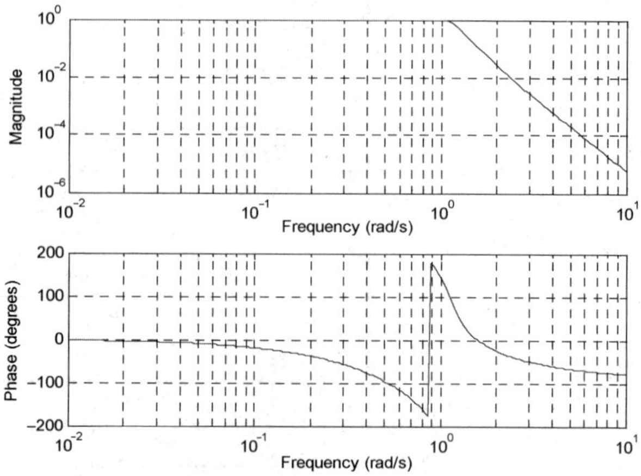

图 7.23 Chebyshev I 型低通模拟滤波器原型的幅频和相频响应

例 7.24 设计一个在通带内最大衰减为 3 dB，在阻带内最小衰减为 40 dB 的 4 阶低通模拟椭圆滤波器原型。

MATLAB 程序如下：

```
n=4;
rp=3;
rs=40;
[z, p, k]=ellipap(n, rp, rs);
[b, a]=zp2tf(z, p, k);
w=logspace(-1, 1);
freqs(b, a)
```

程序运行结果如图 7.24 所示。

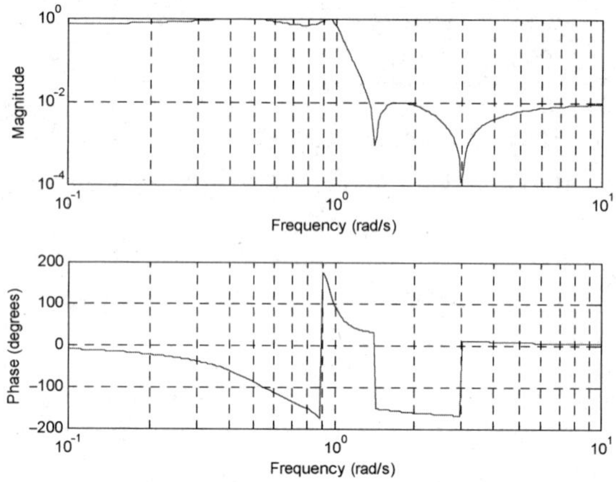

图 7.24 低通模拟椭圆滤波器原型的幅频和相频响应

2. MATLAB 的直接设计

MATLAB 信号处理工具箱提供了几个直接设计 IIR 滤波器的函数，如表 7.4 所示，直接设计的流程图如图 7.25 所示。

表 7.4 IIR 滤波器设计函数

函数名	功 能
butter	Butterworth 模拟和数字滤波器设计
cheby1	Chebyshev I 型滤波器设计(通带波纹)
cheby2	Chebyshev II 型滤波器设计(阻带波纹)
ellip	椭圆(Cauer)滤波器设计
maxflat	一般 Butterworth 数字滤波器设计(最平滤波器)
prony	利用 Prony 法进行时域 IIR 滤波器设计
stmcb	利用 Steiglitz-McBride 迭代法求线性模型
yulewalk	递归数字滤波器设计

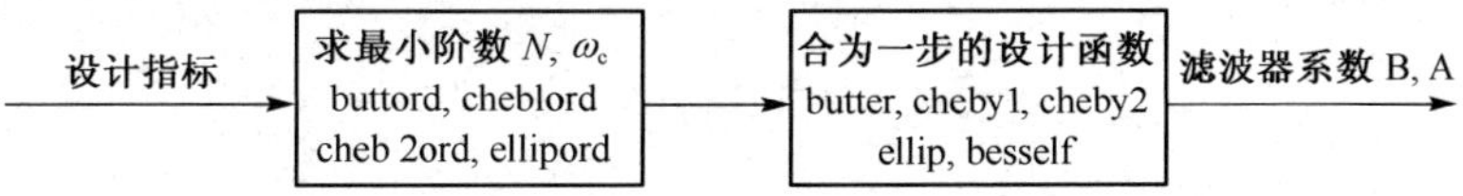

图 7.25　IIR 滤波器的 MATLAB 设计流程图

例 7.25　设计一个带阻 IIR 滤波器，其具体的要求是：通带的截止频率 $\omega_{p1}=650$ Hz, $\omega_{p2}=850$ Hz；阻带的截止频率 $\omega_{s1}=700$ Hz, $\omega_{s2}=800$ Hz；通带内的最大衰减为 $r_p=0.1$ dB；阻带内的最小衰减为 $r_s=50$ dB；采样频率为 $F_s=2000$ Hz。

输入程序如下：

```
wp1=650;wp2=850;ws1=700;ws2=800;rp=0.1;rs=50;Fs=2000;
wp=[wp1, wp2]/(Fs/2);ws=[ws1, ws2]/(Fs/2);          % 利用 Nyquist 频率归一化
[N, wc]=ellipord(wp, ws, rp, rs, 'z');              % 求滤波器阶数
[num, den]=ellip(N, rp, rs, wc, 'stop');            % 求滤波器传递函数
[H, W]=freqz(num, den);                             % 绘出频率响应曲线
plot(W*Fs/(2*pi), abs(H));grid;
xlabel('频率/Hz');ylabel('幅值')
```

运行程序得到的幅频响应曲线如图 7.26 所示。

例 7.26　设计一个 Chebyshev I 型带通滤波器，要求 $\omega_{p1}=60$ Hz, $\omega_{p2}=80$ Hz, $\omega_{s1}=55$ Hz, $\omega_{s2}=85$ Hz, $r_p=0.5$, $r_s=60$, $F_s=200$ Hz。

程序如下：

```
wp1=60;wp2=80;ws1=55;ws2=85;rp=0.5;rs=60;Fs=200;
wp=[wp1,wp2]/(Fs/2);ws=[ws1, ws2]/ (Fs/2);
[N, wc]=cheb1ord(wp, ws, rp, rs);
[num, den]=cheby1(N, rp, wc);
[H, W]=freqz(num, den);
plot(W*Fs/(2*pi), abs(H));GRID;
xlabel('频率/Hz');ylabel('幅值')
```

程序运行结果如图 7.27 所示。

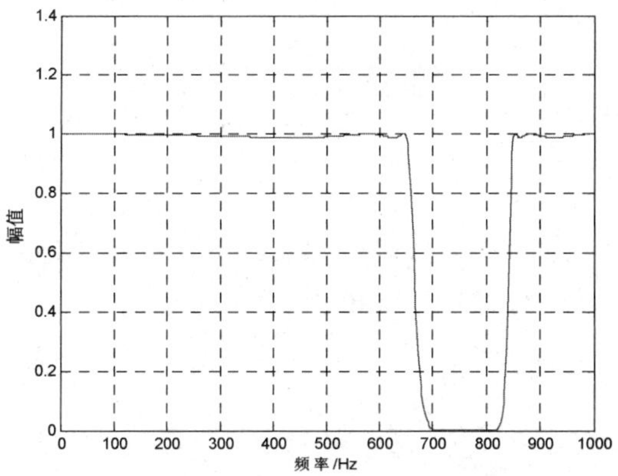

图 7.26　带阻 IIR 滤波器的幅频响应

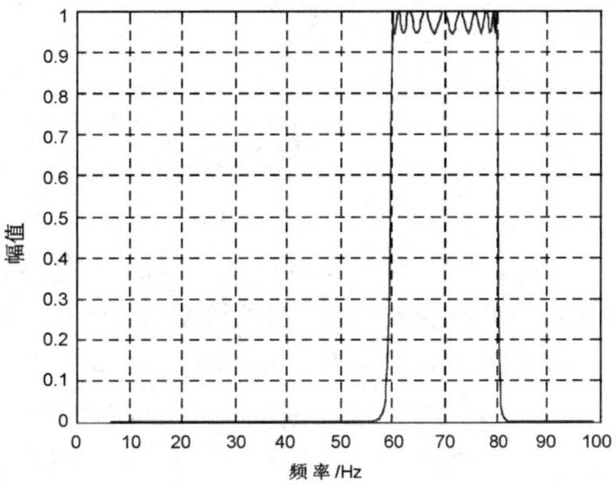

图 7.27　Chebyshev I 型带通滤波器的频率响应

7.6　FIR 数字滤波器设计

FIR 数字滤波器为有限冲激响应数字滤波器，简称 FIR 滤波器，具有线性相位，其系统函数为

$$H(z)=\sum_{n=0}^{N-1}h(n)z^{-n}$$

$H(z)$ 在 $z=0$ 处有 $N-1$ 阶零点，而没有除 z 平面原点外的极点。设计 FIR 数字滤波器最常用的方法是窗函数设计法和频率采样法。

7.6.1 窗函数设计法

窗函数设计法的基本原理是，用一个有限长的窗口函数序列 $\omega(n)$ 截取无限长序列 $h_d(n)$ 获取有限长序列 $h(n)$，即 $h(n)=\omega(n)h_d(n)$，其中 $\omega(n)$ 为窗函数，$h_d(n)$ 为理想数字滤波器的单位冲激响应，以使得能够用 $H(e^{j\omega})=\sum_{n=0}^{M-1}h(n)e^{-jn\omega}$ 逼近理想的频率响应 $H_d(e^{j\omega})=\sum_{n=-\infty}^{+\infty}h_d(n)e^{-jn\omega}$。

MATLAB 信号处理工具箱中为用户提供了 Boxcar(矩形)、Bartlett(巴特利特)、Hanning(汉宁)等窗函数，这些窗函数可以通过 `help signal\signal` 获取。这些窗函数的调用格式相同。下面以 `Boxcar`(矩形)函数为例说明其调用格式。

格式：`w = boxcar(M)`

功能：返回 `M` 点矩形窗序列。

窗的长度 M 又为窗函数设计 FIR 滤波器的阶数。根据卷积理论，$H(e^{j\omega})$ 是理想的频率响应与窗函数频率响应的圆周卷积：

$$H(e^{j\omega})=\frac{1}{2\pi}\int_{-\pi}^{\pi}H_d(e^{j\theta})W(e^{j(\omega-\theta)})d\theta$$

因此，$H(e^{j\omega})$ 逼近程度的好坏完全取决于窗函数的频率特性。表 7.5 给出了在相同条件下，部分窗函数的频率特性。

表 7.5 在相同条件下，部分窗函数的频率特性

名　称	主瓣带宽	过渡带宽	最小阻带衰减
Boxcar(矩形)	$4\pi/M$	$1.8\pi/M$	21 dB
Bartlett(巴特利特)	$8\pi/M$	$4.2\pi/M$	25 dB
Hanning(汉宁)	$8\pi/M$	$6.2\pi/M$	44 dB
Hamming(哈明)	$8\pi/M$	$6.6\pi/M$	51 dB
Blackman(布莱克曼)	$12\pi/M$	$11\pi/M$	74 dB

注：Kaiser 窗用 kaiserord 函数来设计窗的长度 M。

例 7.27 用矩形窗、三角窗、汉宁窗、哈明窗分别设计低通数字滤波器。信号的采样频率为 1000 Hz，数字滤波器的截止频率为 100 Hz，滤波器的阶数为 80。

MATLAB 程序如下：

```
passrad=0.2*pi;
w1=boxcar(81);
w2=triang(81);
w3=hanning(81);
w4=hamming(81);
n=1:1:81;
hd=sin(passrad*(n-41))./(pi*(n-41));
hd(41)=passrad/pi;
h1=hd.*rot90(w1);
h2=hd.*rot90(w2);
```

```
h3=hd.*rot90(w3);
h4=hd.*rot90(w4);
[MAG1, RAD]=freqz(h1);
[MAG2, RAD]=freqz(h2);
[MAG3, RAD]=freqz(h3);
[MAG4, RAD]=freqz(h4);
subplot(2, 2, 1);
plot(RAD, 20*log10(abs(MAG1)));
grid on
subplot(2, 2, 2);
plot(RAD, 20*log10(abs(MAG2)));
grid on
subplot(2, 2, 3);
plot(RAD, 20*log10(abs(MAG3)));
grid on
subplot(2, 2, 4);
plot(RAD, 20*log10(abs(MAG4)));
grid on
```

程序运行结果如图 7.28 所示。

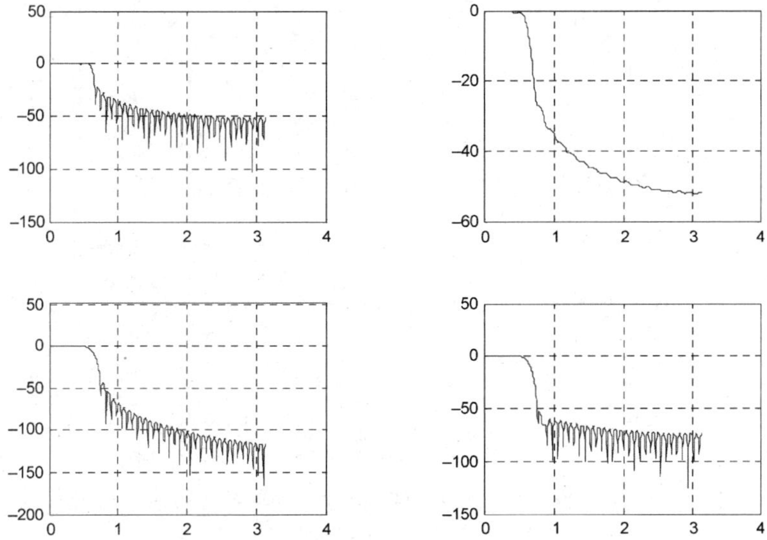

图 7.28　窗函数设计的低通数字滤波器的幅度频率特性

MATLAB 信号处理工具箱中，除提供窗函数命令外，还提供了用窗函数设计法设计具有标准频率响应的 FIR 滤波器的专用命令 `fir1`。其调用格式如下。

`b=fir1(n,wn)`，返回所设计的 n 阶低通 FIR 滤波器，返回的向量 b 为滤波器的系数(单位冲激响应序列)，它的阶数为 n+1。截止频率为 wn，取值范围为(0.0, 1.0)，其中1.0 对应于 0.5fs，fs 为采样频率。如果 wn 是一个二元向量，即 wn=[w1 w2]，则此函数返回的是一个 2n 阶的带通椭圆滤波器的设计结果，其通带为 w1≤w≤w2。如果 wn 是一个多元向量，即 wn=[w1 w2 w3 w4 … wn]，则此函数返回的是一个多通带滤波器的设计结果。

还有一些其他应用格式，用户可以直接查询 help 文档。

例 7.28　设计一个阻带为 0.4～0.7，阶数为 38，窗函数为切比雪夫窗的带阻滤波器，并与窗函数为默认的哈明窗时的设计结果进行比较。

MATLAB 程序如下：

```
wn=[0.4 0.7];
n=38;
b1=fir1(n, wn, 'stop');
window=chebwin(n+1, 30);
b2=fir1(n, wn, 'stop', window);
[H1, W1]=freqz(b1, 1, 512, 2);
[H2, W2]=freqz(b2, 1, 512, 2);
subplot(2, 1, 1)
plot(W1, 20*log10(abs(H1)));
xlabel('归一化频率');
ylabel('幅度/dB');
grid;
subplot(2, 1, 2)
plot(W2, 20*log10(abs(H2)));

grid
xlabel('归一化频率');
ylabel('幅度/dB')
```

程序运行结果如图 7.29 所示。

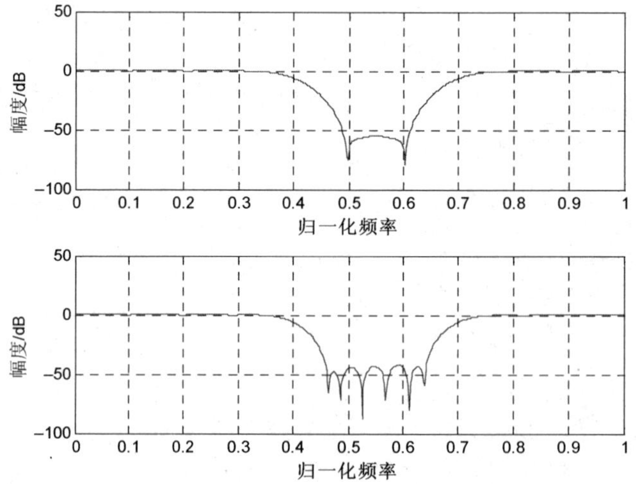

图 7.29　设计的带阻滤波器的幅频响应比较图

7.6.2　频率采样法

频率采样法的基本原理是对所期望的滤波器的频率响应 $H_{\mathrm{d}}(\mathrm{e}^{\mathrm{j}\omega})$，在频域上进行采样，以此确定 FIR 滤波器的 $H(k)$，即令

$$H(k)=H_{\mathrm{d}}(\mathrm{e}^{\mathrm{j}2\pi k/N})$$

对于线性相位 FIR 滤波器的 $H(k)$，在设计时还应满足采样值的幅度与相位约束条件。

在 MATLAB 信号处理工具箱中，为频率采样法设计 FIR 滤波器提供了专用函数命令 `fir2`。该函数的功能是，利用频率采样法，设计任意频率响应的多带 FIR 滤波器，所得滤波器系数为实数，具有线性相位，且满足对称性 $B(k)=B(N+2-k), k=1,2,\cdots,N+1$。其基本调用格式如下。

`b=fir2(n, f, a)`，设计一个 n 阶的 FIR 滤波器，其幅频响应向量由输入参数 f 和 a 来指定。滤波器的系数(单位冲激响应)返回在向量 b 中，长度为 n+1。向量 f 和 a 分别指定滤波器的采样点的频率及其幅值，f 的取值范围为(0.0, 1.0)，其中 1.0 对应于 0.5fs，fs 为采样频率。而且 f 的元素必须以升序来排列。它们必须按递增的顺序从 0.0 开始到 1.0 结束。

b=fir2(n, f, a, win)，用指定的窗函数设计 FIR 滤波器，窗函数包括 Boxcar, Hanning, Bartlett, Blackman, Kaiser 及 Chebwin 等。例如，B=fir2(N, F, bartlett(N + 1))使用的是三角窗；B=fir2(N, F, chebwin(N + 1, R))使用的是 Chebyshev 窗。默认情况下，函数 fir2 使用 Hamming 窗。

对于在 fs/2 附近增益不为零的滤波器，如高通或带阻滤波器，N 必须为偶数。即使用户定义 N 为奇数，函数 fir2 也会自动对它加 1。

例7.29　设计一个具有指定幅频响应的多带 FIR 滤波器，并与期望的幅频响应的结果进行比较。

MATLAB 程序如下：

```
f=[0 0.2 0.2 0.4 0.4 0.6 0.6 1];
m=[1 1 0 0 1 1 0 0];
b=fir2(40, f, m);
[H, W]=freqz(b, 1, 256);
plot(f, m, ':', W/pi, abs(H));
legend('期望幅频响应', '实际幅频响应');
```

程序运行结果如图 7.30 所示。

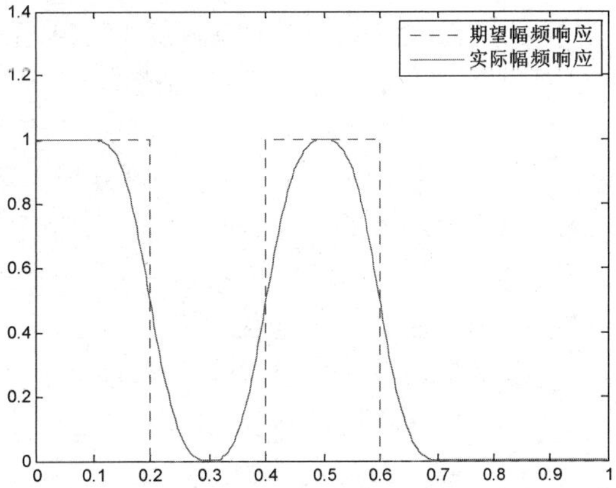

图 7.30　设计的多带滤波器幅频响应曲线与理想曲线比较图

例 7.30　试用频率采样法设计一个 FIR 低通滤波器，该滤波器的截止频率为 0.5π，频率采样点数为 33。

MATLAB 程序如下：

```
N=32;
F=[0:1/32:1];                        % 设置采样点的频率，采样频率必须含 0 和 1
A=[ones(1, 16), zeros(1, N-15)];     % 设置采样点相应的幅值
B=fir2(N, F, A);
freqz(B);                            % 绘制滤波器的幅相频曲线
figure(2);stem(B, '.');              % 绘制单位冲激响应的实部
line([0, 35], [0, 0]);xlabel('n');ylabel('h(n)');
```

程序运行结果如图 7.31 所示。

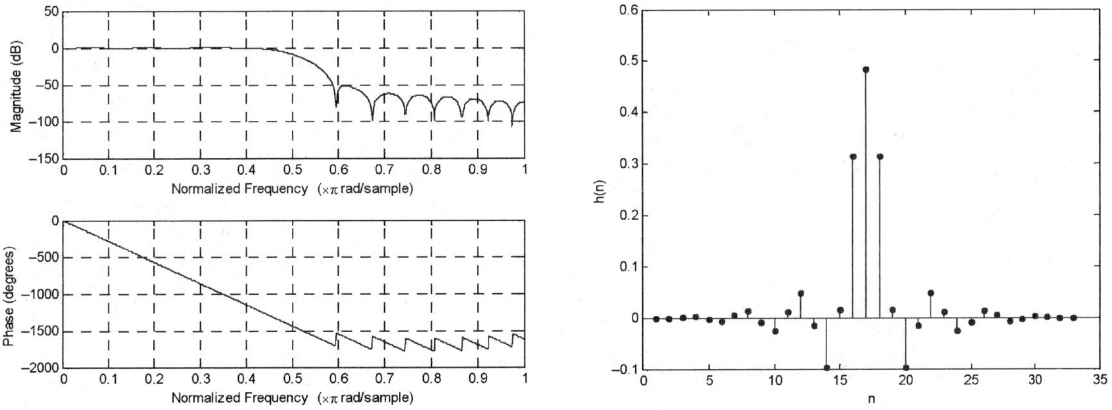

图 7.31　滤波器的频率响应和单位冲激响应序列

7.6.3 MATLAB 的其他相关函数

在 MATLAB 信号处理工具箱中，不仅提供了窗函数设计法和频率采样法专用命令，同时还提供了等波纹最佳一致逼近法、最小二乘逼近法等函数命令，下面就这些函数的基本调用方式和功能进行简要说明。

1. 最小二乘逼近法设计线性相位 FIR 滤波器函数 fircls

该函数的格式如下。

b=fircls(n, f, a, up, lo)，用有限制条件的最小二乘逼近法设计线性相位 FIR 滤波器，返回的是一个长度为 n+1 的线性相位 FIR 滤波器，其期望逼近的频率响应为分段恒定的，由向量 f 和 a 指定。各段幅度波动的上下限由向量 up 和 lo 给定。a 中的各元素分别为各恒定段的频率响应的理想幅值，a 中元素的个数为不同的频段数。up 和 lo 的长度与 a 的相同，它们给定频率响应各频段的上下限。f 中的元素为临界频率，这些频率必须按递增的顺序从 0.0 开始到 1.0 结束。f 的长度为 a 的长度加 1。

通过设置阻带的 lo 为 0，可以得到幅值非负的频率响应，这样的频谱能够保证获得一个最小相位的滤波器，设计过程的监视可由参数'trace'和'plot'决定。使用参数'trace'可以得到迭代进程的文字报告，如 fircls(n, f, a, up, lo, 'trace')，使用参数'plot'可以得到迭代进程的绘图表示，用'both'可二者兼得。

例 7.31 设计一个 150 阶带通滤波器。

MATLAB 程序如下：

```
n=150;
f=[0 0.4 1];
a=[1 0];
up=[1.02 0.01];
lo=[0.98 -0.01];
b=fircls(n, f, a, up, lo, 'both');    % Display plots of bands
fvtool(b)
```

程序运行结果如图 7.32 所示。

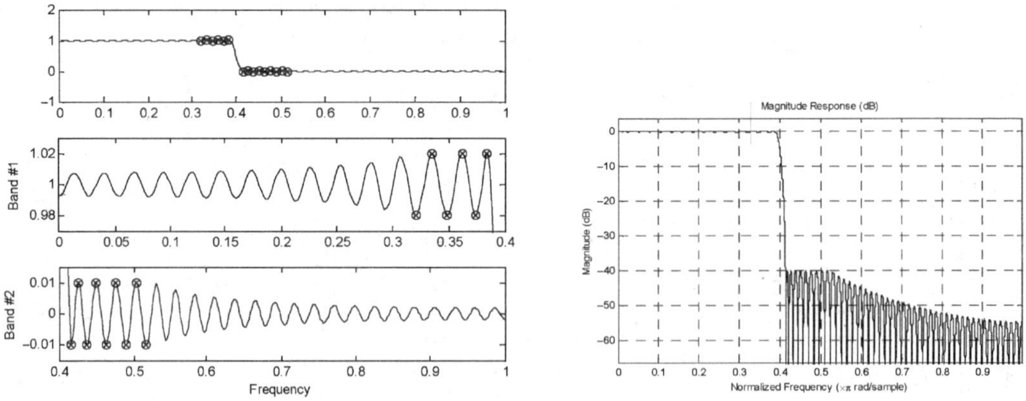

图 7.32 多通带 FIR 滤波器及其各个频带的幅频响应曲线

2. 有限制条件的最小二乘逼近法设计低通和高通 FIR 滤波器函数 fircls1

该函数的格式如下。

b=fircls1(n, wo, dp, ds)，返回一个长度为 n+1 的线性相位 FIR 低通滤波器，

其截止频率为 wo，通带偏离 1.0 的最大值为 dp，阻带偏离 0 的最大值为 ds。wo 在 0～1.0 之间(1.0 对应于采样频率的一半)。

b=fircls1(n, wo, dp, ds, 'high')，返回一高通滤波器(阶数 n 必须为偶数)。

b=fircls1(n, wo, dp, ds, wt)和 b=fircls1(n, wo, dp, ds, wt, 'high')，使所设计的滤波器满足通带或阻带的边界条件。如果 wt 位于通带内，那么使用这一参数将保证|E(wt)|≤dp，E(wt)为误差函数；同样如果 wt 位于阻带内，将保证|E(wt)|≤ds。如果用很小的 dp 和 ds 设计窄带滤波器，可能不存在满足要求的给定长度的滤波器。

b=fircls1(n, wo, dp, ds, wp, ws, k)，给平方误差加权，通带的权比阻带的大 k 倍。wp 为最小二乘权函数的通带边缘频率，ws 为阻带边缘频率(ws<wo<wp)。为了满足一定条件或者设计没有加权函数的高通滤波器，必须使 ws<wo<wp。

例 7.32　设计一个 55 阶低通滤波器，其截止频率为 0.3。

MATLAB 程序如下：

```
n=55;     wo=0.3;
dp=0.02;  ds=0.008;
b=fircls1(n, wo, dp, ds, 'both');          % Display plots of bands
fvtool(b)                                  % Display magnitude plot
```

程序运行结果如图 7.33 所示。

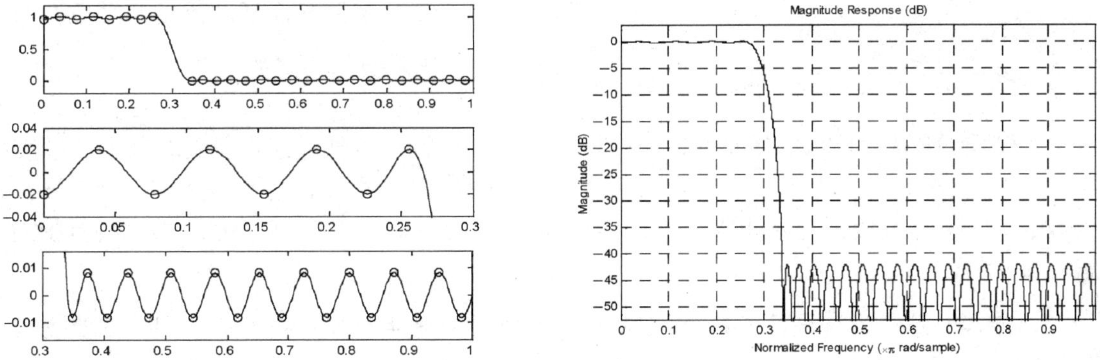

图 7.33　FIR 滤波器及其通带和阻带的幅频特性图

3. 最小二乘逼近法设计线性相位 FIR 滤波器函数 firls

该函数的格式如下。

b=firls(n, f, a)，返回一个长度为 n+1 的线性相位 FIR 滤波器(系数为实对称)，期望的频率应由向量 f 和 a 确定，且按升序列取 0～1 之间的值，1 对应于采样频率的一半，a 是长度与 f 相同的实向量，它用来指定滤波器频率响应的期望幅值，期望的频率响应由点(f(k), a(k))和(f(k+1), a(k+1))(k 为奇数)的连线组成。函数 firls 把 f(k+1)和 f(k+2)(k 为奇数)之间的频带视为过渡，或者说是不关心的频带，所以所期望的频率响应是分段线性的，其总体平方误差为最小。

b=firls(n, f, a, w)，使用权系数 w 给误差加权。w 的长度为 f 和 a 的一半，其元素表明在使总体误差为最小时的重要程度。

b=firls(n, f, a, 'Hilbert')或 firls(n, f, w, 'Hilbert')，设计具有奇对称系数的滤波器，也就是说，b(k)=-b(n+2-k)(k=1, 2, …, n+1)。一种特殊情况是，其整数各频带的幅值都接近于 1，如 b=firls(30, [0.1, 0.9], [1, 1], 'Hilbert')。

b=firls(n, f, a, 'differentiator')或 b=firls(n, f, a, w, 'differentiator')，设计奇对称的滤波器，但是它在非零幅值的频带有着特殊的加权方案，其权值等于 w 除以频率的平方，这样滤波器的低频性能比高频性能要好一些。

例 7.33 设计一个 35 阶的 FIR 滤波器，并使其幅频响应具有分段线性通带。

MATLAB 程序如下：

```
n=35
f=[0 0.4 0.5 0.6 0.8 0.9];
a=[0 1 0 0 0.5 0.5];
 b=firls(n, f, a, 'hilbert')
for j=1:1:5
    plot([f(j)   f(j+1)],   [a(j)
a(j+1)], '*');
    hold on
    end
    [h, w]=freqz(b, 1, 512, 2);
    plot(w, abs(h));
    grid on
    xlabel('频率/f')
    ylabel('幅度/a')
```

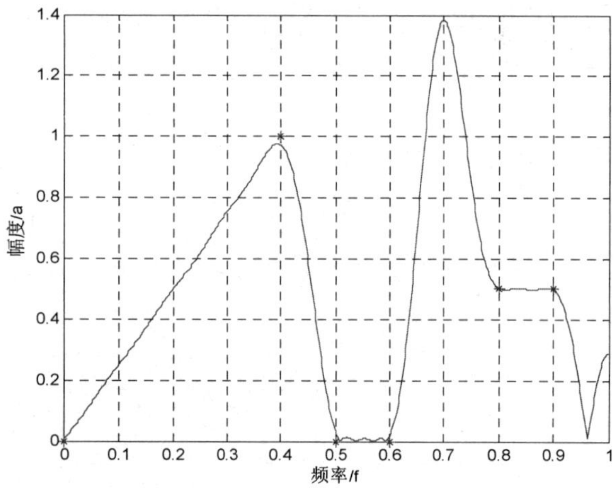

图 7.34 分段线性 FIR 滤波器的幅频响应图

程序运行结果如图 7.34 所示。

4. 升余弦 FIR 滤波器设计函数 firrcos

该函数的格式如下。

b=firrcos(n, F0, df, fs)，返回一个 n 阶低通线性且具有升余弦过渡频带的 FIR 滤波器。F0 为截止频率，fs 为采样频率，df 为过渡带。滤波器阶数 n 必须为偶数，F0±df/2 必须在[0, fs/2]范围内。默认时，采样频率 fs=2。

5. 最佳一致逼近法设计 FIR 滤波器函数 remez 和最佳一致逼近法设计 FIR 滤波器的阶数估计函数 remezord

这两个函数的格式如下。

b=remez(n, f, a)，通过最大误差最小化原则，设计一个由 f 和 a 指定幅频响应和实线性相位对称的 n 阶的 FIR 滤波器。函数的返回值是一个长度为 n+1 的滤波器系数所组成的向量。

[n, fo, ao, w]=remezord(f, a, dev, fs)，在给定频域设计性能指标的情况下，得到使用 remez 函数时的必要参数，包括阶数 n、归一化截止频率 fo、幅频向量 ao 和权值向量 w。输入参数 f 是频带边缘频率向量，输入参数 a 是由 f 指定的各个频带上的幅值向量，它们的长度关系满足 length(f)=2*length(a)-2，而且第 1 个频带必须从 f=0 处开始，最后一个频带在 f=fs/2 处结束。输入参数 dev 指定各个通带或阻带上的最大波动误差，它的长度必须和 a 的长度相等。

具体其他格式用户可以参考 help 文档。

例 7.34 设计一个 17 阶的 FIR 滤波器，并验证加权系数向量的作用。

MATLAB 程序如下：

```
n=17;
f=[0 0.1 0.2 0.3 0.4 0.5 0.6 0.7 0.8 1];
a=[0 0 0 0 1 1 1 0 0 0];
```

```
w=[0.9 0.85 0.8 0.2 0.1];
b1=remez(n, f, a);
b2=remez(n, f, a, w);
[H1, W1]=freqz(b1, 1, 512);
[H2, W2]=freqz(b2, 1, 512);
plot(f, a, '-', W1/pi, abs(H1), ':', W2/pi, abs(H2), '-');
legend('期望曲线', '没有加权时的设计结果', '有加权时的设计结果')
grid
```

程序运行结果如图 7.35 所示。

例 7.35　设计一个最小阶数的 FIR 低通滤波器，性能指标如下：通带 0～1500 Hz，阻带截止频率 2000 Hz，通带波动 1%，阻带波动 10%，采样频率 8000 Hz。

MATLAB 程序如下：

```
fs=8000;
 f=[1500 2000];
 a=[1 0];
 dev=[0.01 0.1];
[n, fo, ao, w]=remezord(f, a, dev, fs);
 b=remez(n, fo, ao, w);
 [H, W]=freqz(b, 1, 1024, fs);
 plot(W, 20*log10(abs(H)));
 grid
```

程序运行结果如图 7.36 所示。

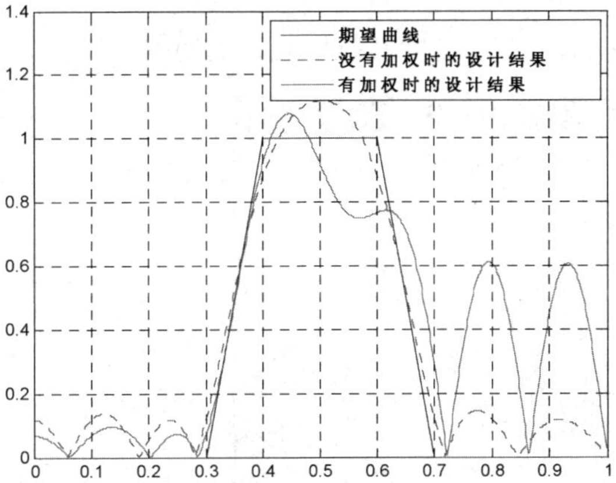

图 7.35　remez 函数的设计结果对比图

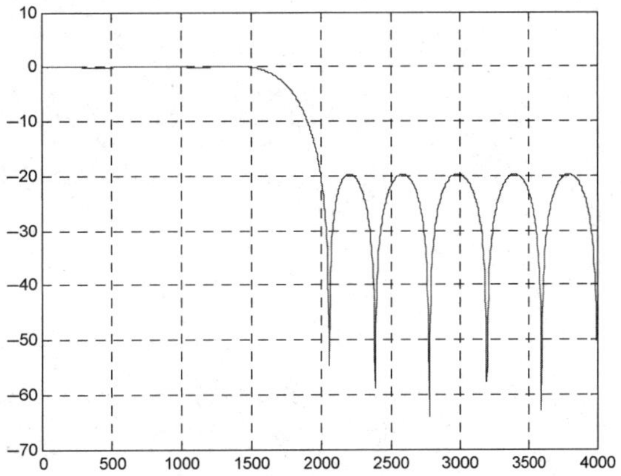

图 7.36　设计的 FIR 低通滤波器的实际幅频响应曲线

7.7　信号处理的图形用户界面工具

信号处理工具箱为用户提供了一个交互式的图形用户界面工具——SPTool，用来执行常见的信号处理任务。SPTool 是一个图形环境，为信号处理工具箱中的很多函数提供了易于使用的界面，用户只需要操纵鼠标就可以载入、观察、分析和打印数字信号，分析、实现和设计数字滤波器，以及进行谱分析。

7.7.1　主窗口

在 MATLAB 命令窗口输入命令

```
sptool
```

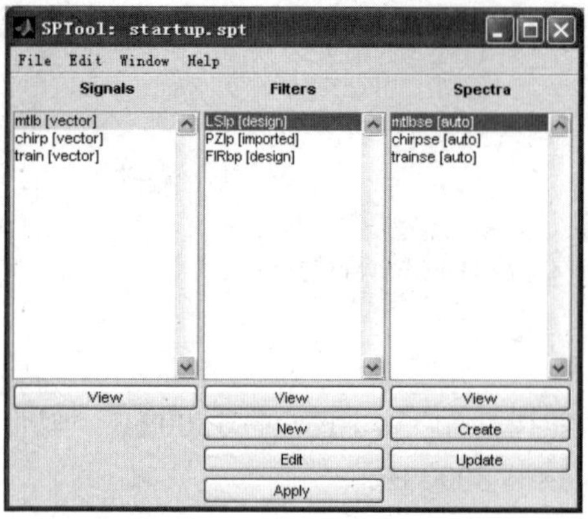

图 7.37　SPTool 的主窗口

按回车键，打开 SPTool 的主窗口，如图 7.37 所示。

从主窗口可以看出，SPTool 有 3 个列表框：Signals 列表框、Filters 列表框和 Spectra 列表框，它们对应着 SPTool 工具中的 4 个功能模块。

(1) 信号浏览器：观察、分析时域信号的信息。

(2) 滤波器设计器：创建任意阶数的低通、高通、带通或带阻的 FIR 和 IIR 滤波器。

(3) 滤波器观察器：分析滤波器的特性，有幅频响应、相频响应、群延迟和冲激响应等。

(4) 谱观察器：对用各种 PSD 估计方法得到的频域数据以图形的方式进行分析研究。

7.7.2　SPTool 菜单功能介绍

SPTool 主窗口中有 4 个菜单：文件菜单 File、编辑菜单 Edit、窗口菜单 Window 和帮助菜单 Help。

1. 文件菜单 File

文件菜单 File 中各命令的功能如下。

(1) Open Session 命令：用于打开保存的主窗口会话文件，SPTool 会话文件的扩展名为 spt，启动 SPTool 时，默认打开的文件是 start.spt。

(2) Import 命令：用于从 MATLAB 工作空间或数据文件载入数据，对话框如图 7.38 所示。

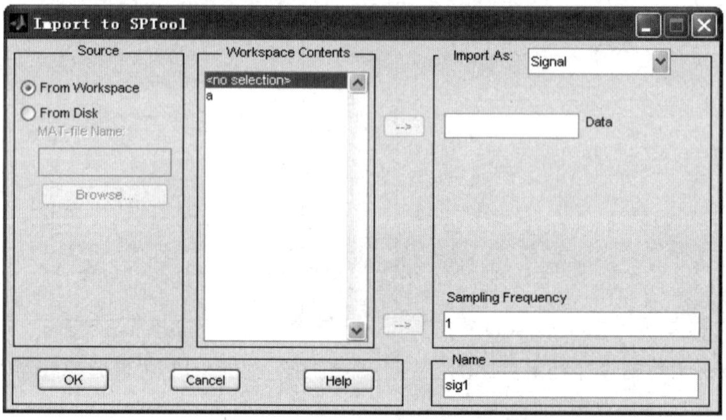

图 7.38　Import to SPTool 对话框

首先在对话框左边的 Source 选项组中选择是从工作空间中装入变量(From Workspace)还是从磁盘文件中装入变量(From Disk)，然后再从中间的 Workspace Contents 栏中选择需要装入的数据变量名称，再单击“OK”按钮就可以装入数据了。

(3) Export 命令：用于输出数据到 MATLAB 工作空间或数据文件中，对话框如图 7.39 所示。

(4) Save Session 和 Save Session As 命令：用于保存当前的会话文件。

(5) Preferencesl 命令：用于设置参数。参数设置对话框如图 7.40 所示。在这个参数设置对话框中，可以实施以下操作。

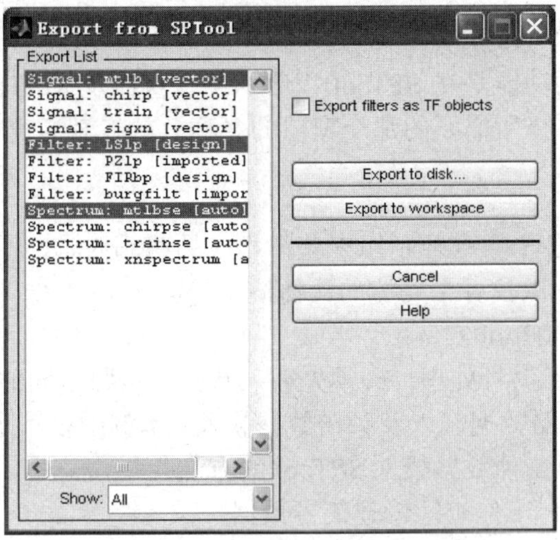

图 7.39　Export from SPTool 窗口

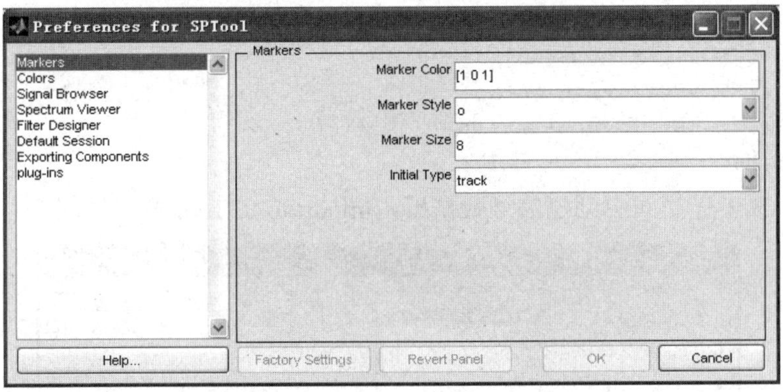

图 7.40　SPTool 参数设置对话框

- Markers 选项：选择标识的颜色、样式、大小及初始类型等；
- Colors 选项：选择信号显示的颜色和类型；
- Signal Browser 选项：配置信号浏览器中数轴的标签，允许或禁止的标尺、面板和鼠标放大功能；
- Spectrum Viewer 选项：配置频谱浏览器中数轴的标签，允许或禁止的标尺、面板和鼠标放大功能；
- Filter Designer 选项：指定滤波器设计器中 FFT 的长度，以及允许或禁止鼠标放大等功能；
- Default Session 选项：允许或禁止默认会话文件的使用；
- Exporting Components 选项：配置滤波器用于输出到控制系统工具箱；
- plug-ins 选项：允许或禁止启动时搜寻 plug-ins 组件。

2. 编辑菜单 Edit

编辑菜单 Edit 中各命令功能如下。

(1) Duplicate 命令：用于复制信号、滤波器及频谱等。

(2) Clear 命令：用于删除信号、滤波器及频谱等。

(3) Name 命令：用于修改名称。

(4) Sampling Frequency 命令：用于设置采样频率。

3. 窗口菜单 Window

窗口菜单 Window 的功能是在 SPTool 程序的各个窗口及 MATLAB 的各个窗口之间进行切换，只要在此菜单中选择所需要的那个窗口的名称，就能激活窗口。

4. 帮助菜单 Help

帮助菜单 Help 中的各个命令分别用来获得相应的帮助内容，主要有 SPTool 帮助、Signal Processing Toolbox 帮助，以及各个功能的具体演示等。

例 7.36　数据载入 SPTool 实例。

要想运用 SPTool 进行信号处理，必须先载入数据。按照不同的数据类型，数据载入可以分为信号数据载入、滤波器数据载入及频谱数据载入。本例中以一个来自 MATLAB 工作空间的数据为例子，详细说明 3 种数据载入 SPTool 的方法。

(1) 首先在 MATLAB 工作空间创建信号数据。

```
fs=1000;
t=0:1/fs:1;
x=sin(2*pi*10*t)+sin(2*pi*20*t);
xn=x+rand(size(t));
[b, a]=butter(10, 0.6);
[pxx, w]=pburg(xn, 18, 1024, fs);
```

(2) 载入数据

在 MATLAB 工作空间中创建信号数据后，Import to SPTool 窗口如图 7.41 所示。

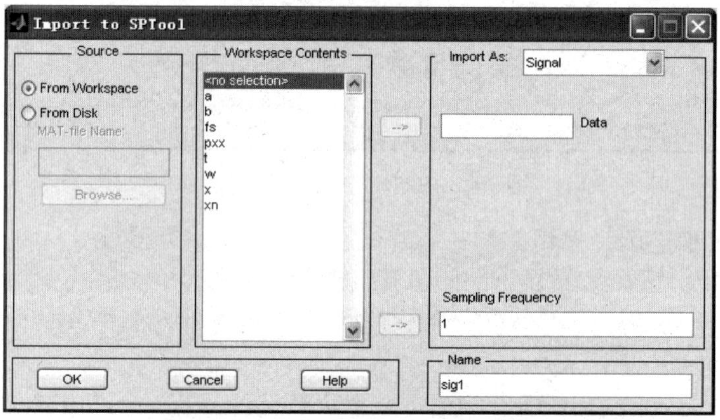

图 7.41　载入数据的 Import to SPTool 窗口

选择载入数据窗口右上角 Import As 下拉列表框中的 Signal 选项，然后选择 Workspace Contents 列表框中的信号数据 xn，再单击与右边 Data 文本框一一对应的箭头按钮，则在 Data 文本框中出现 xn 的名字。选择 Workspace Contents 列表框中的采样频率数据 fs，再单击与右边 Sampling Frequency 文本框一一对应的箭头按钮，则在 Sampling Frequency 文本框中出现 fs 的名字。最后确定载入信号的名称，设为 sigxn，单击“OK”按钮，信号数据就被载入了。

此时，在 SPTool 主窗口的 Signals 列表框中单击“View”按钮，即可观察所载入的数据信号的波形，如图 7.42 所示。

接着以同样的方式载入滤波器数据，选择载入数据对话框右上角 Import As 下拉列表框中的 Filter 选项，在该下拉列表框的下面出现一个新的下拉列表框 Form，里面含有 4 种不同类型的滤波器表达方式：Transfer Function，传递函数形式；State Space，状态空间形式；Zero，Poles，Gain，零极点增益形式；2nd Order Sections，二次分式。然后选择 Workspace Contents 列表框中的分母数据 a，再单击与右边 Denominator 文本框一一对应的箭头按钮，则在 Denominator 文本框中出现 a 的名字。同理选择 Workspace Contents 列表框中的分子数据 b，再单击与右边 Numerator 文本框一一对应的箭头按钮，则在 Numerator 文本框中出现 b 的名字。再选择 Workspace Contents 列表框中的采样频率数据 fs，单击与右边 Sampling Frequency 文本框一一对应的箭头按钮，则在 Sampling Frequency 文本框中出现 fs 的名字。最后确定载入滤波器的名称，设为 burgfilt，单击“OK”按钮，滤波器数据就被载入了。此时，在 SPTool 主窗口的 Filters 列表框中单击“View”按钮，即可观察所载入的滤波器数据的波形，如图 7.43 所示。

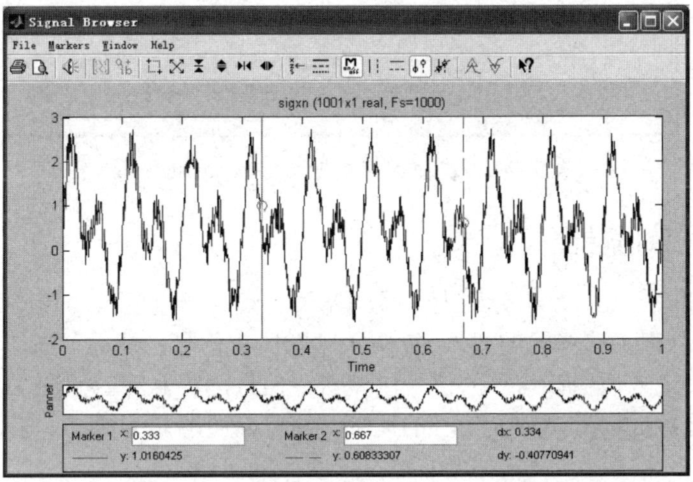

图 7.42　载入的数据信号 sigxn 的波形

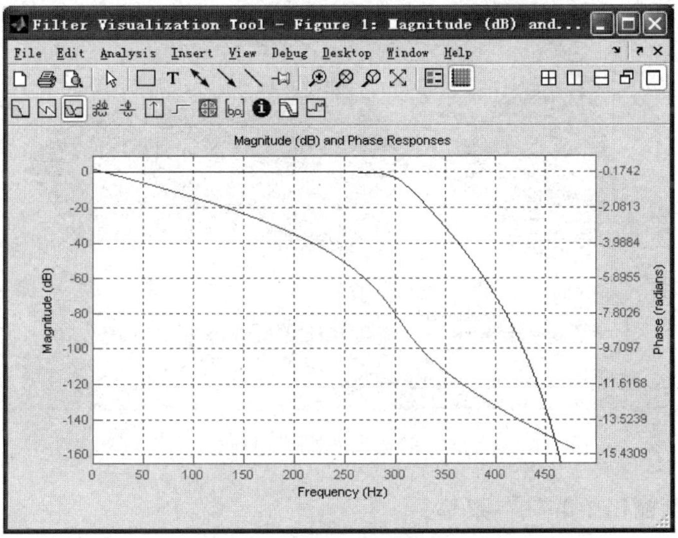

图 7.43　载入的滤波器数据 burgfilt 的波形

用同样的方式载入频谱数据。选择载入数据对话框右上角 Import As 下拉列表框中的 Spectrum 选项，在该下拉列表框的下面出现两个字段：PSD 和 Freq.Vector。选择 Workspace Contents 列表框中的频谱数据 pxx，再单击与右边 PSD 文本框一一对应的箭头按钮，则在 PSD 文本框中就会出现 pxx 的名字；选择载入数据对话框中间 Freq.Vector 列表框中的信号数据 w，再单击与右边 Freq.Vector 文本框一一对应的箭头按钮，则在 Freq.Vector 文本框中就会出现 w 的名字。最后确定频谱的名称，设为 xnspectrum，单击“OK”按钮，在 SPTool 主窗口的 Spectra

列表框中单击“View”按钮，即可观察所载入的频谱数据的波形，如图 7.44 所示。

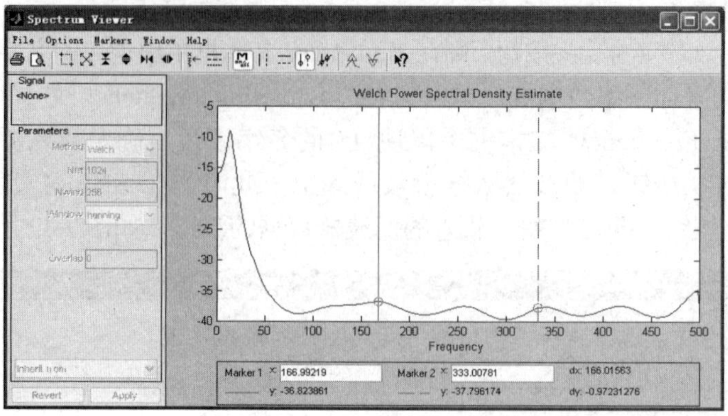

图 7.44　载入的频谱数据 xnspectrum 的波形

7.7.3　信号浏览器

图 7.42、图 7.43 和图 7.44 分别为信号浏览器、滤波器浏览器和频谱浏览器，在 SPTool 主窗口的 Signals 列表中选择已经载入 SPTool 中的所需信号，然后单击该列表框下面对应的“View”按钮，就进入调用该信号的信号浏览器。信号浏览器窗口如图 7.45 所示。通过信号浏览器，可以查看数据信号，放大信号的局部，进一步查看信号细节，获取信号的特征量，打印信号数据等。

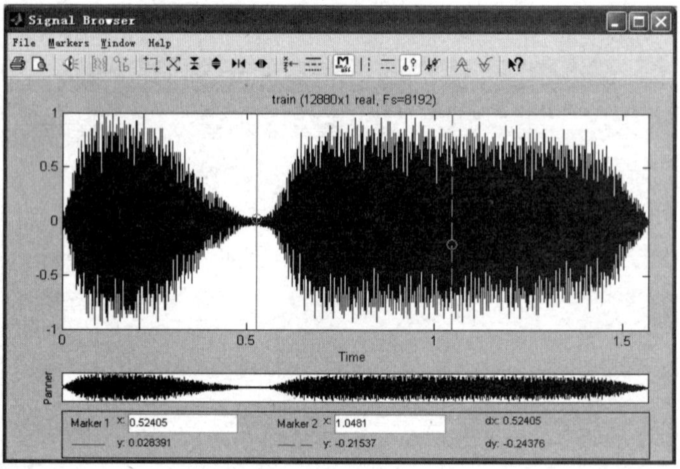

图 7.45　信号浏览器窗口

1．信号浏览器窗口中的主要菜单

信号浏览器窗口中有 4 个菜单：File、Markers、Window 和 Help。

菜单 File 中各命令的功能如下。

- Page Setup 命令：页面设置，设置打印输出的方向、尺寸、位置及颜色等。
- Print Preview 命令：打印预览。
- Print 命令：打印信号输出数据。
- Close 命令：关闭信号浏览器窗口。

菜单 Markers 中各命令的功能如下。

- Markers 命令：是否对数据图线进行各种标识，即控制本菜单的开启或禁止。
- Vertical 命令：垂直标尺，只显示横坐标的值。
- Horizontal 命令：水平标尺，只显示纵坐标的值。
- Track 命令：点的轨迹，同时是垂直标尺，只显示横坐标的值。
- Slope 命令：在显示横、纵坐标的同时还显示两点连线的斜率。
- Peaks 命令：在曲线上显示出波峰。
- Valleys 命令：在曲线上显示出波谷。
- Export 命令：把数据输出到 MATLAB 工作空间或数据文件中。

2．信号浏览器窗口中的工具栏

信号浏览器窗口中的工具栏如图 7.46 所示。工具栏主要按钮控件的图例及功能见表 7.6。

图 7.46　信号浏览器窗口中的工具栏

表 7.6　工具栏主要按钮控件的图例及功能

图　例	按钮控件的功能
	用声音播放所选中的信号
	为选中的信号设定一个列索引向量
	显示目前运行信号的性质：实数信号或复数信号
	对图形局部进行放大
	恢复显示整条曲线
	沿 Y 方向缩小
	沿 Y 方向放大
	沿 X 方向缩小
	沿 X 方向放大
	显示目前运行信号图形点的轨迹形式
	线型属性
	Markers 菜单的开启或禁止
	垂直标尺
	水平标尺
	用点的轨迹进行垂直标尺
	用点的轨迹和斜率进行垂直标尺
	显示波峰
	显示波谷
	帮助按钮

7.7.4　滤波器浏览器

在 SPTool 主窗口的 Filters 列表中选择一个示例滤波器(例如 PZlp)，然后单击该列表框下面对应的“View”按钮，打开滤波器浏览器，窗口如图 7.47 所示。

通过滤波器浏览器，可以完成特定滤波器的许多特征性能分析，如幅值响应、相位响应、群延迟、相位延迟、零极点、冲激响应、阶跃响应等，还可以进一步放大图形，查看滤波器的信号细节，修改参数，获取滤波器响应特征量。

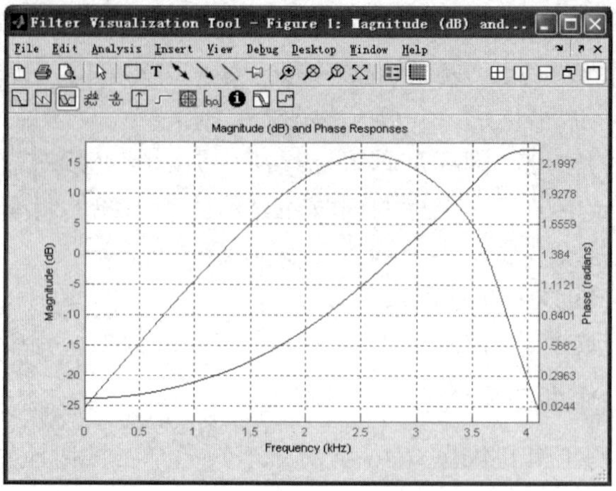

图 7.47　滤波器浏览器窗口

7.7.5　频谱浏览器

在 SPTool 主窗口的 Spectra 列表中选择一个示例信号，然后单击该列表框下面对应的按钮，就可打开相应的频谱浏览器窗口。

"View"按钮：查看信号频谱。

"Create"按钮：创建信号频谱。

"Update"按钮：更新信号频谱。

频谱浏览器窗口如图 7.48 所示。

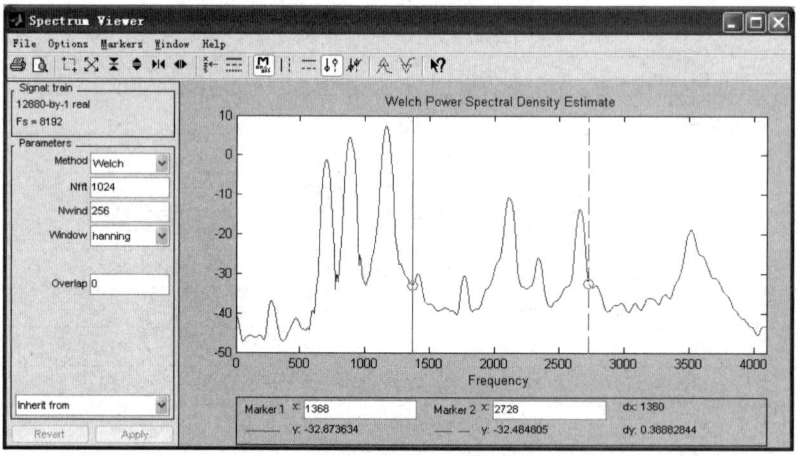

图 7.48　频谱浏览器窗口

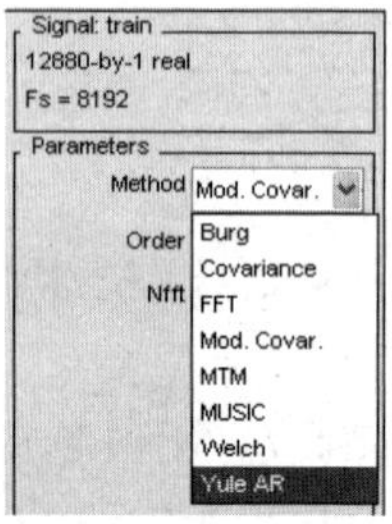

图 7.49　频谱浏览器 Parameters 选项组

通过频谱浏览器可以查看和比较频谱图形，采取多种方法进行谱估计，输出频谱参数后再进行估计，输出打印频谱数据。

频谱浏览器窗口分为左右两大部分，左侧主要为 Parameters 选项组。在 Parameters 选项组内，可以设置谱估计的方法和相对应的参数，如图 7.49 所示。根据所选择的不同的谱估计方法，采取不同的方式设置参数。

7.7.6　滤波器设计器

在 SPTool 主窗口的 Filters 列表框中选择一个示例信号，然后单击列表框下面的"New"按钮或"Edit"按钮，分别创建或编辑一个滤波器。

滤波器设计器窗口如图 7.50 所示。滤波器设计器提供的功能如下：

- 具有标准频率带宽结构的 IIR 滤波器的设计；
- 具有标准频率带宽结构的 FIR 滤波器的设计；
- 零极点编辑器实现具有任意频率带宽结构的 IIR 和 FIR 滤波器；
- 通过调整传递函数零极点的图形位置，实现滤波器的再设计；
- 在滤波器幅值响应图中添加频谱。

通过对各下拉列表框、复选框、文本框进行选取，对 Specifications 面板进行设置即可设计符合要求的滤波器。

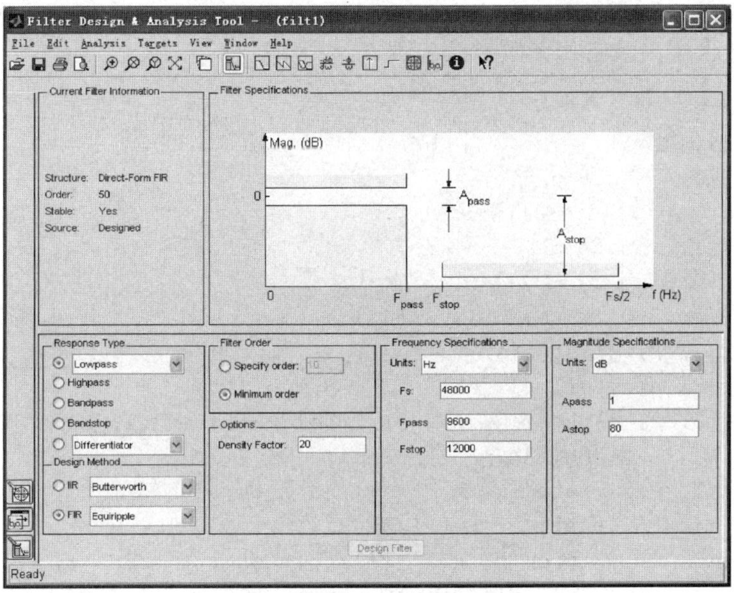

图 7.50　滤波器设计器窗口

7.8　实验八　数字信号处理实验

7.8.1　实验目的

1．熟悉 MATLAB 信号处理工具箱。
2．掌握 MATLAB 中进行滤波器分析、设计和实现的函数命令。
3．了解信号处理的图形用户界面工具。

7.8.2　实验内容

1．已知系统输入为 $x(n)=\begin{cases}1,0\leqslant n\leqslant 4\\0,\text{其他}\end{cases}$，系统的单位冲激响应为 $h(n)=\begin{cases}\dfrac{1}{2},0\leqslant n\leqslant 5\\0,\text{其他}\end{cases}$，求系统的零状态响应。

2．已知有限长序列 $x(n)=\begin{cases}a^n,0\leqslant n\leqslant N-1\\0,\text{其他}\end{cases}$，取 $a=0.7, N=8$，求 $x(n)$ 的离散傅里叶变换。

3．设计一个 Butterworth 低通滤波器，满足以下性能指标：通带的截止频率 $\omega_{\rm p}=10\,000\ \text{rad/s}$，通带的最大衰减 $A_{\rm p}=3\ \text{dB}$，阻带的截止频率 $\omega_{\rm s}=40\,000\ \text{rad/s}$，阻带最小衰减 $A_{\rm s}=35\ \text{dB}$。

4．已知模拟滤波器的系统函数为

$$H_a(s)=\frac{1000}{s+1000}$$

分别用冲激响应不变法和双线性变换法将 $H_a(s)$ 转换为数字滤波器系统函数 $H(z)$，并画出 $H_a(s)$ 和 $H(z)$ 的频率响应曲线。采样频率分别为 1000 Hz 和 500 Hz。

5．设计一个线性相位滤波器，其 $H_d(e^{j\omega})=\begin{cases}1, 0\leqslant\omega\leqslant\omega_c\\0, \omega_c<|\omega|<\pi\end{cases}$，$\omega_c=\pi/4$，$h(n)$ 的长度 N=21。

7.8.3 实验参考程序

1．方法一：采用离散卷积图解方法实现。

参考程序如下：

```
n=[-10:10];
x=zeros(1, length(n));
x([find((n>=0)&(n<=4))])=1;
h=zeros(1, length(n));
h([find((n>=0)&(n<=5))])=0.5;
subplot(3, 2, 1);stem(n, x, '*k');
subplot(3, 2, 3);stem(n, h, 'k');
n1=fliplr(-n);h1=fliplr(h);
subplot(3, 2, 5);stem(n, x, '*k');hold on;stem(n1, h1, 'k');
h2=[0, h1];h2(length(h2))=[];n2=n1;
subplot(3, 2, 2);stem(n, x, '*k');hold on;stem(n2, h2, 'k');
h3=[0, h2];h3(length(h3))=[];n3=n2;
subplot(3, 2, 4);stem(n, x, '*k');hold on;stem(n3, h3, 'k');
n4=-n;nmin=min(n1)-max(n4);nmax=max(n1)-min(n4);n=nmin:nmax;
y=conv(x, h);
subplot(3, 2, 6);stem(n, y, '.k');
```

程序运行结果如图 7.51 所示。

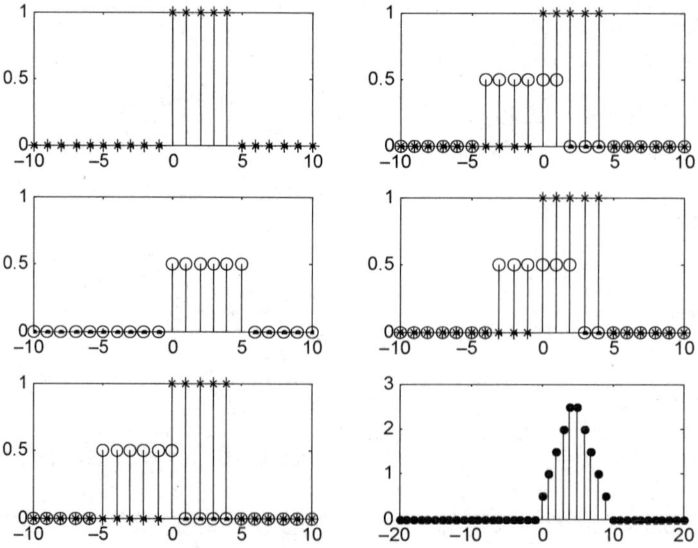

图 7.51 离散卷积计算的图解方法

方法二：直接用 MATLAB 函数计算离散卷积。

参考程序如下：

```
a=[1, 1, 1, 1, 1];
b=[0.5 0.5 0.5 0.5 0.5 0.5];
c=conv(a, b);
```

2．构造离散傅里叶正、逆变换函数的 MATLAB 实现程序如下，其中 dft(xn, N)为离散傅里叶正变换，idft(xk, N)为离散傅里叶逆变换。

参考程序如下：

```
function [xk]=dft(xn, N)
n=[0:1:N-1];
k=n;
wn=exp(-j*2*pi/N)
nk=n'*k;
wnnk=wn.^nk;
xk=xn*wnnk
function [xn]=idft(xk, N)
n=[0:1:N-1];
k=n;
wn=exp(-j*2*pi/N);
nk=n'*k;
wnnk=wn.^(-nk);
xn=(xk*wnnk)/N;
```

在 MATLAB 命令窗口输入

```
clear
N=8;a=0.7;
n=[0:7];
xn=a.^n;
xk=dft(xn, N);
subplot(3, 1, 1)
stem(n, xn, '.k');axis([0 8 0 1.5])
subplot(3, 1, 2)
stem(n, abs(xk), '.k');
axis([0 8 0 5])
subplot(3, 1, 3)
stem(n, angle(xk), '.k');
axis([0 8 -1.5 1.5])
```

程序运行结果如图 7.52 所示。

3．参考程序如下：

```
[b, a]=butter(N, fc, 's');
[hf, f]=freqs(b, a, 1024);
plot(f, 20*log10(abs(hf)/abs(hf(1))))
grid;xlabel('f/Hz');ylabel('幅度(dB)');
axis([0 50000, -40, 5])
line([0 50000], [-3 -3])
```

程序运行结果如图 7.53 所示。

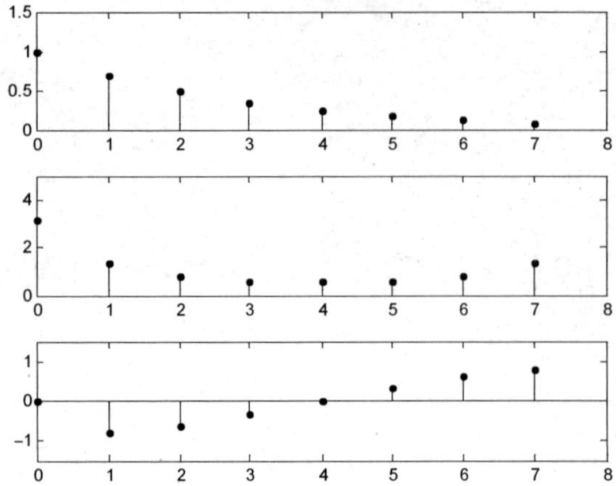

图 7.52　$X(k)$的幅度特性与相位特性

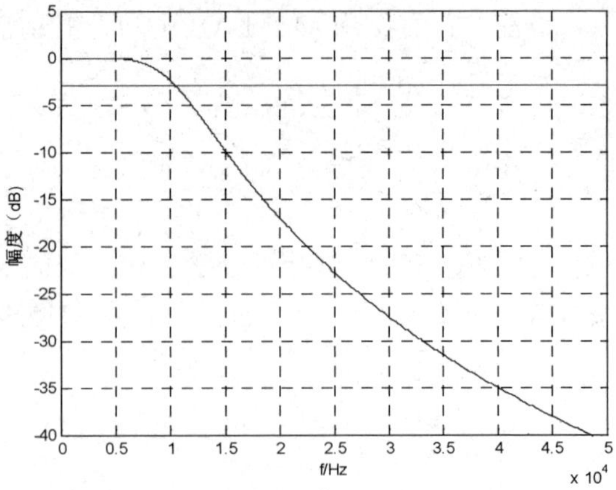

图 7.53　Butterworth 模拟低通滤波器特性曲线

4．参考程序如下：

```
clear
close all
b=1000;a=[1 1000];
w=[0:1000*2*pi];
[hf, w]=freqs(b, a, w);
subplot(2, 3, 1)
plot(w/2/pi, abs(hf));
grid;
xlabel('f/Hz');ylabel('幅度');
fs0=[1000, 500];
for m=1:2
    fs=fs0(m);
    [d, c]=impinvar(b, a, fs);
    wd=[0:512]*pi/512;
    hw1=freqz(d, c, wd);
    subplot(2, 3, 2);
    plot(wd/pi, abs(hw1)/abs(hw1(1)));hold on;
end
    grid;
    xlabel('f/(Hz)');
    text(0.52, 0.88, 't=0.002s');
    text(0.12, 0.54, 'T=0.001s');
    for m=1:2
        fs=fs0(m);
        [f, e]=bilinear(b, a, fs);
        wd=[0:512]*pi/512;
        hw2=freqz(f, e, wd);
        subplot(2, 3, 3)
        plot(wd/pi, abs(hw2)/abs(hw2(1)));hold on;
    end
    grid;xlabel('f/(Hz)');
    text(0.5, 0.74, 'T=0.002S');
   text(0.12, 0.34, 't=0.001s');
```

程序运行结果如图 7.54 所示。

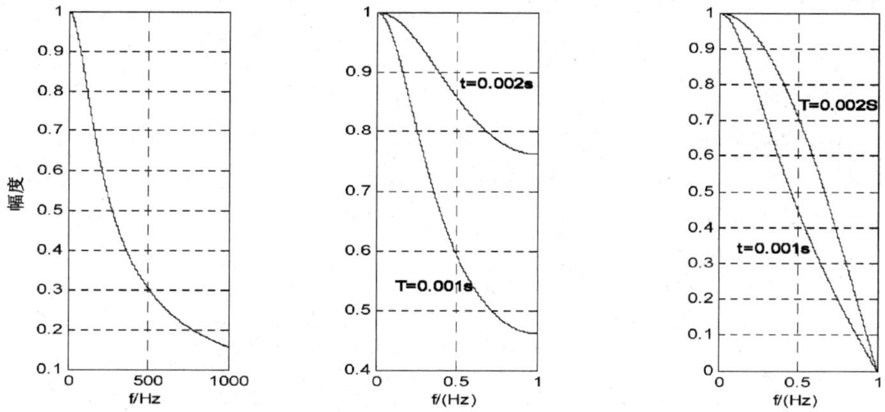

图 7.54　模拟滤波器到数字滤波器的转换

5. 参考程序如下：

```
clc
clear
close all
N=21;
wc=pi/4;
n=0:N-1;r=(N-1)/2;
hdn=sin(wc*(n-r))/pi./(n-r);
if rem(N, 2)~=0
   hdn(r+1)=wc/pi;
end
wn1=boxcar(N);
hn1=hdn.*wn1';
wn2=hamming(N)
hn2=hdn.*wn2';
subplot(2, 2, 1)
stem(n, hn1, '.')
line([0 20], [0 0]);
title('矩形窗设计的 h(n)');
xlabel('n');ylabel('h(n)');
subplot(2, 2, 3)
stem(n, hn2, '.')
line([0, 20], [0 0])
title('hamming 窗设计的 h(n)');
xlabel('n');ylabel('h(n)');
hn11=fft(hn1, 512);
w=2*[0:511]/512;
subplot(2, 2, 2)
plot(w, 20*log10(abs(hn11)))
grid
axis([0 2 -80 5]);
title('幅度特性');
xlabel('w/pi');ylabel('幅度(dB)');
```

```
hn22=fft(hn2, 512);
subplot(2, 2, 4)
plot(w, 20*log10(abs(hn22)))
grid
axis([0 2 -80 5]);
title('幅度特性');
xlabel('w/pi');ylabel('幅度(dB)');
```

程序运行结果如图 7.55 所示。

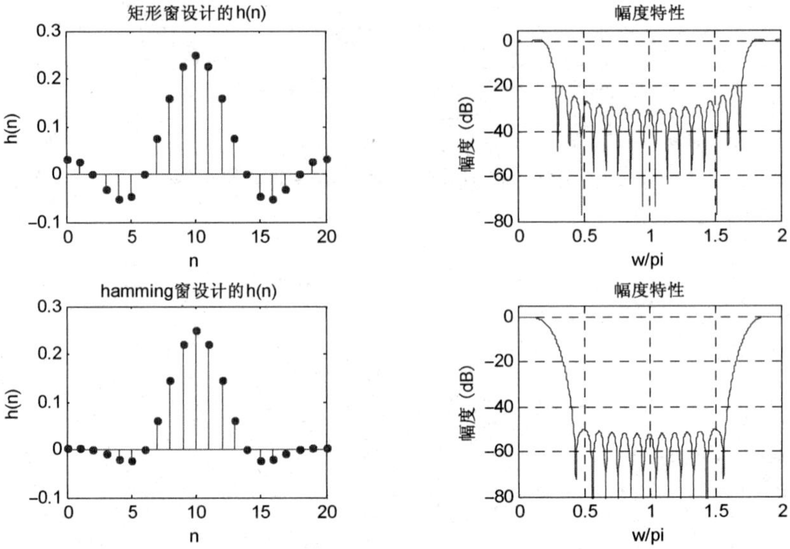

图 7.55　用矩形窗和哈明窗设计的 FIR 低通滤波器

第8章　通信工具箱

MATLAB 通信工具箱中提供了许多仿真函数和模块，用于对通信系统进行仿真和分析。通信工具箱包括两部分内容：通信函数命令和 Simulink 的 Communications Blockset（通信模块集）。用户既可以在 MATLAB 的工作空间中直接调用工具箱中的函数，也可以使用 Simulink 平台构造自己的仿真模块，以扩充工具箱的内容。

通信工具箱中的函数放置在 Comm 子目录下，在 MATLAB 命令窗口输入命令 help comm，可打开通信工具箱中的函数名称和内容列表，如下所示：

```
>> help comm
  Communications Toolbox
  Version 23.2 (R2023b) 01-Aug-2023

  Table of Contents (TOC)
  -----------------------
    Channels                       - BSC, AWGN, Rayleigh, Rician, MIMO fading, ray tracing,
                                     Doppler spectra
    Converters                     - Data format conversion (e.g. integers to bits, binary to Gray)
    Equalizers                     - LMS, RLS, linear, DFE, CMA, MLSE
    Error Detection and Correction - Block, convolutional, CRC codes
    Filters                        - Integrator, pulse shaping
    Galois Field Computations      - GF math, filtering, transforms, cosets
    Interleavers                   - Block, convolutional, algebraic, matrix, helical
    MIMO                           - Space-time block codes, sphere decoder, MIMO channel
    Modulation                     - AM, FM, PM, SSB, FSK, PSK, QAM, APM, TCM, CPM,
                                     OFDM, Standard-Compliant
    Performance Evaluation         - BER, ACPR, CCDF, EVM, MER, eye diagram, scatter plot
    RF Impairments                 - Nonlinearities, phase noise, thermal noise
    RF Impairments Correction      - AGC, frequency offset compensation, DC blocking, I/Q
                                     imbalance compensation
    RF Propagation                 - Site viewer, propagation loss, coverage map, signal strength,
                                     SINR, ray tracing
    Sequence Operations            - Scrambling, delay calculations, shift register calculations
    Sinks                          - Constellation diagram, eye diagram, error rate, baseband
                                     file writer
    Sources                        - Random data, PN, orthogonal codes, random noise,
                                     baseband file reader
    Source Coding                  - Differential, arithmetic, Huffman, DPCM, quantization
    Synchronization                - Carrier and symbol synchronization, packet preamble
```

```
                          detection, VCO
Waveform Generation     - Generation of standard-compliant GSM, cdma2000, 1xEV-DO,
                          ZigBee, HRP UWB and RDS/RBDS waveforms
GPU Implementations     - Turbo Decoder, LDPC Decoder, Viterbi Decoder
Examples                - Index of Communications Toolbox examples
Simulink functionality  - Open Communications Toolbox block library

Communications Toolbox Documentation
```

具体见表8.1，其内容包含了 Signal Sources(信号源函数)、Signal Analysis Function(信号分析函数)、Source Coding(信源编码)、Error Control Coding(差错控制编码函数)、Lower Level Function for Error Control Coding(差错控制编码的底层函数)、Modulation/Demodulation(调制/解调函数)、Special Filters(特殊滤波器设计函数)、Lower Level Function for Specials Filters(设计特殊滤波器的底层函数)、Channel Functions(信道函数)、Galosi Field Computation(有限域估计函数)及 Utilities(实用工具函数)。

用户需要实现系统的某种功能时，可以先到上述函数集中寻找相应的函数，然后寻求 help 文档查询该函数的详细内容(包括函数功能说明、调用方式和可选择的方式等)。

例如，要查询差分脉冲编码调制函数的信息，用户可以先找到函数集 Source Coding(信源编码)，接着查找与差分脉冲编码调制对应的函数 dpcmenco，然后在 MATLAB 命令窗口输入

```
help dpcmenco
```

得到函数 dpcmenco 详细的帮助信息如下：

```
DPCMENCO Encode using differential pulse code modulation.
   INDX = DPCMENCO(SIG, CODEBOOK, PARTITION, PREDICTOR) produces
   differential pulse code modulation (DPCM) encoded index INDX. The
   signal to be encoded is SIG. The predictive transfer function is
   provided in PREDICTOR. The predictive-error quantization partition and
   code book are given in PARTITION and CODEBOOK respectively. In general,
   an M-th order transfer function numerator has the form of [0, n1, n2,
   ... nM].

   [INDX, QUANTERR] = DPCMENCO(SIG, CODEBOOK, PARTITION, PREDICTOR)
   outputs the quantized value in QUANTERR.

   The input parameters CODEBOOK, PARTITION, and PREDICTOR can be
   estimated by using DPCMOPT.

   See also quantiz, dpcmopt, dpcmdeco.

   Reference page in Help browser
      doc dpcmenco
```

表 8.1 通信工具箱函数

类 别	函 数 名 称	功 能 说 明
Signal Sources (信号源函数)	randerr	生成随机误差图
	andint	生成均匀分布的随机整数信号
	randstr	按预定方式生成随机信号矩阵
	wgn	生成高斯白噪声信号

（续表）

类 别	函 数 名 称	功 能 说 明
Signal Analysis Function（信号分析函数）	biterr	计算(二进制)误码数和误码率
	eyediagram	生成眼图
	scatterplot	生成散布图
	symerr	计算符号误差数和符号误差率
Source Coding（信源编码）	compand	计算 μ 律或 A 律压扩
	dpcmdeco	差分脉冲解码调制
	dpcmenco	差分脉冲编码调制
	dpcmopt	采用优化脉冲编码调制进行参数估计
	lloyds	采用训练序列和 Lloyd 算法优化标量算法
	quantiz	生成量化序列和量化值
Error Control Coding（差错控制编码函数）	bchpoly	产生 BCH 码的生成多项式
	convenc	卷积纠错码
	cyclgen	产生循环码的生成矩阵和校验阵
	cyclpoly	产生循环码的生成多项式
	decode	纠错解码
	encode	纠错编码
	gen2par	生成矩阵和校验阵的转换
	gfweight	计算线性分组码的最小距离
	hammgen	产生 hamm 码的生成矩阵和校验阵
	rsdecof	对编码文本进行 R-S 解码
	rsencof	对文本进行 R-S 编码
	rspoly	产生 R-S 码生成多项式
	syndtable	产生伴随解码表
	vitdec	利用 Viterbi 算法译卷积码
Lower Level Function for Error Control Coding（差错控制编码的底层函数）	bchdeco	BCH 纠错解码
	bchenco	BCH 纠错编码
	rsdeco	R-S 码解码
	rsdecode	指数形式的 R-S 码解码
	rsenco	R-S 码编码
	rsencode	指数形式的 R-S 码编码
Modulation/Demodulation（调制/解调函数）	amdemod	模拟幅度解调
	ammod	模拟幅度调制
	fmmod	模拟频率调制
	fmdemod	模拟频率解调
	pmmod	模拟相位调制
	pmdemod	模拟相位解调
	ssbmod	模拟单边幅度调制
	ssbdemod	模拟单边幅度解调
	fskmod	数字频率键控调制
	fskdemod	数字频率键控解调
	modnorm	调制输出比例因素
Special Filters（特殊滤波器设计函数）	hank2sys	Hankel 矩阵到线性系统的转换
	hilbiir	设计希尔伯特变换 IIR 滤波器
	rcosflt	用升余弦函数滤波器进行信号滤波
	rcosine	用升余弦函数滤波器设计
Lower Level Function for Specials Filters（设计特殊滤波器的底层函数）	rcosfir	用升余弦函数 FIR 滤波器设计
	rcosiir	用升余弦函数 IIR 滤波器设计
Channel Functions（信道函数）	awgn	对信号添加高斯白噪声
Galosi Field Computation（有限域估计函数）	gfadd	有限域多项式或元素加法
	gfconv	有限域多项式卷积计算

(续表)

类　别	函数名称	功能说明
Galosi Field Computation (有限域估计函数)	gfcosets	有限域数乘计算
	gfdeconv	有限域多项式逆卷积计算
	gfdiv	有限域除法运算
	gffilter	有限域过滤计算
	gflineq	有限域求解方程 $\boldsymbol{Ax}=\boldsymbol{b}$
	gfminpol	寻找有限域最小多项式
	gfmul	有限域多项式或元素乘法
	gfplus	有限域加法
	gfpretty	有限域多项式表示方式
	gfprimck	有限域多项式可约性检测
	gfprimdf	显示有限域定维数的原始多项式
	gfprimfd	查找有限域的原始多项式
	gfrank	有限域矩阵求秩
	gfrepcov	有限域多项式的转换
	gfroots	有限域多项式求根
	gfsub	有限域多项式减法
	gftrunc	有限域多项式截断处理
	gftuple	有限域的多数组表示方式
Utilities (实用工具函数)	bi2de	二进制到十进制的转换
	de2bi	十进制到二进制的转换
	erf	误差函数
	erfc	补充误差函数
	istrellis	检查输出是否为一个格形结构
	oct2dec	八进制到十进制的转换
	poly2trellis	把编码多项式转换成格形形式
	vec2mat	把矢量转换成矩阵

8.1 MATLAB 信源编/解码方法

在 MATLAB 通信工具箱中提供了两种信源编/解码的方法：标量量化和预测量化。

8.1.1 标量量化

标量量化就是给每个落入某一特定范围的输入信号分配一个单独值的过程，并且落入不同范围内的信号分配的值也各不相同。

1. 信源编码中的μ律或 A 律压扩计算函数 compand

该函数的格式如下。

out=compand(in, param, V, method)，实现μ律或 A 律压扩，其中 param 为 μ 值或 A 值，V 为峰值。压扩方式由 method 指定。参数 method 的含义见表 8.2。

在实际应用中通常 $\mu=255$，$A=87.6$。

例如，下面语句描述了压扩的逆运算：

```
compressed = compand(1:5,87.6,5,'a/compressor')
expanded = compand(compressed,87.6,5,'a/expander')
```

程序运行结果如下：

```
compressed =
            3.5296    4.1629    4.5333    4.7961    5.0000
expanded =
            1.0000    2.0000    3.0000    4.0000    5.0000
```

表 8.2　参数 method 的含义

method	含　义
'u/compressor'	μ律压缩
'u/expander'	μ律扩展
'A/compressor'	A 律压缩
'A/expander'	A 律扩展

2. 产生量化索引和量化输出值的函数 quantiz

该函数的格式如下。

indx=quantiz(sig, partition)，根据判断向量 partition，对输入信号 sig 产生量化索引 indx，indx 的长度与 sig 矢量的长度相同。partition 为由若干个边界判断点且各边界点的大小严格按升序排列组成的实矢量。如果 partition 的矢量长度为 N，则 indx 中每个元素为[0,N-1]范围内的一个整数。

index 中的元素 0,1,2,…,N-1 对应输入信号 sig 的取值范围为[-inf,partition(1)],[partition(1),partition(2)],[partition(2),partition(3)],…,[partition(N-1),inf]。Inf 为无穷大。

[index,quants]=quantiz(sig,partition,codebook)，根据码本 codebook，产生量化索引 indx 和信号的量化值 quants。codebook 存放每个 partition 的量化值，若 partition 的矢量长度为 N，则 codebook 的矢量长度为 N+1。

例如，命令语句[index,quants] = quantiz([3 34 84 40 23],10:10:90,10:10:100)输出

```
index =
          0     3     8     3     2
quants =
          10    40    90    40    30
```

3. 采用训练序列和 Lloyd 算法优化标量算法的函数 lloyds

该函数的格式如下。

[partition,codebook]=lloyds(training_set,initcodebook)，用训练集矢量 training_set 优化标量量化参数 partition 和码本 codebook。initcodebook 是码本 codebook 的初始值。码本长度大于或等于 2，输出码本的长度与初始码本长度相同。输出量化参数 partition 的长度较码本长度小 1。当 initcodebook 为整数时，以其作为码本的长度。当处理后相对误差小于 10^{-7} 时，停止进行处理。

例 8.1　用训练序列和 Lloyd 算法，对一个正弦信号数据进行标量量化。

MATLAB 程序如下：

```
N=2^3;                                   % 以 3 比特传输信道
t=[0:100]*pi/20;
u=sin(t);
[p,c]=lloyds(u,N);                       % 生成标量量化参数和码本
[index,quant,distor]=quantiz(u,p,c);     % 量化信号
plot(t,u,t,quant,'*');
```

程序运行结果如图 8.1 所示。

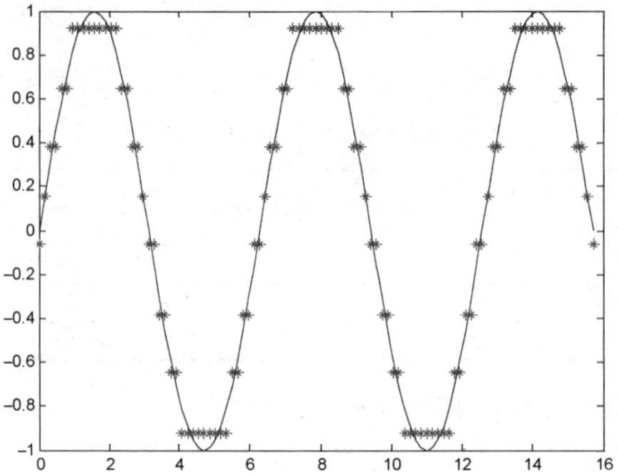

图 8.1 标量量化前后信号的比较

8.1.2 预测量化

预测量化根据过去发送的信号来估计下一个将要发送的信号。MATLAB 通信工具箱中提供了 dpcmenco, dpcmdeco, dpcmopt 等函数。

1. 差分脉冲编码调制(DPCM)函数 dpcmenco

该函数的格式如下。

indx=dpcmenco(sig, codebook, partition, predictor)，返回 DPCM 的编码索引 indx。其中参数 sig 为输入信号，predictor 为预测器传递函数，其形式为 [0, t_1,⋯, t_m]。预测误差的量化参数由 partition 和 predictor 指定。

[indx, quants]=dpcmenco(sig, codebook, partition, predictor)，除产生 DPCM 编码的编码索引 indx 外，还产生量化值 quant。输入参数 codebook, partition, predictor 可以由 dpcmopt 函数估计。当预测器为一阶传递函数时，为 DPCM 增量编码调制。

2. 差分脉冲解码调制(DPCM)函数 dpcmdeco

该函数的格式如下。

sig = dpcmdeco(indx, codebook, predictor)，根据 DPCM 信号编码索引 indx 进行解码。predictor 为指定的预测器，codebook 为码本。

[sig, quanterror]=dpcmdeco(indx, codebook, predictor)，根据 DPCM 信号编码索引 indx 进行解码，同时输出量化的预测误差 quanterror。输入参数 codebook, predictor 可以用 dpcmopt 函数估计。通常 m 阶预测器传递函数的形式为[0, t_1,⋯, t_m]。

例8.2 采用差分脉冲调制进行编码解码，对一个锯齿波信号进行预测量化，并绘制其原始信号和解码信号波形，计算其均方误差。

MATLAB 程序如下：

```
clc
clear
predictor = [0 1];          % y(k)=x(k-1)
partition = [-1:.1:.9];
codebook = [-1:.1:1];
t = [0:pi/50:2*pi];
x = sawtooth(3*t);          % Original signal% Quantize x using DPCM
```

```
encodedx = dpcmenco(x,codebook,partition,predictor);
% Try to recover x from the modulated signal
decodedx = dpcmdeco(encodedx,codebook,predictor);
plot(t,x,t,decodedx,'--')
legend('Original signal','Decoded signal','Location','NorthOutside');
distor = sum((x-decodedx).^2)/length(x)      % Mean square error
```

程序运行结果如下

```
distor =
          0.0327
```

结果如图 8.2 所示。

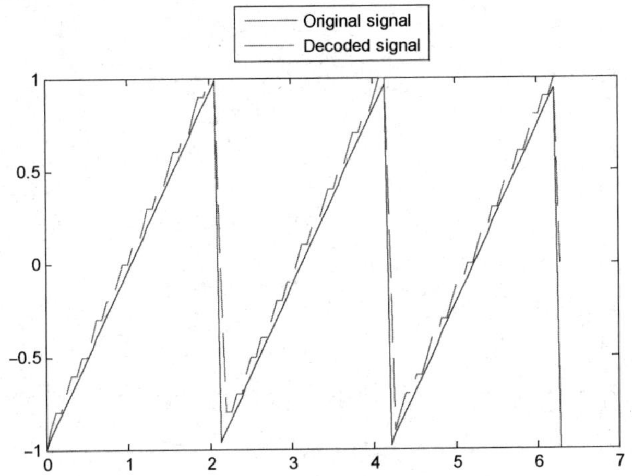

图 8.2　DPCM 预测量化误差

3. 用训练数据优化差分脉冲调制参数的函数 dpcmopt

该函数的格式如下。

predictor=dpcmopt(training_set, ord)，对给定训练集的预测器进行估计，训练集及其顺序由 training_set 和 ord 指定，预测器由 predictor 输出。

[predictor, codebook, partition]=dpcmopt(training_set, ord, ini_cb)，输出预测器 predictor、优选码本 codebook、预测误差 partition。输入变量 ini_cb 可以是码本矢量的初值或其长度。

例 8.3　用训练数据优化 DPCM 方法，对一个锯齿波信号数据进行预测量化。

MATLAB 程序如下：

```
clc
clear
t = [0:pi/50:2*pi];
x = sawtooth(3*t);                   % Original signal
initcodebook = [-1:.1:1];            % Initial guess at codebook
% Optimize parameters, using initial codebook and order 1
[predictor,codebook,partition] = dpcmopt(x,1,initcodebook);
% Quantize x using DPCM
encodedx = dpcmenco(x,codebook,partition,predictor);
% Try to recover x from the modulated signal
[decodedx, equant] = dpcmdeco(encodedx,codebook,predictor);
```

```
distor = sum((x-decodedx).^2)/length(x)      % Mean square error
plot(t,x,t, equant,'*');
```

程序运行结果如下

```
distor =
          8.6801e-004
```

结果如图 8.3 所示。

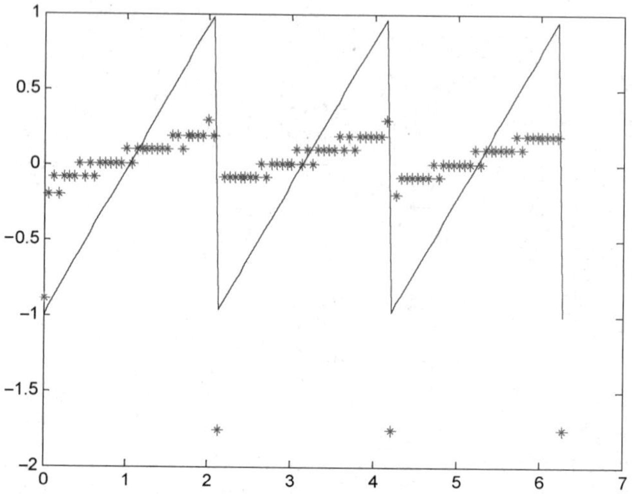

图 8.3 DPCM 预测量化误差

8.2 差错控制编/解码方法

差错控制也称为纠错编码，纠错编码主要有分组码和卷积码两种类型。在分组码中，编码算法作用于将要传输的连续 K 位信息码元，形成 N 位的分组码。分组码一般可以用符号 (N, K) 表示。卷积码中没有相互独立的组。编码过程可以看成是一个宽度为 K 的滑动窗口，该窗口以步长 K 位在信元上滑动，随着窗口的每次滑动编码过程都需要一个 N 位的信号。

纠错编码的解码有代数和概率两种方法。代数解码基于代数和有限域的数学特征，通常用于分组码中。MATLAB 通信工具箱提供了一系列函数用于有限域计算。概率解码中最常用的是 Viterbi 解码，用于卷积码解码。常用的纠错编码方法包括线性分组码、Hamming 码、循环码、BCH 码、R-S 码和卷积码。

在 MATLAB 通信工具箱中，所有这些编/解码运算都提供了相关的函数来实现。

1. 纠错编码函数 encode 及解码函数 decode

这两个函数的格式如下。

`code=encode(msg, N, K, method, opt)`，用 `method` 指定的方法完成纠错编码。其中 `msg` 代表信息码元，可以为二进制矢量或一个 `L` 列矩阵；`N` 为码长；`K` 为信源长度；`method` 是规定的编码方法，包括 `hamming`(Hamming 码)、`linear`(线性分组码)、`cyclic`(循环码)、`bch`(BCH 码)、`rs`(R-S 码)；`opt` 是一个可选择的优化参数。当 `method= '…/decimal'` 时，输入的信息 `msg` 为十进制整数。在进行编码处理计算之前，该函数首先将十进制数转换成 `M` 位的二进制数，其中 `M` 为满足 $N \leqslant 2^M-1$ 的最小整数。`code` 的格式与 `msg` 的格式相匹配，当 `msg` 为一个 `K` 列矩阵时，输出 `code` 为一个 `N` 列矩阵。

[code,added]=encode(msg, N, K, method, opt)，输出对 K 位信息输入进行正确编码所增加的列数。

msg=decode(code,N,K,method)，用指定的 method 方式进行解码。为了正确地复制出信源序列，编码和解码的调用方式必须相同。

例 8.4　使用 hamming 和 cyclic 方法对同一个信号进行编码，并且采取线性选项进行 hamming 编码，然后进行解码恢复原信号。

MATLAB 程序如下：

```
clc
clear
n = 7;                                % Codeword length
k = 4;                                % Message length
m = log2(n+1);                        % Express n as 2^m-1
msg = randi(2^k-1,1,2^k-1);           % Column of decimal integers
% Create various codes
codehamming = encode(msg,n,k,'hamming/decimal');
[parmat,genmat] = hammgen(m);
codehamming2 = encode(msg,n,k,'linear/decimal',genmat);
if codehamming==codehamming2
disp('The ''linear'' method can create Hamming code.')
end
codecyclic = encode(msg,n,k,'cyclic/decimal');
% Decode to recover the original message
decodedhamming = decode(codehamming,n,k,'hamming/decimal');
decodedcyclic = decode(codecyclic,n,k,'cyclic/decimal');
if (decodedhamming==msg & decodedcyclic==msg)
disp('All decoding worked flawlessly in this noiseless world.')
end
```

程序运行结果如下：

```
The 'linear' method can create Hamming code.
All decoding worked flawlessly in this noiseless world.
```

2. 卷积纠错编码函数 convenc

该函数的格式如下。

code=convenc(msg, trellis)，利用 poly2trellis 函数定义的格形 trellis 结构，对二进制矢量信息 msg 进行卷积编码。编码器的初始状态为零状态。

code=convenc(msg,trellis, init_state)，编码器的初始状态按特定的 init_state 状态进行卷积编码。init_state 为 0～(numstates-1)之间的整数，默认值为 0。其中 numstates 为格形变量 trellisk 中的状态数。

[code, final_state]=convenc(...)，返回编码器的最终状态。

3. 将卷积编码多项式转换成格形(trellis)结构函数 poly2trellis

该函数的格式如下。

trellis=poly2trellis(ConstraintLength,CodeGenerator)，将前向反馈卷积编码器的多项式转换成格形(trellis)结构。

trellis=poly2trellis(ConstraintLength,CodeGenerator,FeedbackCon nection)，将后向反馈卷积编码器的多项式转换成格形(trellis)结构。

对于码率为 k/n 的卷积编码器，若 ConstraintLength 为 1×k 的矢量，表明对输入 k 位信息流中的每一位进行延迟；若 ConstraintLength 为 k×n 矩阵，表明输入信息长度为 k 位，输出长度为 n 位。输出结构变量 trellis 的域成员如下：

numInputSymbols(输入信息个数)
numOutputSymbols(输出信息个数)
numStates(状态个数)
nextStates(相邻状态个数)
outputs(输出矩阵)

例 8.5 定义格形结构并进行卷积编码。

MATLAB 程序如下：

```
clc
clear
trel = poly2trellis([5 4],[23 35 0; 0 5 13])
msg = randi([0,1],1,2,123);
% Encode part of msg, recording final state for later use
[code3,fstate] = convenc(msg(1:6),trel)
% Encode the rest of msg, using state as an input argument
code4 = convenc(msg(7:10),trel,fstate)
```

程序运行结果如下：

```
trel =

  包含以下字段的 struct:
     numInputSymbols: 4
    numOutputSymbols: 8
           numStates: 128
          nextStates: [128×4 double]
             outputs: [128×4 double]
code3 =

    1    1    0    0    1    0    0    1    0

fstate =

    2

code4 =

    1    0    1    0    1    1
```

4．利用 Viterbi 算法译卷积码函数 vitdec

该函数的格式如下。

decoded=vitdec(code,trellis,tblen,opmode,dectype)，利用 Viterbi 算法译卷积码。code 为 poly2trellis 函数或 istrellis 函数定义的格形结构的卷积码。参数 tblen 取正整数，表示记忆(traceback)深度。

参数 opmode 代表解码操作模型，有如下几种。

'trunc'：若编码起始状态为零状态，解码器从最佳状态开始追踪。

'term'：若编码器的起始和终止状态都为零状态，解码器从零状态开始追踪。

'cont'：若编码起始状态为零状态，解码器从最佳状态开始追踪，将发生对等效 tblen 符号的一位延迟。

参数 dectype 代表 code 中位的表示方式，有如下几种。

'unquant'：解码器要求输入带符号的实数，+1 代表逻辑“0”，−1 代表逻辑“1”。

'hard'：解码器要求输入二进制数。

decoded= vitdec(code, trellis, tblen, opmode, 'soft', nsdec)，对由 0～2^{nsdec} 之间整数构成的卷积码 code 进行 Viterbi 算法解码，其中 0 代表大多数确信的 0，$2^{nsdec}-1$ 代表了大多数确信的 1。

[decoded, finalmetric, finalstates, finalinputs]=vitdec(…, 'cont', …)，返回在解码结束时的状态、跟踪状态和跟踪输入。finalmetric 为具有与最终状态对应的 trellis.numStates 中的状态元数，final_states 和 final_inputs 为 trellis.numStates×tblen 大小的矩阵。

例 8.6　对添加噪声的随机数据进行编码。采用 vitdec 函数进行卷积码解码，并计算误码率。

MATLAB 程序如下：

```
clc
clear
trel = poly2trellis(3,[6 7]); % Define trellis
msg = randi([0 1],1,123); % Random data
tblen=3;
code = convenc(msg,trel); % Encode
ncode = rem(code + randerr(200,1,[0 1;.95 .05]),2); % Add noise
decoded1 = vitdec(ncode(:,1),trel,tblen,'cont','hard'); %Hard decision
% Use unquantized decisions
ucode = 1-2*ncode; % +1 & -1 represent zero & one, respectively
decoded2 = vitdec(ucode(:,1),trel,tblen,'cont','unquant');
% To prepare for soft-decision decoding, map to decision values
[x,qcode] = quantiz(1-2*ncode(:,1),[-.75 -.5 -.25 0 .25 .5 .75],[7 6 5 4
3 2 1 0]);
% Values in qcode are between 0 and 2^3-1
decoded3 = vitdec(qcode',trel,tblen,'cont','soft',3);
% Compute bit error rates, using the fact that the decoder
% output is delayed by tblen symbols
de1=decoded1(tblen+1:end);
de2=decoded2(tblen+1:end);
de3=decoded3(tblen+1:end);
[n1,r1] = biterr(de1',msg(1:length(de1)));
[n2,r2] = biterr(de2',msg(1:length(de2)));
[n3,r3] = biterr(de3',msg(1:length(de3)));
disp(['The bit error rates are: ',num2str([r1 r2 r3])])
```

程序运行结果如下：

```
The bit error rates are:   0.45361    0.45361    0.45361
```

8.3 调制与解调

调制分为模拟调制和数字调制。模拟调制的输入信号为连续变化的模拟量，数字调制的输入信号是离散的数字量。在利用 MATLAB 进行调制/解调时，既可以采用自定义函数进行调制/解调，也可以调用 MATLAB 所提供的函数进行仿真。本节主要介绍 MATLAB 通信工具箱中的调制和解调函数。

1．带通模拟调制函数 ammod

该函数格式如下。

y=ammod(x, Fc, Fs, method...)，用载波为 Fc(Hz)的信号来调制模拟信号 x，采样频率为 Fs(Hz)，Fc>Fs。变量 Fs 可以是标量，也可以为一个二维的矢量。二维矢量中第一个值为采样频率，第二个值为调制载波的初相，初相以弧度表示，默认值为 0。根据采样定理，采样频率必须大于或等于调制信号最高频率的两倍。字符串变量 method 指定所用的调制方式，见表 8.3。

表 8.3 模拟调制方式

可选择的参数 method	含 义
amdsb-tc	双边带载波幅度调制
amdsb-sc	双边带抑制载波幅度调制
amssb	单边带抑制载波幅度调制
qam	正交幅度(QAM)调制
pm	相位调制
fm	频率调制

2．带通模拟解调函数 amdemod

该函数格式如下。

z=amdemod(y, Fc, Fs, method...)，对载波为 Fc(Hz)的调制信号 y 进行解调，采样频率为 Fs(Hz)，Fc>Fs。它是 amod 函数的逆过程，amod 与 ademod 选择的调制方式必须相同，否则不容易正确复制出源信号。该函数在解调中用到一个低通滤波器，低通滤波器传输函数的分子、分母由输入参数 numm, den 指定，低通滤波器的采样时间等于 1/Fs。当 num = 0 或默认时，函数使用一个默认的 Butterworth 低通滤波器，可由[num, den] = butter(5, Fc*2/Fs)生成。字符串变量 method 指定所用的调制方式，见表 8.3。

例 8.7 使用 MATLAB 对一信号进行幅度调制。

MATLAB 程序如下：

```
Fs=100;                          % 采样频率
Fc=15;                           % 载波频率
t=0:0.025:2;                     % 采样时间
x=sin([pi*t',2*pi*t']);          % 信号
y=ammod(x,Fc,Fs);
z=amdemod(y,Fc,Fs);
plot(t,x(:,1),'-',t,z(:,1),'--')
                                 % 绘制调制信号
hold;  plot(t,x(:,2),'-o',t,z(:,2),'--*')
                                 % 绘制调制信号
```

程序运行结果如图 8.4 所示。

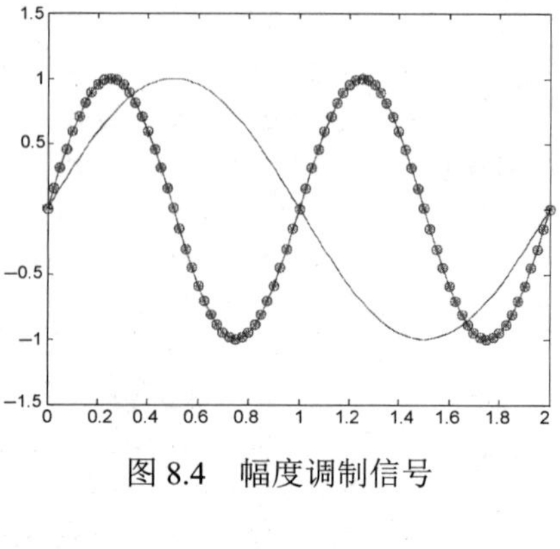

图 8.4 幅度调制信号

3．模拟频率调制函数 fmmod 和解调函数 fmdemod

这两个函数的格式如下。

y = fmmod(x, Fc, Fs, freqdev)，使用频率调制对信号 x 进行调制，载波信号频率

为 Fc(Hz)，采样速率为 Fs(Hz)，Fs 必须大于或等于 2*Fc，freqdev 为调制信号的频率偏离常数。

y = fmmod(x, Fc, Fs, freqdev, ini_phase)，指定调制信号的初始相位，以弧度为单位。

z = fmdemod(y, Fc, Fs, freqdev)，使用频率解调从载波信号中对信号 y 解调，载波信号频率为 Fc(Hz)，采样速率为 Fs(Hz)，Fs 必须大于或等于 2*Fc，freqdev 为调制信号的频率偏离常数。

z = fmdemod(y, Fc, Fs, freqdev, ini_phase)，指定调制信号的初始相位，以弧度为单位。

例 8.8　对两信道输出信号进行频率调制和解调。

MATLAB 程序如下：

```
Fs = 8000;                                  % Sampling rate of signal
Fc = 3000;                                  % Carrier frequency
t = [0:Fs]'/Fs;                             % Sampling times
s1 = sin(2*pi*300*t)+2*sin(2*pi*600*t);     % Channel 1
s2 = sin(2*pi*150*t)+2*sin(2*pi*900*t);     % Channel 2
x = [s1,s2];                                % Two-channel signal
dev = 50;            %Frequency deviation in modulated signal
y = fmmod(x,Fc,Fs,dev);                     % Modulate both channels
z = fmdemod(y,Fc,Fs,dev);                   % Demodulate both channels
```

4. 相位调制函数 pmmod 和解调函数 pmdemod

这两个函数的格式如下。

y = pmmod(x, Fc, Fs, phasedev)，使用相位调制对信号 x 进行调制，载波信号频率为 Fc(Hz)，采样速率为 Fs(Hz)，Fs 必须大于或等于 2*Fc，phasedev 为调制信号的相位偏离常数。

y = pmdemod(x, Fc, Fs, phasedev, ini_phase)，指定调制信号的初始相位，以弧度为单位。

z = pmdemod(y, Fc, Fs, phasedev)，使用相位解调对相位调制信号 y 解调，载波信号频率为 Fc(Hz)，采样速率为 Fs(Hz)，Fs 必须大于或等于 2*Fc，phasedev 为调制信号的相位偏离弧度数。

z = pmmod(y, Fc, Fs, phasedev, ini_phase)，指定调制信号的初始相位，以弧度为单位。

例 8.9　对一模拟信号进行相位调制，经信道 AWGN(叠加高斯白噪声)，解调并绘制原始信号与解调后的信号波形。

MATLAB 程序如下：

```
% Prepare to sample a signal for two seconds,
% at a rate of 100 samples per second
Fs = 100;                       % Sampling rate
t = [0:2*Fs+1]'/Fs;             % Time points for sampling
% Create the signal, a sum of sinusoids
x = sin(2*pi*t) + sin(4*pi*t);
Fc = 10;                        % Carrier frequency in modulation
phasedev = pi/2;                % Phase deviation for phase modulation
```

```
y = pmmod(x,Fc,Fs,phasedev);    % Modulate
y = awgn(y,10,'measured',103);  % Add noise
z = pmdemod(y,Fc,Fs,phasedev);  % Demodulate
% Plot the original and recovered signals
figure;
plot(t,x,'k-',t,z,'g-');
legend('Original signal','Recovered signal');
```

程序运行结果如图 8.5 所示。

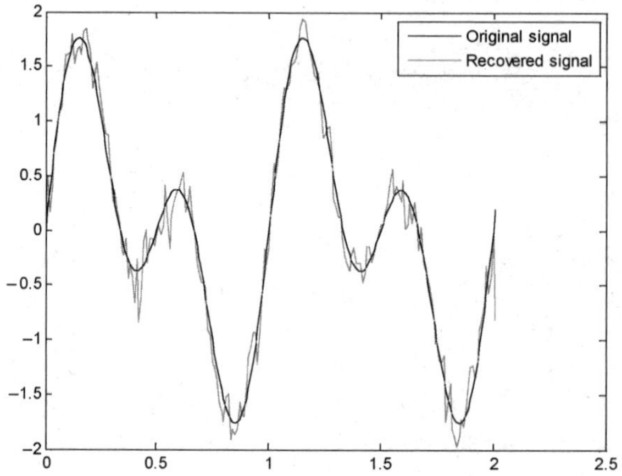

图 8.5　相位调制解调信号

5. 模拟单边带幅度调制函数 ssbmod 和解调函数 ssbdemod

这两个函数的格式如下。

y = ssbmod(x, Fc, Fs)，采取单边带幅度调制方法，信号 x 以频率 Fc(Hz)调制一载波信号，以下边带为期望的频带，载波信号和 x 的采样频率为 Fs(Hz)，调制信号具备零初始相位。

y = ssbmod(x, Fc, Fs, ini_phase)，指定了初始相位，以弧度为单位。

y = ssbmod(x, fc, fs, ini_phase, 'upper')，以上边带为期望的频带。

z = ssbdemod(y, Fc, Fs)，单边带幅度解调，其他定义同 ssbmod。

z = ssbdemod(y, Fc, Fs, ini_phase)

z = ssbdemod(y, Fc, Fs, ini_phase, num, den)

例 8.10　解调一个上边带和下边带信号。

MATLAB 程序如下：

```
Fc = 12000; Fs = 270000;
t = [0:1/Fs:0.01]';
s = sin(2*pi*300*t)+2*sin(2*pi*600*t);
y1 = ssbmod(s,Fc,Fs,0);              % Lower-sideband modulated signal
y2 = ssbmod(s,Fc,Fs,0,'upper');      % Upper-sideband modulated signal
s1 = ssbdemod(y1,Fc,Fs);             % Demodulate lower sideband
s2 = ssbdemod(y2,Fc,Fs);             % Demodulate upper sideband
% Plot results to show that the curves overlap
figure; plot(t,s1,'r-',t,s2,'k--');
legend('Demodulation of upper sideband','Demodulation of lower sideband')
```

程序运行结果如图 8.6 所示。

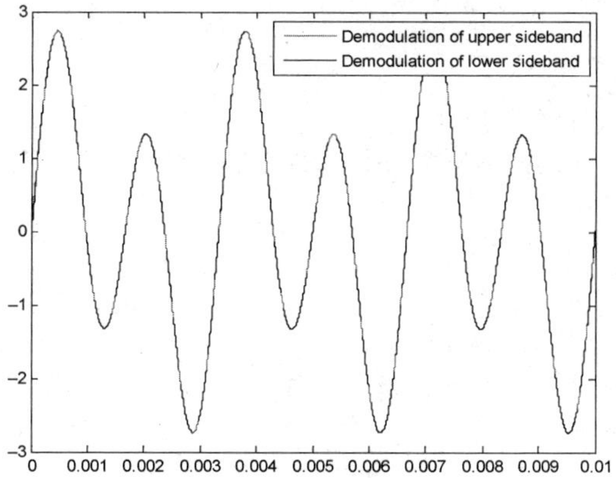

图 8.6　单边带幅度调制和解调信号

6. 数字调制和解调函数 fskmod, fskdemod, modnorm

这几个函数的格式如下。

y=fskmod(x, M, freq_sep, nsamp)，M 元频率键控调制，输出 y 为调制信号 x 的复包络，M 必须是 2 的整数次幂。数字码符取值范围是[0,M-1]区间内的整数。freq_sep 为频率步长，nsamp 表示输出 y 的每个符号的采样个数，必须为大于 1 的正整数。根据 Nyquist 采样理论，freq_sep 和 M 必须满足(M-1)*freq_sep <= 1。如果 x 是个矩阵，则函数按列执行。

y=fskmod(x, M, freq_sep, nsamp, Fs)，指定 y 的采样速率 Fs。

y=fskmod(x, M, freq_sep, nsamp, Fs, phase_cont)，强调了相位的连续性。

z=fskdemod(y, M, freq_sep, nsamp)，频率键控解调，为 fskmod 的逆运算。

z=fskdemod(y, M, freq_sep, nsamp, Fs)

z=fskdemod(y, M, freq_sep, nsamp, Fs, symbol_order)

scale=modnorm(const,'avpow', avpow)，对标准脉幅调制和正交幅度调制的输出返回一个比例因素，其平均功率为 avpow(W)，const 是一个矢量。

scale=modnorm(const,'peakpow', peakpow)，返回一个比例因素，其峰值功率为 peakpow(W)。

例 8.11　对一随机信号进行频率键控调制经信道 AWGN 后解调，计算其误码率。

MATLAB 程序如下：

```
M = 2; k = log2(M);
EbNo = 5;
Fs = 16; nsamp = 17; freqsep = 8;
msg = randint(5000,1,M);                              % Random signal
txsig = fskmod(msg,M,freqsep,nsamp,Fs);               % Modulate
msg_rx  = awgn(txsig,EbNo+10*log10(k)-10*log10(nsamp),...
    'measured',[],'dB');                              % AWGN channel
msg_rrx = fskdemod(msg_rx,M,freqsep,nsamp,Fs);        % Demodulate
[num,BER] = biterr(msg,msg_rrx)                       % Bit error rate
BER_theory = berawgn(EbNo,'fsk',M,'noncoherent')      % Theoretical BER
```

程序运行结果如下：

```
num =
         512
BER =
```

```
        0.1024
    BER_theory =
            0.1029
```

例 8.12　使用函数 modnorm 传输一个具有 1 W 峰值功率的幅度调制信号。

MATLAB 程序如下：

```
M = 16;                                  % Alphabet size
const = qammod([0:M-1],M);               % Generate the constellation
x = randint(1,100,M);
scale = modnorm(const,'peakpow',1);      % Compute scale factor
y = scale * qammod(x,M);                 % Modulate and scale
ynoisy = awgn(y,10);                     % Transmit along noisy channel
ynoisy_unscaled = ynoisy/scale;          % Unscale at receiver end
z = qamdemod(ynoisy_unscaled,M);         % Demodulate
% See how scaling affects constellation
h = scatterplot(const,1,0,'ro');         % Unscaled constellation
hold on;        % Next plot will be in same figure window
scatterplot(const*scale,1,0,'bx',h);     % Scaled constellation
hold off;
```

程序运行结果如图 8.7 所示。

7. AWGN 信道函数 awgn

该函数的格式如下。

y=awgn(x, snr)，向功率为 0 dB 的信号 x 添加高斯白噪声，输出 y 的信噪比为参数 snr，单位为 dB。如果信号 x 为复信号，则添加复噪声。

y=awgn(x, snr, sigpower)，信号的功率大小为 sigpower，当 sigpower 为 'measured'时，该函数先对信号的功率进行测试，再叠加高斯白噪声。

y=awgn(…, powertype)，说明信噪比 snr 和信号功率 sigpower 的单位。有两种选择：powertype='db'或 powertype = 'linear'，后者功率的单位为 W。

例 8.13　给一锯齿波添加高斯白噪声，并绘制出原信号和含噪声信号的波形。

MATLAB 程序如下：

```
t = 0:.1:10;
x = sawtooth(t);                    % Create sawtooth signal
y = awgn(x,10,'measured');          % Add white Gaussian noise
plot(t,x,t,y)                       % Plot both signals
legend('Original signal','Signal with AWGN');
```

程序运行结果如图 8.8 所示。

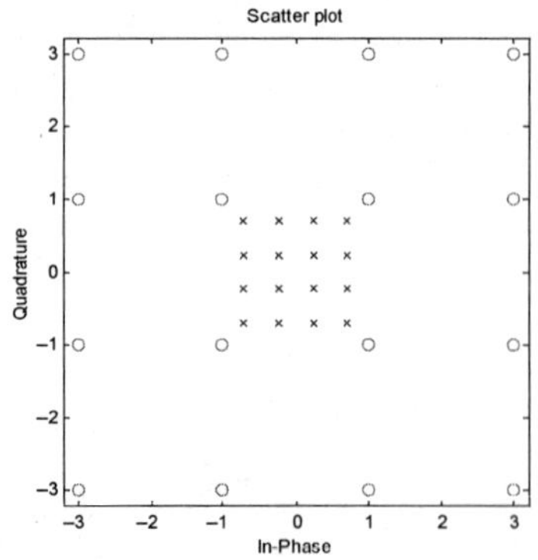

图 8.7　散射图

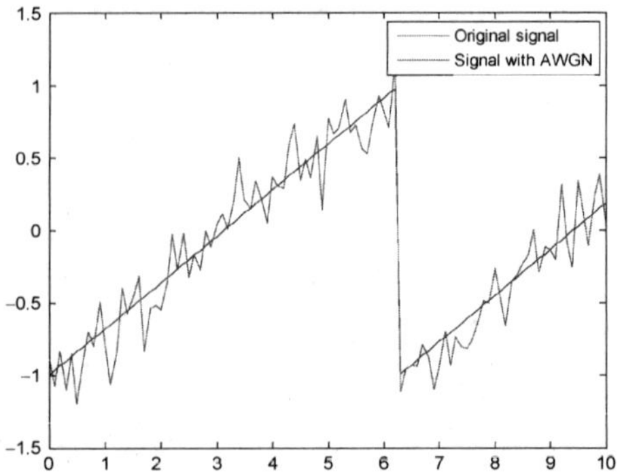

图 8.8　添加高斯白噪声的信号与原信号的波形

8.4　误码率分析界面

通信系统误码率的大小可以衡量通信系统性能的好坏。在 MATLAB 命令窗中输入命令

```
>>bertool
```

即可打开一个图形用户界面窗口——误码率分析界面，如图 8.9 所示。

图 8.9　误码率分析界面

误码率分析界面上方为数据浏览器，打开时为空，用户建立的误码率数据显示在数据浏览器窗口。窗口的下方为一系列选项卡：Theoretical、Semianalytic 和 Monte Carlo，分别对应比特误码率产生数据的方法。

例 8.14　利用 BERTool 仿真 M 文件或 Simulink 框图文件。

(1) 打开误码率分析界面，选择 Monte Carlo 选项卡(BER 变量名称只适应于 Simulink 模块图)，如图 8.10 所示。

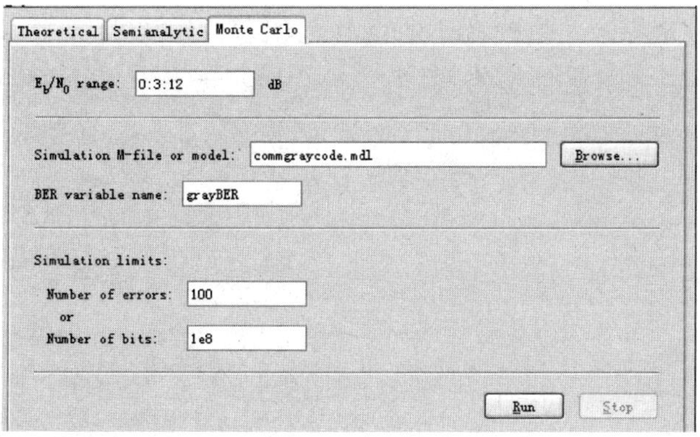

图 8.10　Monte Carlo 选项卡

(2) 选择参数，这里选择仿真 commgraycode.mdl 文件，commgraycode.mdl 文件必须为用户预先建立好的文件或 MATLAB 内带文件。

(3) 单击“Run”按钮，BERTool 按特定 E_b/N_0 和 BER 数据运行仿真函数，数据浏览器显示其创建数据，如图 8.11 所示。BERTool 绘制数据图形，如图 8.12 所示。

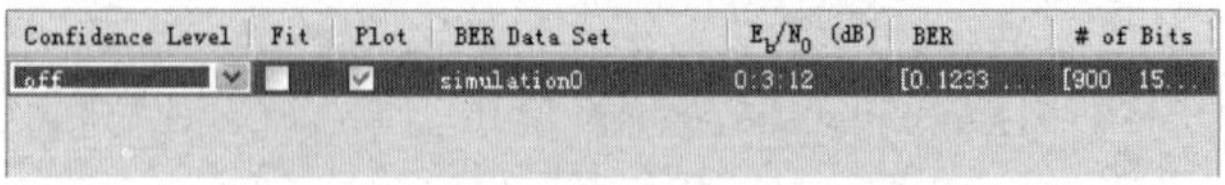

图 8.11　数据浏览器窗口数据显示

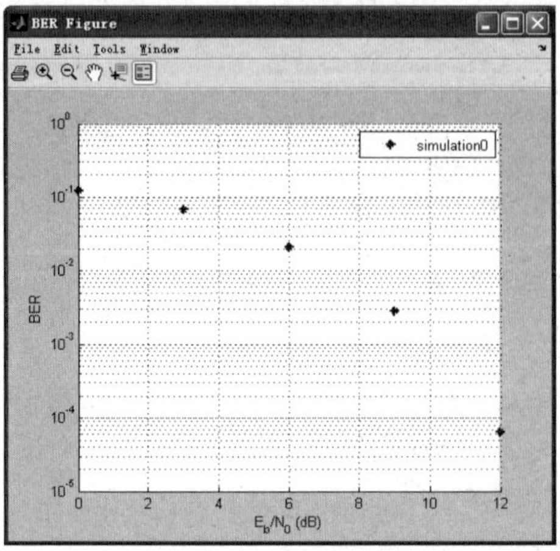

图 8.12　BER 图形窗口

(4) 改变 E_b/N_0 为[0:2:6]，单击“Run”按钮，BERTool 仿真返回数据到数据浏览器，如图 8.13 所示，并绘制数据图形如图 8.14 所示。

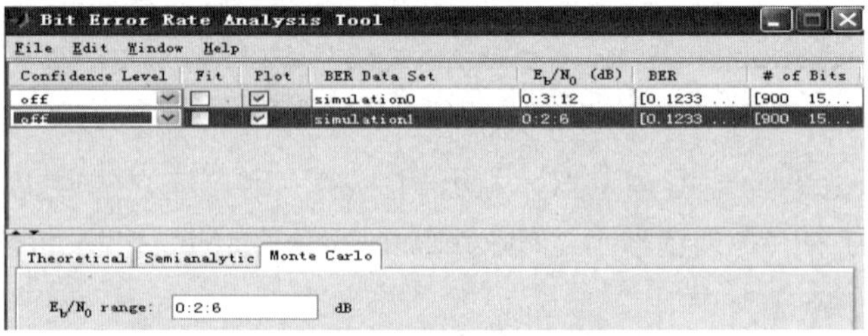

图 8.13　数据浏览器窗口数据显示

例 8.15　利用 Theoretical 选项卡叠加高斯白噪声，按不同规则调制，比较正交幅度调制信号的性能。

(1) 打开误码率分析界面，选择 Theoretical 选项卡，如图 8.15 所示。

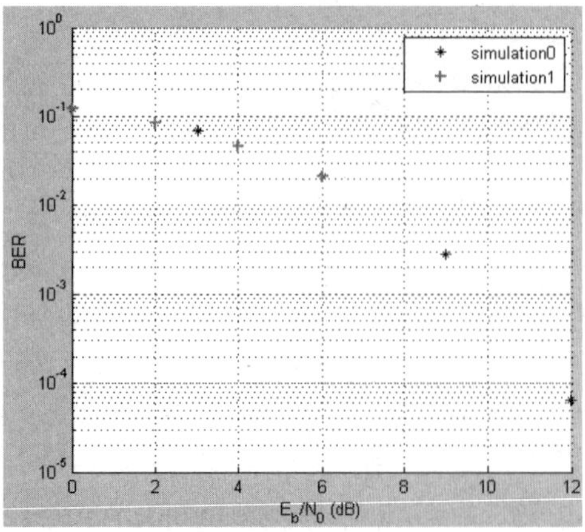

图 8.14　BER 图形窗口

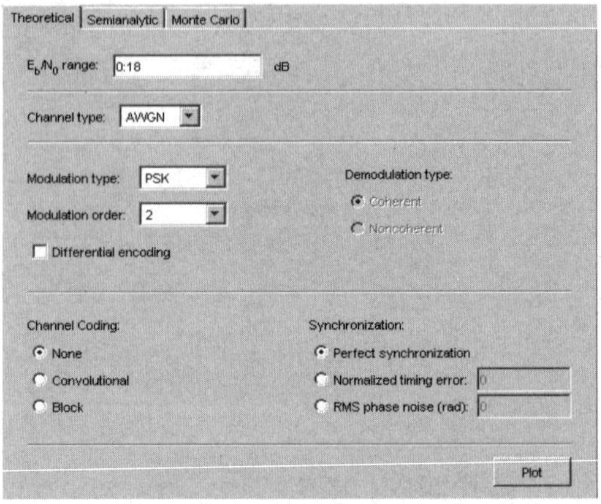

图 8.15　Theoretical 选项卡

(2) 设置参数，分别设置 Modulation order 为 4，16，64，单击“Plot”按钮，分别添加数据于数据浏览器窗口，如图 8.16 所示，并绘制图形如图 8.17 所示。

Confidence Level	Fit	Plot	BER Data Set	E_b/N_0 (dB)	BER	# of Bits
off	☐	☑	simulation0	0:3:12	[0.1233 ...	[900 15...
off	☐	☑	simulation1	0:2:6	[0.1233 ...	[900 15...
		☑	semianalytic0	0:18	[0.0786 ...	[32]
		☑	theoretical-exact0	0:18	[0.0786 ...	N/A
		☑	theoretical-exact1	0:18	[0.1744 ...	N/A
		☑	theoretical-exact2	0:18	[0.2651 ...	N/A

图 8.16　数据浏览器窗口

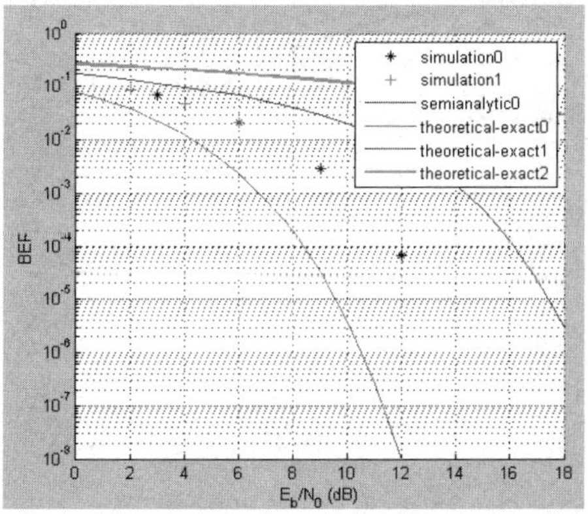

图 8.17　BER 图形

例 8.16　运用半分析方法(Semianalytic Technique)，使用 BERTool 产生和分析 BER 数据。

(1) 采用 16 元正交幅度调制(16-QAM)，设置发送和接收数据，代码如下。

```
% Step 1. Generate message signal of length >= M^L.
M = 16; % Alphabet size of modulation
L = 1; % Length of impulse response of channel
msg = [0:M-1 0]; % M-ary message sequence of length > M^L
% Step 2. Modulate the message signal using baseband modulation
modsig = qammod(msg,M); % Use 16-QAM
Nsamp = 16;
modsig = rectpulse(modsig,Nsamp); % Use rectangular pulse shaping
% Step 3. Apply a transmit filter
txsig = modsig; % No filter in this example，发送数据 txsig
% Step 4. Run txsig through a noiseless channel
rxsig = txsig*exp(j*pi/180); % Static phase offset of 1 degre，接收数据 rxsig
```

(2) 打开误码率分析界面，选择 Semianalytic 选项卡，如图 8.18 所示。

(3) 在图 8.18 所示界面中设置参数，如图 8.19 所示。

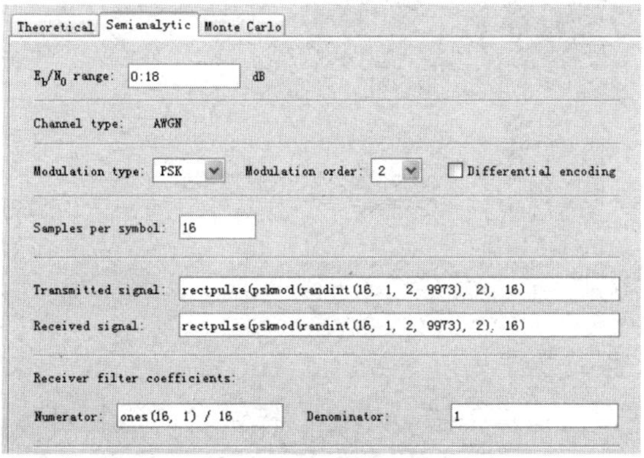

图 8.18　Semianalytic 选项卡

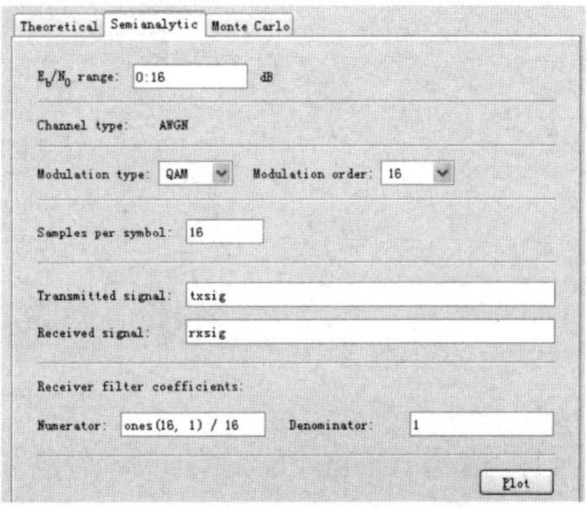

图 8.19　设置参数

(4) 单击“Plot”按钮，使用 BERTool 创建数据于数据浏览器窗口，如图 8.20 所示，绘制数据图形，如图 8.21 所示。

图 8.20　数据浏览器窗口

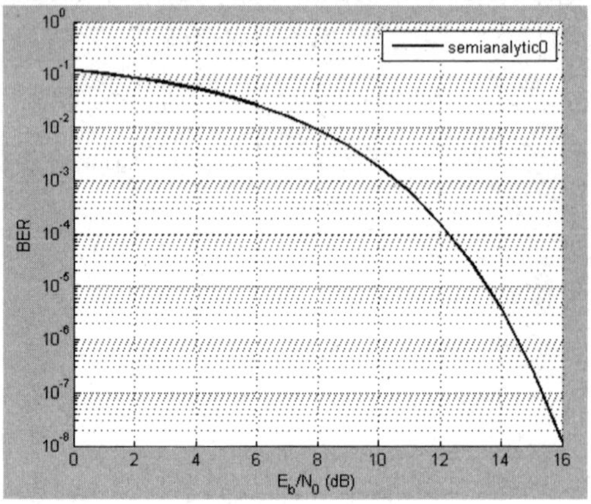

图 8.21　数据图形

8.5　通信模块集

通信工具箱中专门提供了仿真模块集(Communications Blockset)，模块集中包含各模块库，在命令窗口输入 commlib，各模块库如图 8.22 所示。各模块库中包含模块子库和模块，双击各模块库图标，可以看到各模块子库和模块，简要介绍各模块库如下。

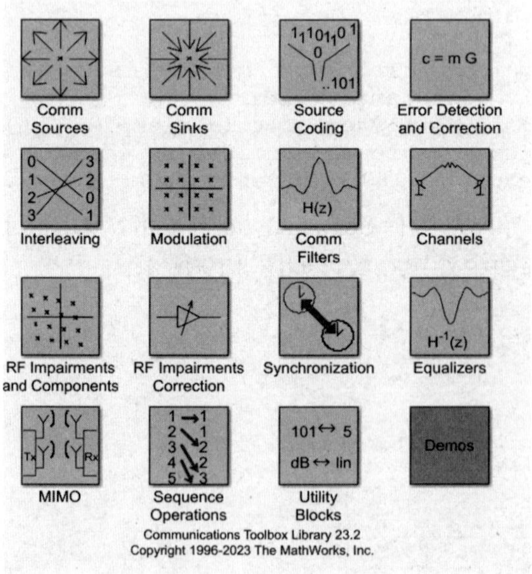

图 8.22　通信模块库

(1) 信道(Channels)模块库，包含加性高斯白噪声信道(AWGN)模块、二进制对称信道(Binary Symmetric)模块、MIMO 衰落信道模块、SISO 衰落信道模块、OFDM 信道响应模块，如图 8.23 所示。

（2）通用滤波器(Comm Filters)模块库，如图 8.24 所示。

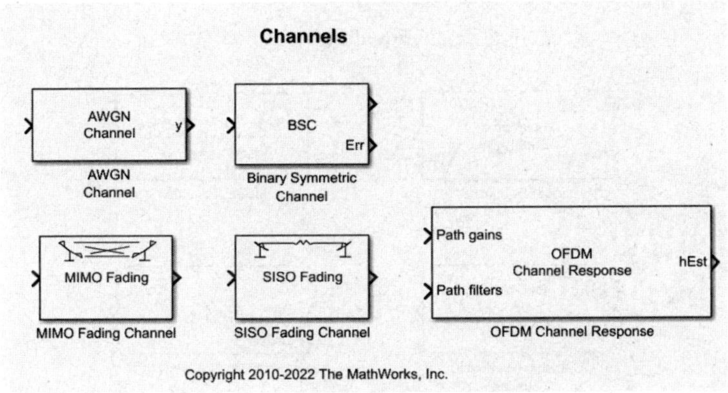

图 8.23　信道(Channels)模块库

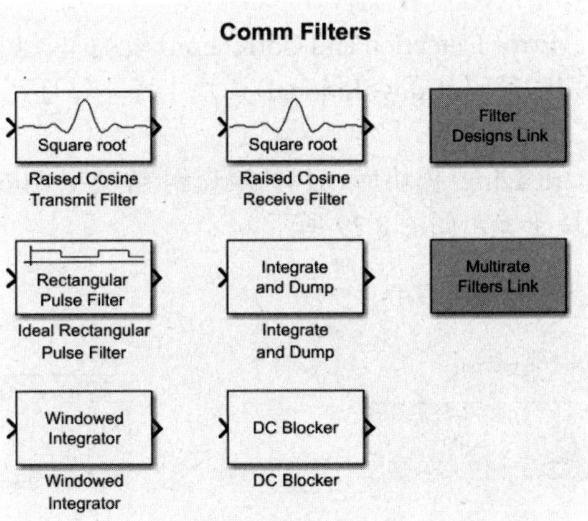

图 8.24　通用滤波器(Comm Filters)模块库

（3）信号接收(Comm Sinks)模块库，包含星座图(Constellation Diagram)模块、眼图(Eye Diagram)模块、误码率计算(Error Rate Calculation)模块和基带文件写入(Baseband File Writer)模块，如图 8.25 所示。

（4）通信信源(Comm Sources) 模块库，包含随机数据源(Random Data Sources)、序列发生器(Sequence Generators)两个模块子库和基带文件阅读(Baseband File Reader)模块，如图 8.26 所示。

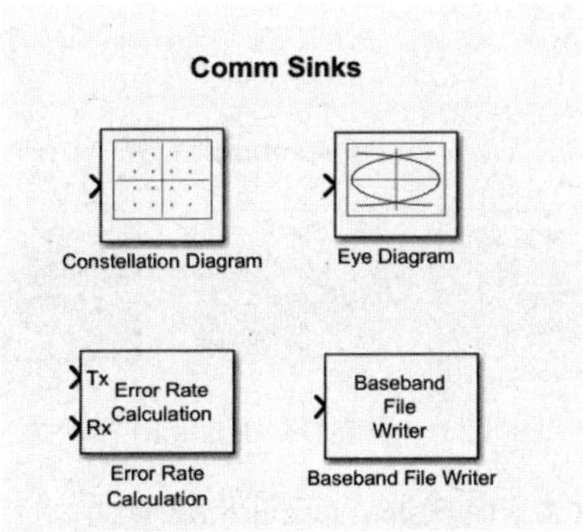

图 8.25　信号接收(Comm Sinks)模块库

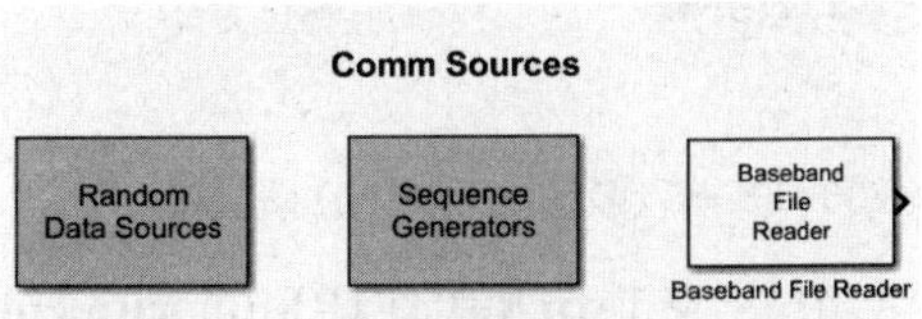

图 8.26　通信信源(Comm Sources)模块库

(5) 均衡(Equalizers)模块库，如图 8.27 所示。

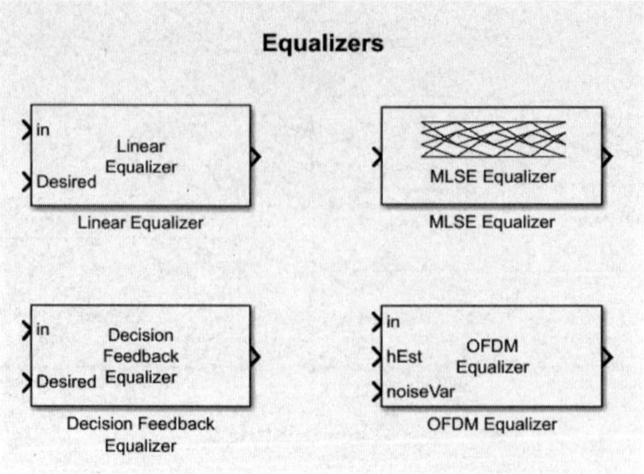

图 8.27 均衡(Equalizers)模块库

(6) 误差检测和纠正(Error Detection and Correction)模块库，包含差错参数设置编/解码基本(Block)模块子库、卷积编/解码(Convolutional)模块子库、循环冗余校验(CRC)模块子库，如图 8.28 所示。

(7) 交织/解交织(Interleaving)模块库，包括块交织/解交织(Block)模块子库、卷积交织/解交织(Convolutional)模块子库，如图 8.29 所示。

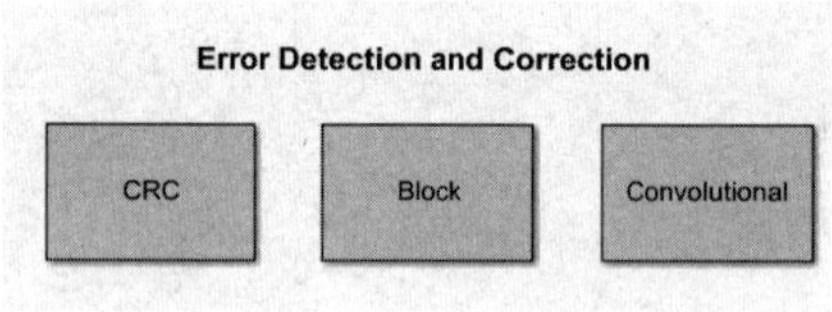

图 8.28 误差检测和纠错
(Error Detection and Correction) 模块库

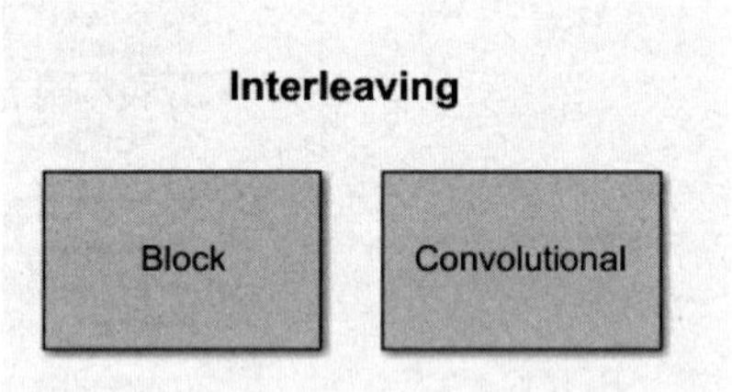

图 8.29 交织/解交织(Interleaving)模块库

(8) 多输入多输出(MIMO)模块库，如图 8.30 所示。

(9) 调制(Modulation)模块库，包含模拟通带调制(Analog Passband)模块子库、数字基带调制(Digital Baseband)模块子库和模拟基带调制(Analog Baseband)模块子库，如图 8.31 所示。

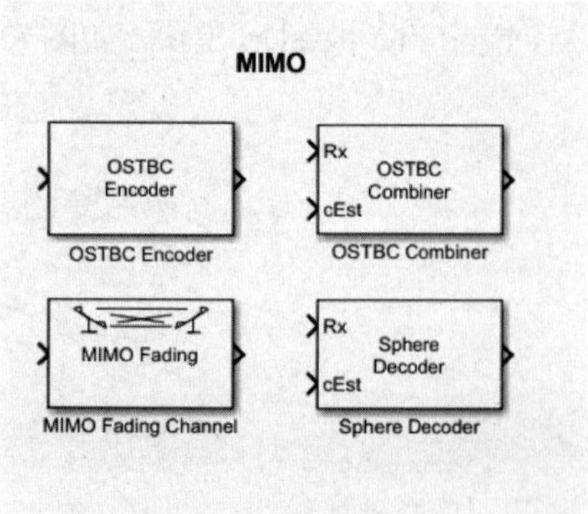

图 8.30 多输入多输出(MIMO)模块库

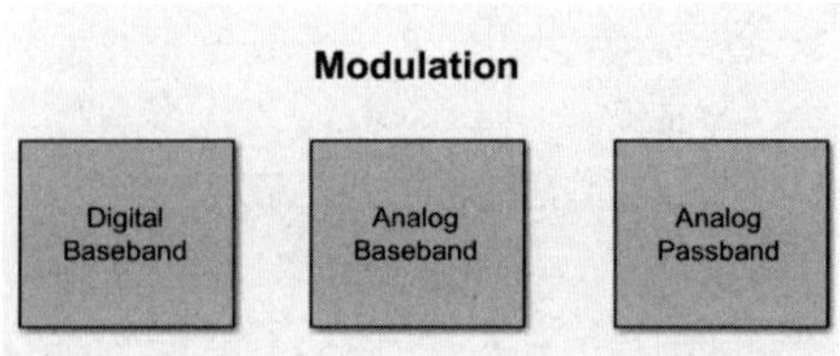

图 8.31 调制(Modulation)模块库

(10) 射频损伤和组件(RF Impairments and Components) 模块库，如图 8.32 所示。

(11) 射频损伤校正(RF Impairments Correction) 模块库，如图 8.33 所示。

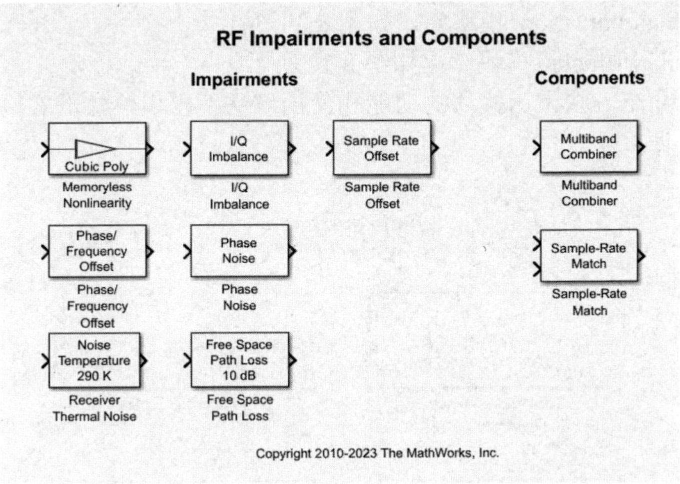

图 8.32　射频损伤和组件(RF Impairments and Components)模块库

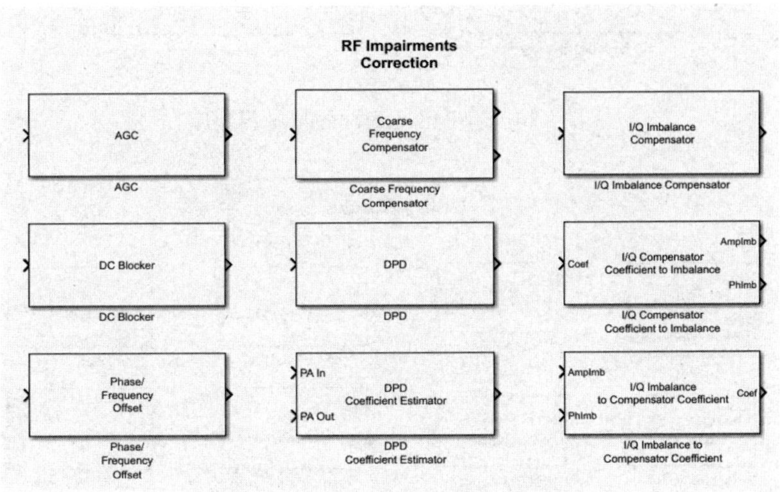

图 8.33　射频损伤校正(RF Impairments Correction)模块库

（12）序列操作(Sequence Operations)模块库，如图 8.34 所示。

（13）信源编/解码(Source Coding)模块库：包含各种编码/解码模块、压缩/扩展模块，如图 8.35 所示。

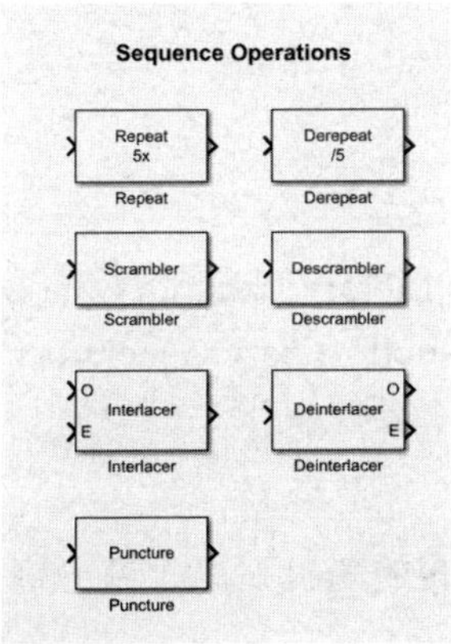

图 8.34　序列操作(Sequence Operations)模块库

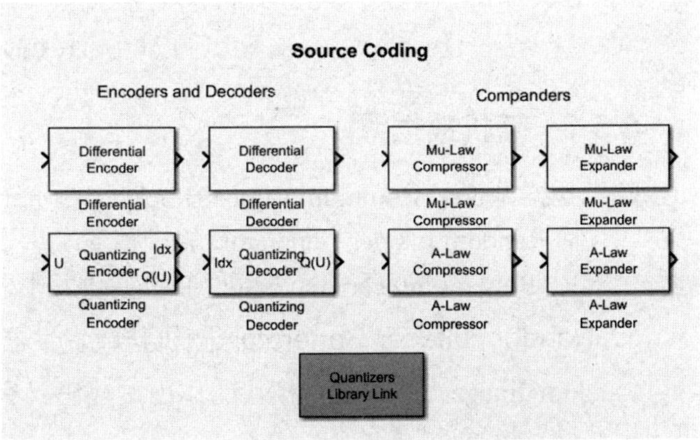

图 8.35　信源编/解码(Source Coding)模块库

(14) 同步(Synchronization)模块库，如图 8.36 所示。

(15) 工具(Utility Blocks)模块库，如图 8.37 所示。

下面首先简单介绍一些常用模块的功能和使用方法，再以具体的实例来介绍各模块的应用及通信系统的仿真。

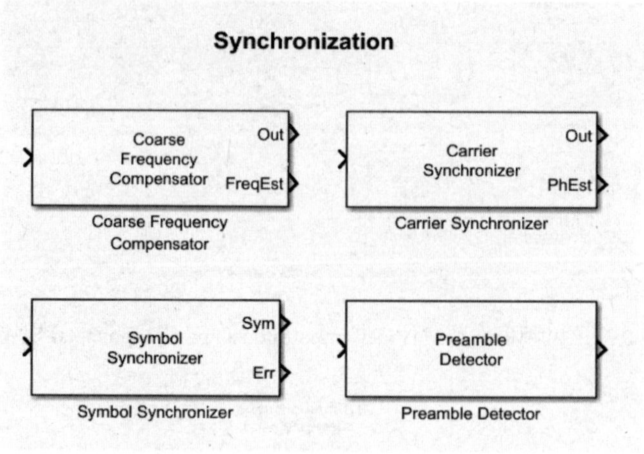

图 8.36 同步(Synchronization)模块库

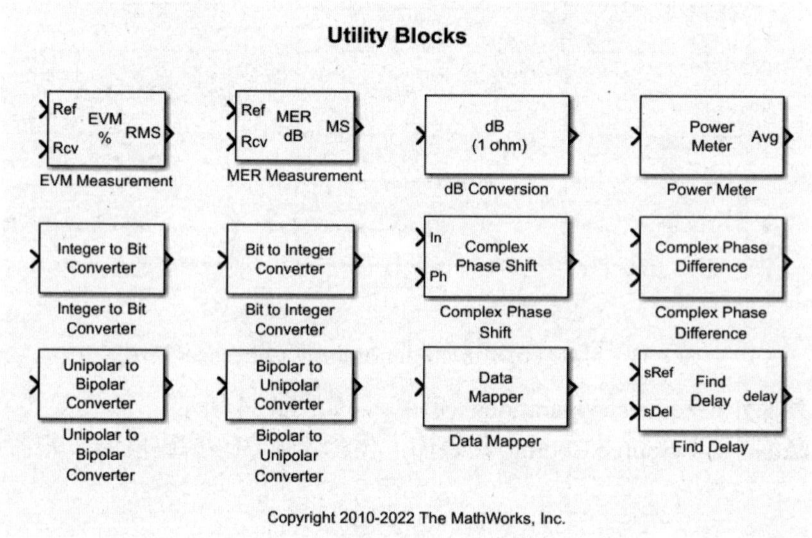

图 8.37 工具(Utility Blocks)模块库

8.5.1 随机数据源

随机数据源位于 Communications Blockset/ Comm Sources Library/Random Data Sources 子库下，包括 Random Integer Generator(随机整数发生器)、Bernoulli Binary Generator(伯努利序列发生器)、Poisson Integer Generator(泊松整数发生器)。

1. Random Integer Generator(随机整数发生器)

Random Integer Generator 模块的作用是输出具有均匀分布的随机整数。输出整数的范围可由用户自己设定。

随机整数发生器模块的图标和控制对话框如图 8.38 所示。

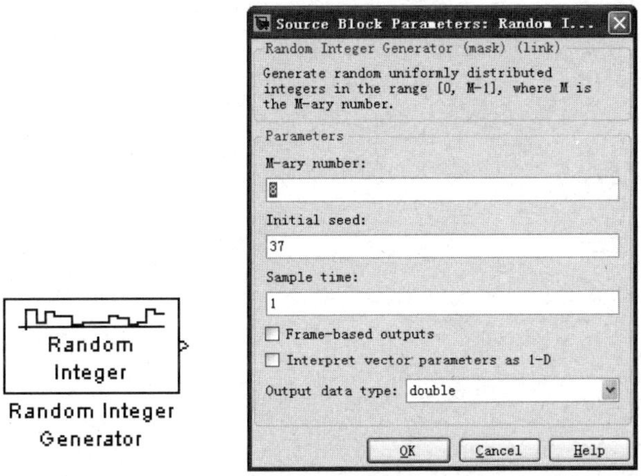

图 8.38　Random Integer Generator 模块的图标和控制对话框

M-ary number：指定输出信号范围，若为 M，则输出数据范围为[0 M−1]，如 M-ary Number 为 8，则输出数据在[0 7]之间。该参数必须是正整数，可以是一个标量也可以是一个向量。若是标量，所有输出的随机变量是独立同分布的；若是向量，每个输出将有它自己的输出范围，向量长度应与参数 Initial seed 的长度相同。

图 8.39 所示的模型中，Random Integer Generator 模块的设置为

```
M-ary number=[8 16]
Iinitial seed=[35 64]
```

其他均采用默认设置，仿真时间设为 20 s。仿真结束后，从工作空间可以看到输出一个 1×2×21 的数组，每行数据分别服从[0 7]和[0 15]之间的均匀分布，其中

```
simout(:,:,1) =
     2    12
simout(:,:,2) =
     7    10
simout(:,:,3) =
     1     0
simout(:,:,4) =
     1     5
simout(:,:,5) =
     4     3
simout(:,:,6) =
     1     3
simout(:,:,7) =
     6    15
simout(:,:,8) =
     0     3
simout(:,:,9) =
     1     6
simout(:,:,10) =
     1    12
simout(:,:,11) =
     4    14
```

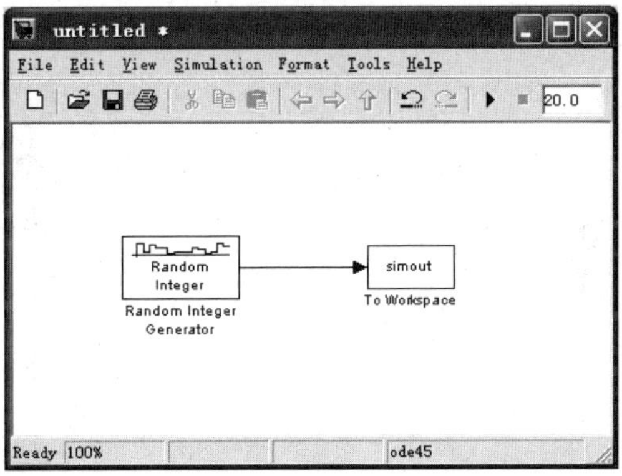

图 8.39　Random Integer Generator 模块举例

```
simout(:,:,12) =
     3    12
simout(:,:,13) =
     7     8
simout(:,:,14) =
     5    14
simout(:,:,15) =
     6     1
simout(:,:,16) =
     4     6
simout(:,:,17) =
     3     9
simout(:,:,18) =
     0     1
simout(:,:,19) =
     6     6
simout(:,:,20) =
     2     6
simout(:,:,21) =
     1    13
```

2. Bernoulli Binary Generator(伯努利序列发生器)

Bernoulli Binary Generator 模块的作用是产生服从伯努利分布的随机二进制序列，若序列中零的概率为 P，则输出信号的均值为 $1-P$，方差为 $P(1-P)$。

伯努利序列发生器模块的图标和控制对话框如图 8.40 所示。

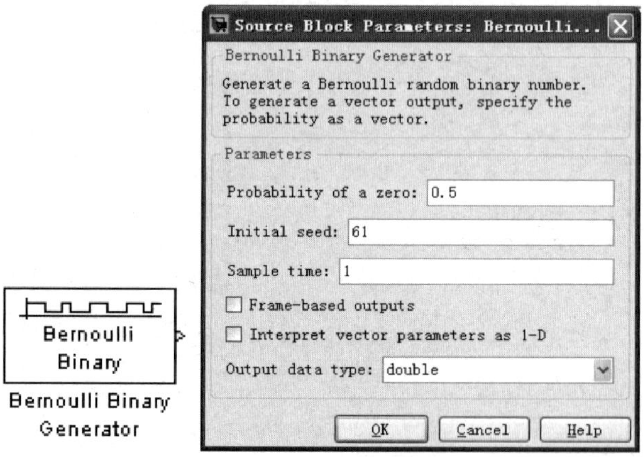

图 8.40　Bernoulli Binary Generator 模块的图标和控制对话框

Probability of a zero：模块产生的二进制序列中出现 0 的概率，是介于 0～1 的某个实数，该参数可以是向量的形式。

Initial seed：初始化种子，可以是标量或与 Probability of a zero 长度相同的向量。不同的初始化种子通常产生不同的序列。假如设置初始化种子为[1 2 5]，则输出的序列是一个三维向量。

Sample time：采样时间，表示输出序列中每个二进制符号的持续时间。

Frame-based outputs：基于帧格式的输出，选中该选项，不再输出数据流。

Interpret vector parameters as 1-D：选中该选项，模块产生一维的输出序列，否则输出二维向量。

图 8.41 所示的仿真模型中，Bernoulli Binary Generator 模块的初始化种子分别为 61 和 32，采样时间为 0.1 s，仿真时间为 10 s，其他均为默认设置。进行仿真，双击示波器，可以看到初始化种子分别为 61 和 32 生成的序列，如图 8.42 所示。因为 Probability of a zero 设为默认值 0.5，所以序列中 0 和 1 出现的概率相等。

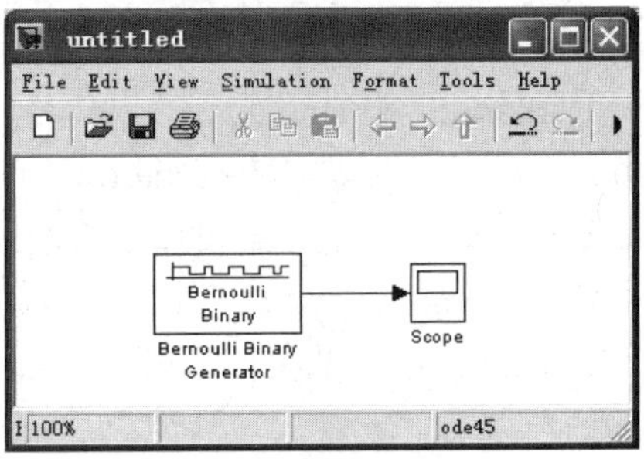

图 8.41　Bernoulli Binary Generator 模块举例

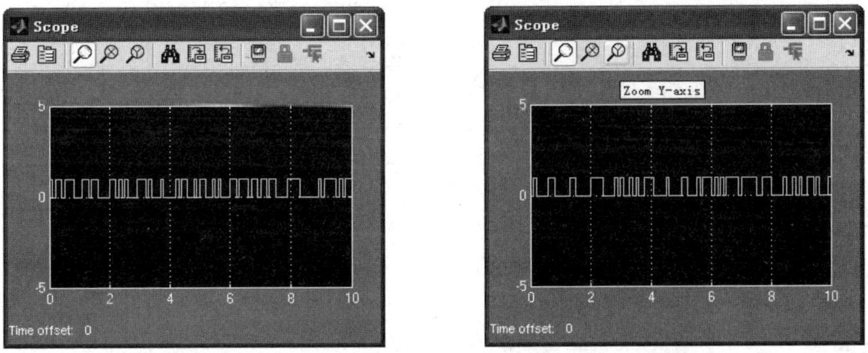

图 8.42　Bernoulli Binary Generator 模块生成的序列波形

3. Poisson Integer Generator（泊松整数发生器）

Poisson Integer Generator 模块的作用是产生服从泊松分布的随机整数。

泊松整数发生器模块的图标和控制对话框如图 8.43 所示。

其中 Lambda 为泊松参数，为标量，输出向量的每一个元素共享同一泊松参数。

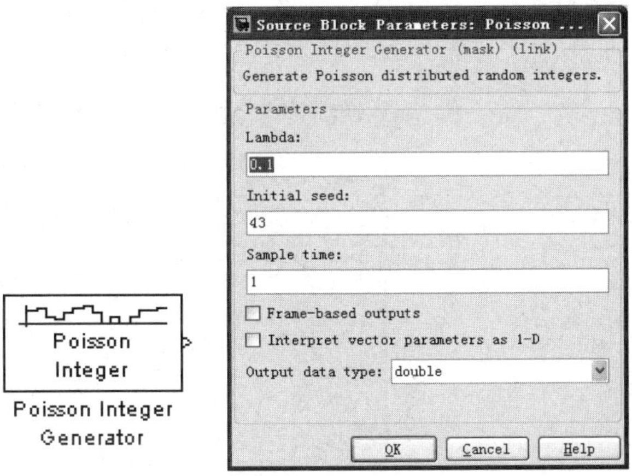

图 8.43　Poisson Integer Generator 模块的图标和控制对话框

8.5.2　序列发生器

序列发生器位于 Communications Blockset/Comm Sources Library/Sequence Generators 子库下，包括 Barker 码发生器、Hadamard 码发生器、OVSF 码发生器、Walsh 码发生器、Gold 序列发生器、Kasami 序列发生器、PN 序列发生器等。

1. Hadamard Code Generator(Hadamard 码发生器)

Hadamard 码发生器模块用于产生 Hadamard 码。Hadamard 码由行和列相互正交的 Hadamard 矩阵生成。Hadamard 码可用于要求发送方和接收方严格同步的通信系统。

Hadamard 码发生器模块的图标和控制对话框如图 8.44 所示。

Code length：码长，为 2 的非负次幂，设为 N。

Code index：[0 N–1]之间的一个整数，表示 Hadamard 矩阵的第几行做为输出的 Hadamard 码。

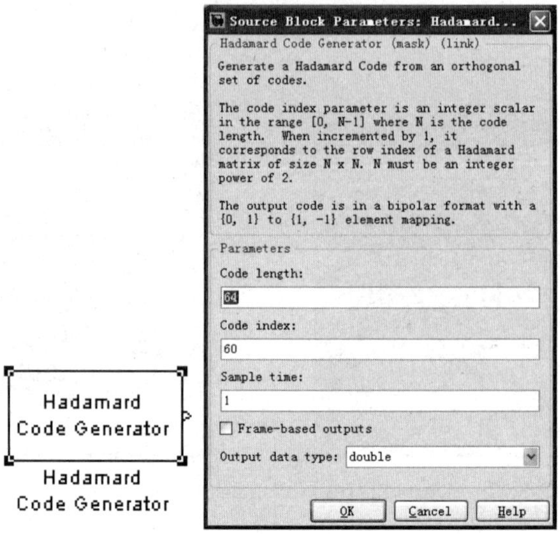
Hadamard Code Generator
Hadamard Code Generator
Source Block Parameters: Hadamard...
Hadamard Code Generator (mask) (link)
Generate a Hadamard Code from an orthogonal set of codes.
The code index parameter is an integer scalar in the range [0, N-1] where N is the code length. When incremented by 1, it corresponds to the row index of a Hadamard matrix of size N x N. N must be an integer power of 2.
The output code is in a bipolar format with a {0, 1} to {1, -1} element mapping.
Parameters
Code length:
64
Code index:
60
Sample time:
1
Frame-based outputs
Output data type: double
OK
Cancel
Help

图 8.44　Hadamard 码发生器模块的图标和控制对话框

2. OVSF Code Generator(OVSF 码发生器)

OVSF 码发生器模块用于产生扩频码。不同信道的扩频码相互正交。

OVSF 码发生器模块的图标和控制对话框如图 8.45 所示。

Spreading factor：扩频因子，设为 N，必须是 2 的幂。

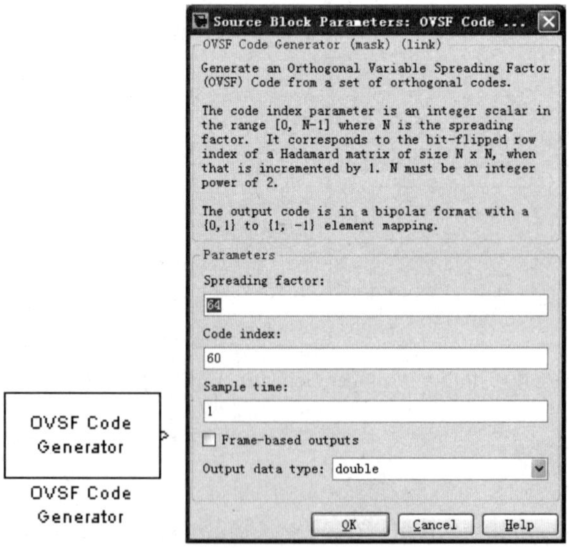
OVSF Code Generator
OVSF Code Generator
Source Block Parameters: OVSF Code ...
OVSF Code Generator (mask) (link)
Generate an Orthogonal Variable Spreading Factor (OVSF) Code from a set of orthogonal codes.
The code index parameter is an integer scalar in the range [0, N-1] where N is the spreading factor. It corresponds to the bit-flipped row index of a Hadamard matrix of size N x N, when that is incremented by 1. N must be an integer power of 2.
The output code is in a bipolar format with a {0,1} to {1, -1} element mapping.
Parameters
Spreading factor:
64
Code index:
60
Sample time:
1
Frame-based outputs
Output data type: double
OK
Cancel
Help

图 8.45　OVSF 码发生器模块的图标和控制对话框

3. Walsh Code Generator（Walsh 码发生器）

Walsh 码发生器模块用于产生 Walsh 码，Walsh 码也可由 Hadamard 矩阵生成。

Walsh 码发生器模块的图标和控制对话框如图 8.46 所示。模块中的 Code index 与 Hadamard Code Generator 模块中的不一样，即使选择相同的 Code index 值，两个模块的输出并不相同。

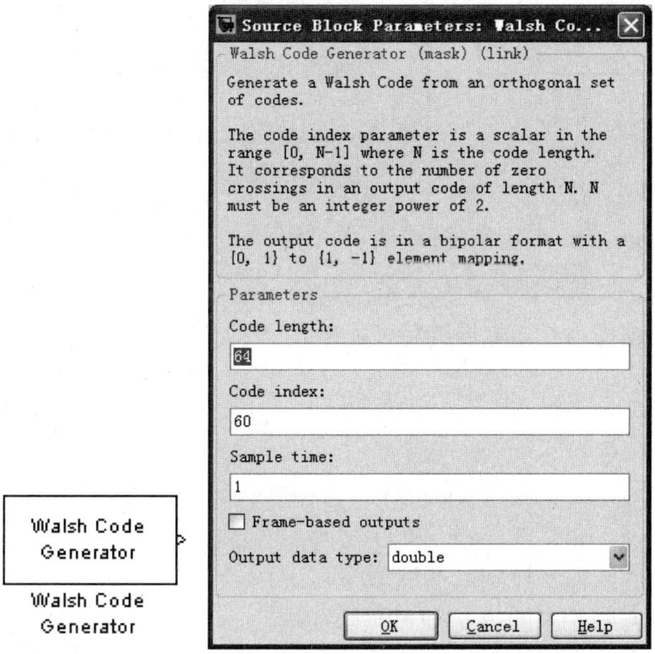
Walsh Code Generator
Walsh Code Generator
Source Block Parameters: Walsh Co...
Walsh Code Generator (mask) (link)
Generate a Walsh Code from an orthogonal set of codes.
The code index parameter is a scalar in the range [0, N-1] where N is the code length. It corresponds to the number of zero crossings in an output code of length N. N must be an integer power of 2.
The output code is in a bipolar format with a [0, 1] to {1, -1} element mapping.
Parameters
Code length:
64
Code index:
60
Sample time:
1
Frame-based outputs
Output data type: double
OK
Cancel
Help

图 8.46　Walsh 码发生器模块的图标和控制对话框

8.5.3　压缩和扩展

模拟信号的量化有两种方式：均匀量化和非均匀量化，比较常用的非均匀量化方法有 A 律压缩和 μ 律压缩，其逆过程为 A 律扩展和 μ 律扩展。MATLAB 中实现对信源的压缩和扩展的模块位于 Communications Blockset 的 Source Coding 模块库中。

1. A-Law Compressor（A 律压缩）模块

A-Law Compressor 模块对输入信号进行 A 律压缩。模块的输入信号 x 与输出信号 y 之间的关系为

$$y=\begin{cases}\dfrac{A|x|}{1+\log A}\operatorname{sgn}(x), & 0\leqslant |x|\leqslant \dfrac{V}{A}\\[2ex] \dfrac{V(1+\log(A|x|/V))}{1+\log A}\operatorname{sgn}(x), & \dfrac{V}{A}<|x|\leqslant V\end{cases}$$

其中，A 为压缩参数；V 是输入信号的峰值，最常采用的 A 值是 87.6，sgn 函数为符号函数，输入正数时输出 1，输入负数时输出−1。

模块输入可以是数据流和帧格式。当输入为向量时，向量中的每一分量将被单独处理。

A 律压缩模块的图标和控制对话框如图 8.47 所示。

A value：指定压缩参数 A 的值。

Peak signal magnitude：指定输入信号的峰值 V。

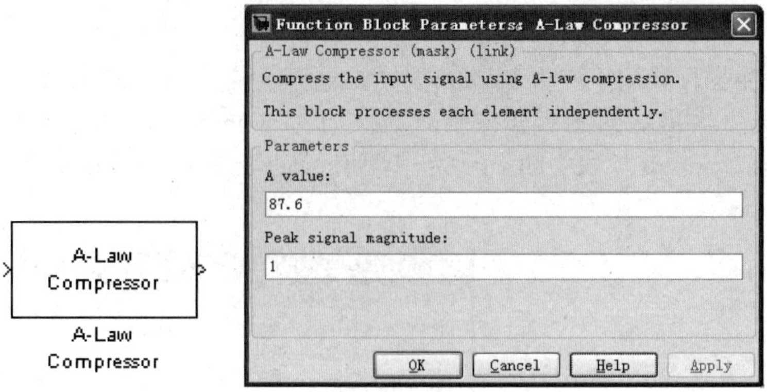

图 8.47　A 律压缩模块的图标和控制对话框

2. A-Law Expander(A 律扩展)模块

A-Law Expander 模块用于恢复被 A-Law Compressor 模块压缩的信号，它实施的是与 A 律压缩模块相反的过程。A 律扩展的特征函数是 A 律压缩特征函数的反函数，如下式

$$x=\begin{cases}\dfrac{y(1+\log A)}{A}, & 0\leqslant|y|\leqslant\dfrac{V}{1+\log A}\\ \exp(|y|(1+\log A)/V-1)\dfrac{V}{A}\text{sgn}(y), & \dfrac{V}{1+\log A}<|y|\leqslant V\end{cases}$$

A 律扩展模块的图标和控制对话框如图 8.48 所示。

模块的参数设置与对应的 A 律压缩模块相同。

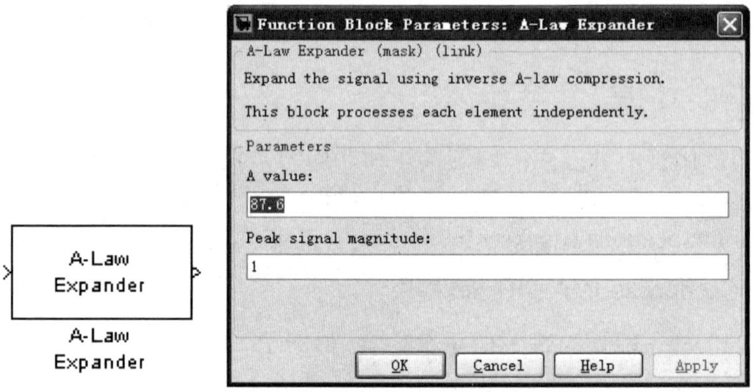

图 8.48　A 律扩展模块的图标和控制对话框

3. Mu-Law Compressor(μ 律压缩)模块

Mu-Law Compressor 模块对输入信号进行 μ 律压缩。模块的输入信号 x 与输出信号 y 之间的关系为

$$y=\frac{V\log(1+\mu|x|/V)}{\log(1+\mu)}\text{sgn}(x)$$

模块输入可以是数据流和帧格式。当输入为向量时，向量中的每一分量将被分别单独处理。

μ 律压缩模块的图标和控制对话框如图 8.49 所示。

mu value：指定 μ 律压缩方程中压扩参数 μ 的值，常用值为 255。

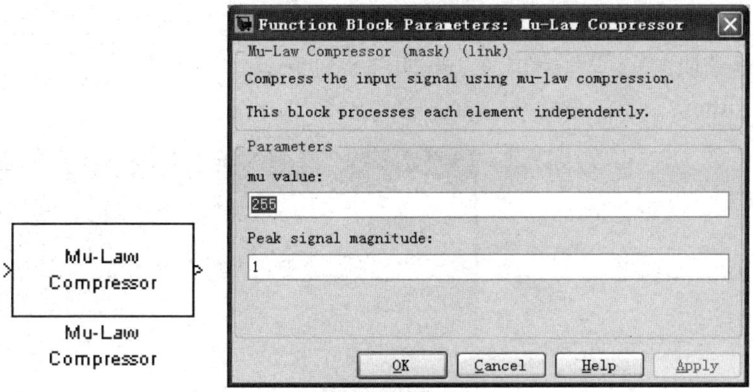

图 8.49　μ 律压缩模块的图标和控制对话框

4．Mu-Law Expander(μ 律扩展)模块

Mu-Law Expander 模块用于恢复经 Mu-Law Compressor 模块压缩的数据，μ 律扩展模块的特性函数为

$$x=\frac{V}{\mu}\left(\mathrm{e}^{|y|\log(1+\mu)/V}-1\right)\mathrm{sgn}(y)$$

μ 律扩展模块的图标和控制对话框如图 8.50 所示。

μ 律扩展模块的参数设置要与其对应的 Mu-Law Expander 模块的相同。

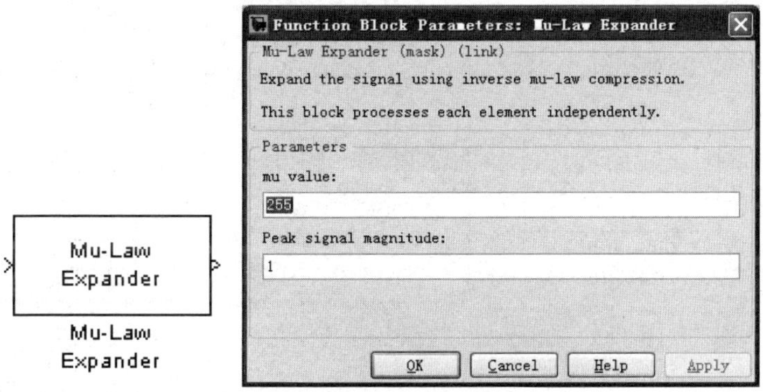

图 8.50　μ 律扩展模块的图标和控制对话框

8.5.4　编码和解码

编码是把信号的采样量化值变成代码的过程，其相反的过程称为解码。MATLAB 中提供的编解码器有量化编解码器、差分编解码器和 DPCM 编解码器。其中，量化编码用于把输入的连续信号转换成离散的数字信号；差分编码又称为增量编码，它用一个二进制位来表示前后两个采样信号之间的大小关系；DPCM 编码即差分脉冲编码调制，是一种结合了脉冲编码调制 PCM 和增量调制的调制方式，它首先把输入信号转换成增量信号，然后再对这些信号进行 PCM 调制。

MATLAB 中提供的编解码模块位于 Communications Blockset 的 Source Coding 模块库中。

1．Differential Encoder(差分编码器)

Differential Encoder 模块对输入的二进制信号进行差分编码，输出二进制数据流。输入信号可以是标量、数据流或帧格式的行向量。

差分编码器模块的图标和控制对话框如图 8.51 所示。

Initial conditions：初始条件。

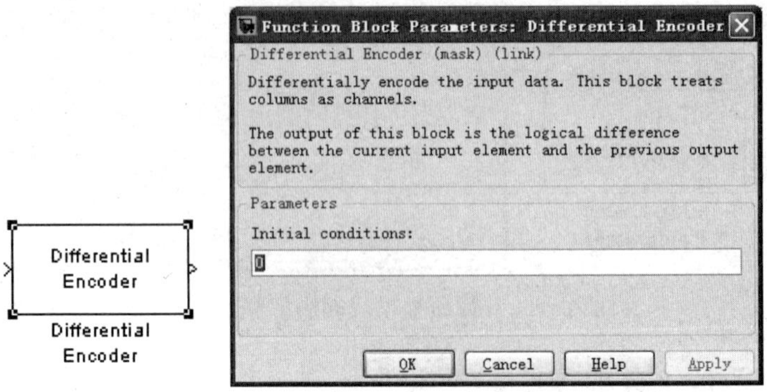
Differential
Encoder
Differential
Encoder
Function Block Parameters: Differential Encoder
Differential Encoder (mask) (link)
Differentially encode the input data. This block treats columns as channels.
The output of this block is the logical difference between the current input element and the previous output element.
Parameters
Initial conditions:
0
OK
Cancel
Help
Apply

图 8.51　Differential Encoder 模块的图标和控制对话框

2．Differential Decoder(差分解码器)

Differential Decoder 模块对输入信号进行差分解码，模块的输入/输出都是二进制信号。模块输入/输出信号之间的关系与 Differential Encoder 模块相同。

差分解码器模块的图标和控制对话框如图 8.52 所示。

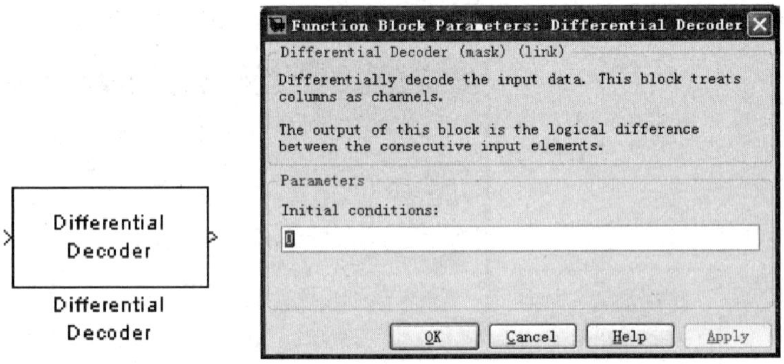
Differential
Decoder
Differential
Decoder
Function Block Parameters: Differential Decoder
Differential Decoder (mask) (link)
Differentially decode the input data. This block treats columns as channels.
The output of this block is the logical difference between the consecutive input elements.
Parameters
Initial conditions:
0
OK
Cancel
Help
Apply

图 8.52　Differential Decoder 模块的图标和控制对话框

3．Quantizing Encoder(量化编码器)

Quantizing Encoder 模块根据量化间隔和量化码本把输入的模拟信号转换成数字信号，该模块有 2 个输出端口，分别输出量化指数和量化信号。

模块的输入信号可以是标量、数据流或帧格式的行向量。模块的输入/输出信号长度相同。

量化编码器模块的图标和控制对话框如图 8.53 所示。

Quantization partition：指定量化区间，是一长度为 N 的向量，N 为码元数。此向量的分量严格按递增顺序排列。

Quantization codebook：指定量化码本，是一长度为 N–1 的向量，其分量严格按递增顺序排列。

4．Quantizing Decoder(量化解码器)

Quantizing Decoder 模块用于从量化信号中恢复出消息信号，它执行的是采样量化编码器和触发式量化编码器的逆过程。模块的输入信号是量化区间号，可以是标量、数据流向量或帧格式的行向量。当输入为向量时，向量中每一分量将被分别单独处理。模块的输入/输出信号长度相同。

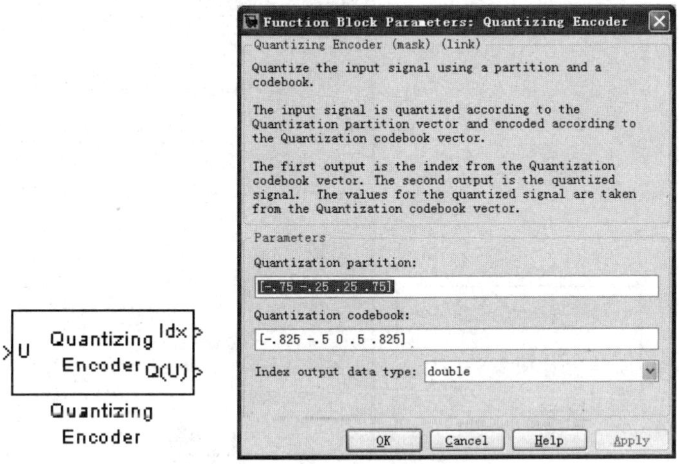
U
Quantizing
Encoder
Idx
Q(U)
Quantizing
Encoder
Function Block Parameters: Quantizing Encoder
Quantizing Encoder (mask) (link)
Quantize the input signal using a partition and a codebook.
The input signal is quantized according to the Quantization partition vector and encoded according to the Quantization codebook vector.
The first output is the index from the Quantization codebook vector. The second output is the quantized signal. The values for the quantized signal are taken from the Quantization codebook vector.
Parameters
Quantization partition:
[-.75 -.25 .25 .75]
Quantization codebook:
[-.825 -.5 0 .5 .825]
Index output data type: double
OK
Cancel
Help
Apply

图 8.53　Quantizing Encoder 模块的图标和控制对话框

量化解码器模块的图标和控制对话框如图 8.54 所示。

Quantization codebook：指定量化码本，即每一个输入整数对应的输出值，它是一个长度为 N 的向量，并且必须与相应的采样量化编码器或触发式量化编码器使用的码本相同。若模块的输入为 k(k 的取值范围为[0 N]，N+1 为量化区间数），则输出为 Quantization codebook(k+1)。

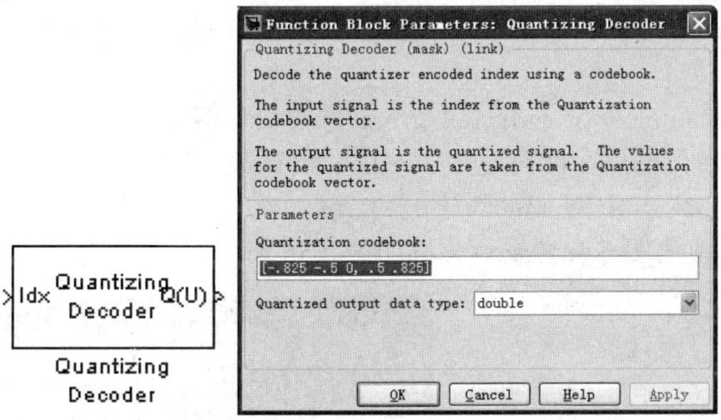
Idx
Quantizing
Decoder
Q(U)
Quantizing
Decoder
Function Block Parameters: Quantizing Decoder
Quantizing Decoder (mask) (link)
Decode the quantizer encoded index using a codebook.
The input signal is the index from the Quantization codebook vector.
The output signal is the quantized signal. The values for the quantized signal are taken from the Quantization codebook vector.
Parameters
Quantization codebook:
[-.825 -.5 0, .5 .825]
Quantized output data type: double
OK
Cancel
Help
Apply

图 8.54　Quantizing Decoder 模块的图标和控制对话框

8.5.5　差错参数设置编/解码

MATLAB 的通信工具箱支持最常用的一些差错参数设置编/解码技术，包括分组码和卷积码两类，如 BCH 码、R-S 码等。差错参数设置编/解码基本模块位于 Communications Blockset 中 Error Detection and Correction 模块库的 Block 模块子库下，包括 BCH 编/解码模块和 Hamming 编/解码模块、二进制循环码编码器等。

1．BCH Encoder(BCH 编码器)

BCH Encoder 模块用于对输入信号进行 BCH 编码。BCH 码是一种能纠正由传输信道中的随机噪声引起的错误的编码方法。BCH 码的码长为 N，$N=2^M-1$，其中 M 是一个大于等于 3 的整数。模块的输入信号长度必须与所设置的信息位 K 长度一致，如果输入是帧结构，则必须是列向量。模块输出向量长度为 N。

BCH 编码器模块的图标和控制对话框如图 8.55 所示。其中

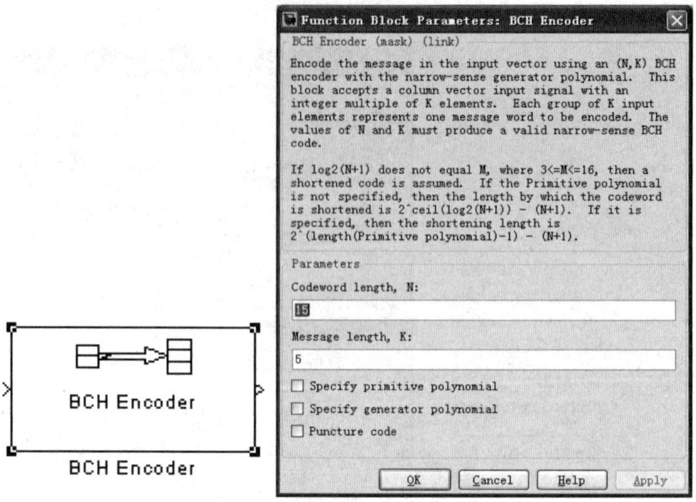

Function Block Parameters: BCH Encoder
BCH Encoder (mask) (link)
Encode the message in the input vector using an (N,K) BCH encoder with the narrow-sense generator polynomial. This block accepts a column vector input signal with an integer multiple of K elements. Each group of K input elements represents one message word to be encoded. The values of N and K must produce a valid narrow-sense BCH code.
If log2(N+1) does not equal M, where 3<=M<=16, then a shortened code is assumed. If the Primitive polynomial is not specified, then the length by which the codeword is shortened is 2^ceil(log2(N+1)) - (N+1). If it is specified, then the shortening length is 2^(length(Primitive polynomial)-1) - (N+1).
Parameters
Codeword length, N:
15
Message length, K:
5
Specify primitive polynomial
Specify generator polynomial
Puncture code
OK
Cancel
Help
Apply
BCH Encoder
BCH Encoder

图 8.55　BCH Encoder 模块的图标和控制对话框

Codeword length N：指定码长 N。

Message length K：指定信息位数 K，K 必须小于 N。

2．BCH Decoder(BCH 解码器)

BCH Decoder 模块用于对输入的经 BCH 编码的信息进行解码。如果 BCH 码长为 N，信息位数为 K，则模块输入信号长度为 N，输出数据长度为 K。若模块输入是帧结构，则它必须是列向量。

若选择“Output number of corrected errors”，模块有两个输出端口：第一个端口输出解码后的信息；第二个端口输出在解码过程中检出的错误数目，当此端口输出一负数时，表示被检出的错误数已超出所选 BCH 码的纠错能力。

BCH 解码器模块的图标和控制对化框如图 8.56 所示。

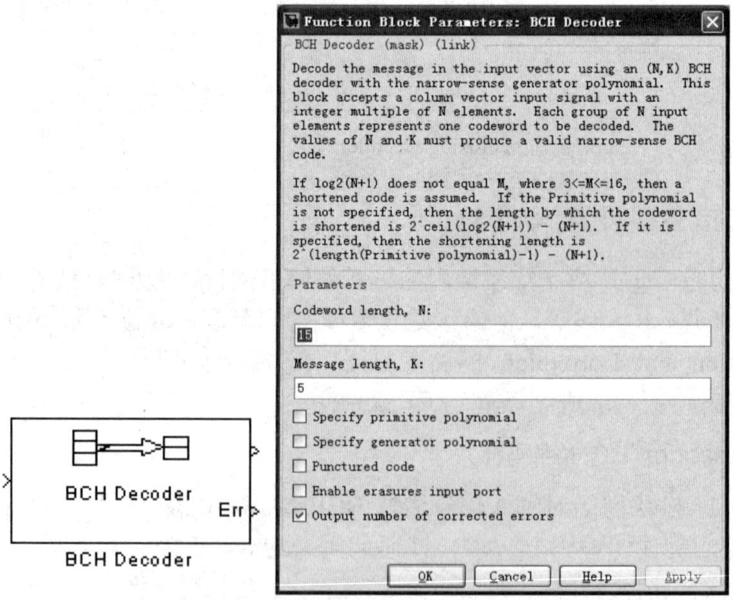

Function Block Parameters: BCH Decoder
BCH Decoder (mask) (link)
Decode the message in the input vector using an (N,K) BCH decoder with the narrow-sense generator polynomial. This block accepts a column vector input signal with an integer multiple of N elements. Each group of N input elements represents one codeword to be decoded. The values of N and K must produce a valid narrow-sense BCH code.
If log2(N+1) does not equal M, where 3<=M<=16, then a shortened code is assumed. If the Primitive polynomial is not specified, then the length by which the codeword is shortened is 2^ceil(log2(N+1)) - (N+1). If it is specified, then the shortening length is 2^(length(Primitive polynomial)-1) - (N+1).
Parameters
Codeword length, N:
15
Message length, K:
5
Specify primitive polynomial
Specify generator polynomial
Punctured code
Enable erasures input port
Output number of corrected errors
OK
Cancel
Help
Apply
BCH Decoder
Err
BCH Decoder

图 8.56　BCH Decoder 模块的图标和控制对话框

3. Binary Cyclic Encoder（二进制循环码编码器）

Binary Cyclic Encoder 模块用于对输入的二进制信息进行循环码编码。循环码可由它的生成多项式唯一确定。(N, K) 循环码的码长为 N，$N=2^M-1$，其中 M 是一个大于或等于 3 的整数，信息位数为 K，$K<N$。模块输入数据长度为 K，输出数据长度为 N。若输入为帧结构，则必须是列向量的形式。

二进制循环码编码器模块的图标和控制对话框如图 8.57 所示。

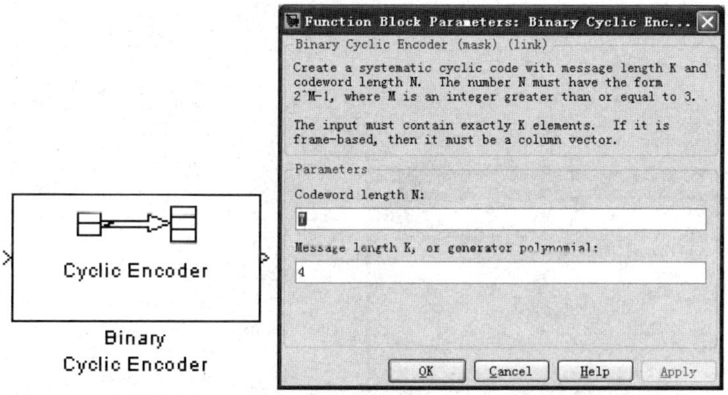

图 8.57　Binary Cyclic Encoder 模块的图标和控制对话框

Message length K，or generator polynomial:有两种输入形式，可以是一个数，表示信息位数即输入向量的长度，也可以是表示码字的生成多项式的向量。

8.5.6　具体实例

例 8.17　图 8.58 为一个简单的通信系统的 Simulink 模块图，构造模型及仿真步骤如下。

（1）打开 Simulink 模块库浏览器，建立一个新的 Model 文件，从 Comm Sources 模块库的 Random Data Sources 模块子库中选择 Bernoulli Binary Generator 模块，从 Channels 模块库中选择 Binary Symmetric Channel 模块，从 Comm Sinks 模块库中选择 Error Rate Calculation 模块，从 Simulink 的 Sinks 模块库中选择 Display 模块，拖入新建的 Model 文件中，建立好如图 8.58 所示的仿真框图。

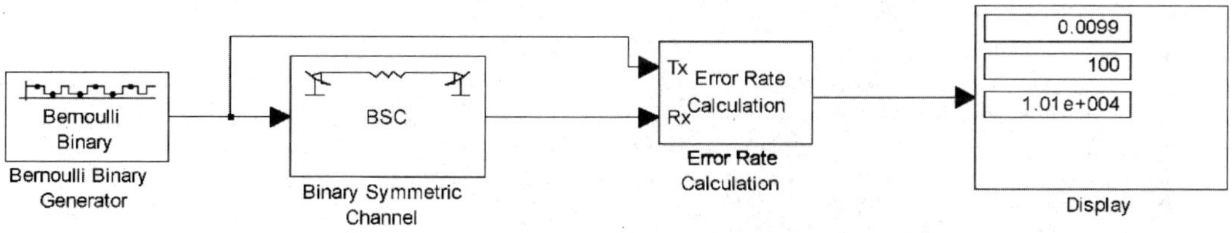

图 8.58　简单的通信系统的 Simulink 模块图

（2）设置参数。信号源为 Bernoulli Binary Generator 模块，产生二进制随机信号序列。该模块采用默认设置。Binary Symmetric Channel 模块仿真一个噪声信道，给信号叠加一个随机误差。误码率计算(Error Rate Calculation)模块计算信道的误码率，模块有两个输入端口，Tx 为发射信号，Rx 为接收信号，模块比较两个信号并计算出误差，模块输出为三列向量：误码率、误差码符、发射信号码符数。

双击 Binary Symmetric Channel 模块，弹出对话框如图 8.59 所示。设置误差概率(Error probability)为 0.01，取消勾选 Output error vector 复选框，设置初始化种子值(Initial seed)为

2137，Bernoulli Binary Generator 模块和 Binary Symmetric Channel 模块都使用了一个随机信号发生器产生随机二进制信号序列，设置 Initial seed 随机序列。双击 Error Rate Calculation 模块，在弹出的对话框中设置参数，如图 8.60 所示。设置输出数据(Output data)送至 Port，选择 Stop simulation，设置 Target number of errors 为 100，当误差码符数达到 100 或最大码符数超过 100 时停止仿真。

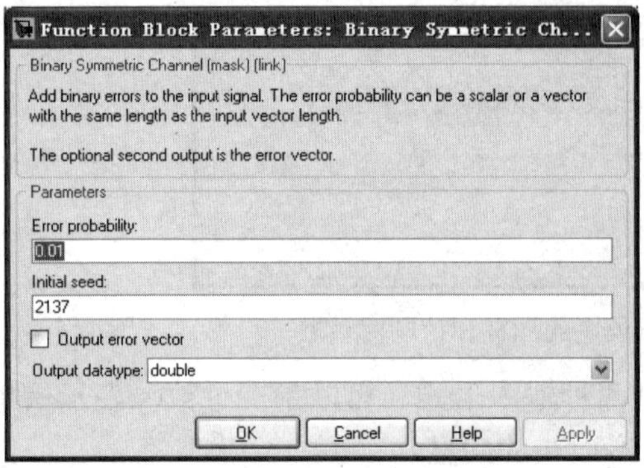

图 8.59 Binary Symmetric Channel 模块参数设置对话框

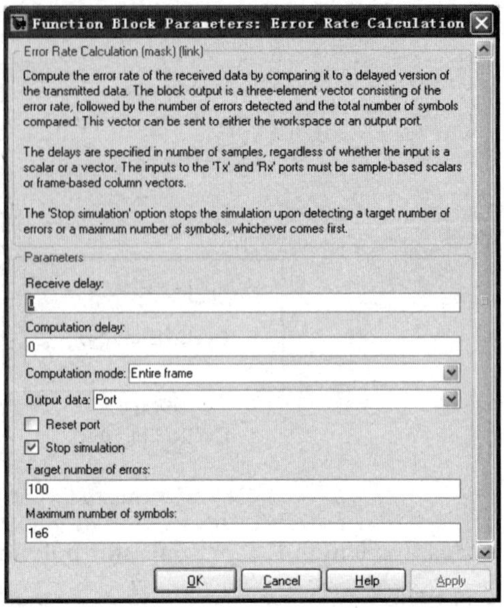

图 8.60 Error Rate Calculation 模块参数设置对话框

(3) 连线，仿真。仿真参数设置对话框如图 8.61 所示。从 Display 模块中可以观察到输出数据：误码率、误差码符、发射信号码符数。如果将输出数据送入示波器，如图 8.62 所示，则仿真输出波形如图 8.63 所示。

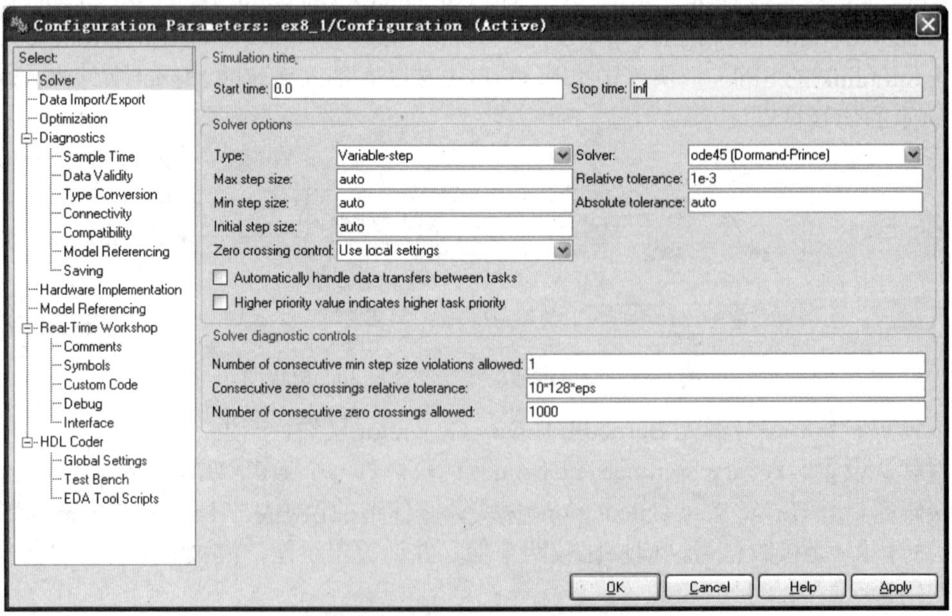

图 8.61 仿真参数设置对话框

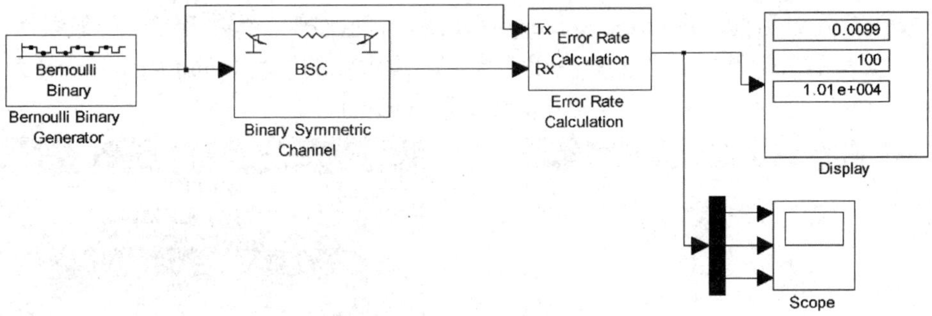

图 8.62　仿真方框图

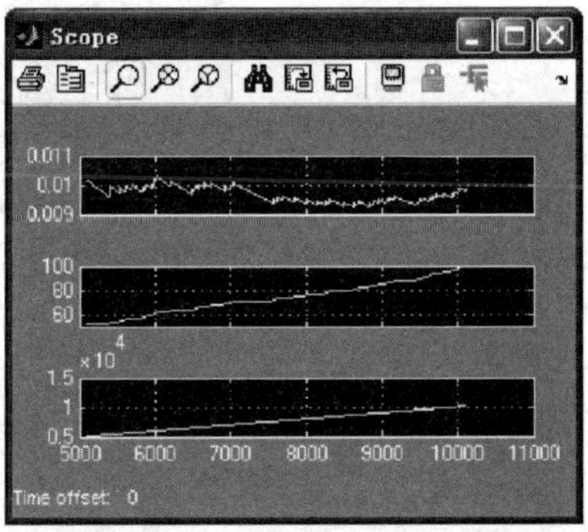

图 8.63　仿真输出波形

例 8.18　对例 8.17 添加 Hamming 码减少误码率。

从误差检测和纠正(Error Detection and Correction)模块库的 Block 模块子库里选取 Hamming 编码模块和 Hamming 解码模块，将其加入图 8.62 中，如图 8.64 所示。

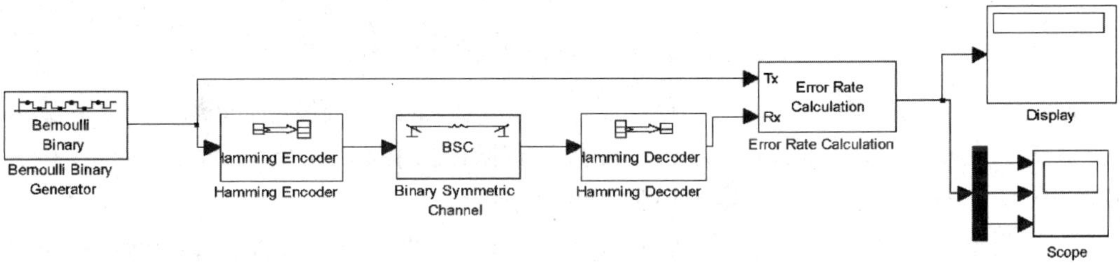

图 8.64　Hamming 码纠错模块图

双击 Bernoulli Binary Generator 模块，其对话框如图 8.65 所示。勾选基准帧输出(Frame-based outputs)复选框，并设置每帧采样数(Samples per frame)为 4，因为 Hamming 编码模块的默认码为[7, 4]代码，即将 4 维帧转换为 7 维帧。Bernoulli Binary Generator 模块的输出必须和 Hamming 编码模块的输入相匹配。

很多通信模块，如 Hamming 编码模块，要求输入为一个特定维数的向量，如果和一个信号源模块相连，如 Bernoulli Binary Generator 模块，必须在该信号源模块参数设置对话框中勾选基准帧输出(Frame-based outputs)复选框，并设置每帧采样数(Samples per frame)为必需的值。

仿真得到的 Hamming 码纠错仿真波形如图 8.66 所示。

要验证仿真结果的正确性，可通过比较解码后信号与发送信号的一致性来确定。从 Simulink 逻辑与关系操作(Logic and Bit Operations)模块子库选取关系运算操作(Relational Operator)模块，从信号处理模块库的信号(Signal Processing Blockset/ Signal Management)模块子库中选择两个 Unbuffer 模块，加入图 8.64 中。双击二进制对称信道(Binary Symmetric

Channel)模块打开对话框，选择 Output error vector，创建第二个输出端口传输误差向量。双击示波器模块，单击工具栏上的参数按钮“ ”，设置轴的数目(Number of axes)为 2，然后单击“OK”按钮。连线，得到的仿真方框图如图 8.67 所示。

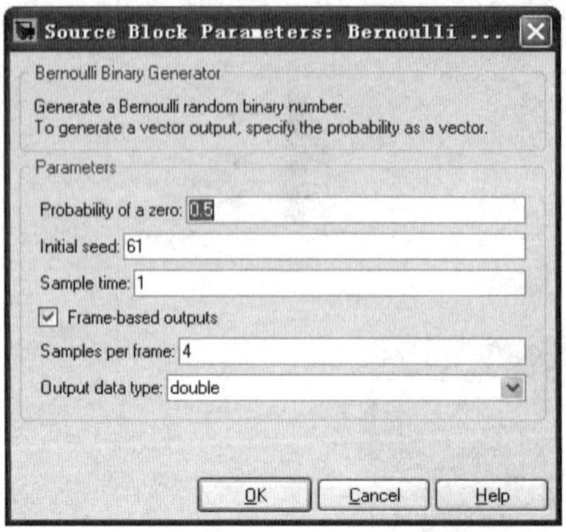

图 8.65　信号发生器参数设置对话框

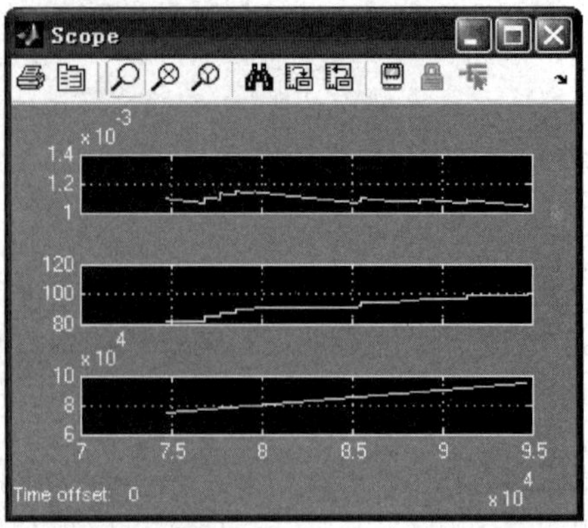

图 8.66　Hamming 码纠错仿真波形

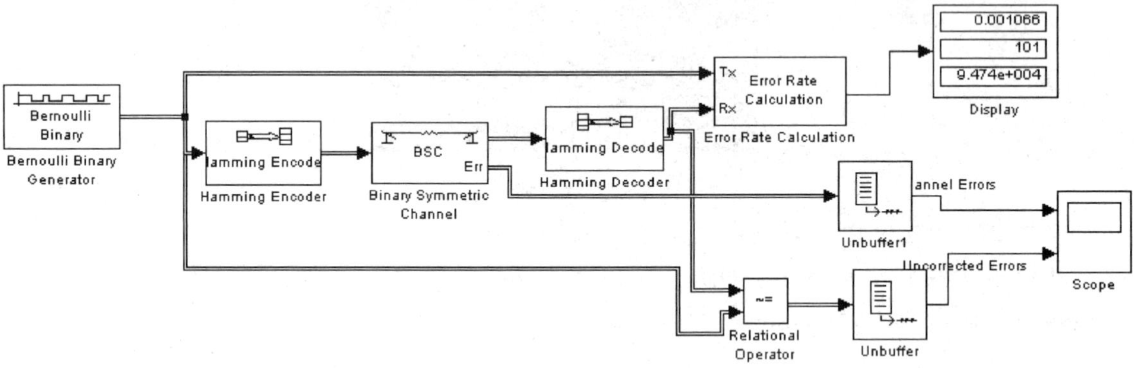

图 8.67　添加关系比较模块仿真方框图

双击打开示波器模块，单击工具栏上的参数按钮“ ”，设置时间范围(Time range)为 5000，单击历史数据(Data history)，在最终数据点限制数目栏(Limit data points to last)输入 30 000，单击“OK”按钮。示波器窗口如图 8.68 所示。

对上下两个示波器，分别右击左边的纵轴，在背景菜单中，选择 Axes properties，在 Y-min 栏输入–1，在 Y-max 栏输入 2，单击“OK”按钮。

在关系运算操作(Relational Operator)模块的设置对话框中将其设定为～=，该模块比较从 Bernoulli Random Generator 模块来的发送信号和从 Hamming 解码模块来的解码信号，当两信号相同时输出 0，相异时输出 1。

进行仿真，从示波器窗口可以看出信道误差数和未纠正误差数，如图 8.69 所示。

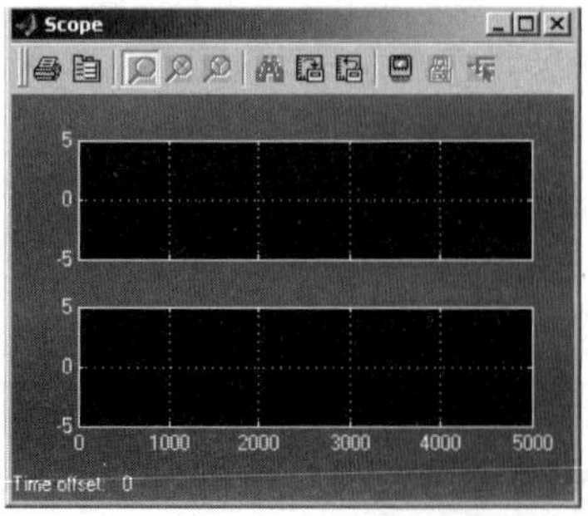

图 8.68　示波器窗口

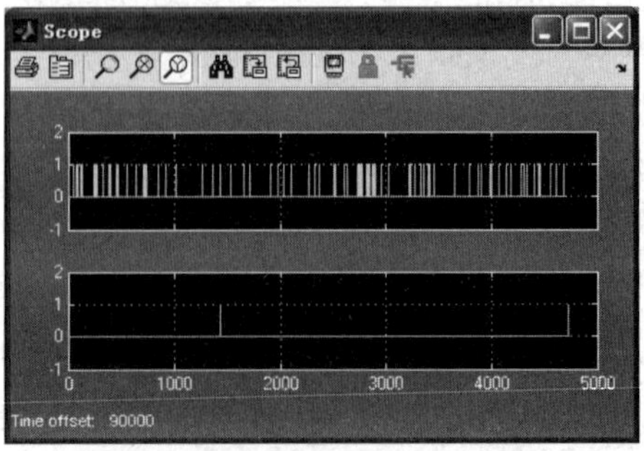

图 8.69　验证仿真结果波形

例 8.19　如图 8.70 所示，仿真通过噪声信道传送信号中的卷积编码。

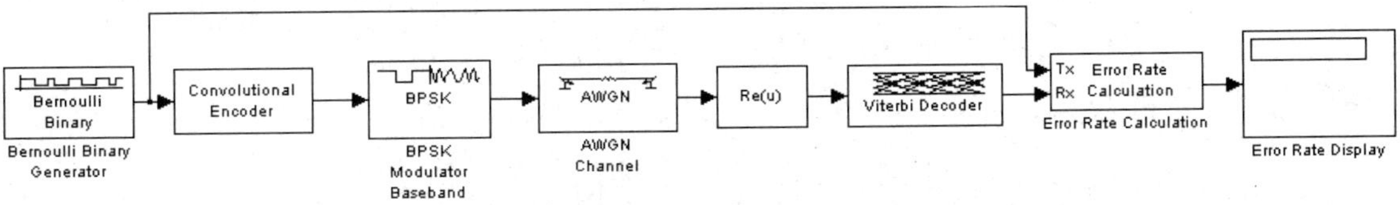

图 8.70　含卷积编码模块的仿真方框图

（1）选择模块。在图 8.58 中删除 Binary Symmetric Channel 模块，从 Error Detection and Correction 模块库的 Convolutional 模块子库中选择 Convolutional Encoder 模块，从调制(Modulation)模块库的数字基带调制(Digital Baseband)模块子库的PM中选择基带相移键控调制(BPSK Modulator Baseband)模块，从 Simulink 的数学操作(Math Operations)模块库中选择将复数转变成其虚部实部形式(Complex to Real-Imag)模块，从误差检测和纠正(Error Detection and Correction)模块库的 Convolutional 模块子库中选取 Viterbi Decoder 模块，拖入仿真模块图中。

（2）连线。Convolutional Encoder 模块对从 Bernoulli Binary Generator 模块发送过来的信号进行编码；Complex to Real-Imag 模块，设置为 Re(u)，接收复数信号，输出其实部；Viterbi Decoder 模块使用 Viterbi 算法对信号进行解码。

连好线后建立好仿真框图。

（3）设置参数。双击 Bernoulli Binary Generator，勾选 Frame-based outputs 复选框。双击 AWGN Channel 模块，设置 Es/No 为–1，设置 Symbol period 为 1/2，双击 Error Rate Calculation 模块，设置 Receive delay 为 96，勾选 Stop simulation 复选框，设置 Target number of errors 为 100。

（4）仿真。观察仿真结果，误码率约为 0.003 312。

8.6　实验九　通信系统仿真实验

8.6.1　实验目的

1. 熟悉通信工具箱。
2. 掌握 MATLAB 中通信工具箱的函数命令。
3. 掌握 BERTool 和通信系统仿真模块集。

8.6.2　实验内容

1. 设基带信号为 $g(t)=3\cos(10t)+2\cos(20t)$，被调制成频带信号 $f(t)=g(t)\cos(100t)$。频带信号在接收端被解调为 $g_0(t)=f(t)\cos(100t)$，并通过低通滤波器 $H(\mathrm{j}\omega)=\begin{cases}1, & |\omega|<30\\ 0, & 其他\end{cases}$，恢复基带信号 $g_1(t)$。绘制各个信号的时域波形和频谱。

2. 设 AWGN 信道(加性高斯白噪声)的双边功率谱密度为 $N_0/2$，发送信号平均每符号能量为 E_s，仿真 QPSK 系统在 AWGN 信道下的性能。

3. 建立 Gray Coded 8-PSK 系统的 Simulink 仿真框图并仿真。

4. 用A 律 13 折线近似压缩特性曲线的方法如下：对于归一化输入 $x\in[-1,+1]$，归一化输出 $y\in[-1,+1]$，压缩特性关于原点成奇对称，以下仅考虑第一象限情况。y 平均等分成 8 区间，x

的区间划分为

$$\left[0,\frac{1}{128}\right],\left[\frac{1}{128},\frac{1}{64}\right],\left[\frac{1}{64},\frac{1}{32}\right],\left[\frac{1}{32},\frac{1}{16}\right],\left[\frac{1}{16},\frac{1}{8}\right],\left[\frac{1}{8},\frac{1}{4}\right],\left[\frac{1}{4},\frac{1}{2}\right],\left[\frac{1}{2},1\right]$$

分别对应的 y 区间为

$$\left[0,\frac{1}{8}\right],\left[\frac{1}{8},\frac{2}{8}\right],\left[\frac{2}{8},\frac{3}{8}\right],\left[\frac{3}{8},\frac{4}{8}\right],\left[\frac{4}{8},\frac{5}{8}\right],\left[\frac{5}{8},\frac{6}{8}\right],\left[\frac{6}{8},\frac{7}{8}\right],\left[\frac{7}{8},1\right]$$

各区间端点相连，即构成 A 律 13 折线近似压缩特性曲线。

(1) 画出上述 A 律折线近似压缩特性曲线；

(2) 画出 A 律压缩特性 $f(x)=\begin{cases}\dfrac{Ax}{1+\ln A}, & 0\leqslant X\leqslant\dfrac{1}{A}\\ \dfrac{1+\ln Ax}{1+\ln A}, & \dfrac{1}{A}<X\leqslant 1\end{cases}$ 中 $A=87.56$ 对应的压缩特性曲线，并与(1)比较；

(3) 画出 μ 律压缩特性 $f(x)=\dfrac{\ln(1+\mu x)}{\ln(1+\mu)},\quad 0\leqslant x\leqslant 1$ 中 $\mu=255$ 的压缩特性曲线及其15 折线近似曲线，其中 μ 律的 x 区间为

$$\left[0,\frac{1}{255}\right],\left[\frac{1}{255},\frac{3}{255}\right],\left[\frac{3}{255},\frac{7}{255}\right],\left[\frac{7}{255},\frac{15}{255}\right],\left[\frac{15}{255},\frac{31}{255}\right],\left[\frac{31}{255},\frac{63}{255}\right],\left[\frac{63}{255},\frac{127}{255}\right],\left[\frac{127}{255},1\right]$$

分别对应的 y 区间为

$$\left[0,\frac{1}{8}\right],\left[\frac{1}{8},\frac{2}{8}\right],\left[\frac{2}{8},\frac{3}{8}\right],\left[\frac{3}{8},\frac{4}{8}\right],\left[\frac{4}{8},\frac{5}{8}\right],\left[\frac{5}{8},\frac{6}{8}\right],\left[\frac{6}{8},\frac{7}{8}\right],\left[\frac{7}{8},1\right]$$

8.6.3　实验参考程序

1．先定义 M 函数 prefourier.m，用矩阵左乘实现傅里叶变换，输入参数包括时域起止范围、时域采样点数、频域起止范围和频域采样点数，输出参数包括时域和频域采样点、傅里叶变换和逆变换矩阵。

M 函数 prefourier.m 代码如下：

```
function [t,omg,ft,ift]=prefourier(trg,n,omgrg,k)
T=trg(2)-trg(1)                                 % 时域范围
t=linspace(trg(1),trg(2)-T/n,n)'                % 生成时域采样点
OMG=omgrg(2)-omgrg(1)                           % 频域范围
omg=linspace(omgrg(1),omgrg(2)-OMG/k,k)'        % 生成频域采样点
ft=T/n*exp(-j*kron(omg,t.'))                    % 构造带有系数的傅里叶变换矩阵
ift=OMG/2/pi/k*exp(j*kron(t,omg.'))             % 构造带有系数的傅里叶逆变换矩阵
```

调用上述 M 函数 prefourier.m，绘制时域波形和频谱，MATLAB 程序如下：

```
clc
clear
[t,omg,ft,ift]=prefourier([0,5],1000,[-250,250],1000);
g=3*cos(10*t)+2*cos(20*t);                      % 由定义生成基带信号
f=g.*cos(100*t);                                % 调制
g0=f.*cos(100*t);                               % 解调
G0=ft*g0;                                       % 解调输出的频谱
h=(omg<30&omg>-30);                             % 定义低通滤波器
```

```
G1=G0.*h;                                % 在频域进行低通滤波
g1=ift*G1;                               % 傅里叶逆变换得到时域输出
G=ft*g;
F=ft*f;
subplot(4,1,1)
plot(t,g)
xlabel('t')
ylabel('g(t)')
subplot(4,1,2)
plot(t,f)
xlabel('t')
ylabel('f(t)')
subplot(4,1,3)
plot(t,g0)
xlabel('t')
ylabel('g0(t)')
subplot(4,1,4)
plot(t,g1)
xlabel('t')
ylabel('g1(t)')
figure

subplot(5,1,1)
plot(omg,G)
axis([-250 250 -2 8])
xlabel('w')
ylabel('G(w)')
subplot(5,1,2)
plot(omg,F)
axis([-250 250 -2 4])

xlabel('w')
ylabel('F(w)')
subplot(5,1,3)
plot(omg,G0)
axis([-250 250 -2 4])

xlabel('w')
ylabel('G0(w)')
subplot(5,1,4)

plot(omg,h)
axis([-250 250 -0.5 1.5])

xlabel('w')
ylabel('H(w)')

subplot(5,1,5)
```

```
plot(omg,G1)
axis([-250 250 -2 4])
xlabel('w')
ylabel('G1(w)')
```

程序运行结果如图 8.71 和图 8.72 所示。

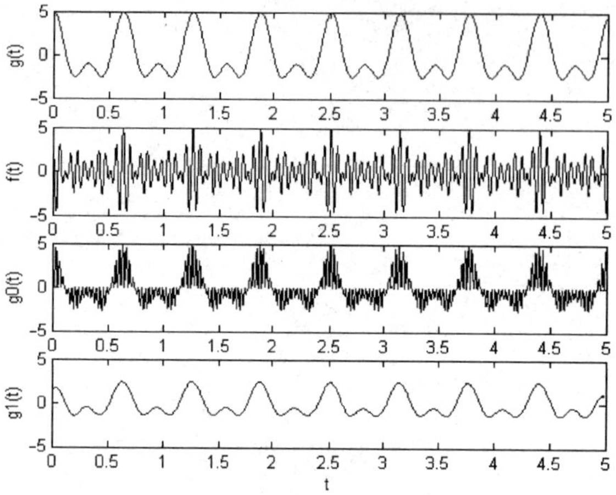

图 8.71　各信号时域波形

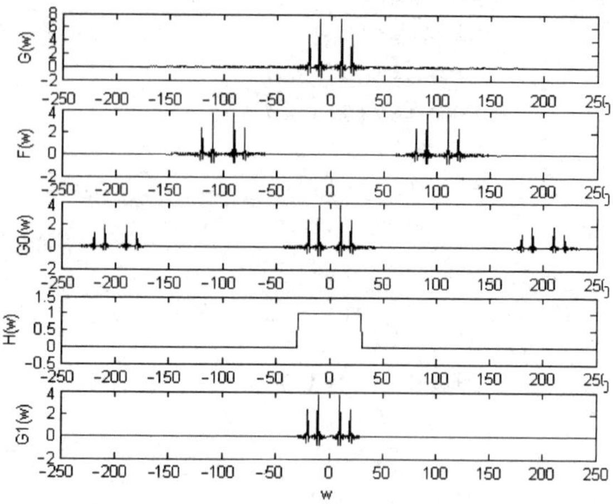

图 8.72　各信号频谱和滤波器频率响应

2．MATLAB 程序如下：

```
clear all
close all
M=4%QPSK
EsN0dB=3:0.5:10;
EsN0=10.^(EsN0dB/10)
Es=1
N0=10.^(-EsN0dB/10);
sigma=sqrt(N0/2);
error=zeros(1,length(EsN0dB));
s_data=zeros(1,length(EsN0dB));
for k=1:length(EsN0dB)
    error(k)=0;
    s_data(k)=0;
    while error(k)<1000            % 产生信源 1, 2, 3, 4 均匀分布
        d=ceil(rand(1,10000)*M);
        %调制成 QPSK 信号(复基带信号)
        s=sqrt(Es)*exp(j*2*pi/M*(d-1));
        %加入信道噪声(复噪声)
        r=s+sigma(k)*rand(1,length(d))+j*randn(1,length(d));
        %判决
        for m=1:M                  % 计算距离
            rd(m,:)=abs(r-sqrt(Es)*exp(j*2*pi/M*(m-1)));
        end
        for m=1:length(s)          % 判决距离最近的点
            dd(m)=find(rd(:,m)==min(rd(:,m)));
            if dd(m)~=d(m)
                error(k)=error(k)+1
            end
```

```
            end
            s_data(k)=s_data(k)+10000;
        end
    end
    Pe=error./s_data;
    % 理论计算的误码率结果
    Ps=erfc(sqrt(EsN0)*sin(pi/M));
    semilogy(EsN0dB,Pe,'b*-');
    hold on
    semilogy(EsN0dB,Ps,'rd-');
    xlabel('Es/N0(dB)');
    ylabel('误码率')
    legend('仿真结果','理论计算结果')
```

程序运行结果如图 8.73 所示。

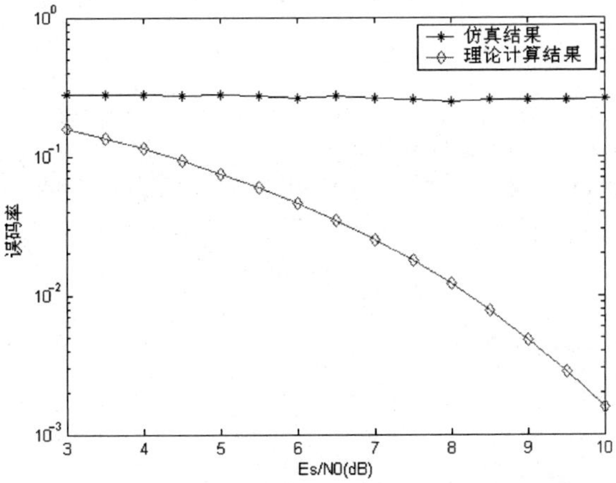

图 8.73　MPSK 系统的误码率

3．建立 Simulink 仿真方框图如图 8.74 所示，仿真完毕后读取仿真结果如下：

```
    BER =
            1.0e+005 *
              0.0000    0.0940    1.5030
    EbNodB =
                 3
    M =
          8
    SER =
              1.0e+004 *
                0.0000    0.9331    5.0100
    Tmax =
           10000
    Tsample =
                0.0100
    Tsym =
              0.2000
```

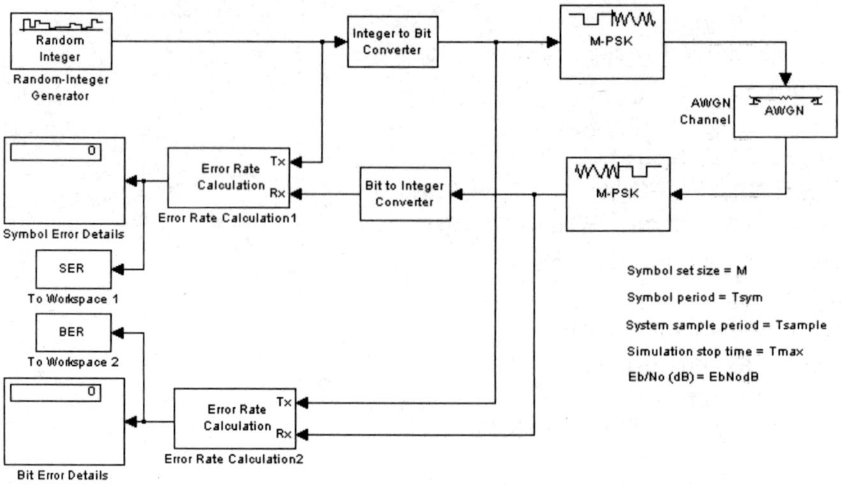

图 8.74 Gray Coded 8-PSK 系统的仿真方框图

4. MATLAB 程序如下：

```
%exp8_test_4.m
%u=255,y=ln(1+ux)/ln(1+u)
%A=87.6,y=Ax/(1+lnA),(0<x<1/A),y=(1+lnAx)/(1+lnA)
clear
close all
dx=0.01;
x=-1:dx:1;
u=255;
A=87.6
%u law
yu=sign(x).*log(1+u*abs(x))/log(1+u);
%A law
for i=1:length(x)
    if abs(x(i))<1/A
        ya(i)=A*x(i)/(1+log(A));
    else
        ya(i)=sign(x(i))*(1+log(A*abs(x(i))))/(1+log(A));
    end
end
figure(1)
plot(x,yu,'k.:');
axis([0 1 0 1])
title('u law')
xlabel ('x')
ylabel('y')
grid on
hold on
xx=[-1,-127/255,-63/255,-31/255,-15/255,-7/255,-3/255,-1/255,1/255,3/255,
    7/255,15/255,31/255,63/255,127/255,1];
yy=[-1,-7/8,-6/8,-5/8,-4/8,-3/8,-2/8,-1/8,1/8,2/8,3/8,4/8,5/8,6/8,7/8,1];
plot(xx,yy,'r');
axis([0 1 0 1])
```

```
hold on
stem(xx,yy,'b-.')
axis([0 1 0 1])
legend('u 律压缩特性','u 律折线近似');
figure(2)
plot(x,ya,'k.:');
axis([0 1 0 1])
title('A law')
xlabel('x')
ylabel('y')
grid on
hold on
xx=[-1,-1/2,-1/4,-1/8,-1/16,-1/32,-1/64,-1/128,1/128,1/64,1/32,1/16,1/8,
   1/4,1/2,1];
yy=[-1,-7/8,-6/8,-5/8,-4/8,-3/8,-2/8,-1/8,1/8,2/8,3/8,4/8,5/8,6/8,7/8,1];
plot(xx,yy,'r');
axis([0 1 0 1])
hold on
stem(xx,yy,'b-.');
axis([0 1 0 1])
legend('A 律压缩特性','A 律折线近似');
```

程序运行结果如图 8.75 和图 8.76 所示。

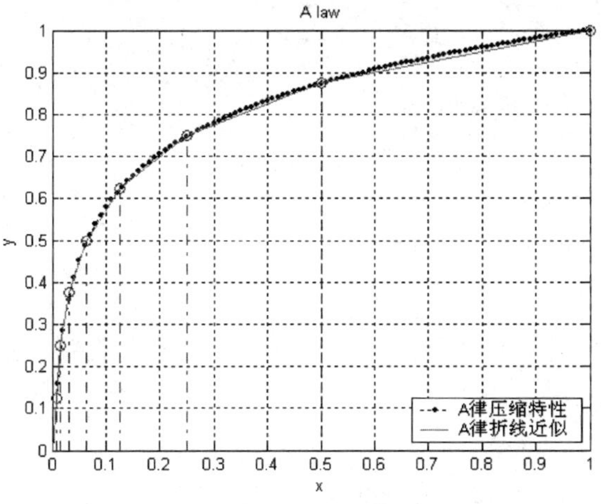

图 8.75　A 律 13 折线近似 $A=87.6$ 压缩特性曲线

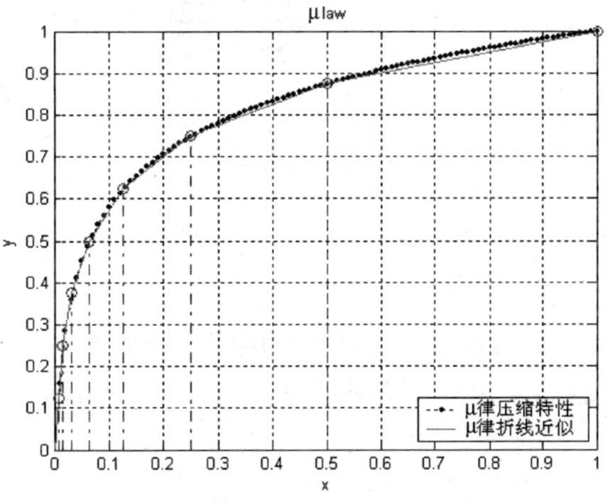

图 8.76　μ 律 15 折线近似 $\mu=255$ 压缩特性曲线

第 9 章　SimPowerSystems 工具箱

9.1　SimPowerSystems 工具箱模块库简介

在 MATLAB 命令窗口输入“powerlib”，得到如图9.1 所示的 SimPowerSystems 工具箱模块库，也可以从 Simulink 模块库浏览器窗口中打开

，再打开 SimPowerSystems 工具箱模块库。

该模块库中有很多模块组，主要有电源(Electrical Sources)、元件(Elements)、电力电子(Power Electronics)、电机系统(Machines)、测量(Measurements)、应用(Application)、附加(Extra)等。此外还有一个用户图形接口界面模块 powergui。下面简要介绍各模块组的内容。

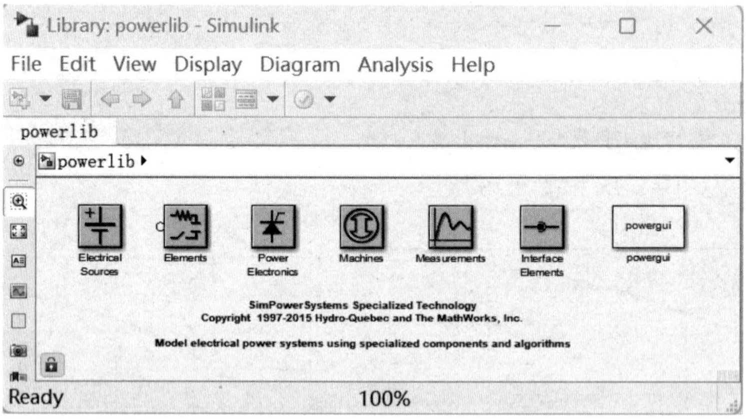

图 9.1　SimPowerSystems 工具箱模块库

1．电源模块组

电源模块组包括直流电压源、交流电压源、交流电流源、受控电压源、受控电流源、三相电源、电池等基本模块，如图 9.2 所示。

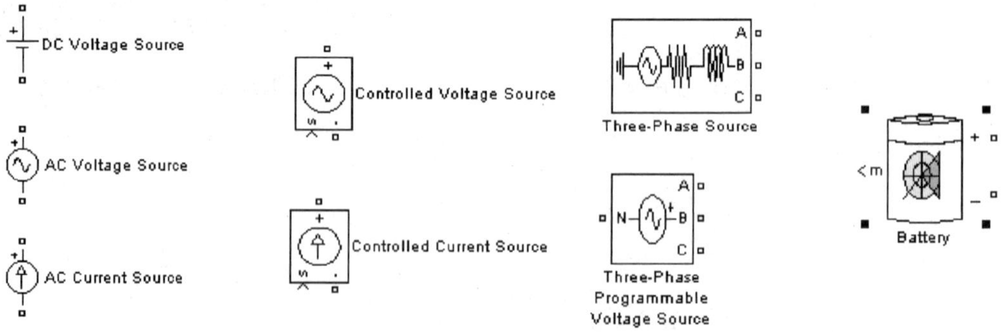

图 9.2　电源模块组

2．元件模块组

元件模块组包括各种电阻、电容、电感元件，各种变压器元件和传输线路等，如图9.3 所示。该元件模块组中不包含单个的电阻、电容和电感元件，单个的电阻、电容和电感元件只能通过串联或并联的 RLC 分支及它们的负载形式来定义，具体设置见表 9.1。

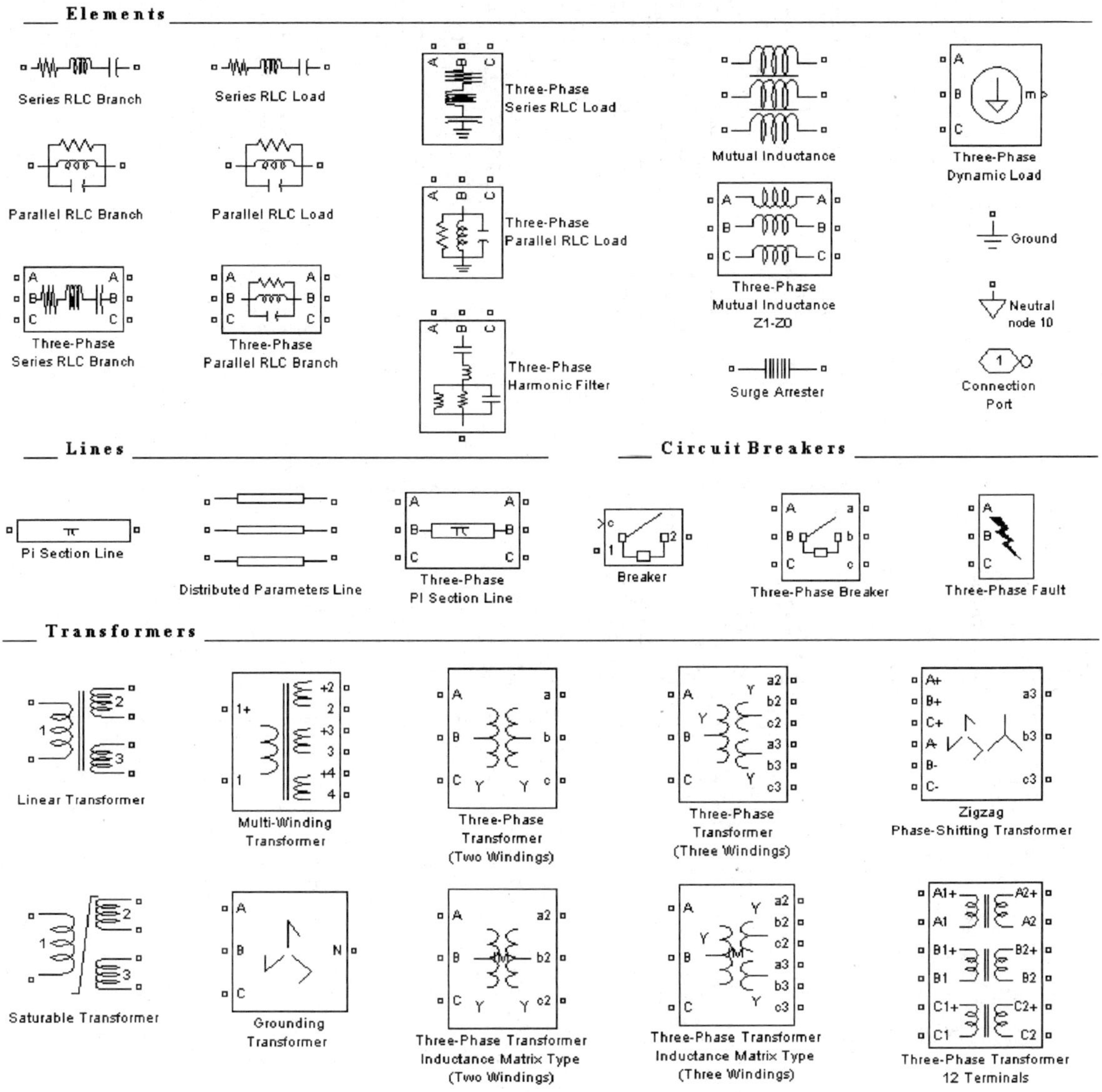

图 9.3 元件模块组

表 9.1 单个电阻、电容、电感元件的参数设置表

类型	电阻数值	电感数值	电容数值	电阻数值	电感数值	电容数值
	串联 RLC 分支			并联 RLC 分支		
单个电阻	*R*	0	inf	*R*	inf	0
单个电感	0	*L*	inf	inf	*L*	0
单个电容	0	0	*C*	inf	inf	*C*

3. 电力电子模块组

电力电子模块组如图9.4所示，包括理想开关、二极管(Diode)、晶闸管(Thyristor)、可关断晶闸管(GTO)、功率 MOS 场效应管(MOSFET)、绝缘栅双极晶体管(IGBT)等模块，此外还有两个附加的控制模块组和一个整流桥、一个三相通用桥。

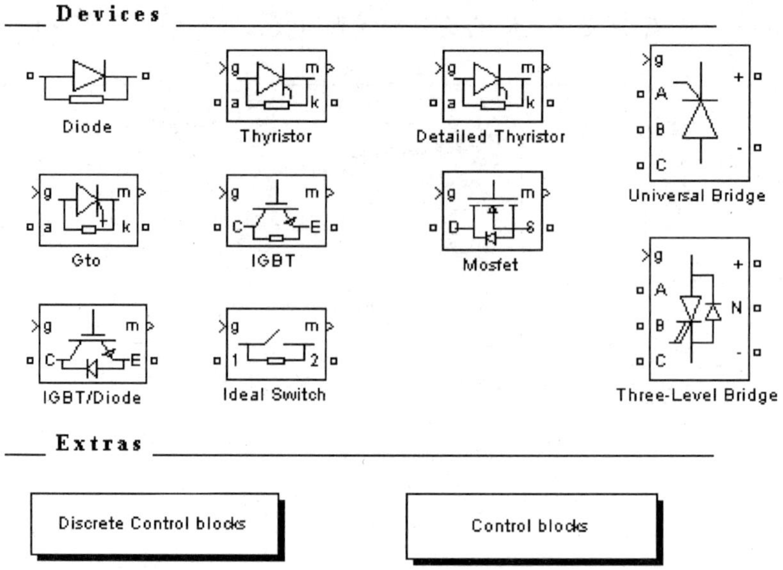

图 9.4　电力电子模块组

4. 电机系统模块组

电机系统模块组如图9.5所示，包括简单同步电动机、永磁同步电动机、直流电动机、异步电动机、汽轮机和调节器、电动机输出信号测量分配器等模块。

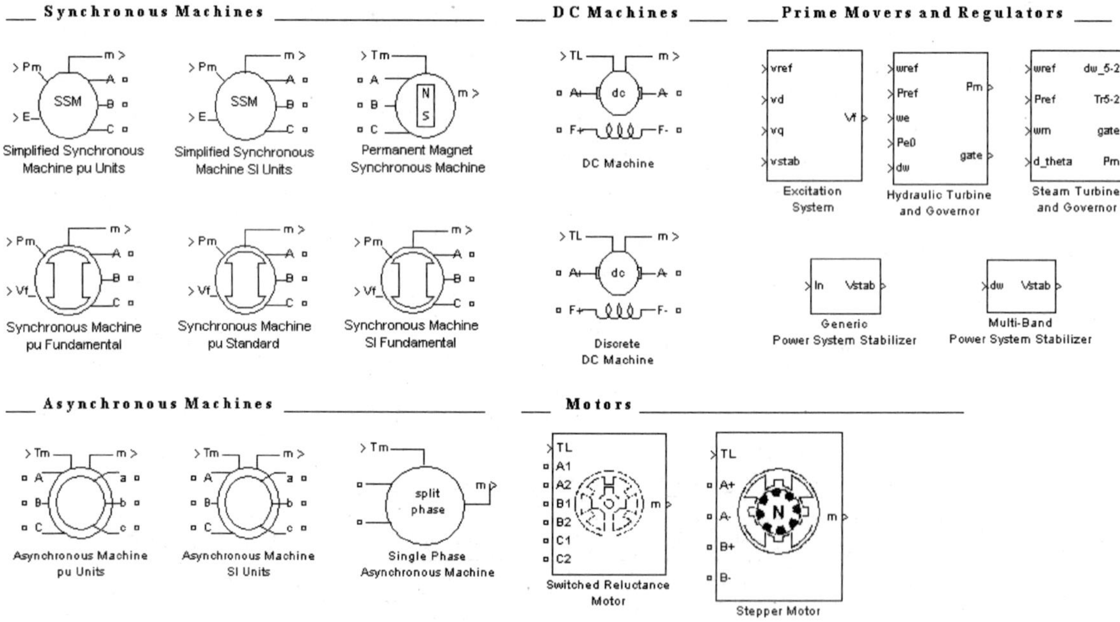

图 9.5　电机系统模块组

5. 测量模块组

测量模块组如图9.6所示，包括电流测量模块、电压测量模块、阻抗测量模块、万用表和三相电源电流测量模块等，此外还有附加的子模块组，包括连续系统、离散系统和相位测量子模块组。

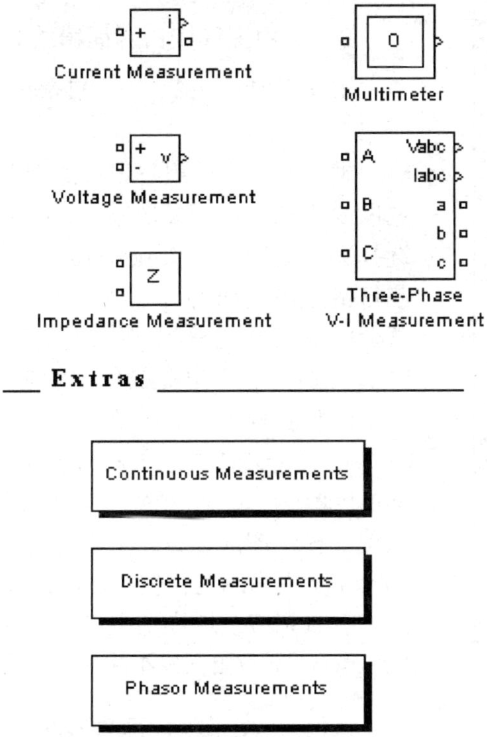

图 9.6　测量模块组

6．应用模块组

应用模块组如图9.7所示，包括电力电子驱动子模块组、柔性交流输电系统子模块组、集散资源子模块组。

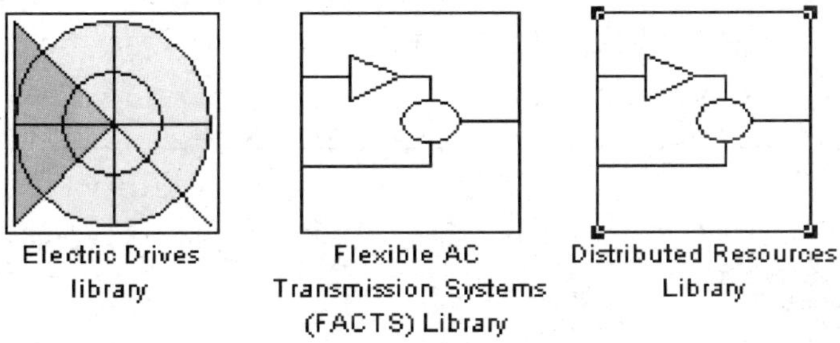

图 9.7　应用模块组

7．附加模块组

附加模块组如图9.8所示，包括附加测量子模块组、离散系统附加测量子模块组、附加控制子模块组、离散系统控制子模块组、相位子模块组。双击每个子模块组图标，可查询或调用各子模块组中所包含的模块。

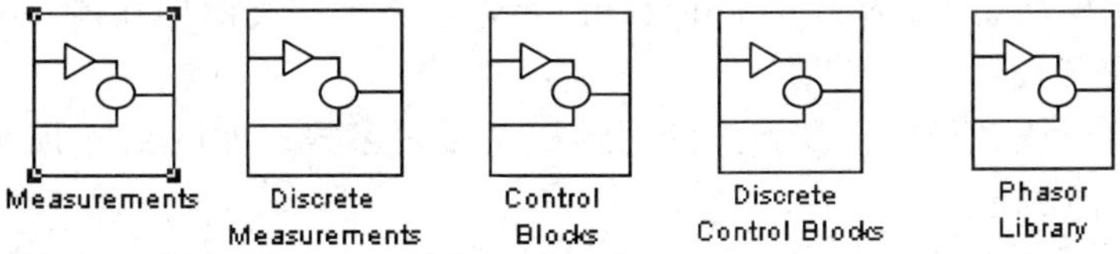

图 9.8　附加模块组

图 9.9 用户图形接口界面

8. 用户图形接口界面模块 powergui

双击模块 powergui，显示用户图形接口界面，如图 9.9 所示。

通过该界面，用户可以选择仿真的类型，对于连续系统，选取变步长；对于离散系统，选取固定步长；对于相位仿真，选择频率。通过模块 powergui 提供的界面，用户可以观察可测量的电流电压的稳定状态值，也可以改变初始条件进行仿真，能够初始化三相网络，简化同步电机和异步电机，执行 FFT 分析，建立电路的稳定状态方程模型，建立饱和变压器的磁滞特性模型等。

仿真一个电路系统时，将 SimPowerSystems 模块与 Simulink 模块连接，搭建一个电路系统方框图，将模块 powergui 放置于模块图的上方。对任意包含 SimPowerSystems 模块的 Simulink 模块图进行仿真，模块 powergui 都是必不可少的。如果仿真时系统发现模型中没有模块 powergui，系统会自动将模块 powergui 添加到模型中。

9.2 仿真应用实例

9.1 节简要介绍了各模块组的组成，本节通过实例介绍其具体功能和应用。

例 9.1 一个简单电路的建模及仿真。

图 9.10 表示一个由 300 km 传输线传输的 735 kV 等效输电系统，线路接收端由一个分流电感补偿，表示负载，图中给出了三相中的一相。

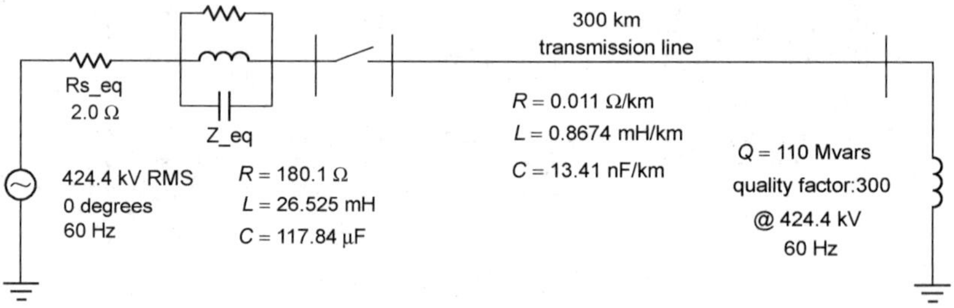

图 9.10 由 300 km 传输线传输的 735 kV 等效输电系统

建模步骤如下：

(1) 在 MATLAB 命令窗口输入命令“powerlib”，打开电路系统模块库，新建一个 model 文件，取名为 circuit1。

(2) 打开电源模块组(Electrical Sources library)，将模块交流电压源(AC Voltage Source)拖入 circuit1 文件窗口。

(3) 双击交流电压源模块，在弹出的对话框中填写参数，如图 9.11 所示，并将模块名称 AC Voltage Source 改成 Vs。

(4) 打开元件模块组(Elements library)，将模块 Parallel RLC Branch 拖入 circuit1 文件窗口，并将其命名为 Z_eq，双击打开模块参数设置对话框，设置参数如图 9.12 所示。

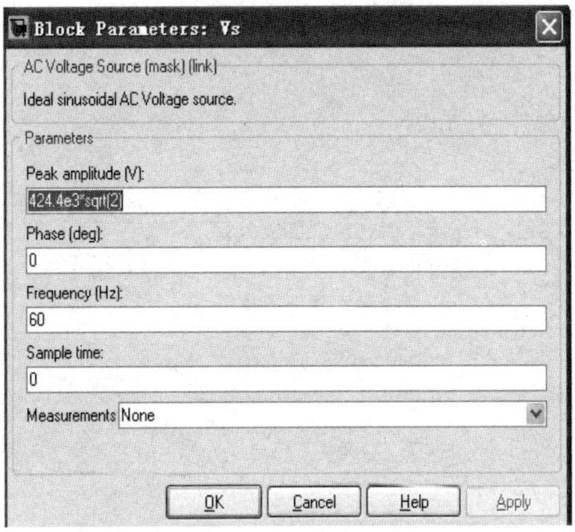

图 9.11　电压源模块参数设置对话框

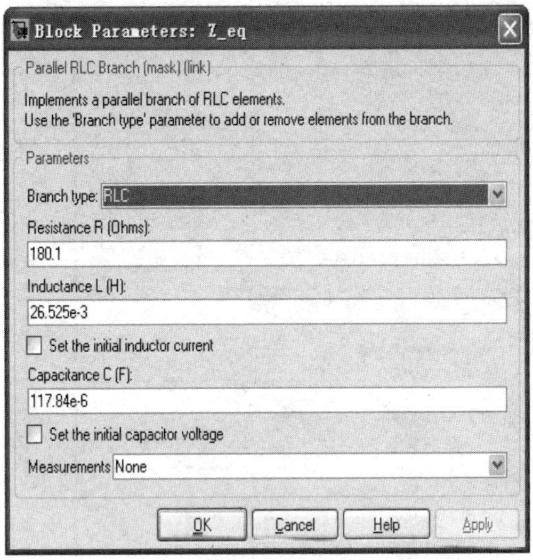

图 9.12　RLC 参数设置对话框

(5) 复制一个模块 Parallel RLC Branch，将其命名为 Rs_eq，其参数设置对话框如图 9.13 所示。

(6) 从元件模块组里选择模块Pi Section Line，拖入 circuit1 文件窗口，双击模块打开参数设置对话框，设置传输线路的分布电阻、电感和电容，如图 9.14 所示。

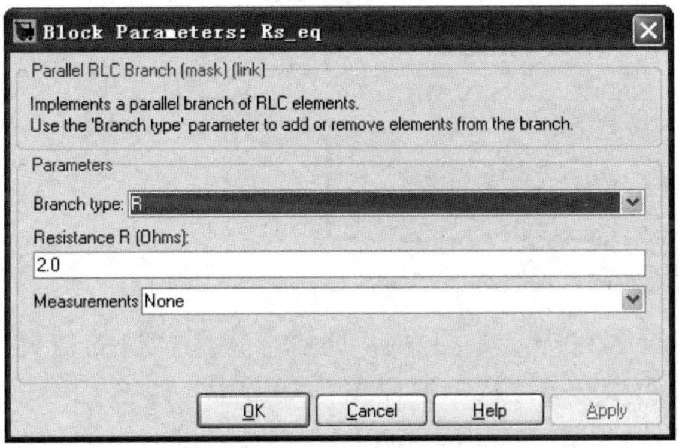

图 9.13　电阻 R 参数设置对话框

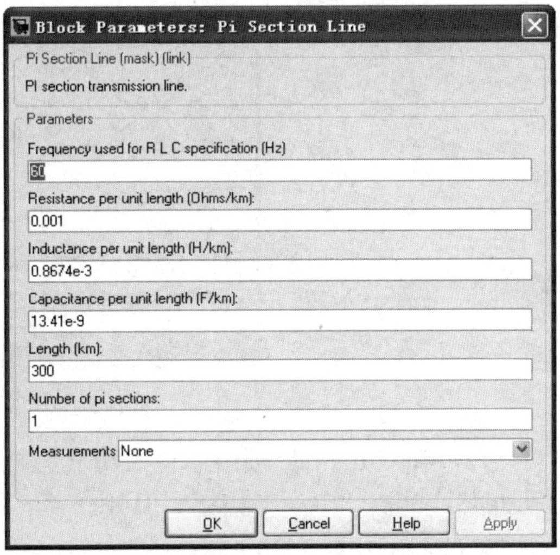

图 9.14　传输线路分布参数设置对话框

(7) 从元件模块组里选择模块Series RLC Load作为负载，等效表示为被分流电感吸收的功率，并设置参数，如图 9.15 所示。

(8) 负载末端和电源末端分别接地。

(9) 绘制 Simulink 仿真方框图如图9.16所示，图中没有给出断路器，将在后面进行暂态分析时给出。

(10) 将模块Pi Section Line两端输电线路分别命名为 B1 和 B2，为了测量 B1 和 B2 两端电压，并与 Simulink 接口，用 Simulink 中的示波器模块 Scope 显示电压波形，从电路模块库的测量模块组(Measurements library)里选择电压测量模块(Voltage Measurement block)，将其命名为 U1，其正端接 B1，负端接地，用同样的方式选择另一电压测量模块，命名为 U2，其正端接 B2，负端接地。

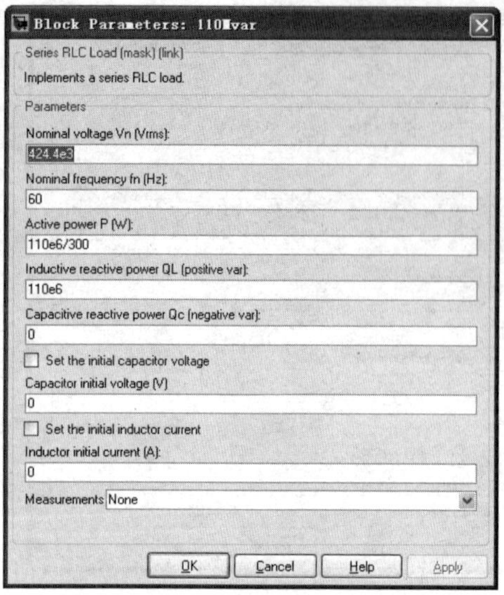

图 9.15 RLC 负载参数设置对话框

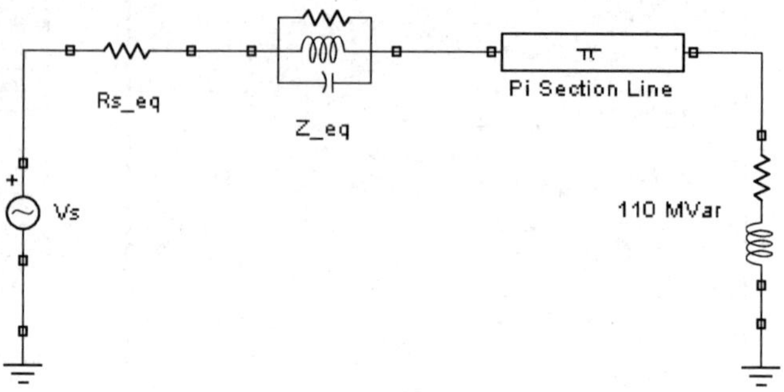

图 9.16 简单电路 Simulink 仿真方框图

(11) 为了将所测电压归一化，从 Simulink 模块库中拖两个增益模块进入 circuit1 文件窗口，再拖入两个示波器，电压测量模块的输出端输入增益模块再连接入示波器，增益模块参数设置对话框如图 9.17 所示。

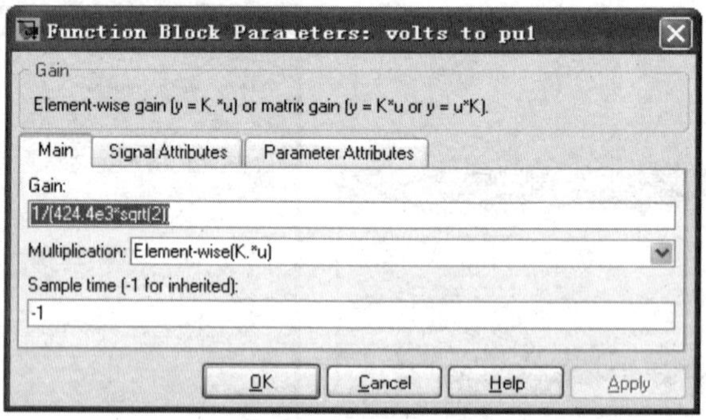

图 9.17 增益模块参数设置对话框

(12) 和 Simulink 接口的电路仿真方框图绘制完毕，如图 9.18 所示，采用默认的仿真算法 ode45，单击“Start”按钮，开始仿真，打开示波器，从示波器窗口观看 B1 和 B2 电压波形，如图 9.19 和图 9.20 所示，因为 B1 和 B2 只相隔一个电阻值很小的传输线路，因此输出电压波形很接近。

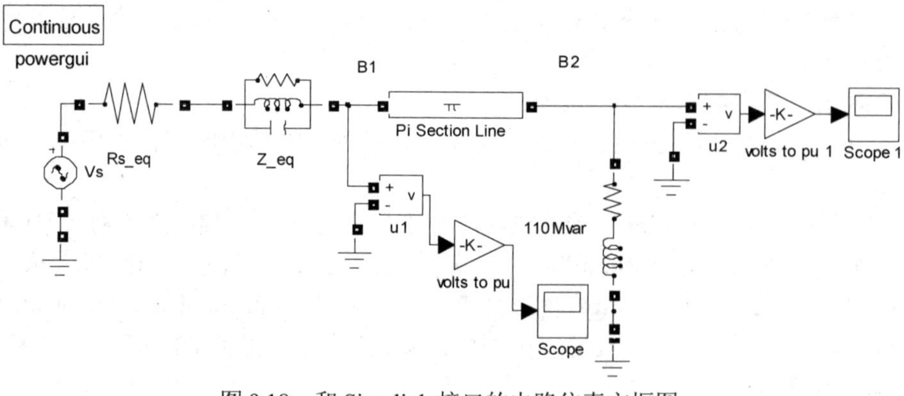

图 9.18 和 Simulink 接口的电路仿真方框图

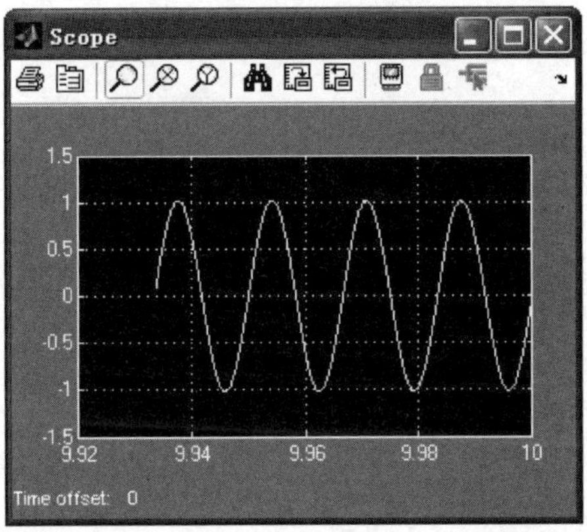

图 9.19　传输线路 B1 端输出电压波形

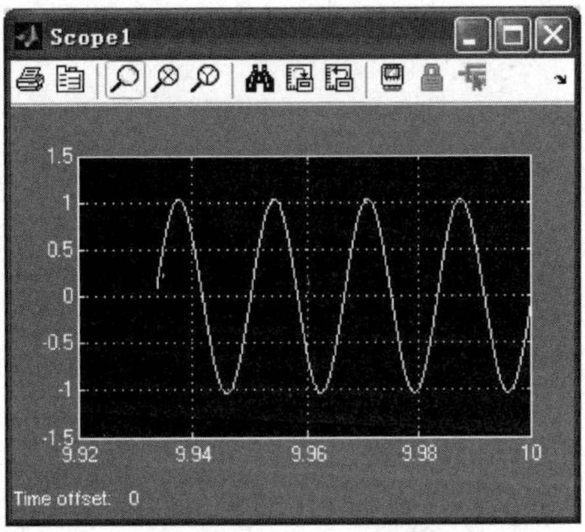

图 9.20　传输线路 B2 端输出电压波形

例 9.2　对例 9.1 表示的简单电路 circuit1 进行分析。

(1) 使用 power_analyze 命令获得系统的状态空间方程模型

电路的状态变量包括电感电流和电容电压，电路的状态变量的名称包括对应的模块的名称，通常以 Il_作为电感电流的前缀，以 Uc_作为电容电压的前缀。电容和电感模块通常存在于 RLC 分支类型模块中，包括串联 RLC 分支模块、三相并联 RLC 负载模块、变压器模型、PI 截面传输线、电力电子设备中的缓冲器件等。

在 MATLAB 命令窗口输入如下命令：

```
[A,B,C,D,x0,electrical_states,inputs,outputs]=power_analyze('circuit1')
```

MATLAB 返回电路模型 circuit1 的状态空间模型对应的 4 个矩阵 `A`,`B`,`C` 和 `D`，以及状态的初始条件 `x0`，并且用字符串矩阵表示状态的名称，输入和输出变量的名称，结果如下：

```
A =
      1.0e+005 *
            0       0.0004          0          0          0          0
      -0.0849      -0.0429          0    -0.0424          0          0
            0            0    -0.0000          0          0     0.0000
            0      -2.4548          0    -2.4548    -4.9096          0
            0            0          0     0.0000    -0.0000    -0.0000
            0            0    -4.9096          0     4.9096          0
B =
      1.0e+005 *
            0
       0.0424
            0
       2.4548
            0
            0
C =
      0     0     0     0     0     1
      0     0     0     1     0     0
D =
      0
      0
x0 =
```

```
        1.0e+003 *
        1.0077
        1.0665
       -0.3784
       -2.1984
        0.0974
       -2.3827
electrical_states =
                        'Il_Z_eq'
                        'Uc_Z_eq'
                        'Il_110Mvar'
                        'Uc_input: Pi Section Line'
                        'Il_section_1: Pi Section Line'
                        'Uc_output: Pi Section Line'
inputs =
            'U_Vs'
outputs =
             U_u2
             U_u1
```

(2) 稳定状态分析

打开模块 powergui，从 Analysis tools 菜单中选择 Steady-State Voltages and Currents，于是打开 Steady-State Tool 窗口，如图 9.21 所示，由电压测量模块测得的稳定状态电压向量以极坐标的形式显示于图形窗口。

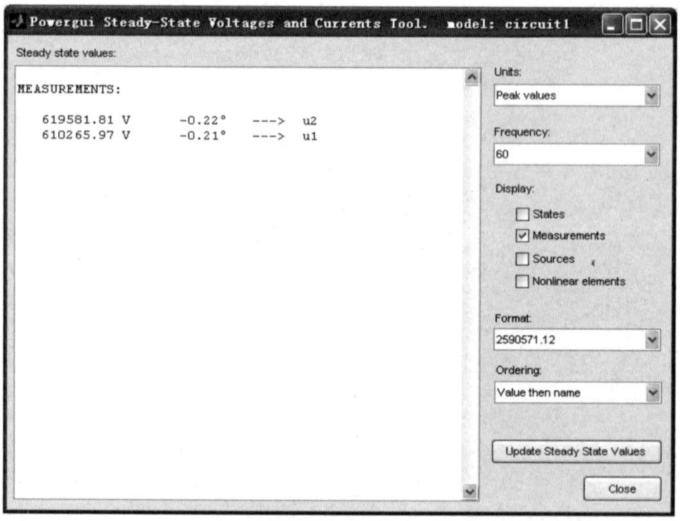

图 9.21　测量输出稳定状态值

每个测量的输出都以对应的测量模块的名称定义，矢量 U1 和 U2 的幅值表示正弦电压的峰值。

通过勾选 Sources 或 States 复选框，在 Steady-State Tool 窗口也能显示电源电压的稳定状态值或电感电流与电容电压的稳定状态值，如图 9.22 所示。

(3) 频率分析

打开电路模块库，从测量模块组中选取阻抗测量模块，拖入模块图中，并命名为 ZB2，两个输入端分别连接 B2 和地。将图 9.18 所示电路仿真方框图改成图 9.23。

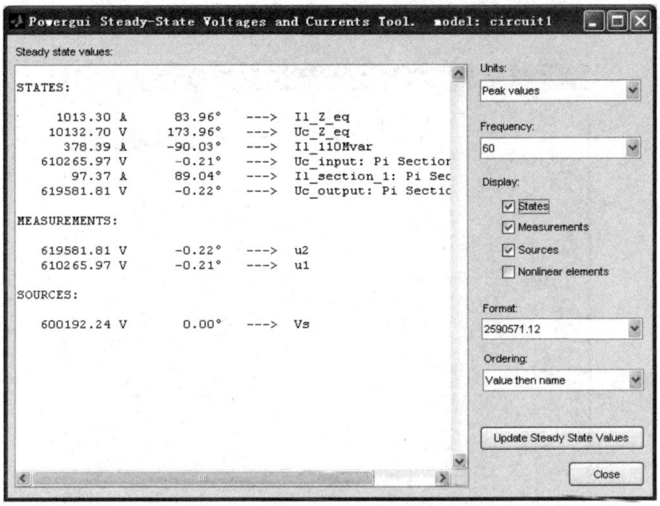

图 9.22　电源电压、电路状态和测量输出的稳定状态值

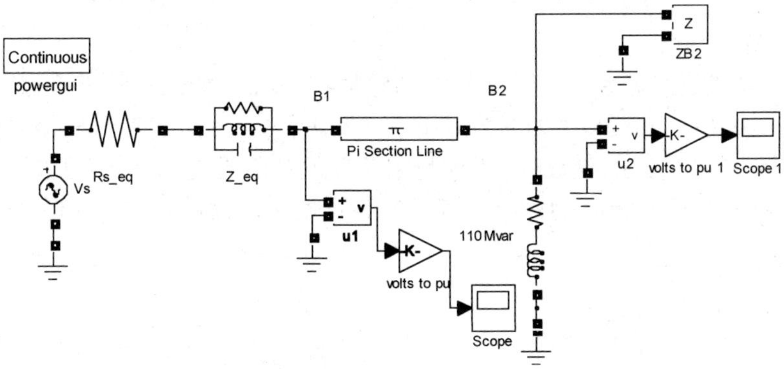

图 9.23　添加阻抗测量模块的电路仿真方框图

打开 Powergui 对话框，在 Tools 菜单中选择 Impedance vs Frequency Measurement，打开窗口列出所测量阻抗模块，如图 9.24 所示。在图中勾选对应的复选框，填写频率范围，选取坐标系统，就可以得到相应的幅相图。

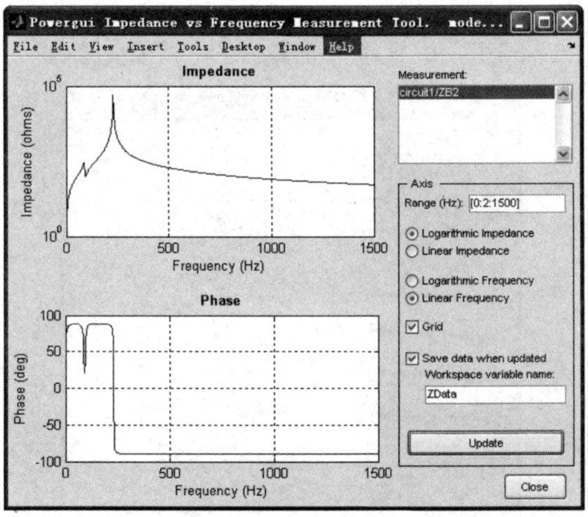

图 9.24　Impedance vs Frequency Measurement 窗口

图 9.24 显示的是模块 Pi Section Line 为 1 节传输线所对应的幅频响应和相频响应，双击模块 Pi Section Line 对话框，将选项 number of sections 从 1 改为 10，再从模块 powergui 所对

应的界面中观察，其阻抗对应的幅频响应和相频响应如图 9.25 所示。

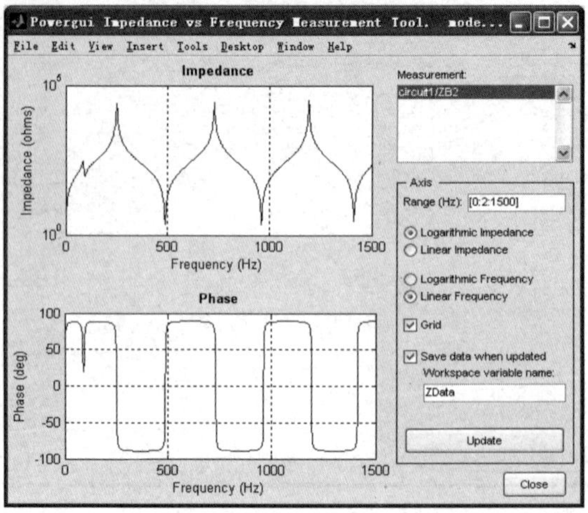

图 9.25　Pi Section Line 为 10 节传输线所对应的幅频响应和相频响应

(4) 暂态分析

从 powerlib 里的元件模块组里，将模块断路器(Breaker)加入电路模块图 circuit1 窗口中，将电路保存为模块文件 circuit2，如图9.26 所示。断路器是一个由理想开关和电阻串联的非线性元件，因此在设置断路器的参数时，不能将断路器的电阻设定为 0，但可以设定为很小的值，如 0.001 Ω，这样不会影响电路的性能。双击断路器模块，设置参数，如图 9.27 所示。

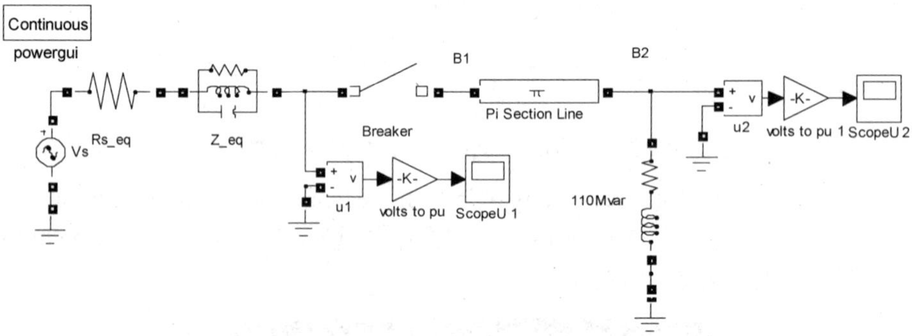

图 9.26　添加了断路器的电路模块图

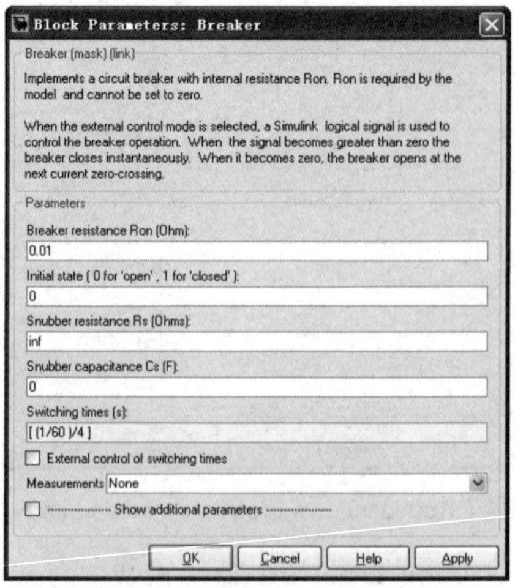

图 9.27　断路器参数设置对话框

打开示波器 scopeU2 窗口，单击 Parameters 图标，选择 Data history 选项卡，勾选 Save data to workspace 复选框，将保存仿真结果的变量命名为 U2，改变格式选项 Format 为 Array，取消勾选 Limit data points to last 复选框，参数设置对话框如图 9.28 所示。用同样的方式设置示波器 scopeU1。

打开模块 Pi Section Line 对话框将 Number of pi sections 设定为 1。打开 Configuration Parameters 对话框，因为电路中包含了断路器，即开关元件，所以系统为一个非线性系统，在 Solver 面板中选择变步长刚性积分算法 ode23t，默认参数 Relative tolerance 设定为 1e–3，设置仿真终止时间为 0.02 s，如图 9.29 所示。

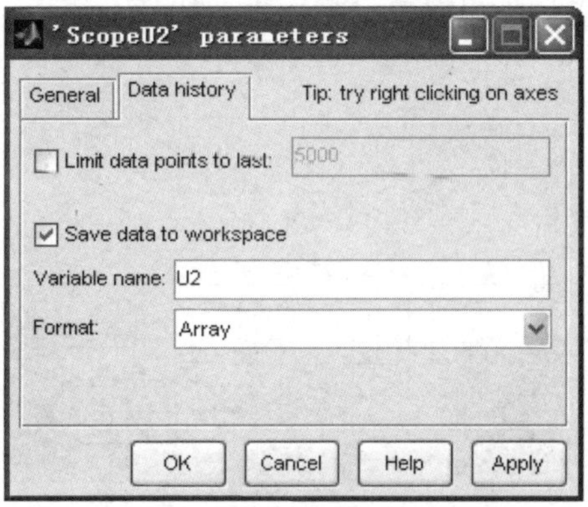

图 9.28　U2 输出示波器参数设置对话框

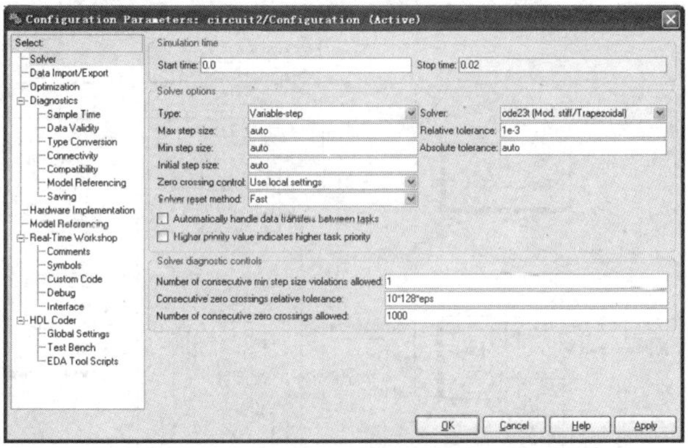

图 9.29　仿真参数设置对话框

打开示波器 scopeU1 和 scopeU2，开始仿真，仿真波形如图 9.30 所示。在模块 Pi Section Line 对话框中，将 Number of pi sections 设定为 10，仿真得到的输出波形如图 9.31 所示。

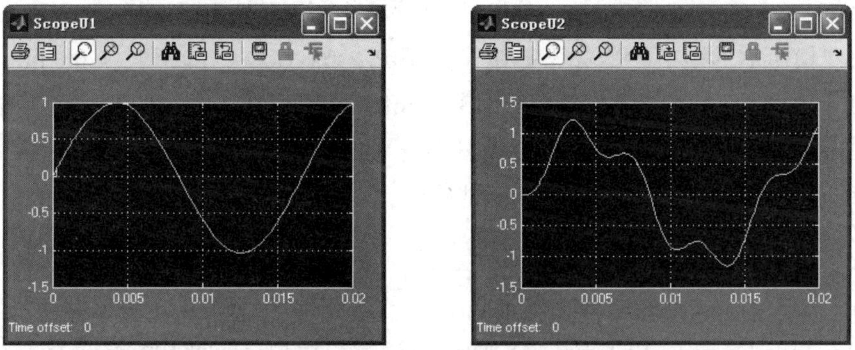

图 9.30　Pi Section Line 为 1 节传输线时的输出波形

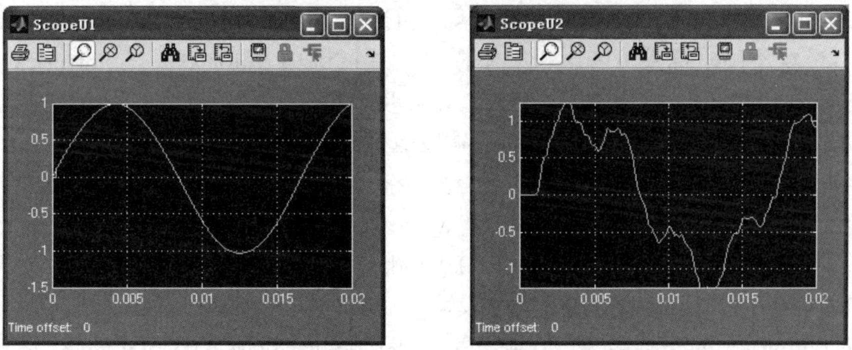

图 9.31　Pi Section Line 为 10 节传输线时的输出波形

离散系统仿真运行的速度远远大于连续系统运行的速度，打开 Powergui 界面选择 Discretize electrical model，设置采样周期为 25e−6 s，当开始仿真时，MATLAB 将使用 Tustin 方法(trapezoidal 积分)，使用 25 μs 采样周期离散化系统。在仿真参数设置对话框中设置固定步长(采样周期)为 25 μs，然后仿真。从示波器窗口可以看出，因为步长非常小，所以离散系统仿真的输出波形和连续系统仿真的输出波形一致，但速度远远大于连续系统。

例 9.3　异步电机矢量控制变频调速系统的仿真。

矢量控制变频调速系统仿真模块图如图 9.32 所示，系统由交流电机与逆变器(IGBT inverter)、电流调节器、磁链观测器、转速控制器、坐标变换和信号检测等模块组成。

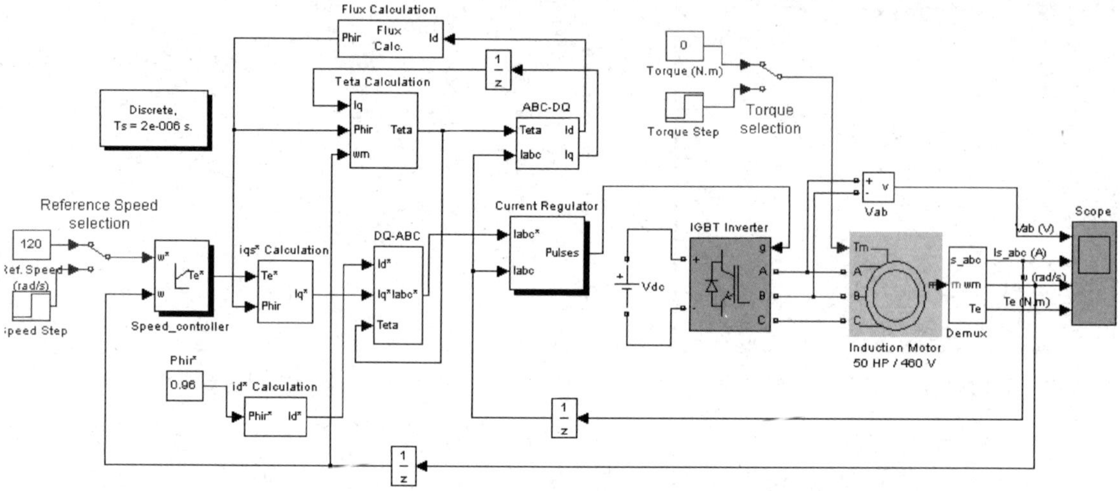

图 9.32　矢量控制变频调速系统仿真模块图

系统中建模所需的电机参数如下：定子电阻 $R_s = 0.087\ \Omega$、漏感 $L_{ls} = 0.8\ \text{mH}$；转子电阻 $R_r = 0.228\ \Omega$、漏感 $L_{lr} = 0.8\ \text{mH}$；互感 $L_m = 34.7\ \text{mH}$；转动惯量 $J = 1.662\ \text{kg}\cdot\text{m}^2$；极对数 $P = 2$。

系统提供给 IGBT inverter 的直流电源为 780 V，仿真参数设置为固定步长 T_s = 2e−6 s。在给定不同转速与负载转矩的情况下进行仿真。

首先分别介绍各个模块如下。

(1) 异步电机与 IGBT 逆变器模块

异步电机与 IGBT 逆变器模块如图 9.33 所示。其中异步电机采用 Power System Blocksets 中的 Asynchronous Machine SI Units 来构成，该模块可模拟任意两相旋转坐标系(包括静止两相坐标系、转子坐标系和同步旋转坐标系)下的绕线式或鼠笼式异步电机。双击该模块，打开异步电机参数设置对话框，如图 9.34 所示，通过选项 Reference frame(Stationary,Rotor 或 Synchronous)设置不同坐标系下的电机数学模型，通过选项 Rotor type(Squirrel-cage 或 wound)设置异步电机的转子类型。模块的 A、B、C 是异步电机三相定子绕组的输入端，与 IGBT 逆变器的 3 个输出端相连，构成由逆变器驱动的异步电机子模块。Tm 为电机负载接入端，用于对电机进行加载实验。仿真时电机参数及电机运行的状态初值可以在该模块的对话框中直接设定。

逆变器模块由 6 个 IGBT 功率管组成，可由 Power System Blocks 中的 Universal Bridge 来构成。该模块可以模拟 GTO/Diodes、MOSFET/Diodes、Thyristors、IdealSwitchs 及 IGBT/Diodes 器件组成的逆变器，双击该模块，打开参数设置对话框如图 9.35 所示。将选项 Port Configuration 设成 ABC as output terminals，选项 Power Electronic device 设成 IGBT/Diodes。逆变器的 pulses 为 6 路 PWM 控制信号的输入端，逆变器模块的 +、−两端为直流电压输入端。

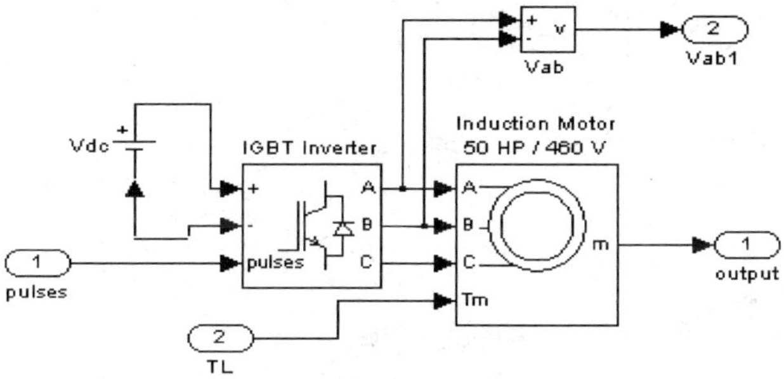

图 9.33　异步电机与 IGBT 逆变器模块

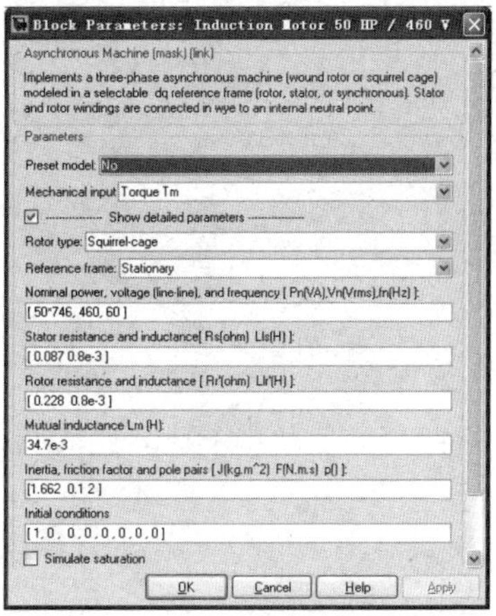

图 9.34　异步电机参数设置对话框

(2) 电流调节器模块

电流调节器用于实现异步电机三相电流的滞环跟踪控制，其结构如图 9.36 所示。

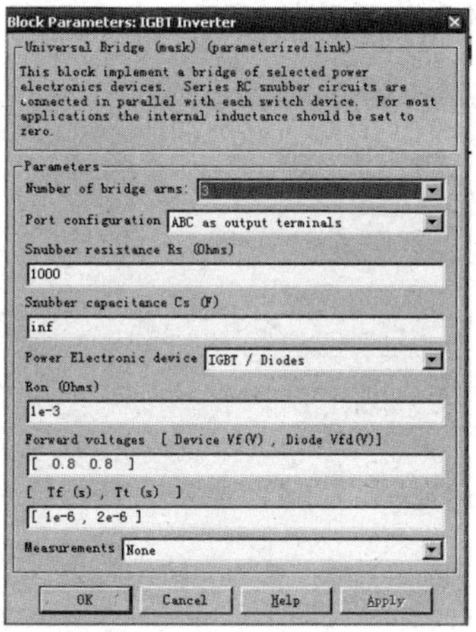

图 9.35　IGBT 逆变器参数设置对话框

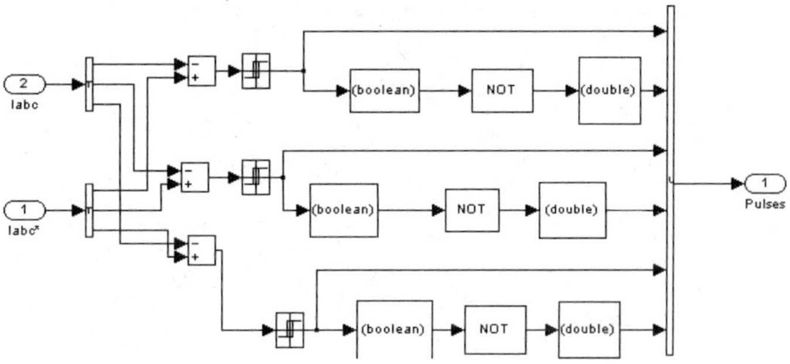

图 9.36　电流调节器模块

该模块由 3 个滞环控制器(Relay)和 3 个逻辑非运算器(Logical operator)组成。模块输入为三相参考电流值和三相实测电流值，输出 6 路脉冲控制逆变器。其中 1, 3, 5 与 2, 4, 6 路控制信号互补，该模块由 Simulink Library 中的模块 Relay 和 Logical operator 来构建，Relay 根据输入信号的变化，在逻辑 1 和 0 之间跳变，当实际电流低于参考电流且差值大于 Relay 的滞环宽度时，对应相正向导通(Relay 输出 1)，负向关断(Logical operator 输出 0)；当实际电流高于参考电流且差值大于滞环宽度时，对应相负向导通，正向关断。减小滞环宽度，可以减少输出相电流的纹波，但受电力电子管开关频率的限制，滞环宽度不能取得太小。

(3) 坐标变换模块

坐标变换模块包括从三相静止 abc 坐标系到二相旋转 dq 坐标系的变换(Clarke 变换与 Park 变换)，以及二相旋转 dq 坐标系到三相静止 abc 坐标系的变换(逆 Clarke 变换与逆 Park 变换)，该模块可由 Simulink Library 中的用户自定义函数 Fcn 来构建，其结构如图9.37和图9.38所示。

(4) 转子磁链观测器模块

转子磁链观测器的估计精度很大程度上决定了矢量控制变频调速系统的性能。本系统中转子磁链估计模块包括一个转子磁链幅值计算子模块和一个转子磁链角计算子模块。转子磁链的估计幅值用于计算转矩电流分量 i_q^*，转子磁链的估计角度用于坐标变换。

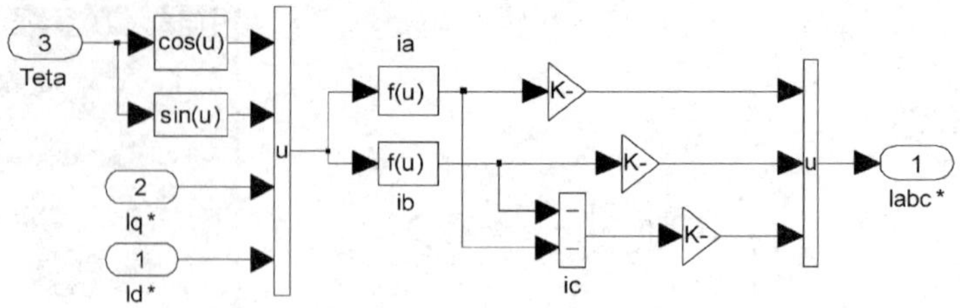

图 9.37　dq 坐标系到 abc 坐标系的变换模块

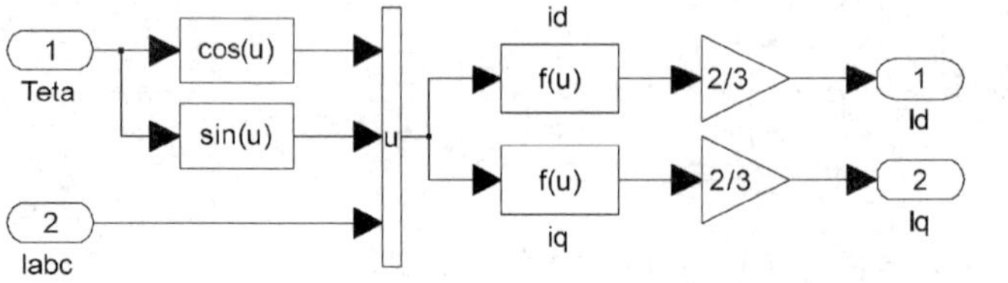

图 9.38　abc 坐标系到 dq 坐标系的变换模块

转子磁链幅值计算子模块的内部结构图如图 9.39(a)所示，转子磁链角计算子模块的内部结构图如图 9.40(a)所示，两者的封装模块图分别如图 9.39(b)和图 9.40(b)所示。

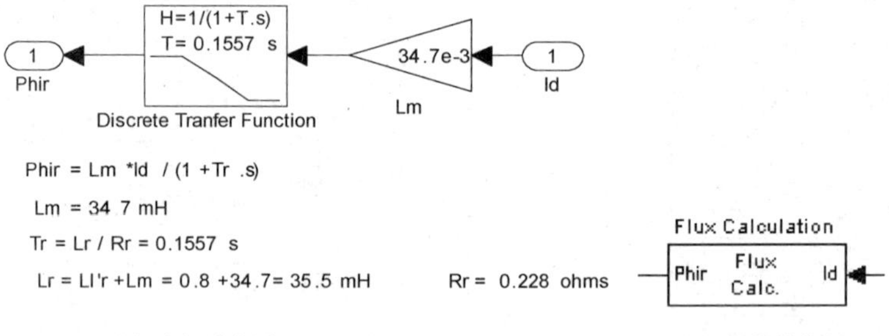

(a) 内部结构图　　　　(b) 封装模块图

图 9.39　转子磁链幅值计算子模块

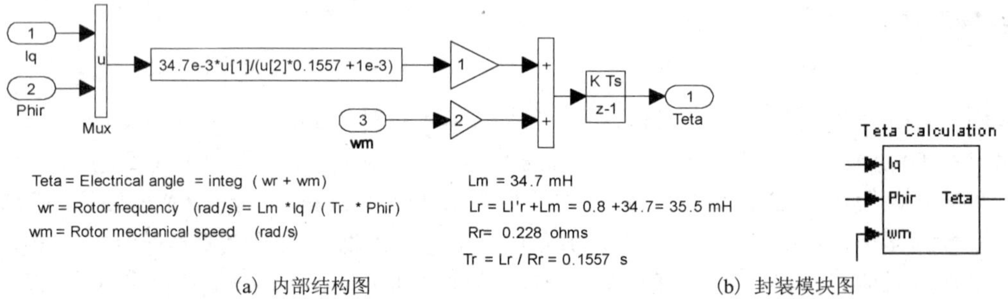

(a) 内部结构图　　　　(b) 封装模块图

图 9.40　转子磁链角计算子模块

(5) 励磁电流和转矩电流计算模块

在仿真模型中，定子电流的励磁分量 i_d^* 由以下算式给出：

$$i_d^* = \frac{\psi_r^*}{L_m}$$

采用 Simulink Library 中的 Fcn 构建定子电流励磁分量计算模块，如图 9.41 所示。

定子电流的转矩分量 i_q^* 由以下算式给出：

$$i_q^* = \frac{L_r T_e^*}{n_p L_m \psi_r^*}$$

采用 Simulink Library 中的 Fcn 构建定子电流转矩分量计算模块，如图 9.42 所示。

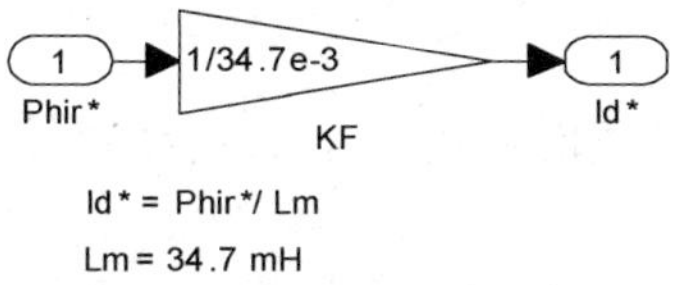

图 9.41　定子电流励磁分量计算模块

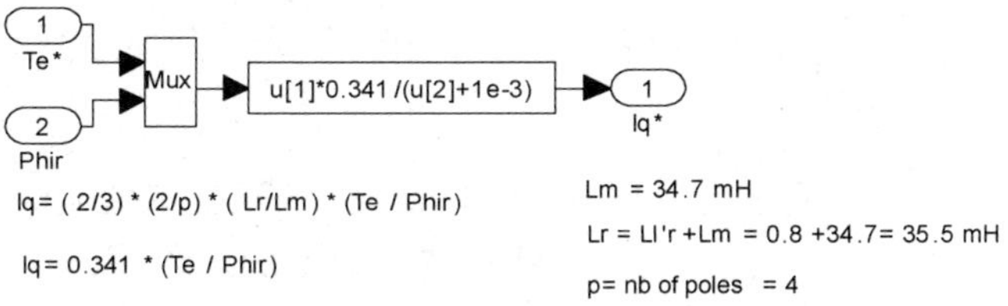

图 9.42　定子电流转矩分量计算模块

(6) 转速控制器模块

转速控制器模块采用 PI 调节器，其结构如图 9.43 所示。PI 调节器的输入是参考转速与实测转速的差值，输出是电机参考转矩 T_e^*。积分器采用 Simulink Library 中的离散时间积分器构建。K_p 和 K_i 分别为比例增益系数和积分增益系数，Saturation 环节用于输出限幅。将该模块封装，参数设置对话框如图 9.44 所示，可以直接在对话框中选取比例、积分、限幅系数和采样周期。

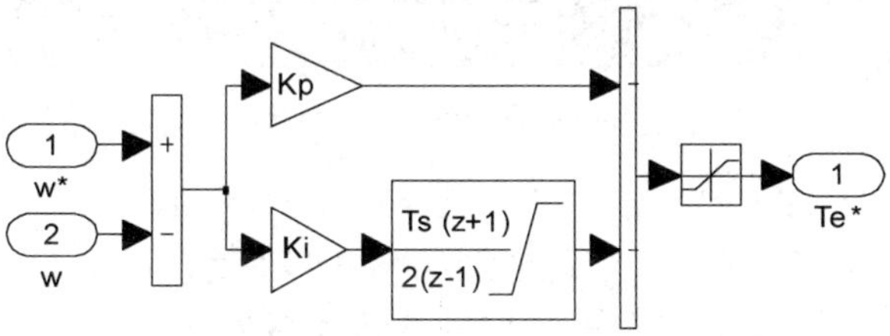

图 9.43　转速控制器模块

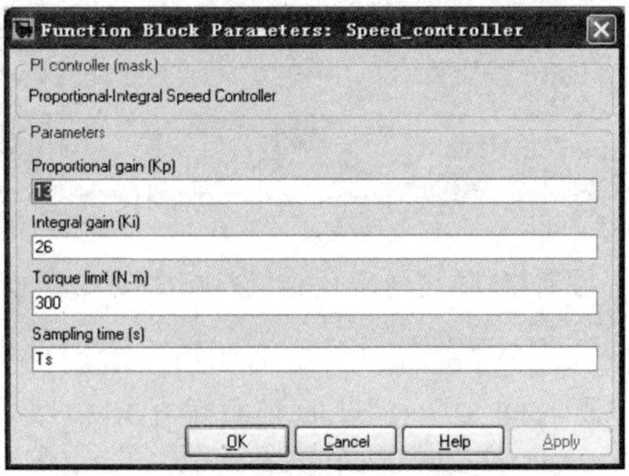

图 9.44　转速控制器模块参数设置对话框

(7) 信号检测模块

异步电机变频调速控制系统的信号检测模块，由 Power System Blocksets 中的 Machine Measurement Demux 模块来实现，其封装结构如图9.45所示。该检测模块的输入与异步电机模块的输出口 m 相连接，输出为仿真时相关的输出信号量，可通过该封装模块的参数设置对话框进行选择，如图9.46所示，该模块可同时对十几个电机模型变量进行检测。

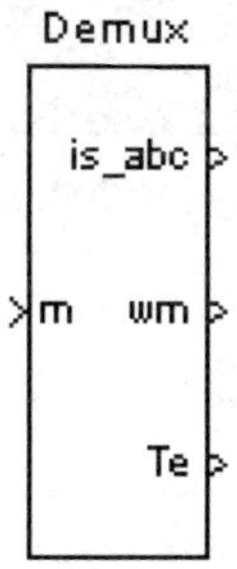

图 9.45　信号检测模块

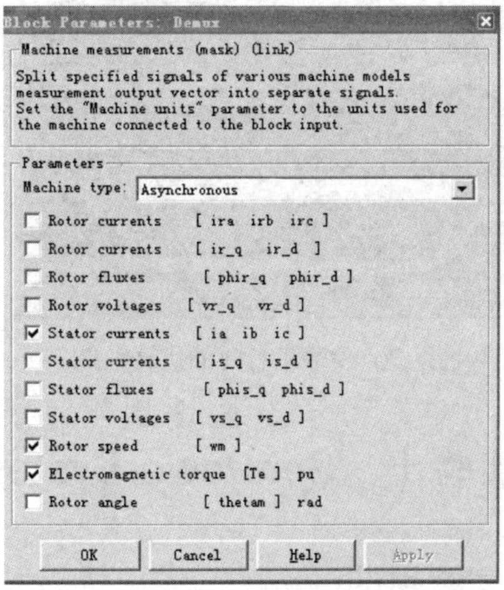

图 9.46　信号检测模块参数设置对话框

（8）仿真

将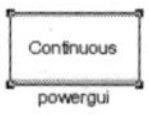

复制到仿真方框图中，初始化各状态变量，设置仿真参数，在以下几种情况下仿真并得出仿真结果。

① 给定参考转速 $\omega = 120\ \text{rad/s}$，空载启动至稳态运转，仿真时间为 3 s，此时仿真输出电机线电压、电流、转速、转矩波形如图 9.47 所示。

② 给定参考转速 $\omega = 120\ \text{rad/s}$，空载启动至稳态运转，$t = 1.8$ s 时，负载 TL 从 0 跃变为 200 N·m，仿真时间为 3 s，此时仿真输出电机线电压、电流、转速、转矩波形如图 9.48 所示。

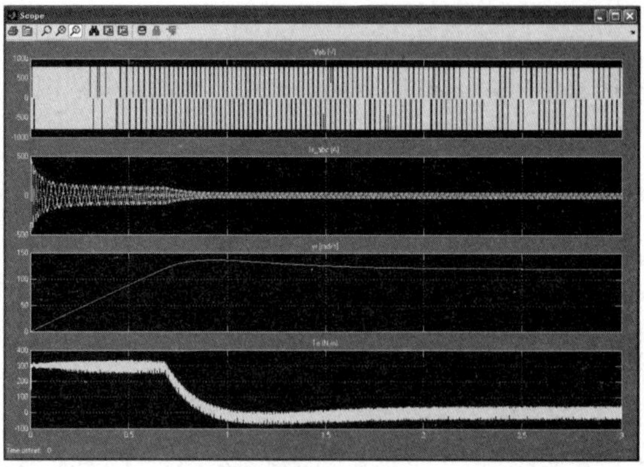

图 9.47 给定转速不变，空载运行时的仿真结果

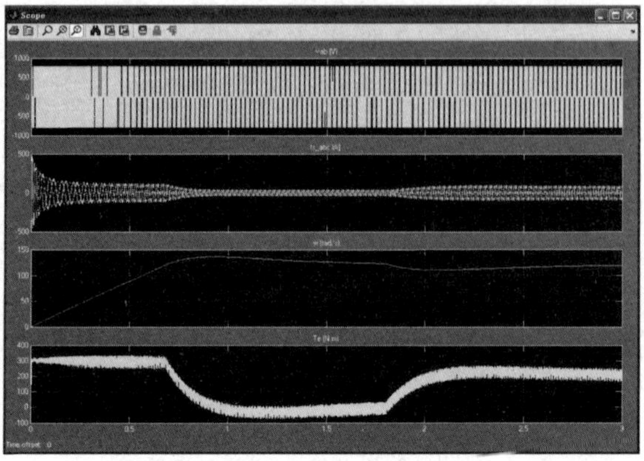

图 9.48 给定转速不变，空载启动负载运行时的仿真结果

③ 空载启动至稳态运转，给定参考转速在 0.2 s 时从 $\omega = 120\ \text{rad/s}$ 跃变为 $\omega = 160\ \text{rad/s}$，仿真时间为 3 s，此时仿真输出电机线电压、电流、转矩、转速波形如图 9.49 所示。

④ 空载启动至稳态运转，给定参考转速在 0.2 s 时从 $\omega = 120\ \text{rad/s}$ 跃变为 $\omega = 160\ \text{rad/s}$，$t = 1.8$ s 时，负载 TL 从 0 跃变为 200 N·m，仿真时间为 3 s，此时仿真输出电机线电压、电流、转矩、转速波形如图 9.50 所示。

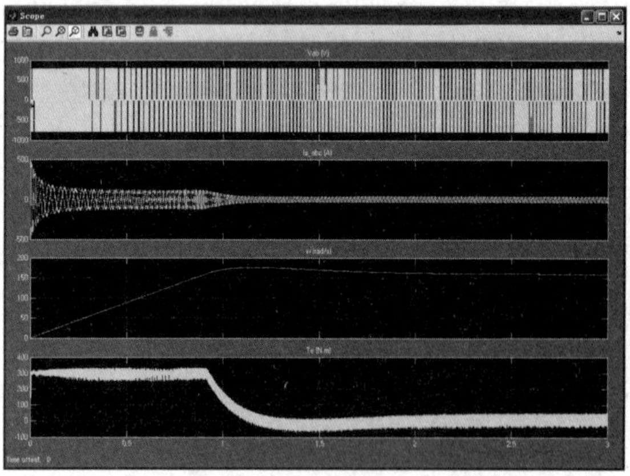

图 9.49 给定转速跃变，空载运行时的仿真结果

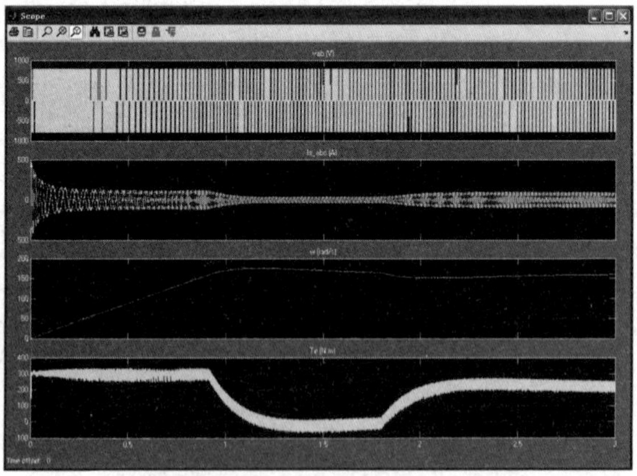

图 9.50 给定转速跃变，空载启动负载运行时的仿真结果

9.3 实验十 SimPowerSystems 工具箱应用

9.3.1 实验目的

1．熟悉 SimPowerSystems 工具箱模块集。

2．结合相关专业知识建立系统仿真方框图。

3．进行正确的仿真并分析仿真结果。

9.3.2　实验内容

1．异步电机带负载系统仿真，绘制异步电机直接带负载启动模块图，得出异步电机转速、转矩、定子电流和转子电流的波形图。

2．直流电机电枢串联电阻启动系统仿真，绘制直流电机电枢串联三阶电阻、逐级切离启动模块图，得出直流电机转速、电枢电流和电磁转矩的波形图。

3．变压器的仿真，仿真三绕组线性变压器，绘制仿真模块图，得出变压器在二次绕组和三次绕组并联并连接对称负载时的电流波形，以及在 0.05 s 时三次绕组空载时二次绕组的电流波形。

4．三相绕线型异步电机的电磁转矩的参数公式为：

$$T=\frac{m_2}{2\pi}\left(\frac{k_{w2}N_2}{k_{w1}N_1}\right)^2\frac{spR_2}{f_1}\frac{{U_1}^2}{\left[{R_2}^2+\left(sX_2\right)^2\right]}$$

式中，T 为电磁转矩，m_2 为转子相数，$k_{w1}N_1$ 为定子每相绕组的有效匝数，$k_{w2}N_2$ 为转子每相绕组的有效匝数，s 为转差率，p 为磁极对数，R_2 为转子每相绕组电阻，f_1 为定子频率，U_1 为定子每相绕组相电压，X_2 为转子静止时每相绕组的漏电抗。

一台三相绕线型异步电机，三角形连接，U_1=380 V，$k_{w1}N_1$=300，$k_{w2}N_2$=150，m_2=3，p=2，f_1=50Hz，X_2=0.25Ω。

试绘制转子电阻分别取 $R_2=0.1\Omega$，0.15Ω，0.2Ω，0.3Ω，0.6Ω不同值时该三相异步电机的机械特性 $T=f(s)$ 和转矩特性 $n=f(T)$。

5．变压器外特性与效率特性仿真。

变压器的电压调整率为：

$$\begin{aligned}V_R&=\frac{I_1}{I_{1N}}(R_s\cos\phi_2+X_s\sin\phi_2)\frac{I_{1N}}{U_{1N}}\times100\%\\&=\frac{I_2}{I_{2N}}(R_s\cos\phi_2+X_s\sin\phi_2)\frac{I_{1N}}{U_{1N}}\times100\%\\&=\beta\times V_R(I_{2N})\end{aligned}$$

外特性为：$U_2=f(I_2)=U_{2N}(1-V_R)$

式中，I_{1N} 为一次侧额定电流，I_{2N} 为二次侧额定电流，I_1 为一次侧工作电流，I_2 为二次侧工作电流，U_{1N} 为一次侧额定电压，U_{2N} 为二次侧额定电压，R_s 为短路电阻，X_s 为短路电抗，ϕ_2 为负载功率因数角，β为负载系数，$\beta=\frac{I_1}{I_{1N}}=\frac{I_2}{I_{2N}}$，$V_R(I_{2N})=(R_s\cos\varphi_2+X_s\sin\varphi_2)\frac{I_{1N}}{U_{1N}}\times100\%$。

变压器效率特性为：

$$\eta=\frac{\beta S_N\cos\phi_2}{\beta S_N\cos\phi_2+P_0+\beta^2P_S}\times100\%$$

式中，S_N 为额定容量，P_0 为空载铁耗，P_S 为满载铜耗。

一台三相变压器，高压绕组为星形连接，低压绕组为三角形连接。$S_N=750\text{KV}\cdot\text{A}$，$U_{1N}=10000\text{V}$，$U_{2N}=231\text{V}$，$I_{1N}=43.3\text{A}$，$I_{2N}=1874\text{A}$，室温为 20℃，绕组为铜线绕组。

在低压侧进行空载试验，测得

$$U_{1L0} = 231\text{V},\ U_{2L0} = 10000\text{V},\ I_{0L} = 103.8\text{A},\ P_0 = 3800\text{W}$$

其中U_{1L0}为空载实验时一次侧线电压，U_{2L0}为空载实验时二次侧线电压，I_{0L}为空载实验时一次侧线电流。

在高压侧进行短路试验，测得

$$U_{SL} = 440\text{V},\ I_{1L} = 43.3\text{A},\ P_S = 10900\text{W}$$

其中，U_{SL}为短路实验时一次侧线电压，I_{1L}为短路实验时一次侧线电流。

绘制负载功率因数分别为$\cos\phi_2 = 0.8$(滞后)，$\cos\phi_2 = 1.0$，$\cos\phi_2 = 0.8$(超前)时的外特性曲线$U_2 = f(I_2)$和效率特性曲线$\eta = f(\beta)$。

9.3.3 实验参考仿真框图与程序

1．绘制异步电机系统仿真方框图，如图 9.51 所示，其中异步电机模型从如下路径中获取：

```
◢ Simscape
    ▷ Foundation Library
    ▷ SimDriveline
    ▷ SimElectronics
    ▷ SimHydraulics
    ▷ SimMechanics
    ◢ SimPowerSystems
        ◢ Simscape Components
              Connections
            ◢ Machines
                  Asynchronous Machine (Squirrel Cage)
                  Asynchronous Machine (Wound Rotor)
                  Permanent Magnet Rotor
                  Synchronous Machine (Round Rotor)
                  Synchronous Machine (Salient Pole)
                  Synchronous Machine (Simplified)
            ▷ Passive Devices
            ▷ Semiconductors
              Sensors
              Sources
            ▷ Switches & Breakers
        ◢ Specialized Technology
            ◢ Fundamental Blocks
                  Electrical Sources
                  Elements
                  Interface Elements
                ▷ Machines
                  Measurements
                  Power Electronics
            ◢ Control & Measurements
                  Additional Components
                  Filters
                  Logic
                  Measurements
```

异步电机 Tm 端口接常数模块表示恒转矩负载，此处设为 11.9。系统仿真参数设置如图 9.52 所示。电源接三相对称交流电源，其中 A 相电源电压设置如图 9.53 所示。异步电机参数设置如图 9.54 所示。Bus Selector 模块参数设置如图 9.55 所示。信号选择模块(MATLAB 7.0 版本使用，MATLAB 8.5 版本不再使用)参数设置如图 9.56 所示。

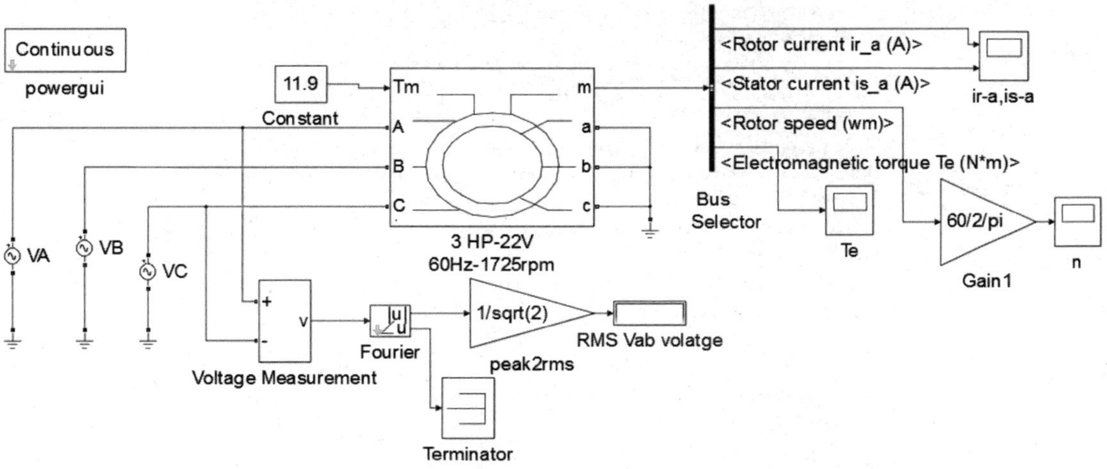

图 9.51　异步电机系统仿真方框图

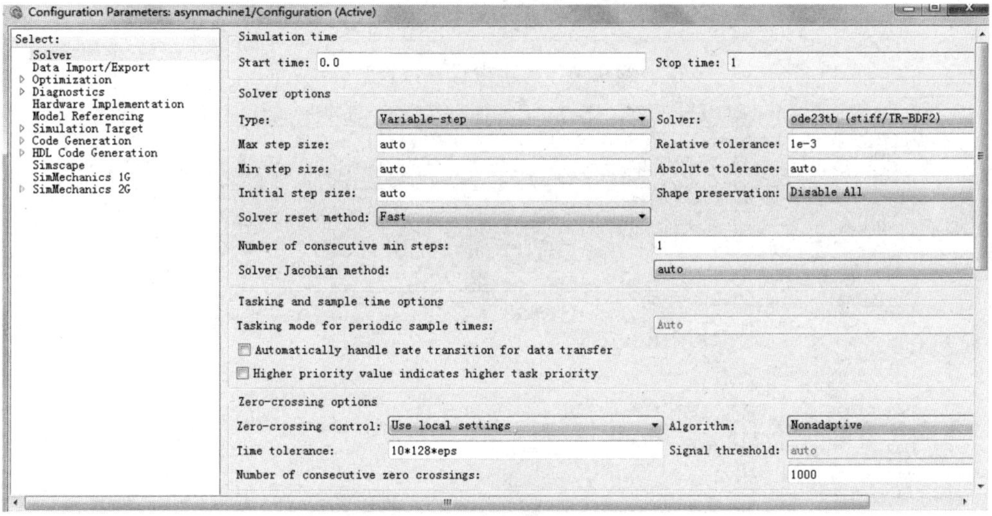

图 9.52　系统仿真参数设置

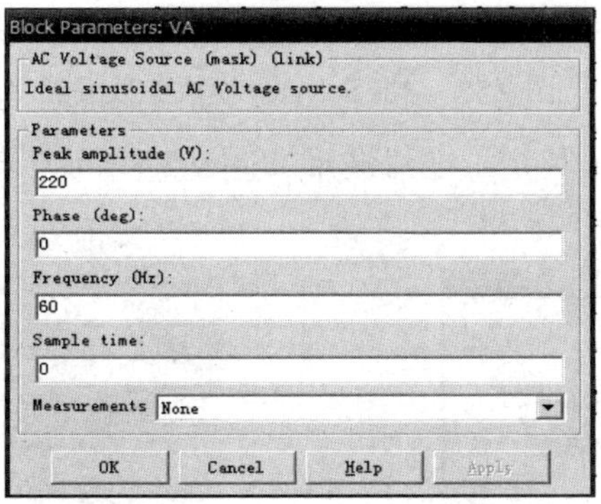

图 9.53　A 相电源电压设置

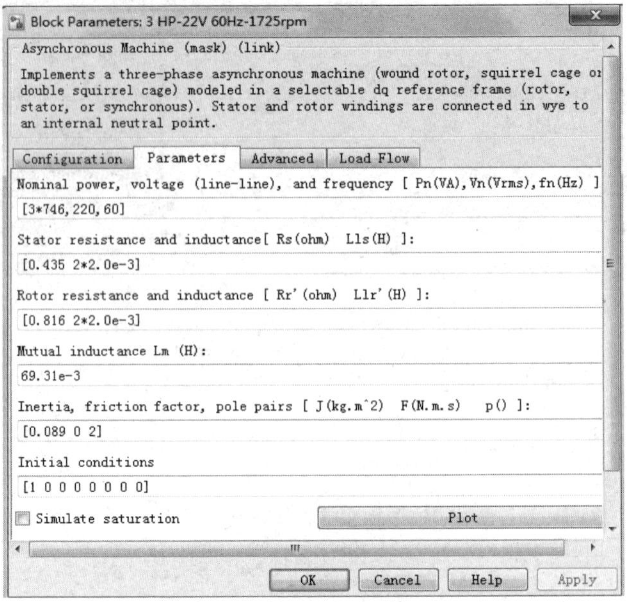

图 9.54　异步电机参数设置

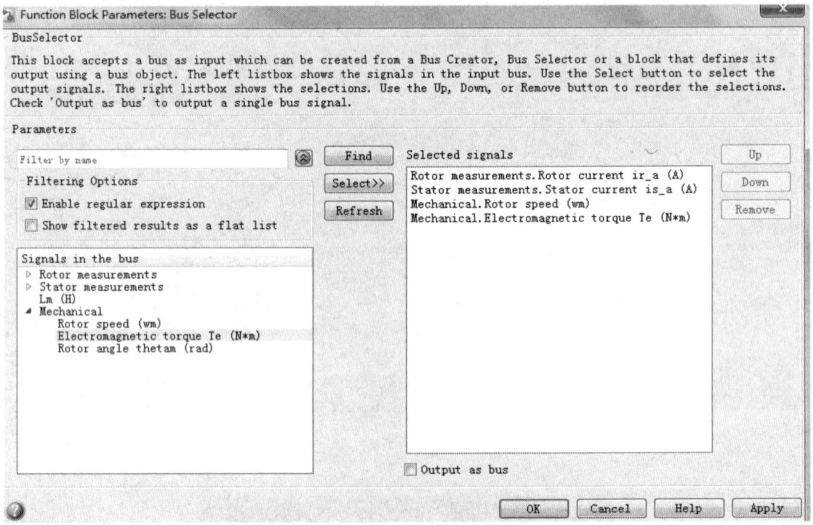

图 9.55　Bus Selector 模块参数设置

仿真运行，得到 A 相转子和定子电流波形如图 9.57 所示，转速波形如图 9.58 所示，转矩波形如图 9.59 所示。

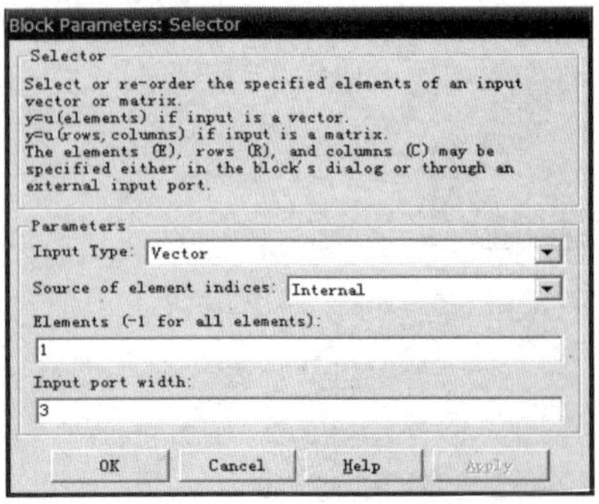

图 9.56　信号选择模块参数设置

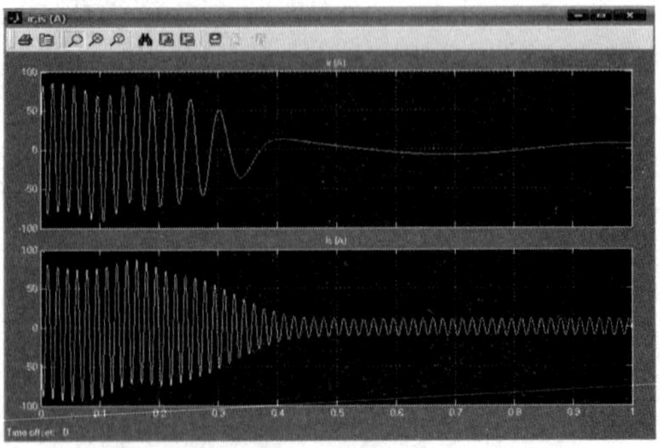

图 9.57　A 相定子和转子电流波形

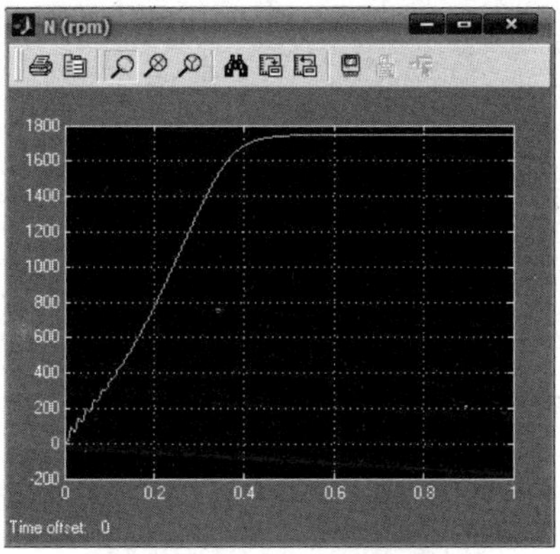

图 9.58　转速波形

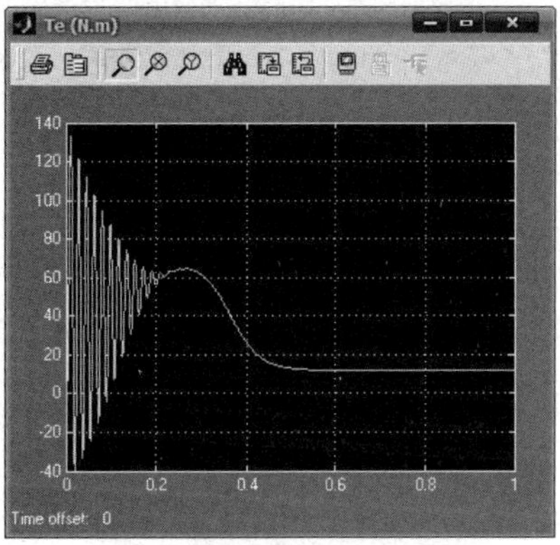

图 9.59　转矩波形

2．绘制直流电机电枢串联三阶电阻、逐级切离启动模块图，如图 9.60 所示，系统仿真参数设置如图 9.61 所示，Stair Generator 参数设置如图 9.62 所示，直流电机参数设置如图 9.63 所示，总线选择模块参数设置如图 9.64 所示，开关模块参数设置如图 9.65 所示。仿真运行，得出直流电机转速波形如图 9.66 所示，直流电机电枢电流波形如图 9.67 所示，直流电机电磁转矩波形如图 9.68 所示，励磁电流波形如图 9.69 所示。

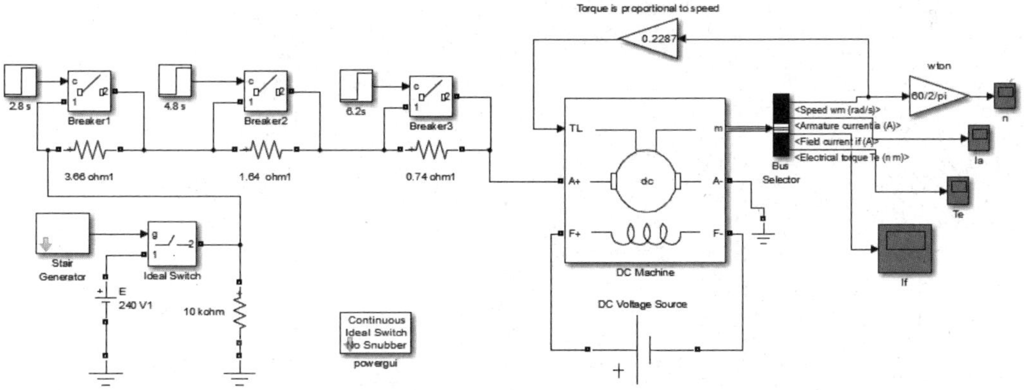

图 9.60　直流电机电枢串联三阶电阻、逐级切离启动模块图

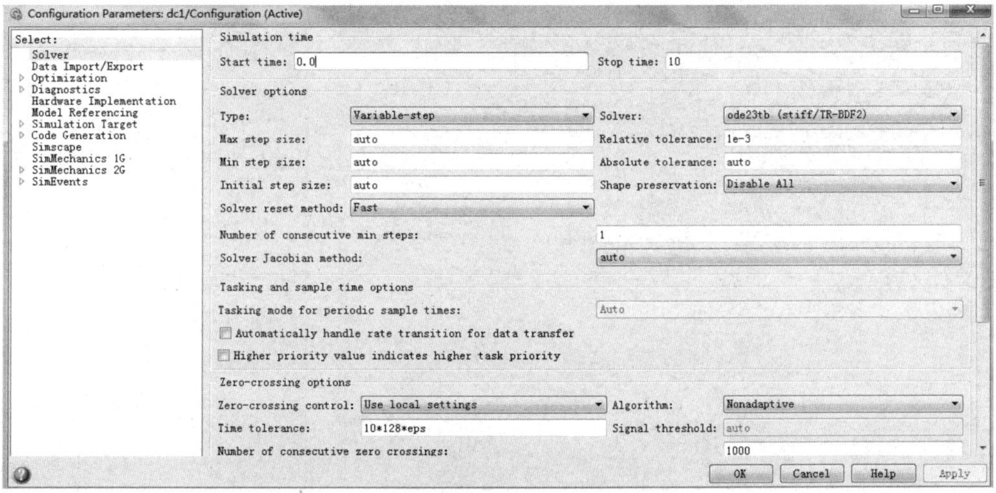

图 9.61　系统仿真参数设置

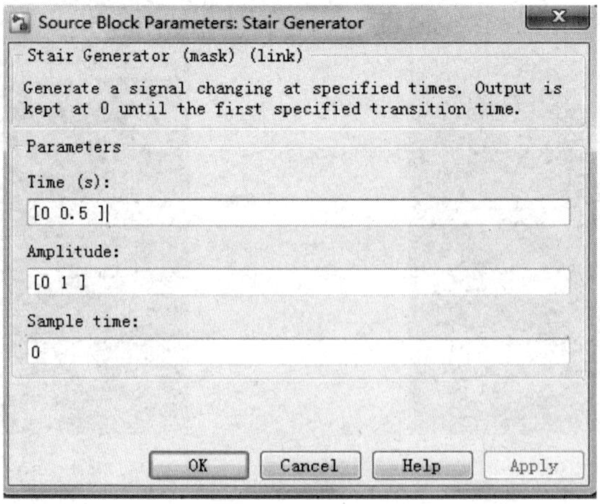

图 9.62 Stair Generator 参数设置

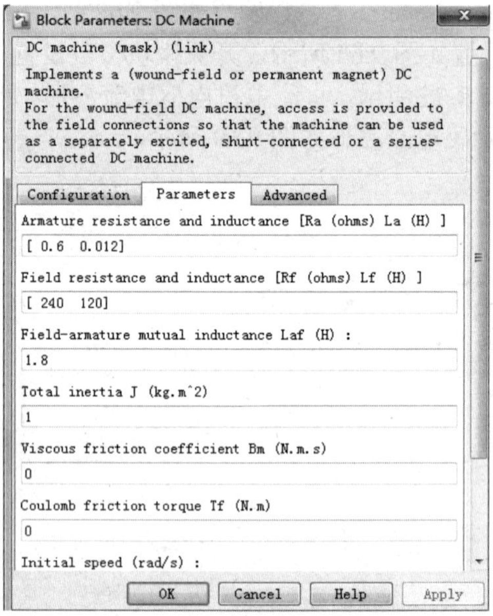

图 9.63 直流电机参数设置

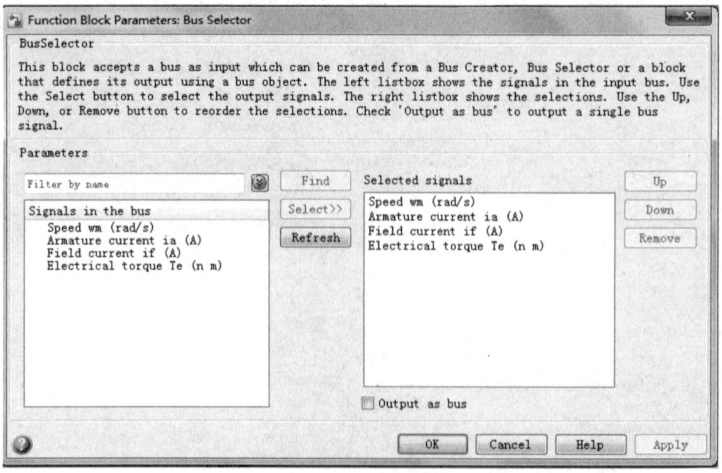

图 9.64 总线选择模块参数设置

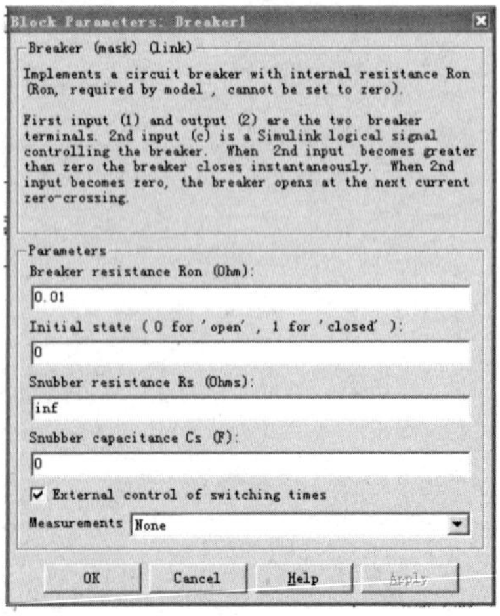

图 9.65 开关模块参数设置

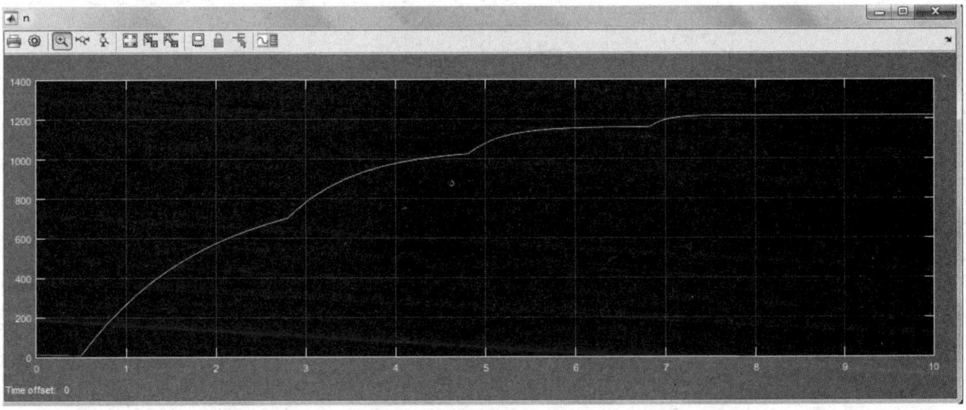

图 9.66　直流电机转速波形

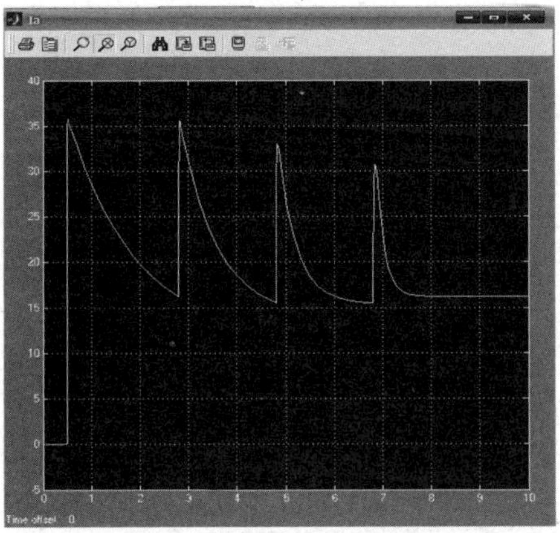

图 9.67　直流电机电枢电流波形

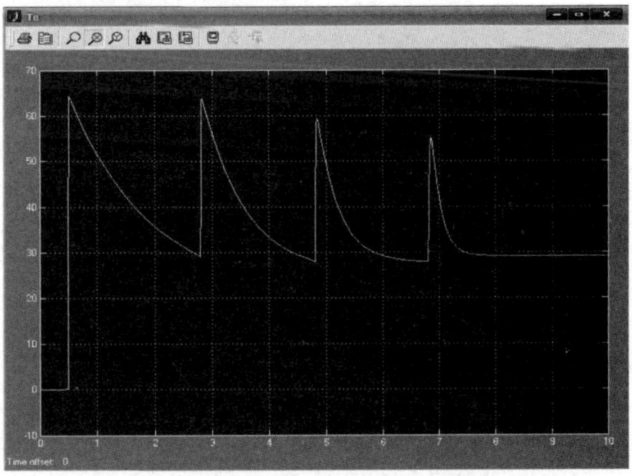

图 9.68　直流电机电磁转矩波形

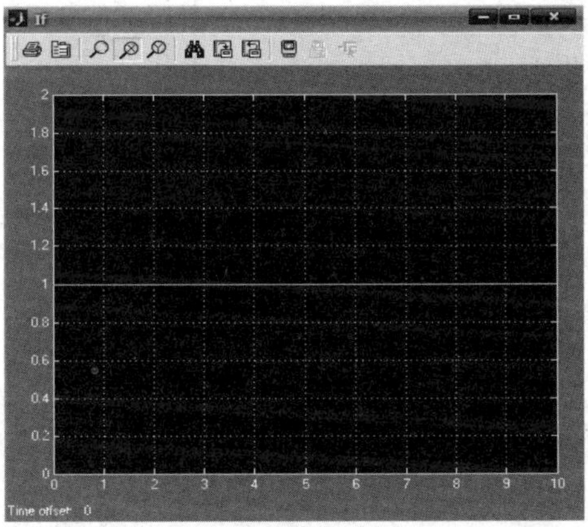

图 9.69　直流电机励磁电流波形

3．绘制线性变压器系统仿真方框图，如图 9.70 所示，系统仿真参数设置如图 9.71 所示，开关模块参数设置如图 9.72 所示，并联 RLC 负载模块参数设置如图 9.73 所示，有功与无功功率测量模块参数设置如图 9.74 所示，线性变压器参数设置如图 9.75 所示。仿真运行，得出变压器在二次绕组和三次绕组并联并连接对称负载时的电流波形，以及在 0.05 s 时三次绕组空载时二次绕组电流波形如图 9.76 所示。

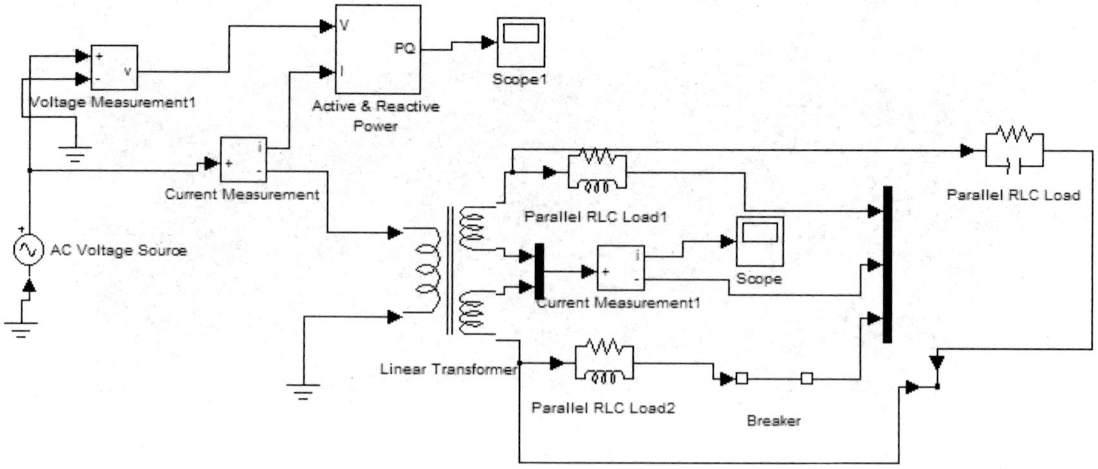

图 9.70　线性变压器系统仿真方框图

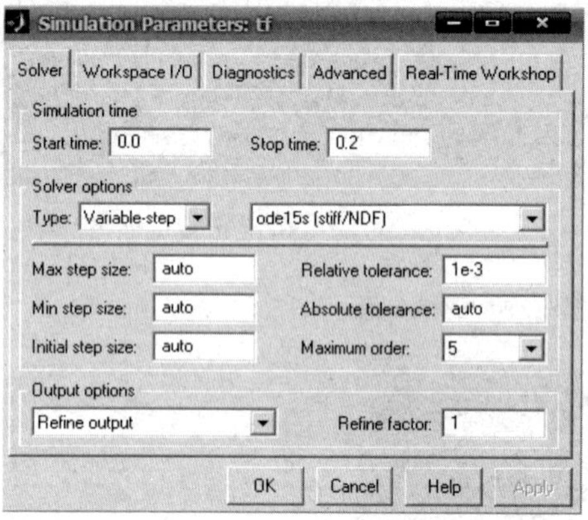

图 9.71　线性变压器系统仿真参数

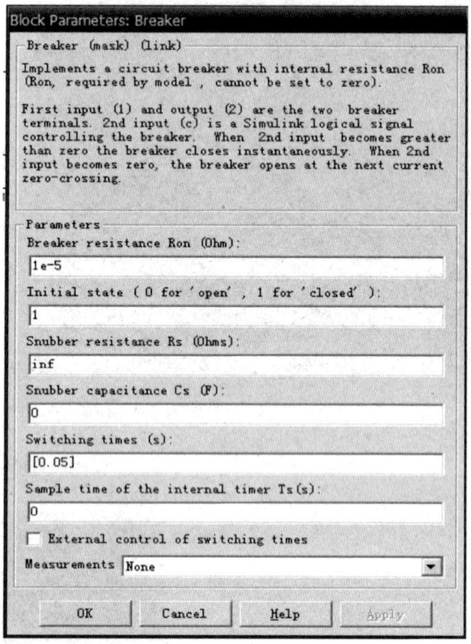

图 9.72　开关模块参数设置

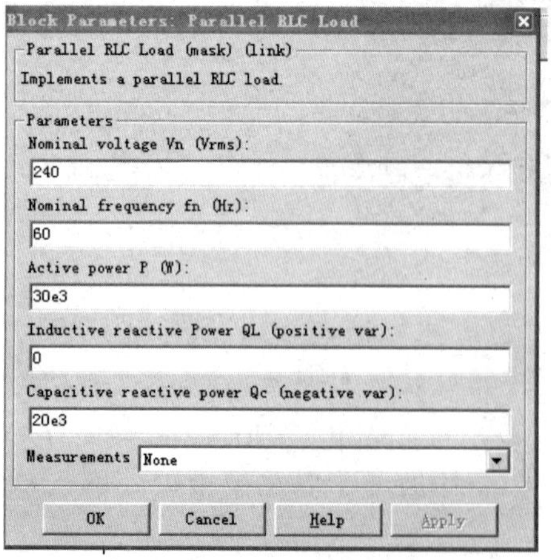

图 9.73　并联 RLC 负载模块参数设置

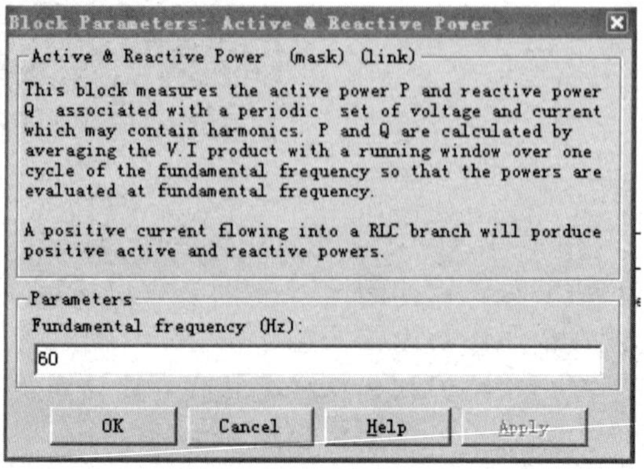

图 9.74　有功与无功功率测量模块参数设置

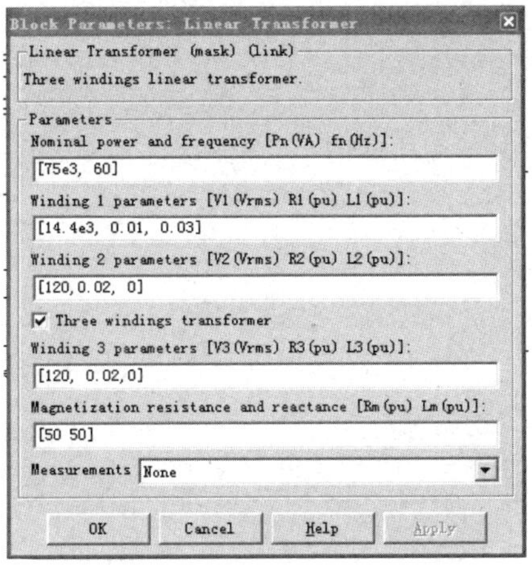

图 9.75　线性变压器参数设置

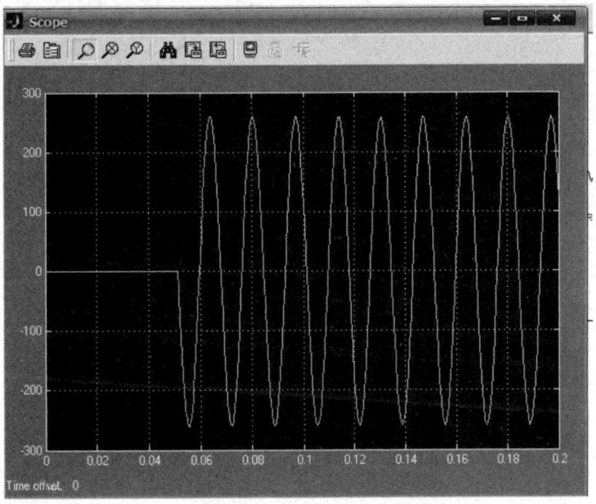

图 9.76　电流波形

4．在 MATLB 中编写 M 程序，命名为 p9_4.m，保存，运行。

参考程序如下：

```
clc,
clear,
UN=380,

R1=0.4,
X1=1,
R0=4,
X0=40,
Kw1N1=300,
Kw2N2=150,
p=2;
m1=3,
m2=3,
X2=0.25,
R20=0.1,
R21=0.15,
R22=0.2,
R23=0.3,
R24=0.6
f1=50
n0=60*f1/p

    for i=1:1:2000
      s(i)=i/2000
      n(i)=n0*(1-s(i));
      T0(i)=(m2/2/pi )*(Kw2N2/Kw1N1)^2*(s(i)*p*R20*UN^2)/f1/(R20^2+(s(i)*X2)^2);
      T1(i)=(m2/2/pi )*(Kw2N2/Kw1N1)^2*(s(i)*p*R21*UN^2)/f1/(R21^2+(s(i)*X2)^2);
      T2(i)=(m2/2/pi )*(Kw2N2/Kw1N1)^2*(s(i)*p*R22*UN^2)/f1/(R22^2+(s(i)*X2)^2);
      T3(i)=(m2/2/pi )*(Kw2N2/Kw1N1)^2*(s(i)*p*R23*UN^2)/f1/(R23^2+(s(i)*X2)^2);
```

```
T4(i)=(m2/2/pi )*(Kw2N2/Kw1N1)^2*(s(i)*p*R24*UN^2)/f1/(R24^2+(s(i)*X2)^2);
  end
  plot(T0,n,'r-');
  text(T0(200),n(200),'R20 红色')
 hold on
plot(T1,n,'g-');
  text(T1(400),n(400),'R21 绿色')
   hold on
plot(T2,n,'k-');
  text(T2(600),n(600),'R22 黑色')
   hold on
plot(T3,n,'m-');
  text(T3(800),n(800),'R23 红紫色')
   hold on
plot(T4,n,'y-');
  text(T4(1000),n(1000),'R24 黄色')


xlabel('T(N.m)');
ylabel('n(r/min)');
title('Mechanical characteristic for asynchronous motor with different
resistances')



figure
 plot(s,T0,'r-');
  text(s(200),T0(200),'R20 红色')
 hold on
plot(s,T1,'g-');
  text(s(400),T1(400),'R21 绿色')
   hold on
plot(s,T2,'k-');
  text(s(600),T2(600),'R22 黑色')
   hold on
plot(s,T3,'m-');
  text(s(800),T3(800),'R23 红紫色')
   hold on
plot(s,T4,'y-');
  text(s(1000),T4(1000),'R24 黄色')


xlabel('s');
ylabel('T');
title('Torque characteristic for asynchronous motor with different resistances')
```

运行后得机械特性曲线如图 9.77 所示，转矩特性曲线如图 9.78 所示。

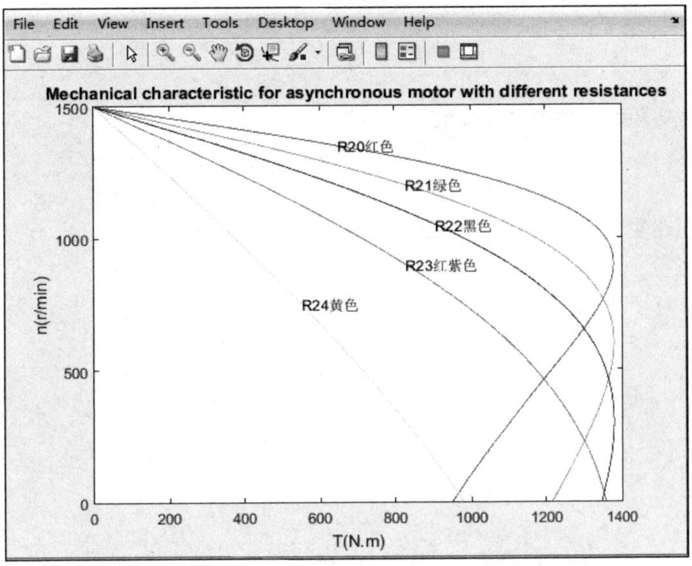

图 9.77　异步电机改变转子电阻机械特性曲线

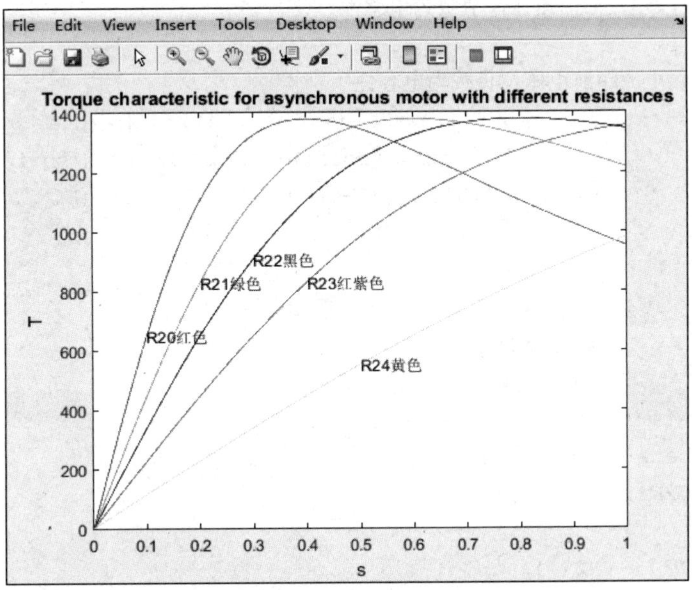

图 9.78　异步电机改变转子电阻转矩特性曲线

5．在 MATLB 中编写 M 程序，命名为 p9_5.m，保存，运行。

参考程序如下：

```
clc
clear
U1N=10000
U2N=231
k=U1N/sqrt(3)/U2N
SN=750000
I1N=43.3
```

```
I2N=1874
U1L=231
U2L=10000
I0L=103.8
P0=3800;%空载实验低压侧为一次绕组
USL=440
I1L=43.3
PS=10900  %短路实验高压侧为一次绕组
%题中给定数据定义
US=USL/sqrt(3)
I1=I1L
ZS=US/I1
RS=PS/3/I1/I1
XS=sqrt(ZS.^2-RS.^2)
RS75=((234.5+75)/(234.5+20))*RS
XS75=XS
ZS75=sqrt(RS75.^2+XS75.^2)
 %求折算至 75° 的短路阻抗模，短路电阻，短路电抗
 cosfi21=0.8;%电流滞后电压，负载为电感性
 cosfi22=1
 cosfi23=0.8%电流超前电压，负载为电容性
 VRI2N1=(RS75*cosfi21+XS75*sqrt(1-cosfi21.^2))*I1N/(U1N/sqrt(3));%感性负载
  VRI2N2=(RS75*cosfi22+XS75*sqrt(1-cosfi22.^2))*I1N/(U1N/sqrt(3));%电阻性负载
  VRI2N3=(RS75*cosfi23-XS75*sqrt(1-cosfi23.^2))*I1N/(U1N/sqrt(3));%容性负载

  for i=1:2000
     I2(i)=1.0*i/2000*I2N/sqrt(3);%取相电流
     beta(i)= I2(i)/I2N/sqrt(3)
     VR1(i)=beta(i)*VRI2N1;
   VR2(i)=beta(i)*VRI2N2;
    VR3(i)=beta(i)*VRI2N3;
    U21(i)=U2N*(1-VR1(i))

  U22(i)=U2N*(1-VR2(i))

    U23(i)=U2N*(1-VR3(i))
    eta1(i)= (beta(i)*SN*cosfi21)/(beta(i)*SN*cosfi21+P0+beta(i).^2*PS)
     eta2(i)= (beta(i)*SN*cosfi22)/(beta(i)*SN*cosfi22+P0+beta(i).^2*PS)
     eta3(i)= (beta(i)*SN*cosfi23)/(beta(i)*SN*cosfi23+P0+beta(i).^2*PS)
  end
  subplot(2,1,1)
  plot(I2, U21,'--r','LineWidth',3)
  hold on
  plot(I2, U22,':k','LineWidth',3)
  hold on
```

```
plot(I2, U23,'-g','LineWidth',3)
xlabel('I2(A)')
ylabel('U2(v)')
title('External Characteristic,红虚线电感性负载，黑点线电阻性负载，绿实线电容性负载')

  subplot(2,1,2)

plot(beta, eta1,'--r','LineWidth',5)
hold on
plot(beta, eta2,':k','LineWidth',3)
hold on
plot(beta, eta3,'-g','LineWidth',3)
xlabel('beta 负载系数')
ylabel('eta 效率')
title('Efficiency Characteristic,红虚线电感性负载，黑点线电阻性负载，绿实线电容
性负载')
```

运行后得变压器外特性曲线和效率特性曲线如图图 9.79 所示。

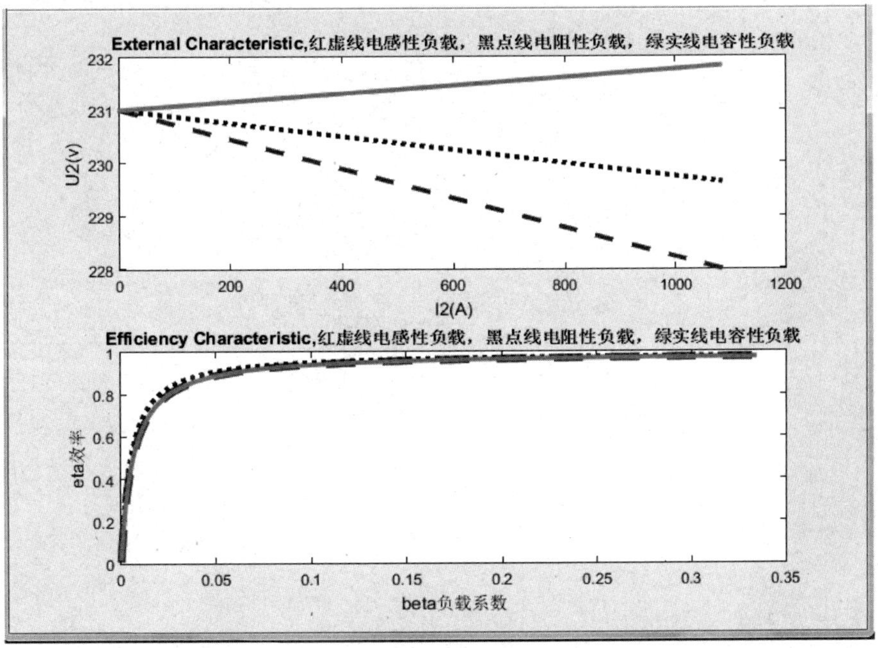

图 9.79　三相变压器外特性曲线和效率特性曲线

参 考 文 献

[1] 刘卫国．MATLAB 程序设计与应用[M]．北京：高等教育出版社，2006.

[2] 薛定宇．控制系统计算机辅助设计——MATLAB 语言与应用[M]．北京：清华大学出版社，2006.

[3] 石博强，赵金．MATLAB 数学计算与工程分析范例教程[M]．北京：中国铁道出版社，2005.

[4] 薛年喜．MATLAB 在数字信号处理中的应用[M]．北京：清华大学出版社，2003.

[5] 唐向宏，岳恒立，郑雪峰．MATLAB 及在电子信息类课程中的应用[M]．北京：电子工业出版社，2005.

[6] 周渊深．交直流调速系统与 MATLAB 仿真[M]．北京：中国电力出版社，2004.

[7] 丛玉良，王宏志．数字信号处理原理及其 MATLAB 实现[M]．北京：电子工业出版社，2005.